Entwicklung und Erprobung eines Instruments zur Analyse von mathematikbezogenen Unterrichtsgesprächen bezüglich des Vorliegens einer metakognitiv-diskursiven Unterrichtskultur

Eva Maria Gretzmann

Schriftenreihe des Forschungsinstituts für Mathematikdidaktik Nr. 48
Osnabrück 2011

Eva Maria Gretzmann
Entwicklung und Erprobung eines Instruments zur Analyse von mathematikbezogenen Unterrichtsgesprächen bezüglich des Vorliegens einer metakognitiv-diskursiven Unterrichtskultur
Osnabrück: Forschungsinstitut für Mathematikdidaktik e. V., 2011
(Schriftenreihe des Forschungsinstituts für Mathematikdidaktik; Heft 48)
ISBN 978-3-925386-65-7

Forschungsinstitut für Mathematikdidaktik e. V., 2011
Postfach 18 47
D-49008 Osnabrück

Herstellung: Books on Demand GmbH, Norderstedt

Dissertation zur Erlangung des Doktorgrades der Naturwissenschaften des Fachbereiches Mathematik / Informatik der Universität Osnabrück
vorgelegt von Eva Maria Gretzmann

Berichterstatter: Prof. Dr. Elmar Cohors-Fresenborg, Universität Osnabrück
Prof. Dr. Susanne Prediger, Technische Universität Dortmund

Tag der mündlichen Prüfung: 13.12.2011

Dank

An dieser Stelle möchte ich mich bei all denjenigen bedanken, die mich während der Entstehung dieser Arbeit begleitet haben.

Mein besonderer Dank gilt Prof. Dr. Elmar Cohors-Fresenborg für die Betreuung dieser Arbeit, aber auch für die Ausbildung schon in der Zeit vor Beginn meines Promotionsstudiums. Aus den zahlreichen Gesprächen und Diskussionen, die ich mit ihm führen durfte, resultierten immer wieder für mich neue Sichtweisen und zahlreiche Denkanstöße. Für die mir gewidmete Aufmerksamkeit und Energie danke ich ihm herzlich.

Des Weiteren danke ich Prof. Dr. Christa Kaune. Sie hat mein Vorhaben durch ihre stetige Gesprächsbereitschaft auf ganz vielfältige Weise unterstützt. Insbesondere ihre schulpraktische Kompetenz hat mir neue Perspektiven aufgezeigt.

Prof. Dr. Norbert Sommer danke ich für seine Unterstützung im Rahmen statistischer Auswertungen. Sein kritischer Blick und seine konstruktive Kritik haben mich stets beeindruckt.

Bei Dr. Edyta Agnieszka Nowińska bedanke ich mich sehr herzlich für die gesamte Zeit, die sie aufgebracht hat, um zuzuhören, Fragen zu stellen und eigene Einschätzungen zu geben. Sie ist mir eine wichtige Gesprächspartnerin. Auch Frank Pundsack war immerwährend bereit, Anmerkungen zu machen und eigene Einschätzungen zu geben. Er diskutierte des Weiteren geduldig mit mir über die Auswertung meiner Kodierungsdaten. Zudem stand auch Kirsten Winkel immer wieder für Gespräche zur Verfügung. Ihnen allen gilt mein Dank.

Darüber hinaus danke ich den Lehrerinnen und Lehrern, die sich bereit erklärt haben, ihren Unterricht videographieren zu lassen. Damit richtet sich mein Dank auch an die Schülerinnen und Schüler, die ihr Einverständnis dazu gegeben haben.

Vielfältige Unterstützung habe ich zudem aus dem Team (ehemaliger) studentischer Hilfskräfte erfahren. Christine Nordlohne stand mit viel Geduld für Diskussionen über Kategorisierungen zur Verfügung. Sabine Siemer, Kristin Weßling, Stefanie Kuberski und Anna-Birga Ostendorf halfen mir beim Korrekturlesen der Texte. Philipp Rahe und Christian Hildebrandt trugen maßgeblich zur Gestaltung des Layouts der Transkripte bei.

Sehr herzlich bedanke ich mich zudem bei meiner Familie und meinem Freund für ihre fortwährende Unterstützung, vor allem auch in den sehr arbeitsintensiven Phasen. Dies war für mich von ganz besonderem Wert.

Inhaltsverzeichnis

Kapitel 1

Einleitung

Durch die Ergebnisse der Schulleistungsstudien TIMSS und PISA ist eine Debatte um die Qualität von Mathematikunterricht angestoßen worden. Es wurden und werden verschiedenste Projekte durchgeführt, die sich auf die Beantwortung ausgewählter Fragestellungen zum Themenkomplex „Qualität von Mathematikunterricht" konzentrieren. Beispielhaft sei hier erstens die COACTIV-Studie unter der Leitung von Baumert, Blum und Neubrand genannt, die sich auf das Professionswissen von Lehrkräften, einen kognitiv aktivierenden Mathematikunterricht und die Entwicklung von mathematischen Kompetenzen konzentriert (vgl. z. B. Kunter et al., 2011; Baumert et al., 2010). Zweitens sei auf die schweizerisch-deutsche Videostudie unter der Leitung von Klieme, Reusser und Pauli verwiesen, die Unterrichtsqualität, Lernverhalten und mathematisches Verständnis in den Blick nimmt (vgl. z. B. Klieme et al., 2009; Klieme und Reusser, 2003).

Wenn hier von „in den Blick nehmen" die Rede ist, dann impliziert dies, dass vor dem Hintergrund theoretischer Überlegungen geeignete Werkzeuge entwickelt werden müssen, um verschiedene Arten von Datenmaterial unter einer bestimmten Fragestellung analysieren zu können. Von der Qualität dieser Werkzeuge hängt der Wert der durch das jeweilige Projekt erzielten Ergebnisse in erheblichem Maße ab. Die in einer Studie eingesetzten Erhebungs- und Auswertungsinstrumente nehmen also eine Schlüsselposition ein.

Auch die Forschungsarbeit am Institut für Kognitive Mathematik der Universität Osnabrück konzentrierte sich unter der Leitung von Cohors-Fresenborg und Kaune in jüngster Vergangenheit u. a. auf die Entwicklung eines Auswertungsinstruments. Es dient dazu, aus einer qualitativen Perspektive heraus Aussagen über Facetten der Qualität von mathematikbezogenen Unterrichtsgesprächen treffen zu können. Konkret steht der Einsatz metakognitiver Aktivitäten im Fokus der Aufmerksamkeit. Zahlreiche Untersuchungen belegen die hohe Bedeutsamkeit des Einsatzes dieser Aktivitäten für die mathematische Leistung von Schülern[1] (vgl. für eine Übersicht Schneider und Artelt, 2010). Vor die-

[1] Um die Lesbarkeit dieser Arbeit nicht zu beeinträchtigen, wird das generische Maskulinum verwendet. Prinzipiell sind an den entsprechenden Stellen beide Geschlechter einbezogen.

sem Hintergrund betrachten Cohors-Fresenborg und Kaune metakognitive Aktivitäten als einen Indikator für Unterrichtsqualität, dem dringend Eingang in die Unterrichtspraxis gewährt werden muss.

Forschung zu metakognitiven Aktivitäten hat am Institut für Kognitive Mathematik eine lange Tradition. Im Rahmen des von der Deutschen Forschungsgemeinschaft von 2001 bis 2004 geförderten Projekts „Analyse von Unterrichtssituationen zur Einübung von Reflexion und Metakognition im gymnasialen Mathematikunterricht der SI“ (Co 96/5-1) lag ein Schwerpunkt darauf, Unterrichtsszenarien zu entwickeln, in denen unter Rückgriff auf spezielle Aufgabenformate verstärkt dazu beigetragen wird, metakognitive Prozesse bei den Schülern zu evozieren (vgl. Kaune, 2001). Einen weiteren Schwerpunkt bildete die Analyse videographierter Unterrichtsbeispiele. Ziel war es hier, die Mechanismen des Wirksamwerdens metakognitiver Aktivitäten bei Verstehensprozessen im Mathematikunterricht aufzudecken (vgl. Cohors-Fresenborg und Kaune, 2003). Dabei wurde auch die Bedeutung von Diskursivität herausgearbeitet: Sie stellt u. a. sicher, dass sich die einzelnen Beiträge der am Gespräch Beteiligten präzise auf das beziehen, was gerade zur Debatte steht. Damit hat sie entscheidenden Einfluss sowohl auf das Zustandekommen als auch auf die Qualität von Metakognition. Daher richtete sich der Fokus im Folgenden also nicht mehr nur auf metakognitive, sondern auch auf diskursive Aktivitäten. Beide versprechen, ihre Wirkmechanismen vor allem dann voll entfalten zu können, wenn sie im Rahmen einer Unterrichtskultur, einer diskursiven Unterrichtskultur, auftreten, die nach Sjuts (2003) durch einen didaktisch-sozialen Vertrag, einen Unterrichtskontrakt, zu verankern ist.

Um das Auftreten metakognitiver und diskursiver Aktivitäten im Unterrichtsdiskurs beschreiben zu können, wurde das schon genannte Auswertungsinstrument, ein Kategoriensystem für metakognitive Aktivitäten beim schrittweise kontrollierten Argumentieren im Mathematikunterricht, entwickelt (vgl. Cohors-Fresenborg und Kaune, 2007a). Seine Anwendung erfordert das Vorliegen von Transkripten. Sie ermöglichen einerseits eine sehr detailgenaue Analyse. Andererseits erhöhen die Anfertigung dieser Transkripte und die anschließende detailgenaue Analyse den Zeitaufwand, der für die Anwendung des Werkzeugs benötigt wird, enorm. Dennoch ist dieses Kategoriensystem erfolgreich u. a. in dem von der Deutschen Telekom Stiftung geförderten Projekt „Mathematik Gut Unterrichten“ eingesetzt worden. Durch den intensiven Einbezug der am Projekt beteiligten Lehrkräfte in die Analyse auch ihres eigenen Unterrichts sollte hier eine Steigerung der Qualität desselben erreicht werden (vgl. Kaune und Cohors-Fresenborg, 2010).

Ausgehend von der Überlegung, dass schrittweise kontrolliertes Argumentieren auch charakteristisch ist für den Unterrichtsdiskurs in vielen anderen Fächern, wurde erprobt, inwiefern sich metakognitive und diskursive Aktivitäten auch in nicht mathematikbezogenen Unterrichtsgesprächen adäquat erfassen lassen und inwiefern sie auch hier als Indikatoren für Unterrichtsqualität gelten können. Dazu wurden die Kategorien, obwohl sie zunächst auf Mathematikunterricht zugeschnitten waren, für die anderen Fächer in analoger Weise angewandt. Erste Versuche mit Biologie-, Religions-, Deutsch- und Musikunterricht verliefen erfolgversprechend. Das Kategoriensystem wurde folglich überarbeitet: Neben Verbesserungen bzgl. der Systematik innerhalb des Kategoriensystems wurden auch die Namen der Kategorien abstrakter formuliert (vgl. Cohors-Fresenborg, im Druck). Inhaltliche Bezüge auf die Mathematik treten nicht mehr auf, sodass nun ebenfalls die entsprechenden Analoga anderer Fächer unter die Kategorien fallen. Eine ausführliche Diskussion dieses überarbeiteten Kategoriensystems in Bezug auf seinen Einsatz zur Analyse von Geschichtsunterricht liegt vor (vgl. Cohors-Fresenborg et al., in Vorbereitung). In Zukunft sollen weitere Untersuchungen zeigen, ob sich der Einsatz metakognitiver und diskursiver Aktivitäten auch in anderen Fächern als bedeutsam erweist. Sollte sich dies bestätigen, liegt die Vermutung nahe, dass der Einsatz dieser Aktivitäten einen Teil eines gemeinsamen intellektuellen Kerns von Unterrichtsqualität geisteswissenschaftlicher Fächer ausmacht (vgl. Cohors-Fresenborg, 2011).

Bei der Anwendung des Kategoriensystems im Rahmen des Projekts „Mathematik Gut Unterrichten" und zur Analyse von Unterricht anderer Fächer bestätigte sich schnell die oben gemachte Behauptung, dass das Verfahren mit einem hohen Zeitaufwand verbunden ist. Dies fällt insbesondere dann ins Gewicht, wenn größere Mengen von Datenmaterial zu analysieren sind, was im Rahmen breit angelegter Untersuchungen zu den Effekten des Einsatzes von Metakognition und Diskursivität sicher der Fall wäre. Ebenfalls könnte dies eintreten, wenn das Analyseinstrument im Rahmen von Aus- und Fortbildungssituationen regelmäßig zur Analyse des Unterrichts von Referendaren und ausgebildeten Lehrern genutzt würde.

Hier setzt das in dieser Arbeit dokumentierte Vorhaben an: Im Fokus steht zunächst die Entwicklung eines weiteren Werkzeugs zur Analyse metakognitiver und diskursiver Aktivitäten im Unterrichtsdiskurs. Es stellt eine Modifikation des Kategoriensystems für metakognitive Aktivitäten beim schrittweise kontrollierten Argumentieren im Mathematikunterricht dar, die sich darauf konzentriert, die Analyse von unterrichtlicher Kommunikation für die Bearbeitung größerer Datenmengen praktikabler zu gestalten, dabei aber immer noch ausreichend aussagekräftige Ergebnisse zu erzielen. Die zentralen Ideen für die Umgestaltung sind die folgenden: Soll zunächst einmal der für die Analyse benötigte Zeitaufwand reduziert werden, so bietet es sich an, die Anfertigung eines Transkripts einzusparen und die Analyse unter Einsatz spezieller Software direkt am Video zu versuchen. Eine weitere Beschleunigung des Analyseprozesses verspricht sich dadurch erreichen zu lassen, dass die Kategorien und auch die Regeln für ihre Vergabe auf Zentrales reduziert werden.

Des Weiteren wird in dieser Arbeit eine Erprobung des neu entwickelten Analyseverfahrens dokumentiert. Dazu ist Videodatenmaterial in acht verschiedenen gymnasialen Klassen des 7. Jahrgangs erhoben worden. Über die Kategorisierung vergleichbarer Phasen der Unterrichtsgespräche und eine anschließende standardisierte Auswertung der Kodierungsdaten werden verschiedene Typen der Unterrichtsgesprächsführung mit dem Fokus auf Metakognition und Diskursivität identifiziert. Die Unterschiedlichkeit der Typen wird nicht nur unter Rückgriff auf die Kodierungsdaten, sondern auch unter Offenlegung von

Transkriptauszügen dokumentiert.

Kapitel 2

Beweggrund und Zielsetzung für diese Arbeit

2.1 Chancen und Grenzen ausgewählter Forschungsarbeiten zur Metakognition

Vor dem Hintergrund der Erkenntnisse, die die positive Wirkung des Einsatzes von Metakognition auf den Lernerfolg belegen, hat es Reformbemühungen im gesamten flämischen Mathematikunterricht gegeben. Sie verfolgen u. a. das Ziel, die Schüler dazu zu veranlassen, sich metakognitive Strategien anzueignen, was durch die Nutzung einer speziell entwickelten Schulbuchserie unterstützt wird. Depaepe et al. (2007, 2010) haben mehrere Studien zur Wirksamkeit dieser Reformbemühungen durchgeführt, auf die in dieser Arbeit mehrmals Bezug genommen wird.

Einen Fokus ihrer Untersuchungen legen sie auf Zusammenhänge zwischen dem zu metakognitiven Aktivitäten anleitenden Verhalten des Lehrers und der Schülerleistung. Ausgehend von einer Pilotstudie mit zehn Lehrern (vgl. Depaepe et al., 2007) konzentrieren sie sich schließlich auf den Unterricht zweier Lehrer, Peter und Anna, in Klassen des 6. Jahrgangs (vgl. Depaepe et al., 2010). Über einen Zeitraum von sieben Monaten hinweg erhobene Videodaten zeigen, dass Anna den Einsatz metakognitiver Aktivitäten beim Lösen mathematischer Aufgaben in ihrem Unterricht zwar sehr viel stärker propagiert als Peter. Über ein Vortest-Nachtestverfahren erhobene Daten zur Leistung der Schüler offenbaren jedoch trotz der Unterschiede im Einbezug metakognitiver Aktivitäten in das Unterrichtsgespräch keine verschiedenen Resultate für die Schülerleistung.

Dieses Ergebnis ist nicht erwartungskonform. Um es weitergehend einschätzen zu können, mag es hilfreich sein, erstens zu betrachten, was im Rahmen dieser Studie unter metakognitiven Aktivitäten verstanden wird, und zweitens in den Blick zu nehmen, wie, d. h. unter Zuhilfenahme welches Werkzeugs, der videographierte Unterricht analysiert worden ist. In Anlehnung an das von Verschaffel et al. (1999) entwickelte „five-stage metacognitive model for solving mathematical application problems“ (Depaepe et al., 2010, S. 209) werden folgende Aktivitäten als metakognitive Aktivitäten angesehen: „build a mental representation of the problem", „decide how to solve the problem", „interpret the outcome and formulate an answer" und „evaluate the solution" (Depaepe et al., 2010, S. 209). Diese werden den Schülern im Sinne von Handlungsanweisungen empfohlen. Zur Analyse von Transkripten zum Unterricht von Peter und Anna sind diese Handlungsanweisungen zu einem Kategoriensystem umfunktioniert worden. Jede Handlungsanweisung stellt eine Kategorie dar. Hinzu kommt eine fünfte Kategorie zur Kennzeichnung von Verweisen auf das gesamte „five stage metacognitive model". Die Transkriptanalyse erfolgte nun dadurch, dass für jede im Unterrichtsgespräch thematisierte Aufgabe vermerkt wurde, welche der den Kategorien entsprechenden Verweise der Lehrer zeigt. Zusätzlich ist erhoben worden, ob der Lehrer lediglich auf die Aktivität verweist oder ob er auch erklärt, wie oder warum diese Aktivität durchzuführen ist. Im gesamten Kodierprozess findet dabei keine Beachtung, wie die Schüler auf die Verweise des Lehrers reagieren. Die Analyse konzentriert sich rein auf den Lehrer.

Aus dieser Art der Kategorisierung geht schließlich hervor, dass Anna sich prozentual betrachtet deutlich häufiger auf die metakognitiven Aktivitäten bezieht als Peter. Dabei treten bei ihr auch höhere Werte auf, wenn es um Fragen nach dem „Wie" und „Warum" des Durchführens der Aktivität geht. Die Aktivität „Decide how to solve the problem" wurde allerdings von beiden Lehrern kaum oder gar nicht angesprochen.

Das beschriebene Verfahren der Analyse von Transkripten hat einige Vorteile: Die Kategorien sind recht schnell zur Hand und müssen ihrer Anlage nach nicht ausführlich begründet werden. Die Übereinstimmungswerte, die verschiedene Kodierer erreichen, sind gut ($\kappa = 0,75$). Der Zeitaufwand, den eine solche Analyse in Anspruch nimmt, ist vermutlich akzeptabel und ein Verfahren zur Auswertung der Ergebnisse der Kodierung liegt recht nahe, da die Kodierung an sich nicht besonders komplex ist. Insgesamt scheint es damit möglich, auch größere Mengen von Daten bearbeiten zu können und nicht bei der Analyse von Einzelfällen stehen bleiben zu müssen. Dennoch kann nicht geleugnet werden, dass über ein solches Verfahren der Analyse von Transkripten auch viele potenziell entscheidende Faktoren keinerlei Beachtung finden. Wie oben schon angemerkt, liegt bspw. keine Information darüber vor, auf welche Weise die Schüler auf die Hinweise ihrer Lehrer zu den verschiedenen metakognitiven Aktivitäten reagieren. Es ist denkbar, dass sie ernsthaft versuchen, die Handlungsanweisungen umzusetzen, und dies persönlich auch als hilfreich wahrnehmen. In diesem Fall müssten sie schließlich beginnen, metakognitive Aktivitäten auch selbstständig zu zeigen, d. h. ohne vorangehende Aufforderung des Lehrers. Ebenfalls könnte aber auch der Fall vorliegen, dass die Schüler die Hinweise des Lehrers letztlich ignorieren. Zu grob in diese Richtung weisenden Fragen werden in der Studie über Interviews mit Schülern und Lehrern Antworten gesucht, nicht aber über die Analyse der Transkripte. Zum Grad der Tiefe der Auseinandersetzung mit den Unterrichtsinhalten bei der Ausübung metakognitiver Aktivitäten fehlen ebenfalls Hinweise. Festmachen lassen könnte er sich z. B. daran, ob die Schüler ihre Entscheidung bzgl. des anzustrebenden Lösungswegs auch begründen.

Zusammenfassend lässt sich also feststellen, dass die Transkriptanalyse stark lehrerzen-

triert ist und folglich Unterrichtsprozesse keine Rolle spielen. Konsequenzen, die eine solche Anlage eines Kategoriensystems nach sich ziehen kann, sind im Rahmen eines Vergleichs der Resultate, die durch die Anwendung verschiedener Kategoriensysteme erzielt werden, aufgefallen (vgl. Gretzmann, 2007). Im Fokus stehen hier u. a. das Kategoriensystem für metakognitive Aktivitäten von Cohors-Fresenborg und Kaune (2007a), das stark prozessorientiert ausgerichtet ist, und das Kategoriensystem „Klassengespräch“ (vgl. Hugener et al., 2006, S. 124-147), welches im Rahmen der schweizerisch-deutschen Videostudie „Unterrichtsqualität, Lernverhalten und mathematisches Verständnis“ Anwendung fand und eher lehrerzentriert ausgerichtet ist.
Um nun Informationen erheben zu können, die auch die Schüler und damit letztendlich den gesamten Unterrichtsprozess betreffen, ist zweifelsfrei ein anderes Werkzeug notwendig als das von Depaepe et al. genutzte Kategoriensystem. Die gerade aufgezeigten Vor- und Nachteile verweisen letztendlich auf die Diskussion um qualitativ und quantitativ ausgerichtete Forschungsperspektiven. Die Autoren der Studie behaupten schließlich selbst:

> „Further research from a more critical and qualitative perspective is needed to appropriately interpret the relationship between teachers' instructional approaches and students' learning outcomes.“ (Depaepe et al., 2010, S. 217)

Zu einem ähnlichen Schluss gegenüber der Nützlichkeit der zusätzlichen Einnahme einer mehr qualitativ und interpretativ ausgerichteten Perspektive kommen auch Mevarech und Kramarski. Die von ihnen entwickelte und erprobte Methode IMPROVE (***I***ntroducing new concepts; ***M***etacognitive questioning; ***P***racticing; ***R***eviewing and reducing difficulties; ***O***btaining mastery; ***V***erification; ***E***nrichment) stellt zwar ein Beispiel für einen erfolgreich verlaufenen Versuch dar, Aspekte mathematischer Leistung von Schülern über die Implementation eines metakognitiven Trainings zu verbessern. Dies bestätigen auch viele Anschlussstudien (vgl. z. B. Mevarech und Amrany, 2008; Mevarech und Fridkin, 2006; Mevarech et al., 2010). Dennoch müssen aber auch diese Autoren feststellen:

> „a closer look at what happens in peer groups during the implementation of IMPROVE would help to explain (a) why and how the program works and (b) how the program can be modified so that it works more effectively in the future.“ (Mevarech und Kramarski, 1997, S. 390)

Trotz des Erfolgs, der sich anhand von Schülerleistungsdaten zeigt, die über ein Vortest-Nachtestverfahren erhoben wurden, scheinen hier Möglichkeiten zu fehlen, die genaue Wirkungsweise des Programms zu erklären. Auf Analysen der Unterrichtskommunikation richtet sich der Fokus eher nicht.
Schon seit dem Ende der 80er Jahre, zunächst im Rahmen eines niedersächsischen Schulversuchs beschäftigen sich Cohors-Fresenborg und Kaune damit, Aufgaben zu konzipieren, die die Schüler gezielt zu dem Einsatz metakognitiver Aktivitäten anregen sollen (vgl. Cohors-Fresenborg et al., 1991). Aus intensiven Analysen videographierter Unterrichts-

beispiele ist in der Folge ein Kategoriensystem hervorgegangen, welches nicht für individuelle Problemlöseprozesse, sondern die Unterrichtsprozessanalyse direkt konzipiert ist (vgl. Cohors-Fresenborg und Kaune, 2007a). Mit diesem Kategoriensystem kommen Cohors-Fresenborg und Kaune der oben zitierten Forderung bzgl. der Einnahme einer mehr qualitativ ausgerichteten Perspektive nach. Im Folgenden wird u. a. anhand von Transkripten, die im Rahmen der Studien von Depaepe et al. publiziert worden sind, exemplarisch aufgezeigt, welche Einblicke die Einnahme ihrer Perspektive bieten kann. Zunächst wird das hierfür verwendete Kategoriensystem kurz vorgestellt.

2.2 Ein andersartiges Kategoriensystem zur Analyse metakognitiver Aktivitäten

Cohors-Fresenborg und Kaune unterscheiden in ihrem Kategoriensystem (siehe Anhang A) Planungs-, Monitoring- und Reflexionsaktivitäten. Im Unterschied zu dem oben vorgestellten Kategoriensystem von Depaepe et al. kommt nun hinzu, dass diese Aktivitäten in zahlreiche Unterkategorien und weitergehend in Teilaspekte dekomponiert sind. Damit wird eine sehr viel detailgenauere Beschreibung ermöglicht. Des Weiteren werden diese Kategorien nicht nur genutzt, um zu kennzeichnen, dass der Lehrer zu den entsprechenden Aktivitäten auffordert, sondern auch, um zu beschreiben, inwiefern sich diese Aktivitäten anhand der Beiträge der Schüler tatsächlich erkennen lassen. Zudem sieht das Kategoriensystem die Möglichkeit vor, das Auftreten von metakognitiven Aktivitäten zusammen mit Begründungen zu kennzeichnen. So werden Aussagen über den Grad der Tiefe der Auseinandersetzung mit dem Gesagten möglich.
Soll der Einsatz metakognitiver Aktivitäten zu einem tieferen Verständnis führen, so setzt dies nach Cohors-Fresenborg und Kaune (2007a, S. 11) voraus, dass sich die Aktivitäten präzise auf das beziehen, was zur Debatte steht. Sie müssen eine feste Verankerung in dem Diskurs aufweisen. Die hierfür notwendigen Kompetenzen des Präzisierens in der Darstellung und des Verankerns in der Debatte werden unter dem Begriff „diskursive Kompetenz“ subsumiert (vgl. Cohors-Fresenborg, 2011, S. 184f.). Dem Zusammenspiel metakognitiver und diskursiver Aktivitäten kommt damit zentrale Bedeutung zu. Deshalb liegt zusätzlich eine Kategorie zur Erfassung der Diskursivität vor. Unter der Kategorie Negative Diskursivität werden schließlich noch Aspekte aufgeführt, die ein präzises und geordnetes Gespräch stören können. Auch Derartiges wird also mit diesem Kategoriensystem herausgearbeitet.

2.3 Perspektiven, eröffnet durch die Anwendung des Kategoriensystems

Um zu dokumentieren, inwiefern die Arbeit mit diesem andersartig angelegten Kategoriensystem tatsächlich neue Einsichten bringt, wird es im Folgenden genutzt, um einen publizierten Transkriptausschnitt zu betrachten, der nach persönlicher Mitteilung der Autoren aus dem Unterricht von Anna stammt. Es sei daran erinnert, dass Anna der Deckname für die Lehrerin ist, deren Unterricht in der in Kapitel 2.1 vorgestellten Studie von Depaepe et al. analysiert wurde. Die Ergebnisse dieser Studie zeigen, dass Anna metakognitive Aktivitäten intensiver in ihre Unterrichtsgespräche integriert als Peter, der andere beteiligte Lehrer.

Im Rahmen der Anwendung des Kategoriensystems (siehe Anhang A) werden Kurzbezeichungen für die Kategorien jeweils rechts neben den Transkripttext gesetzt, der die Auswahl der Kategorie begründet. Die Rekonstruktion der Zuordnung der Kategorien zu den je passenden Textpassagen wird zusätzlich dadurch unterstützt, dass der Transkripttext in der Farbe der Kategorien gefärbt oder unterpunktet wird. Nähere Beschreibungen der Kategorienkurzbezeichnungen erfolgen unten im Rahmen der Kommentierung des Transkripts.

Inhaltlich wird in der folgenden Szene (ohne die farbigen Markierungen und Kategorienkurzbezeichnungen entnommen aus Depaepe et al., 2007, S. 272f.) ein Lösungsweg für folgende Aufgabe anbesprochen:

> „A glazed plate of 60 cm × 45 cm is split up into smaller photo glasses of 10 cm by 8 cm. In how many photo glasses can you maximally split up the glazed plate?" (Depaepe et al., 2007, S. 273)

Das Gespräch verläuft wie folgt[1]:

L.	Did you already read the problem? Read it in silence. Can you tell me what the problem is about?	ƒRL6a
S.	It is about a glazed plate. And they want to divide it in small photo glasses	RS6a
L.	So they want to divide it in compartments. What would you do to solve that problem?	ƒPL1a NDL1c
S.	That multiplied by that	
L.	Pay attention! The second phase is: Decide how to solve the problem. You cannot execute directly the calculations	ML6b

[1] Obwohl es sich um ein Transkript in englischer Sprache handelt, wird im Folgenden durch „L." auf den Lehrer verwiesen und nicht durch „T.". Dies ist so gesetzt worden, da auch in den Kategorienkurzbezeichnungen das deutsche Kürzel „L" für den Verweis auf eine Lehreraktivität genutzt wird. So kann die Zusammensetzung der Kategorienkurzbezeichnungen später besser erklärt werden. Ein „T." zum Verweis auf den Lehrer würde die Darstellung verwirrender gestalten.

S.	60 × 45. Dividing by 10 × 8	PS1b
L.	Why?	*f*bRL1a
S.	Since you will know the size of it	NDS1c
L.	Will we need that?	*f*ML6c
S.	No	MS6c
L.	If you would draw it. Make a drawing of what they ask. Represent it. It is not only useful to make a scheme; it also can be useful to draw it	PL1a

Mit der Frage „Can you tell me what the problem is about?" (Z. 1f.) fordert die Lehrerin wohl zunächst dazu auf, dem Aufgabentext die zentralen Informationen zu entnehmen, um so zu einer Einschätzung der Problemlage zu gelangen. Es liegt damit eine Aufforderung (*f*) zur Reflexion (R) der Lehrerin (L) vor, die sich auf die Herausarbeitung wichtiger Stellen konzentriert (6a). Dies wird über die Kategorienkurzbezeichnung *f*RL6a kenntlich gemacht. Die Unterstreichung sämtlicher, von der Lehrerin ausgeübter Aktivitäten soll diese schnell von Aktivitäten der Schüler unterscheidbar machen. In der Folge der Aufforderung kommt ein Schüler (S) dieser wenigstens in Teilen nach (RS6a). Er arbeitet zentrale Informationen des Aufgabentextes heraus, benennt allerdings das eigentliche Problem, mit dem nun umzugehen ist, nicht. Der Lehrerin fällt dies entweder nicht auf oder sie hat ihre Worte zuvor nicht mit Bedacht gewählt. Sie beharrt nämlich nicht auf ihrer ersten Frage nach dem vorliegenden Problem (NDL1c), sondern fordert nun eine Planungsaktivität von den Schülern (*f*PL1a). Um diese *beiden* Lehreraktionen kenntlich machen zu können, wird im Transkript die Technik des Unterpunktens hinzugezogen. In den Zeilen 8f. zeigt die Lehrerin nun ein deutlich strikteres Verhalten. Der Beitrag des Schülers in Zeile 7 beantwortet ihre Frage nach einem Vorgehen zur Lösung der Aufgabe nicht. Vielleicht ist dieser Schülerbeitrag so zu verstehen, dass der Lernende, während er „That multiplied by that" formuliert, schon dabei ist, das Ergebnis zu berechnen. Darauf reagiert die Lehrerin mit einer Überprüfung des (vermeintlichen) Planungsansatzes (ML6b). Nachdem ein Schüler schließlich doch einen vollständigen Term angibt, mit dem er die Bearbeitung der Aufgabe angehen möchte (PS1b), fordert (*f*) die Lehrerin eine Begründung (*b*) ein (*fb*RL1a). Hierfür muss eine Strukturanalyse des genannten Terms durchgeführt werden, und zwar vor dem Hintergrund der Frage, was so berechnet würde. In Zeile 12 scheint ein Schüler der Aufforderung nachkommen zu wollen, allerdings ist sein Beitrag sehr vage formuliert. Insbesondere verbleibt unklar, worauf sich das Wort „it" bezieht (NDS1c). Als Reaktion auf diesen problembehafteten Schülerbeitrag fordert die Lehrerin eine Überwachung des Sach- und Zielbezugs ein (*f*ML6c). Sie möchte anscheinend wissen, ob „the size of it" zur Lösung der Aufgabe tatsächlich benötigt wird. Die sehr kurze und gewohnt unbegründete Antwort eines Schülers lautet „No"

(Z. 14, MS6c). Schließlich formuliert die Lehrerin selbst einen Planungsschritt (PL1a).

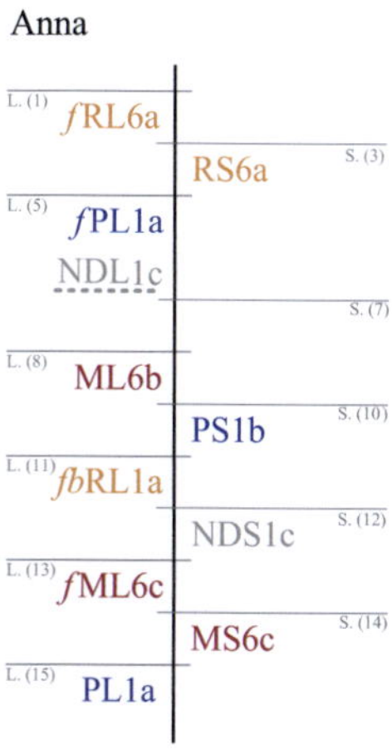

Abbildung 2.1: Profil Anna

In Abbildung 2.1 sind die für das Transkript vergebenen Kategorien übersichtlich dargestellt. Die grauen Striche nach links und rechts zeigen die einzelnen Beiträge an. Nach links sind die Lehrerbeiträge und nach rechts die Schülerbeiträge abgetragen. Unter den grauen Strichen sind die für den Beitrag vergebenen Kategorien verzeichnet. Zudem sind hier, ebenfalls in grau, Hinweise auf den Sprecher (hier „L." oder „S.") sowie die Transkriptzeile, in der der Beitrag beginnt, vermerkt. Anhand dieser Darstellung können die Kodierungsdaten nun weiter ausgewertet werden. Für den Unterricht von Anna wird hier schnell deutlich, dass die Schüler durchaus metakognitive Aktivitäten zeigen. Genau darauf scheint die Lehrerin auch Wert zu legen. Sie fordert sowohl Planungs- als auch Reflexions- und Monitoringaktivitäten immer wieder von den Schülern ein.

Besonders aussagekräftig wird eine erstmalige Betrachtung graphischer Profile aber vielleicht erst dann, wenn Vergleichsmöglichkeiten bestehen. Vor diesem Hintergrund ist das Profil zu der Szene aus Annas Unterricht in Abbildung 2.2 zusammen mit zwei weiteren Profilen zu sehen. Das Unterrichtsgespräch, zu dem das erste graphische Profil gehört, wird von Peter, dem zweiten Lehrer neben Anna in der oben vorgestellten Studie, geführt[2]. Vor dem Hintergrund der Ergebnisse der Untersuchung von Depaepe et al. scheint es besonders ertragreich, gerade ein zu seinem Unterricht gehörendes Profil neben Annas zu betrachten.

In dem Unterrichtsgespräch, zu dem das erste Profil gehört, wird dieselbe Aufgabe anbesprochen wie in dem obigen Transkriptauszug aus dem Unterricht von Anna. Auf der Seite der Schüler sind hier jedoch keine metakognitiven Aktivitäten erkennbar. Die Lernenden scheinen sich lediglich auf der Sachebene zu äußern. Der Lehrer ist es hingegen, der sich hin und wieder metakognitiv aktiv zeigt. Schon auf den ersten Blick werden damit Änderungen von Peters zu Annas Profil erkennbar. Während bei Peter ausschließlich der Lehrer selbst metakognitive Aktivitäten zeigt, nicht aber die Schüler, liegt bei Anna die Situation vor, dass sie die Ausübung dieser Aktivitäten bevorzugt an ihre Schüler weitergibt. Sie fordert die entsprechenden Aktivitäten immer wieder ein. Auf diese Forderungen reagieren die Schüler auch durchaus, was mit Blick auf das Profil von Peter nicht behauptet werden kann. Damit ist also von Peters zu Annas Unterricht eine Veränderung dahingehend zu

[2]Um die Darstellung nicht zu sehr in die Länge zu ziehen, wird hier auf die explizite Angabe des kategorisierten Transkripts verzichtet und lediglich das zugehörige graphische Profil betrachtet. Das Transkript ist in Depaepe et al. (2007, S. 273) enthalten und gehört nach Auskunft der Autoren zu dem Unterricht von Peter.

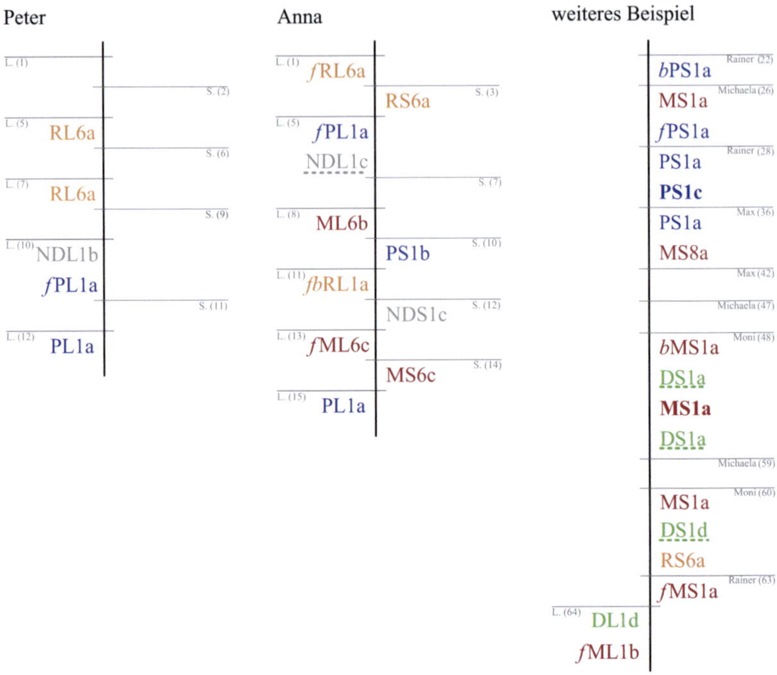

Abbildung 2.2: Graphische Profile im Vergleich

erkennen, dass die Schüler selbst dazu angeregt werden, metakognitive Aktivitäten durchzuführen. Dies steht noch in Einklang mit den Erläuterungen bei Depaepe et al. Auch sie stellten ein unterschiedliches Aufforderungsverhalten der beiden Lehrer fest. Schon die Information, dass die Schüler von Anna diesen Aufforderungen in ihren Beiträgen auch des Öfteren nachzukommen scheinen, ist jedoch neu. Weitere Erklärungsansätze dafür, dass sich in den Klassen von Peter und Anna keine Leistungsunterschiede zeigten, liefert die Analyse mit dem Kategoriensystem für metakognitive Aktivitäten wie folgt: In beiden Profilen fehlt das Auftreten von Begründungen. Sie wären in Form von einem an die Kategorienkurzbezeichnung in Präfixnotation angehängten farbigen *b* erkennbar. Auch die Schüler von Anna halten ihre Beiträge also so kurz wie möglich, nennen ausschließlich Behauptungen und beginnen dementsprechend nicht zu argumentieren. Ebenfalls sind in beiden Profilen keine diskursiven Aktivitäten erkennbar. Es wurden keine grünen Kodes gesetzt. Keiner der Schüler, auch niemand aus Annas Klasse, ist also bereit, sich präzise und explizit auf einen ausgesuchten Aspekt zu beziehen. Sowohl bei Peter als auch bei Anna tritt eher das Gegenteil auf: Es sind jeweils Beiträge als den Diskursverlauf störend identifiziert und dementsprechend mit einer Kategorie in grauer Farbe versehen worden. Schließlich bleibt noch zu betonen, dass sich in Annas Unterricht zwar durchaus metakognitive Aktivitäten auf der Schülerseite zeigen, es jedoch ebenfalls erkennbar ist, dass diese Aktivitäten lediglich in der Folge von Aufforderungen der Lehrerin auftreten. Der Reflexionsaktivität geht eine entsprechende Aufforderung voraus. Gleiches gilt für die Planungsaktivität (auch wenn die Kategorisierung der Aufforderung der Lehrerin auf einen anderen Teilaspekt (1a) hinweist als jene des folgenden Schülerbeitrags (1b)) und die Monitoringaktivität.

Es fallen also auch in Bezug auf Annas Schüler noch einige Aspekte auf, die darauf hinweisen, dass die Lernenden gewisse zentrale Verhaltensweisen im Diskurs überhaupt nicht in ihren Habitus integriert haben. Allerdings kann anhand dieser beiden einzelnen Szenen sicher nicht auf den gesamten Unterricht geschlossen werden. Das folgende Zitat der Autoren der Studie zeigt jedoch, dass sich einige der gerade herausgearbeiteten Aspekte wohl doch über alle Stunden hinweg zeigen:

> „the transcripts of the problem-solving lessons revealed that references to metacognitive and heuristic skills were mainly exclusively done by the teacher. Moreover, our data did not indicate that teachers' references to these skills faded as the school year progressed. In this regard, it might be questioned to what extent students also internalised these skills. ... one might conclude that students cooperate with the teacher, however, without really identifying with a metacognitive approach towards word problem solving.“ (Depaepe et al., 2010, S. 216)

Durch die oben durchgeführte Art der Analyse können die hier angesprochenen Aspekte konkret an einzelnen Beiträgen oder Beitragsfolgen festgemacht werden.

Wie ein graphisches Profil aussehen kann, wenn die Schüler das Ausüben metakognitiver Aktivitäten auch zusammen mit dem Formulieren von Begründungen und dem Verankern ihrer Beiträge im Diskurs in ihren Habitus integriert haben, zeigt das weitere Beispiel eines Profils in Abbildung 2.2. In dem zugehörigen Unterrichtsgespräch hat der Lehrer eine Gleichung an die Tafel schreiben lassen, die es nun im Klassengespräch zu lösen gilt[3]. Ohne weiteren Impuls des Lehrers beginnt ein Schüler einen Planungsschritt begründet darzulegen. In der Folge verbalisiert eine Schülerin eine Kontrollaktivität und fordert ihre Mitschüler zugleich zu weiteren Planungsaktivitäten auf. Dieser Aufforderung kommen auch zwei Mitschüler nach. Einer von ihnen zeigt, dass er sich, während er spricht, selbst überwacht. Schließlich zeigt eine weitere Schülerin noch eine Kontrollaktivität zusammen mit einer Begründung. Dabei nennt sie zugleich Bezugspunkte oder -personen, um ihren Beitrag so klar zu verorten. Erst nachdem noch zwei weitere Schüler Beiträge geleistet haben, die auf metakognitive Aktivitäten schließen lassen, meldet sich zum ersten Mal der Lehrer zu Wort. Alle bisherigen Aktivitäten sind also in einem Gespräch allein unter

[3]Das zugehörige Transkript ist in kategorisierter Form in Cohors-Fresenborg und Kaune (2007a, S. 35f.) veröffentlicht. Die Kategorien sind dort gemäß einer mittlerweile überholten Fassung des Kategoriensystems gesetzt worden. Die im obigen graphischen Profil angegebenen Kodes entsprechen der aktuellen Fassung dieses Systems. Der zugehörige Transkriptauszug ist vom Autor dieser Arbeit also neu kategorisiert worden.

Schülern aufgetreten. Der Lehrer hat sich nicht eingemischt, auch nicht dadurch, dass er gezielt zu den metakognitiven Aktivitäten aufgefordert hat.
Alle drei Beispiele sind maßgeblich unter Rückgriff auf die graphischen Profile diskutiert worden. Die Art der Kategorisierung ermöglicht es, anhand dieser Profile Facetten des Unterrichtsprozesses herauszuarbeiten, ohne den realen Verlauf zu kennen. So konnte demonstriert werden, dass das Aufdecken der genauen Auftretensart metakognitiver Aktivitäten im Unterrichtsgespräch weiteres Erklärungspotenzial bieten kann. Im Anschluss an Studien, wie sie von Depaepe et al. (2010) und Mevarech und Kramarski (1997) berichtet werden, könnte ein solcher Blick in tieferliegende Strukturen des Gesprächs dazu beitragen, die Mechanismen herauszuarbeiten und zu verstehen, die für das Wirksamwerden metakognitiver Aktivitäten verantwortlich sind .

2.4 Zielsetzung dieser Arbeit

Die Ausführungen der vorangehenden Kapitel weisen darauf hin, dass es im Bereich der Forschung zum Einsatz metakognitiver Aktivitäten erstens durchaus Bedarf an einer stärker qualitativ orientierten Forschung gibt und dass diese zweitens auch zu weiterreichenden Erkenntnissen führen kann. Problematisch an dem gerade eingesetzten Kategoriensystem zur Analyse metakognitiver Aktivitäten ist allerdings, dass es mit seinen Stärken dann an Grenzen stößt, wenn eine größere Menge von Daten zu untersuchen ist. Gerade die für das Verfahren von Depaepe et al. herausgestellten Vorteile (vgl. Kapitel 2.1) gelten hier nicht. Es besteht also Weiterentwicklungsbedarf.
An dieser Stelle setzt das in dieser Arbeit dokumentierte Vorhaben an: Übergeordnetes Ziel ist es, ausgehend von den Ergebnissen Cohors-Fresenborgs und Kaunes ein gegenüber ihrem Kategoriensystem vereinfachtes Instrument zu entwickeln, das einen Kompromiss darstellt zwischen dem Erreichen eines extrem tiefgründigen Einblicks in das Unterrichtsgespräch einerseits und einer speziell für die Analyse größerer Datensätze praktikablen, eher oberflächlichen Möglichkeit andererseits. Folgende untergeordnete Ziele sollen dabei Beachtung finden:
Der im vorangehenden Kapitel dokumentierte Analyseprozess zeigt, dass mit dem von Cohors-Fresenborg und Kaune entwickelten Kategoriensystem auf der Basis von Transkripten gearbeitet wird. Diese Transkripte müssen dabei sehr sorgfältig, d. h. auch detailgenau bspw. in der Kommentierung, angefertigt sein, da die ebenfalls bis in Details reichenden Kategorien sonst nicht zuverlässig vergeben werden können. Die Anfertigung eines solchen Transkripts ist sehr zeitaufwändig. Das erste untergeordnete Ziel ist daher das folgende:

- Das technische Vorgehen im Analyseprozess ist dahingehend zu verändern, dass es sich weniger zeitaufwändig gestaltet.

Des Weiteren offenbart eine Betrachtung des in Anhang A enthaltenen Kategoriensystems sofort seine Komplexität, d. h. die Detailgenauigkeit, mit der verschiedene Nuancen in der Ausübung einer Aktivität herausgearbeitet werden müssen. Wie das dritte graphische Profil in Abbildung 2.2 zeigt, können dabei durchaus auch mehrere Metakognitionskategorien für einen Beitrag vergeben werden, um das Geschehen abzubilden. Diese Detailgenauigkeit hat ihren Grund. Dem aufmerksamen Leser mag aber aufgefallen sein, dass zur Analyse der graphischen Profile im vorangehenden Kapitel nicht alle Informationen, die die Kategorien eigentlich enthalten, genutzt worden sind. Auf verschiedene Unterkategorien (erkennbar an der Ziffer in der Kategorienkurzbezeichnung) und Teilaspekte (erkennbar an dem ggf. auftretenden Kleinbuchstaben an letzter Stelle der Kategorienkurzbezeichnung) ist überhaupt nicht eingegangen worden. Dies lässt die Vermutung aufkommen, dass wohl nicht alle Informationen, die über die Anwendung des Kategoriensystems erhoben werden, zwingend notwendig sind, um das Auftreten von metakognitiven und diskursiven Aktivitäten so differenziert zu beschreiben, dass Unterschiede zwischen verschiedenen Unterrichtsgesprächen bis zu einem gewissen Grad offensichtlich werden. Um nicht in die Situation zu geraten, dass über die Kodierung Informationen erhoben werden, die im Prozess der Auswertung der Kodierungsdaten keine Beachtung mehr finden, stehen folgende untergeordnete Ziele ebenfalls im Fokus dieser Arbeit:

- Die Anzahl an Kategorien und die komplexen Möglichkeiten bei der Kategorisierung eines Beitrags sind deutlich zu verringern. Trotz dieser Verringerung, die mit einem Informationsverlust bei der an den Kodierprozess anschließenden Betrachtung der Kodierungsdaten einhergehen muss, soll folgenden Forderungen aber immer noch entsprochen werden:
  - Ein in der Unterrichtskultur angelegtes Zusammenspiel metakognitiver und diskursiver Aktivitäten muss beschreibbar bleiben.
  - Diese Beschreibung muss einen ausreichenden Tiefegrad erreichen. Sie darf also nicht zu sehr auf oberflächliche Merkmale der Gesprächsführung abzielen, um so Unterschiede in der Art des Auftretens metakognitiver und diskursiver Aktivitäten im Unterrichtsgespräch immer noch recht detailliert herausarbeiten zu können.
  - Das neue Analyseverfahren soll so angelegt sein, dass sich anhand der graphischen Profile weiterhin aussagekräftige Schlüsse ziehen lassen.

Ebenfalls ist zu betonen, dass mit der im vorangehenden Kapitel gezeigten Anordnung der vergebenen Kategorien in einem graphischen Profil zwar eine Darstellungsform vorliegt, anhand derer die Kodierungsdaten weiter ausgewertet werden können, nicht jedoch ein Auswertungsverfahren selbst. Es ist durchaus anhand von Beispielen gezeigt worden, welche Aspekte anhand verschiedener Darstellungsarten der Kodierungsdaten (genutzt werden hier das graphische Profil und Balkendiagramme) betrachtet werden können (vgl. z. B. Cohors-Fresenborg und Kaune, 2007a; Kaune, 2009). Was allerdings fehlt ist ein kleinschrittig ausgearbeitetes Vorgehen zur Auswertung der Kodierungsdaten, das in ein prägnant zusammenfassendes Ergebnis mündet. Dieses Fehlen mag darin begründet liegen, dass mit der Anwendung des Kategoriensystems vorrangig Ziele verfolgt wurden, für die ein kleinschrittig ausgearbeitetes Vorgehen zur Auswertung der Kodierungsdaten nachrangig war. Sollen aber mit dem neu entwickelten Instrument größere Mengen an Datenmaterial bearbeitet und die Ergebnisse verglichen sowie weiterführend ausgewertet werden, so muss ein weiteres untergeordnetes Ziel das folgende sein:

- Es ist ein Verfahren zu entwickeln, mit dem die Kodierungsdaten im Anschluss an den Kodierprozess standardisiert ausgewertet werden können. Das Ergebnis dieses Auswertungsschritts sollte dabei ein Format haben, das Vergleichen zwischen den Ergebnissen der Analyse verschiedener Unterrichtsgespräche entgegenkommt und damit einer weiterführenden Auswertung förderlich ist.

Schließlich wird sowohl für quantitativ als auch für qualitativ ausgerichtete Forschung der Anspruch erhoben, bestimmte Gütekriterien erfüllen zu müssen, auch wenn dabei nicht für beide genannten Forschungsansätze übereinstimmende Forderungen benannt werden. In Bezug auf die Arbeit mit einem Kategoriensystem gilt es als bedeutsam, zu überprüfen, ob verschiedene Kodierer in ausreichendem Maße übereinstimmend urteilen. Außerdem ist sicherzustellen, dass durch die Anwendung des Kategoriensystems auch das gemessen wird, was gemessen werden soll (Validität). Folgendes Ziel darf in dieser Arbeit deshalb auch nicht unbeachtet bleiben:

- Sowohl für den Kodierprozess selbst als auch für den Prozess der Auswertung der Kodierungsdaten ist zu überprüfen, inwiefern sie von anderen Personen in Übereinstimmung mit dem Autor dieser Arbeit durchgeführt werden können. Des Weiteren ist zu überprüfen, inwiefern Validitätskriterien erfüllt werden.

Auf welche Art und Weise versucht worden ist, die einzelnen Ziele zu erreichen, und wie diese Versuche zu bewerten sind, wird in Kapitel 6 zusammenfassend dargestellt.

2.5 Zum Aufbau dieser Arbeit

Im Zentrum dieser Arbeit steht die Entwicklung und Erprobung eines Instruments zur Analyse mathematikbezogener Unterrichtsgespräche. Wie bereits ausgeführt, kann hierbei auf ein schon bestehendes Kategoriensystem zurückgegriffen werden. Um dieses schon bestehende Kategoriensystem in den folgenden Kapiteln ohne Schwierigkeiten von dem neu entwickelten Instrument unterscheiden zu können, werden folgende Kurzbezeichnungen genutzt: KATMeDU (*K*ategoriensystem zur *A*nalyse von *T*ranskripten bzgl. *Me*takognition und *D*iskursivität im *U*nterrichtsdiskurs) für das bereits bestehende Kategoriensystem und vAMeDU (*v*ideobasiertes *A*nalyseinstrument für *Me*takognition und *D*iskursivität im *U*nterrichtsdiskurs) für das neu entwickelte Instrument.
Um das Erreichen der im vorangehenden Kapitel genannten Ziele zu überprüfen und den Weg dorthin für den Leser nachvollziehbar zu machen, wird folgendes Vorgehen gewählt: In Kapitel 3 werden die theoretischen Überlegungen, die dem vAMeDU zugrunde liegen, vorgestellt. Vor dem Hintergrund einer sozial-kognitiv geprägten, konstruktivistischen

Perspektive auf Lern- und Verstehensprozesse wird der Nutzen einer durch Metakognition und Diskursivität angereicherten Unterrichtskultur begründet. So soll es dem Leser ermöglicht werden, die Anlage des Instruments tiefgehend nachvollziehen zu können.
Kapitel 4 beginnt zunächst mit der Vorstellung und kritischen Betrachtung des von Cohors-Fresenborg und Kaune entwickelten KATMeDU. Mit dieser kritischen Betrachtung wird das Ziel verfolgt, Ansatzpunkte für Verbesserungen zu identifizieren, die ggf. in dem vAMeDU umgesetzt werden können. Dabei muss aber zugleich im Auge behalten werden, welche Stärken des transkriptbasierten Analyseverfahrens nach Cohors-Fresenborg und Kaune bei derartigen Änderungen verloren gehen können. In Kapitel 4.3 schließt sich dann eine ausführliche Vorstellung des neu entwickelten vAMeDU an. Es werden nicht nur die ausgewählten Kategorien vorgestellt und begründet, sondern auch Regeln zu ihrer Vergabe vermerkt und an Beispielen demonstriert. In Kapitel 4.4 wird zudem ein mögliches Vorgehen zur späteren Auswertung der Kodierungsdaten beschrieben.
Die Regeln bzgl. der Vergabe einzelner Kategorien sind dabei schon auf die in Kapitel 5 dokumentierte Erprobung des neu entwickelten Analyseinstruments anhand eines systematisch erhobenen Satzes videographierter Unterrichtsstunden zugeschnitten. In diesem Kapitel werden nicht nur Bemerkungen zur Einhaltung bestimmter Gütekriterien gemacht, sondern auch das vorgeschlagene Verfahren zur Auswertung der Kodierungsdaten wird ausführlich demonstriert. Insgesamt geschieht die Erprobung des vAMeDU nicht an speziell ausgesuchten Einzelfällen, sondern vielmehr an aus dem alltäglichen Unterricht gegriffenen Beispielen. Schließlich folgt im Rahmen der Vorstellung einzelner Typen von Gesprächsführung, wie sie während der Erprobungsphase identifiziert werden konnten, noch ein Rückbezug von den Ergebnissen der Auswertung der Kodierungsdaten auf die konkreten Unterrichtsgespräche. Es werden Transkripte angegeben. So soll dem Leser die Möglichkeit geboten werden, mit diesen Ergebnissen auch eine Vorstellung von der tatsächlichen Art und Weise der unterrichtlichen Kommunikation zu verbinden. Ebenfalls besteht so die Chance, sich ein Bild darüber zu verschaffen, welche Unterschiede im Gesprächsverlauf mit dem vAMeDU noch erkannt werden können. Eine kritische Betrachtung dieses neuen Analyseverfahrens rundet das Kapitel schließlich ab.
Mit einer Zusammenfassung der zentralen Ergebnisse dieser Arbeit und einem Ausblick auf zukünftige Einsatzmöglichkeiten des vAMeDU endet diese Dokumentation schließlich.
Grundsätzlich liegen in dieser Arbeit systematisch aufeinander aufbauende Kapitel vor. Um jedoch auch denjenigen Lesern, die nicht die gesamte Arbeit studieren möchten, das Nachvollziehen nur einzelner Abschnitte zu ermöglichen, kommt es vor, dass zentrale Aspekte, die an mehreren Stellen auftreten, erneut erklärt werden. Derartige Wiederholungen sind also bewusst formuliert worden, um den Lesefluss auch bei nur teilweisem Lesen der Arbeit zu fördern. Des Weiteren finden sich in den einzelnen Kapiteln an verschiedenen Stellen immer wieder Vorbemerkungen. In ihnen wird das jeweils Folgende in dem bisherigen Gang der Arbeit verortet. Sie stellen also Orientierungshilfen dar, die ebenfalls besonders dann wichtig sein können, wenn nur einzelne Kapitel der Arbeit gele-

sen werden. Außerdem beinhalten sie ggf. Begründungen für den Aufbau des Abschnitts, dem sie vorstehen, oder Informationen, die für das Folgende zentral sind.

Kapitel 3

Theoretische Grundlagen

3.1 Vorbemerkungen

Zentrales Anliegen dieser Arbeit ist es, die Entwicklung eines Instruments zur Analyse mathematikbezogener Unterrichtsgespräche bzgl. des Vorliegens metakognitiver und diskursiver Aktivitäten vorzustellen. Dazu kann auf ein bereits bestehendes Kategoriensystem zurückgegriffen werden (vgl. Cohors-Fresenborg et al., in Vorbereitung), das es jedoch zu modifizieren gilt. Sowohl dem bereits bestehenden Kategoriensystem (KAT-MeDU) als auch dem neu erarbeiteten Instrument (vAMeDU) liegen theoretische Überlegungen zugrunde. Dieses Kapitel dient dazu, sie vorzustellen.
Für Lern- und Verstehensprozesse wird hier eine konstruktivismustheoriegeleitete Vorstellung zugrunde gelegt. Dementsprechend beziehen sich die ersten Ausführungen in diesem Kapitel auf ausgewählte Aspekte des mittlerweile sehr weit verzweigten Konstruktivismustheoriegefüges. Aus diesen Aspekten ergeben sich Forderungen an die Didaktik, die in Kapitel 3.3 thematisiert werden. Als eine Möglichkeit, diesen Forderungen gerecht zu werden, wird in Kapitel 3.4 eine metakognitiv-diskursive Unterrichtskultur vorgestellt. Das vAMeDU wird so auszurichten sein, dass sich nach seiner Anwendung Aussagen über die Ausprägung des Vorliegens dieser Kultur in einem Unterrichtsgespräch treffen lassen.
Eine zentrale und derzeit viel diskutierte Forderung an die Didaktik, die sich aus dem konstruktivistischen Theoriegefüge ergibt, konzentriert sich auf die Notwendigkeit der kognitiven Aktivierung der Schüler. Dementsprechend wird im letzten Abschnitt dieses Kapitels, das Potenzial einer metakognitiv-diskursiven Unterrichtskultur auch bzgl. kognitiver Aktivierung in den Fokus genommen.

3.2 Lern- und Verstehensprozesse aus Sicht eines sozial-kognitiven Konstruktivismus

3.2.1 Vorbemerkungen

Innerhalb der letzten Jahrzehnte ist die Konstruktivismustheorie im Kontext des Lehrens und Lernens zu einer zentralen Sichtweise geworden. So stellt sie mittlerweile einen Leitbegriff für Fragen, das Wissen und die Förderung seines Erwerbs in Schule und Unterricht betreffend, dar. Dementsprechend finden sich auch in den meisten theoretischen Überlegungen zu aktuellen Forschungsprojekten aus dem Bereich der Lehr-Lern-Forschung Hinweise darauf, dass eine den Ideen des Konstruktivismus folgende Auffassung von Lernen zugrunde gelegt wird. Reusser (2006, S. 151) bringt dies durch folgende Formulierung zum Ausdruck: „Wer sich zum Konstruktivismus bekennt, ist nicht nur modern, er darf sich auch eines weitläufigen Kreises - zumindest scheinbar - Gleichgesinnter erfreuen.“ In diesen Worten schwingt Kritik mit. Es besteht stets die Gefahr, dass Forschungsarbeiten durch die Nennung des Schlagwortes „Konstruktivismus“ lediglich ein passender Anstrich gegeben wird. So führt Reusser (2006, S. 151) aus, dass in nicht wenigen Veröffentlichungen nahe gelegt werde, aus dem epistemologischen Leitbegriff des Konstruktivismus ließen sich offenes Lernen, Autonomie, Gruppenarbeit, Werkstatt- und Wochenplanunterricht deduzieren und dies geschehe bei einer gleichzeitigen Defunktionalisierung der Rolle der Lehrperson. In eine ähnliche Kerbe schlagen auch Mayer (2004) und Renkl (2005) im Rahmen ihrer Überlegungen zu Fehlschlüssen aus der Konstruktivismustheorie.

Um im Rahmen dieser Arbeit ein Stück weit offen zu legen, inwiefern und auf welche Art und Weise die theoretischen Überlegungen in der Konstruktivismustheorie verwurzelt sind, werden hier zunächst einige Aspekte dieser Theorie dargestellt. Dabei wird zugleich das Vokabular eingeführt, mit Hilfe dessen später weitere Überlegungen ausgeführt werden.

Die Konstruktivismustheorie, innerhalb derer sich in der Vergangenheit zahlreiche Strömungen entwickelt haben, vertritt in Bezug auf die Frage nach der Art, wie individuelles Wissen entsteht, eine von der Abbildtheorie zu unterscheidende Position. Grundlagentheoretische Ausführungen hierzu sind unter Rückgriff auf die Strömung des radikalen Konstruktivismus in Kapitel 3.2.2 enthalten. Der radikale Konstruktivismus sticht innerhalb des konstruktivistischen Theoriegefüges durch seine extremen Positionierungen hervor. Im kognitiven Konstruktivismus, der in Kapitel 3.2.3 thematisiert wird, sind diese relativiert. Solch eine gemäßigtere Haltung wird in dem aktuellen pädagogisch-didaktischen Forschungsdiskurs eher angenommen. Zudem spielt als neuere Facette im konstruktivistischen Theoriegefüge verstärkt die Frage eine Rolle, inwiefern die Aneignung von Wissen, d. h. der Lern- und Verstehensprozess, durch den sozialen Kontext, bspw. in Form von anderen Personen, beeinflusst wird. Informationen hierzu werden in Kapitel 3.2.4 ausgeführt.

3.2.2 Der radikale Konstruktivismus

Zunächst einmal muss betont werden, dass der radikale Konstruktivismus kein einheitliches Theoriegefüge darstellt, sondern unter diesem Begriff Argumentationszüge gesammelt werden, die sich an ganz unterschiedlichen Konzepten orientieren. Eine Übersicht hierzu bietet Diesbergen (1998). An dieser Stelle werden nur ausgewählte Argumentationszüge vorgestellt.
Zentral für den radikalen Konstruktivismus, unabhängig davon, welchen Konzepten einzelne Argumentationszüge im Detail folgen, ist seine erkenntnistheoretische Positionierung. Diesbezüglich nimmt er vollständig Abstand von der realistischen Position einer unmittelbaren Korrespondenz zwischen dem Wissen eines Individuums und der „objektiven Wirklichkeit". Wird nämlich der Wahrnehmungsvorgang als eine durch die Sinnesorgane vermittelte Abbildung der Wahrnehmungsobjekte (auf der einen Seite) in das wahrnehmende Subjekt (auf dcr anderen Seite) verstanden, so setzt von Glasersfeld, einer der Hauptvertreter des radikalen Konstruktivismus, seine Kritik wie folgt an: Er betont, dass man sich mit solch einer realistischen, abbildtheoretischen Positionierung ein unlösbares Problem aufhalse. „Da wir zu diesem Objekt 'draußen' keinen Zugang haben *außer* durch den Prozeß der Wahrnehmung, werden wir nie imstande sein festzustellen, ob unsere Perzepte genaue oder wahrhaftige Abbildungen jenes Objekts sind oder nicht." (von Glasersfeld, 1987, S. 123, Hervorhebungen wie im Original)
Nehmen die Vertreter des radikalen Konstruktivismus also Abstand von einer erkenntnistheoretischen Positionierung, die davon ausgeht, dass menschliches Wissen mit der „objektiven Wirklichkeit" korrespondiert, so wird damit ontologisch auch keine Existenz dieser Wirklichkeit vorausgesetzt. Watzlawick, ebenfalls ein Vertreter des radikalen Konstruktivismus betont, „daß jede Wirklichkeit im unmittelbarsten Sinne die *Konstruktion* derer ist, die diese Wirklichkeit zu entdecken und erforschen *glauben*. Anders ausgedrückt: Das vermeintlich *Ge*fundene ist ein *Er*fundenes, dessen Erfinder sich des Aktes seiner Erfindung nicht bewußt ist, sondern sie als etwas von ihm Unabhängiges zu entdecken vermeint und zur Grundlage seines »Wissens« und daher auch seines Handelns macht." (Watzlawick, 1997, S. 9f., Hervorhebungen wie im Original)
In diesem Zitat von Watzlawick wird auch der für das gesamte Gefüge der Konstruktivismustheorie grundlegende Begriff der „Konstruktion" eingeführt. Unter Berufung auf die Forschungsarbeit von Ceccato führt von Glasersfeld (2008, S. 29) aus, dass Wahrnehmung und Erkenntnis „kreative" Tätigkeiten seien, da sie keine ontischen Objeke widerspiegelten. Objekte entstünden als Folge von Handeln. Das Sehen wird dabei genauso als Handlung verstanden, wie das Malen, Graben oder Bauen eines Hauses. Menschliches Wahrnehmen wird im radikalen Konstruktivismus als Konstruktionsprozess verstanden, der im Gehirn des Menschen geschieht. Alles, was ein Mensch weiß, geht auf seine Konstruktionen zurück, ist also von ihm erfunden worden.
Eine derartige Auffassung von der menschlichen Wahrnehmung als aktiver, individueller Konstruktionsprozess liegt allen konstruktivistischen Strömungen zugrunde. Die Radikalität des hier vertretenen Ansatzes kommt durch die Verbindung dieser Annahme mit

der oben skizzierten Positionierung bzgl. einer beobachterunabhängigen Wirklichkeit zu stande. Damit steht der radikale Konstruktivismus dem Informationsverarbeitungsparadigma gegenüber (vgl. Ernest, 1994). Dieses gilt ebenfalls als zu den konstruktivistischen Strömungen gehörend, geht aber davon aus, dass die Welt, so wie sie wirklich ist, vom Individuum erkannt werden kann. Dabei wird die Metapher des Computers, im Sinne einer zwar aktiven aber leblosen Maschine, für den Wissensverarbeitungsprozess herangezogen.

Vor dem Hintergrund der Annahmen, dass jedes Individuum für sich seine Welt erfindet, die Außenwelt ihm epistemologisch verborgen bleibt und das Erheben von Wahrheitsansprüche demnach gefährlich ist, lässt der radikale Konstruktivismus dennoch keine subjektive Beliebigkeit der Konstruktionen zu. Die Güte einer Konstruktion wird dabei anhand ihrer Funktionsfähigkeit im Rahmen der eigenen Erlebenswelt gemessen.

> „Wo die Überlieferung, trotz Kant, zwischen Erlebnis und »Wirklichkeit« stets Gleichförmigkeit, Übereinstimmung oder zumindest Korrespondenz als natürliche und unerläßliche Voraussetzung betrachtete, postuliert der radikale Konstruktivismus die grundsätzlich andersartige Beziehung der Kompatibilität oder, wie ich sie in Anlehnung an den englischen Ausdruck nennen möchte, der Viabilität.
> Im Gegensatz zu der »ikonischen« Relation der Übereinstimmung, die - auch wenn nur eine ungefähre Annäherung postuliert wird - begrifflich auf Isomorphie beruht, ist die Relation der Viabilität auf den Begriff des Passens im Sinne des Funktionierens gegründet. Das heißt, etwas wird als »viabel« bezeichnet, solange es nicht mit etwaigen Beschränkungen oder Hindernissen in Konflikt gerät." (von Glasersfeld, 2008, S. 18f., Hervorhebungen wie im Original)

Der Begriff der Wahrheit, verstanden als wahre Abbildung einer von den Individuen unabhängigen Realität, wird hier ersetzt durch den Begriff der Viabilität innerhalb der Erfahrungswelt eines Subjekts (vgl. von Glasersfeld, 1996, S. 55).

Dass Theorien, die durch die Sinnesorgane vermittelte Abbildungen einer „objektiven Wirklichkeit" in das wahrnehmende Subjekt postulieren, unvernünftig sind, begründet von Foerster, ein weiterer Hauptvertreter des radikalen Konstruktivismus, auf der Basis von neurophysiologischen Argumenten. Die zentrale Vermittlerrolle zwischen der Außenwelt (Umwelt, Gegenstand, Objekt der Wahrnehmung usw.) und den individuellen Erfindungen nehmen die Sinnesorgane ein. Hier wirkt aber das Prinzip der Undifferenzierten Codierung, durch das ein Rückschluss auf das „Ding an sich", welches über die Sinnesorgane erfasst wird, ausgeschlossen ist:

> „»Die Erregungszustände einer Nervenzelle codieren *nur* die Intensität, aber *nicht* die Natur der Erregungsursache. Codiert wird nur: »Soundsoviel an dieser Stelle meines Körpers«, aber nicht »Was«.

> Anders ausgedrückt, der Signalfluß, der von den etwa hundert Millionen Sinneszellen dem Hirn zuströmt, trägt keinen Hinweis auf irgendwelche Eigenschaften jenseits dieser Zellen, außer daß sie an bestimmten Stellen der Körperoberfläche gereizt wurden." (von Foerster, 2008, S. 58, Hervorhebungen wie im Original)

Aus Sicht eines Didaktikers ist abschließend noch wichtig zu wissen, welche Einflussmöglichkeiten der radikale Konstruktivismus der Außenwelt auf das Individuum zugesteht. Zusammenfassend kann dies wie folgt beantwortet werden: Sie sind sehr eingeschränkt. Der Mensch selbst, speziell auch das Nervensystem einschließlich des Gehirns, gilt als ein in sich operational und informationell geschlossenes System. Interaktionen mit der Umwelt können gemäß Maturana und Varela (1987, S. 106) zwar eine Störeinwirkung, eine sog. Perturbation, nach sich ziehen, auf die das System mit Veränderungen reagiert. Allerdings sind diese Veränderungen determiniert durch das System selbst, durch seine Struktur und nicht durch die Art der Perturbation.

Zusammenfassend wendet sich der radikale Konstruktivismus zunächst einmal gegen realistische Positionen, die Wahrnehmung als einen durch die Sinnesorgane vermittelten Abbildungsprozess von einem Wahrnehmungsobjekt in das wahrnehmende Subjekt verstehen. Der radikale Konstruktivismus betont, dass Wissen vom Individuum aktiv aufgebaut werden muss. Durch die Einnahme einer ablehnenden Position bzgl. der Erkenntnismöglichkeiten einer ontologischen Wirklichkeit, nimmt der radikale Konstruktivismus innerhalb der Strömungen der Konstruktivismustheorie eine Extremposition ein. Das andere Extrem wird diesbezüglich durch den Informationsverarbeitungsansatz vertreten.

3.2.3 Der kognitive Konstruktivismus

Die Extrempositionen, die der radikale Konstruktivismus vertritt, sind in der Literatur nicht unkritisiert geblieben. In verschiedenen Forschungsarbeiten (vgl. z. B. Diesbergen, 1998; Nüse, 1995) werden grundlegende Basisannahmen der Theorie, die gerade auch für die Radikalität dieses Ansatzes sorgen, angegriffen und ad absurdum geführt. Abgesehen von kritischen Haltungen gegenüber der inneren Konsistenz der Theorie des radikalen Konstruktivismus arbeiten Gerstenmaier und Mandl (1995, S. 870) zusätzlich heraus, dass die radikalen Konstruktivisten eine „Theorie des Wissens" entwickelt hätten, die vor allem für das Verhältnis, in dem Wissen zu Welt und Wirklichkeit stehe, Alternativen suche. Sie würden sich weniger mit der Entstehung des Wissens, den Bedeutungen oder dem Wissenserwerb selbst beschäftigen. Die Akteure seien in den Hintergrund getreten und in selbstreferentiellen Systemen aufgegangen.

Vor diesem Hintergrund werden in der derzeitigen didaktisch-pädagogischen Diskussion konstruktivistische Strömungen mit relativierten Positionierungen vertreten, die auch die

Akteure im Blick behalten. Dieser Abschnitt wird sich auf die Vorstellung von für diese Arbeit wichtigen Teilen des kognitiven Konstruktivismus konzentrieren, wie ihn Sjuts (1999) auch unter Rückgriff auf Nüse (1995) beschreibt.

Der Name „kognitiver Konstruktivismus" mag zunächst seltsam klingen, denn er erweckt den Eindruck, als wäre es etwas Besonderes, konstruktivistische Ideen mit solchen der Kognitionstheorie zu koppeln. Wie Reusser (2006, S. 153) ausführt, ist die kognitive Wende der 60er Jahre von maßgebenden Kognitionstheoretikern immer schon als eine konstruktivistische verstanden worden. Ein Zusammenhang zwischen Konstruktivismus- und Kognitionstheorie ist also unübersehbar. Dennoch macht Sjuts auf Gegensätze aufmerksam:

> „In erkenntnis-, wissens- und seinstheoretischer Hinsicht prallen (radikaler) Konstruktivismus und Kognitivismus hart aufeinander: Der (radikale) Konstruktivismus verneint die Existenz objektiven Wissens; er lehnt eine Auffassung, derzufolge Wissen von einer Lehr- auf eine Lernperson übertragen wird, als objektivistisch ab. Wissen wird dagegen subjektiv generiert und konstituiert. Anders der Kognitivismus: Wissen liegt objektiv vor. Und Wissen läßt sich, jedenfalls prinzipiell, lehren, vermitteln, austauschen. So kann man verkürzt sagen, daß der Konstruktivismus für eine Epistemologie ohne Ontologie, der Kognitivismus für eine Epistemologie mit Ontologie steht." (Sjuts, 1999, S. 47, Klammersetzung wie im Original)

Im kognitiven Konstruktivismus werden diese Gegensätze überwunden, indem von radikalen Extrempositionen Abstand genommen wird. Unter kognitivem Konstruktivismus wird dabei verstanden, „daß das reiz- qua umweltverarbeitende menschliche Subjekt gerade nicht die von außen kommenden Reize mehr oder minder passiv-rezeptiv 'abbildet', sondern aktiv-konstruktiv mit vorhandenen kognitiven Strukturen, sprachlichem wie nicht-sprachlichem Vor- und Weltwissen etc. verbindet und damit die 'rezipierte' Information zu einem nicht geringen Teil selbst aktiv 'kognitiv konstruiert'" (Nüse, 1995, S. 2). Kognitive Konstruktionen werden dabei als Repräsentationen verstanden, „die zwar nicht immer als isomorphe oder homomorphe Abbildungen von Umwelt, Außenwelt, Realität, Wirklichkeit (oder wie immer man es formulieren möchte) aufgefaßt werden, für die aber ein strukturell vorhandener (gegebenenfalls auch verzerrter) Bezug zu dem Repräsentierten zugelassen oder unterstellt wird" (Nüse, 1995, S. 6).

Aus diesen Zitaten wird deutlich, dass der kognitive Konstruktivismus im Vergleich zum radikalen eine andere epistemologische Position vertritt. Die dualistische Trennung von Subjekt und Objekt wird nicht analog zum radikalen Konstruktivismus abgelehnt. Dementsprechend behauptet der kognitive Konstruktivismus auch nicht, dass sämtliches Wissen als „Erfindung" aufzufassen sei. So stellt Nüse (1995, S. 6) für den kognitiven Konstruktivismus schließlich die zentrale Botschaft heraus, dass unser Erkennen immer zum Teil Entdecken und zum Teil Erfinden sein werde.

Des Weiteren geht aus den anfänglichen Zitaten hervor, dass der kognitive Konstruktivismus analog zum radikalen den aktiv-konstruktiven Charakter menschlicher Erkenntnis betont. Sjuts (1999, S. 49) geht bzgl. der Konstruktionen mit Bezug auf Aebli noch einen Schritt weiter. Er geht von Rekonstruktionen aus:

> „Im Sinne des kognitiven Konstruktivismus ist Wissenserwerb Konstruieren auf der Basis von Vorkenntnissen und Voreinstellungen im Kontext von Wahrnehmungen und Erfahrungen. Konstruktionen sind somit nicht subjekt- und kontextunabhängig. Ebensowenig dürfen sie der Beliebigkeit oder Zufälligkeit anheimfallen, vielmehr bedürfen sie, da sie unzulänglich oder falsch sein können, der Adäquatheitsprüfung mindestens nach dem Maßstab der Intersubjektivität. Wissen wird zwar individuell konstruiert, ist aber nicht subjektiv-beliebig. Folglich sind die Konstruktionen beim Wissenserwerb keine echten Entdeckungen oder Erfindungen, allenfalls Wieder- oder Nachentdeckungen und Wieder- oder Nacherfindungen, kurz: Rekonstruktionen."

Durch die deutlich werdenden veränderten Positionen des kognitiven Konstruktivismus gegenüber dem radikalen ist jedoch, dies sei betont, auch das andere Extrem, der Informationsverarbeitungsansatz, noch nicht erreicht. Letzterer vergleicht den Menschen mit einer zwar aktiven aber leblosen Maschine und geht davon aus, dass absolutes, sicheres Wissen möglich ist. Der kognitive Konstruktivismus gesteht dem Individuum einen individuell geprägten Wissensaufbau zu. Dieser ist nicht nur vorwissens-, sondern auch absichtsabhängig (vgl. Sjuts, 1999, S. 49).

Wie bereits erwähnt, werden kognitive (Re-)Konstruktionen als Repräsentationen aufgefasst. Für die Repräsentation einerseits und das Repräsentierte andererseits verwendet Schwank (1993, S. 14) die Begriffe der internen Repräsentation, der Vorstellung, einerseits und der externen Repräsentation, der Darstellung, andererseits. Dabei geht sie davon aus, dass die Welt über die Darstellungen auf die Vorstellungen einwirke. Es komme zentral auf diese Interaktion zwischen Darstellung und Vorstellung an. Aus didaktischer Sicht ist der Schluss, den Sjuts (1999, S. 48) daraus zieht, von Bedeutung: Dieser Standpunkt erlaube es, externe wie interne Repräsentationsformen mit gleicher Terminologie und Theorie zu erfassen und sie in eine interaktionale Beziehung zu setzen. Damit würden Lernprozesse durchschaubar, gar gestaltbar, indem man Repräsentationsformen gründlich erforsche und sie in das Bewusstsein der Lehrenden und Lernenden rücke.

Zentrale Konsequenz aus dem kognitiv-konstruktivistischen Ansatz ist es schließlich, kognitive Werkzeuge zu entwickeln (vgl. Sjuts, 1999, S. 47). Dies ist vor folgendem Hintergrund zu verstehen: Die bereits angesprochenen inneren Repräsentationen oder Vorstellungen gehen in sog. mentalen Modellen auf. Mentale Modelle sollen hier als Oberbegriff für verschiedenste Arten innerer Repräsentationssysteme verstanden werden, wie sie z. B. von Wuttke (2005, S. 37) u. a. durch die Nennung semantischer Netze, Schemata und Produktionssysteme aufgeführt werden. Die verschiedenen Ausprägungen mentaler Modelle sind dabei jeweils für eine bestimmte Art von Wissen[1] besonders geeignet. Men-

[1] Eine Konkretisierung der verschiedenen Arten von Wissen ist ebenfalls bei Wuttke (2005, S. 30ff.) aufgeführt.

talen Modellen werden die Funktionen des Darstellens und Deutens äußerer Situationen zugesprochen. „Die Formulierungen des Darstellens und Deutens tragen der Annahme Rechnung, daß es sich dabei nicht um Abbilden in einem Sinne von Isomorphie handelt und daß es eine Abhängigkeit von der Absicht der wahrnehmenden Person gibt.“ (Sjuts, 1999, S. 33) Mentale Modelle besitzen schließlich die Fähigkeit, sich zu wandeln. In dem Fall, in dem beim Darstellen oder Deuten Probleme auftreten, sich das mentale Modell also als inadäquat erweist, kann es durch Umstrukturierungs- oder Erweiterungsprozesse verändert werden (vgl. Sjuts, 1999, S. 34).

Das gesamte Gefüge vorhandenen Wissens wird schließlich als Wissensstruktur bezeichnet. Vor dem Hintergrund der Möglichkeit der Veränderung mentaler Modelle wird deutlich, dass die Wissensstruktur Voraussetzung und Prozessprodukt zugleich ist. Voraussetzung ist sie insofern, als sie die Rahmenbedingungen für die Aufnahme neuen Wissens darstellt, Prozessprodukt, als sie nach jedem Lernprozess einen neuen Stand erreicht. Wissen, das zugleich Verstehen impliziert, ist dabei vor allem dadurch gekennzeichnet, dass es fest in die Wissensstruktur eingewoben, dort vernetzt ist (vgl. Wuttke, 2005, S. 19). In diesem Zusammenhang werden nun auch die geforderten kognitiven Werkzeuge interessant. Sjuts (1999, S. 51f.) versteht darunter Werkzeuge zur Wissensrepräsentation, wobei die Wissensrepräsentation wiederum als das Zentrum der Erarbeitungs-, Bearbeitungs- und Verarbeitungsprozesse von Wissen gilt. Mit anderen Worten werden darunter Prozesse verstanden, die von intuitivem zu elaboriertem Wissen führen sollen. Als konkrete Beispiele für solche Werkzeuge werden das Argumentieren, Begründen und Beweisen genannt.

Zusammenfassend lässt sich also festhalten, dass die Idee, dass Wissen vom Individuum aktiv konstruiert werden muss, in der Theorie des kognitiven Konstruktivismus weiter verfolgt wird. Epistemologische und ontologische Extrempositionen werden allerdings relativiert. Die Welt wird vom Individuum weder passiv rezipiert noch ohne Bezug zu einer ontologischen Realität erfunden. Sie wird zum Teil (wieder-)entdeckt und zum Teil (wieder-)erfunden, also (re-)konstruiert. Lernen ist ein Vorgang, der in Abhängigkeit des Individuums, seines Vorwissens und seiner Absichten gedacht werden muss. Dabei herrscht keine Beliebigkeit der (Re-)Konstruktionsprodukte vor. Durch ein genaues Studium des Zusammenspiels zwischen internen und externen Repräsentationen, also internen Vorstellungen und externen Darstellungen, können Lernprozesse ein Stück weit durchschaubar und gestaltbar werden, um so inadäquaten oder falschen (Re-)Konstruktionen entgegenzuwirken. Zentral für die Wissensrepräsentation, also den Ort des Erarbeitens, Bearbeitens und Verarbeitens von Informationen, ist die Ausbildung kognitiver Werkzeuge.

3.2.4 Mechanismen des Wirksamwerdens des sozialen und kulturellen Kontexts vor dem Hintergrund einer konstruktivistischen Auffassung des Erkennens

Bisher sind zwei Strömungen aus dem Feld der Konstruktivismustheorie vorgestellt worden, der radikale Konstruktivismus und der kognitive Konstruktivismus. Der Fokus lag dabei auf ontologischen und epistemologischen Fragen, von denen ausgehend Vorstellungen zum Wissensbildungsprozess dargestellt wurden. In Bezug auf diese Vorstellungen stand bisher die Orientierung am Individuum im Vordergrund. Nun muss allerdings vor dem Hintergrund des derzeitigen Stands der Forschung eine weitere Perspektive miteinbezogen werden. Die Perspektive der individuellen Wissenskonstruktion ist zu erweitern durch die Perspektive der gemeinsamen Wissenskonstruktion.

> „Mit Bezug auf unterschiedliche Forschungstraditionen ... wird in der gegenwärtigen mathematikdidaktischen Unterrichtsforschung davon ausgegangen, dass kindliches Lernen nicht allein ein interner mentaler Prozess der individuellen Wissensaneignung ist, sondern dass gerade soziale Beziehungen und die Kommunikation mit anderen Personen fundamental für die Weiterentwicklung des Wissens sind.“ (Nührenbörger, 2009, S. 147)

Wird dies ernst genommen, so ist schon an dieser Stelle zu betonen, dass es die Unterrichtsdiskursprozesse sein werden, denen aufgrund ihrer hohen Bedeutung für die Weiterentwicklung des Wissens Aufmerksamkeit zu schenken ist.
Im Folgenden wird der Schwerpunkt nun auf ausgewählten Ansätzen liegen, die sich auf das Zusammenspiel sozialer und individueller Prozesse bei der Konstruktion von Wissen konzentrieren. Konkret werden in der Literatur in diesem Zusammenhang immer wieder die auf Piaget zurückgehenden Überlegungen bzgl. kognitiver Konflikte und die auf Vygotsky zurückgehenden Überlegungen bzgl. der Erarbeitung eines gemeinsam geteilten Verständnisses eines Problems genannt. Diese werden im Folgenden kurz vorgestellt. Eine Diskussion anderer Ansätze, gemäß denen die gemeinsame Wissenskonstruktion gedacht werden kann, soll hier nicht geleistet werden. Eine weiterreichende Übersichtsdarstellung diesbezüglich ist bei Fischer (2002) zu finden.
Unter Rückgriff auf ein konstruktivistisches Verständnis von Lernen im Sinne Piagets wird angenommen, dass sich widersprechende Positionen Anlass geben können, bisher aufgebaute Wissensstrukturen zu verändern, d. h. weiterzuentwickeln oder zu reorganisieren (vgl. Fischer, 2002, S. 120): Durch das Aufeinandertreffen unvereinbarer Positionen von Gesprächspartnern können Störungen (Perturbationen) des individuellen kognitiven Gleichgewichts auftreten. Aufgrund seines Bestrebens nach einem kognitiven Gleichgewichtszustand (Äquilibrium) ist das Individuum dann versucht, den Konflikt für sich zu lösen. Dies kann zu einer Reorganisation der Wissensstrukturen und ggf. zu vertieftem Verständnis führen. Piaget selbst formuliert: „Disequilibria alone force the subject to go beyond his current state and strike out in new directions.“ (Piaget, 1985, S. 10) Allerdings

werden im Rahmen der durch Piaget geprägten Überlegungen auch solche Reaktionen auf einen Konflikt in Betracht gezogen, die der Weiterentwicklung des Wissens nicht in gewünschtem Sinne entsprechen (vgl. De Lisi und Golbeck, 1999, S. 14f.): Es ist denkbar, dass das Individuum die Ungereimtheiten ignoriert. Auf diese Weise wird es nicht zu einer Umorganisation der bisherigen Wissensstrukturen und damit nicht zu verändertem evtl. auch vertieftem Verständnis kommen. Der gleiche Effekt stellt sich ein, wenn das Individuum als Reaktion auf den Konflikt beginnt, andere zu imitieren.

Damit wird letztendlich deutlich, dass der soziale Kontext aus der hier vorgestellten Perspektive stimulierend auf die Konstruktion von Wissen wirken kann, die Ergebnisse dieser Stimulation allerdings durch selbige nicht determiniert sind. Eine solche Position ist auch im Rahmen der Vorstellung von radikal-konstruktivistischen Argumentationszügen (vgl. Kapitel 3.2.2) schon aufgetreten. Pauli und Reusser (2000, S. 424ff.) betonen aber, dass die Wirkung, die kognitive Konflikte nach sich ziehen, nicht so sehr vom bloßen Auftreten der Konflikte abhinge, schon aber von der Qualität ihrer Bearbeitung. Dabei gehen Pauli und Reusser zugleich davon aus, dass das Umfeld auf diese Qualität Einfluss nehmen kann, und zwar in Fom von qualitativ hochwertigen Lerndialogen.

Die Arbeiten Vygotskys spiegeln von Anfang an eine weniger allein auf das Individuum konzentrierte Sichtweise. In dieser Tradition sind es eher nicht die kognitiven Konflikte, denen die Möglichkeit des Auslösens von Lernzuwachs zugeschrieben wird, sondern das sozial konstruierte, gemeinsam geteilte Verständnis einer Situation oder eines Problems (vgl. Pauli und Reusser, 2000, S. 425).

Wie Hogan und Tudge (1999, S. 41ff.) zusammenfassen, geht Vygotsky davon aus, dass mentale Funktionen, wie das Denken und das Problemlösen, grundsätzlich kulturell vermittelt sind. Vor diesem Hintergrund entwickelt sich das Individuum, indem es durch die Interaktion mit anderen in der Umwelt den Umgang mit kulturellen Werkzeugen und Symbolen erfährt. Entscheidend ist dabei der Mechanismus des Zusammenspiels zwischen internalen und externalen Prozessen (vgl. Fischer, 2002, S. 123f.). So geht Vygotsky davon aus, dass relevante Konzepte und Denkweisen zunächst auf der interindividuellen Ebene ausgeführt und erst dann verinnerlicht, d. h. für die intraindividuelle Ebene übernommen werden. Dabei stehen die relevanten Konzepte allerdings nicht kopierbereit zur Verfügung (vgl. Palincsar, 1998, S. 352). Wissen wird vielmehr sozial konstruiert und im Rahmen des Prozesses der Internalisierung durch das Indidviuum unter Einbezug seines Vorwissens und bisheriger Erfahrungen angeeignet.

Im Rahmen der Wissenskonstruktion bei der Auseinandersetzung mit anderen betont Vygotsky zudem die Rolle des kompetenteren Anderen (vgl. Fischer, 2002, S. 124). Das Individuum kann besonders dadurch unterstützt werden, dass ein kompetenterer Anderer ihm hilft, zu verstehen, wie in der kulturellen Gruppe relevante Werkzeuge und Symbole adäquat verwendet werden. Dies muss sich dabei in der „Zone der nächsten Entwicklung“ des Individuums abspielen (vgl. Vygotsky, 1978, S. 84-91), d. h. optimal auf das Entwicklungspotenzial des Individuums abgestimmt sein, da das Individuum die Lerngelegenheit sonst nicht nutzen kann.

Im Rahmen dieser Sichtweise wird dem sozialen bzw. kulturellen Kontext also eine zentrale Rolle bei der Konstruktion von Wissen zugeschrieben. Es wird von einer durch das Umfeld unterstützten, individuellen Aneignung sozialer Konstruktionen ausgegangen (vgl. Fischer, 2002, S. 124). Wie auch im Rahmen der Theorie des kognitiven Konflikts wird der Qualität der Interaktion dabei eine zentrale Rolle zugeschrieben (vgl. Pauli und Reusser, 2000, S. 425).

Sind die beiden bisher vorgestellten Ansätze zunächst auch verschieden, so fällt doch auf, dass die jeweils angenommenen Mechanismen sich mit Blick auf Unterricht vor allem dann positiv auf die Wissenskonstruktion auszuwirken versprechen, wenn die soziale Interaktion noch näher zu beschreibenden Qualitätskriterien genügt. Andernfalls wird der Gefahr, dass kognitive Konflikte nur unbefriedigend bearbeitet werden oder vielleicht gar nicht an der richtigen Stelle entstehen, in keiner Weise vorgebeugt. Ebenso könnte die gezielte und ehrliche Aushandlung eines gemeinsam geteilten Verständnisses überhaupt nicht stattfinden.

Zusammenfassend lässt sich sagen, dass durch die Konstruktivismustheorie eine Perspektive vorliegt, die Wahrnehmen und Erkennen und damit in letzter Konsequenz den Aufbau von Wissen als Konstruktionsprozess ansieht, dessen Resultate keine isomorphen Abbildungen einer „objektiven Wirklichkeit“ darstellen. Der kognitive Konstruktivismus nimmt Abstand von der extremen Position des radikalen Konstruktivismus bzgl. ontologischer Fragen. Zudem existieren verschiedene Vorstellungen zu Mechanismen, gemäß denen die Weiterentwicklung individuellen Wissens durch die Auseinandersetzung mit anderen gedacht werden können. Als zentral werden auf jeden Fall qualitativ hochwertige Lerndialoge angenommen.

3.3 Forderungen an die Didaktik aus Sicht eines sozial-kognitiven Konstruktivismus

Mit der Vorstellung von ausgesuchten Teilen des konstruktivistischen Theoriegefüges sind noch keine Forderungen an die Didaktik benannt worden. Dies gilt es nun nachzuholen. Dazu wird der Fokus allein auf solchen Forderungen liegen, die für das Führen von Unterrichtsgesprächen von Bedeutung und für die noch folgenden Ausführungen in dieser Arbeit zentral sind.

Im Folgenden werden drei Aspekte, die im Rahmen der Vorstellung von Teilen des konstruktivistischen Theoriegefüges erklärt worden sind, wieder aufgegriffen. Es handelt sich um die Annahmen, dass Wissen aktiv konstruiert werden muss, kognitiven Werkzeugen dabei eine große Bedeutung zukommt und das soziale Umfeld unter gewissen Umständen dazu beitragen kann, Konstruktionsprozesse des Individuums anzuregen und in ihrem Ergebnis zu beeinflussen. Aus diesen drei Aspekten heraus werden schließlich zwei Forderungen an die Didaktik begründet: Die kognitive Aktivierung der Schüler und die Ausbildung und das Training kognitiver Werkzeuge, was im Rahmen einer spezifischen Unter-

richtskultur geschehen kann.
Aus der ersten Annahme, nämlich dass Wissen aktiv konstruiert werden muss, erwächst die Anforderung an das Unterrichtsgespräch, Wissenskonstruktionsprozesse bei den Schülern anzuregen. Die Lernenden sind kognitiv zu aktivieren. Das Wort „kognitiv" ist dabei von zentraler Bedeutung. Nicht gemeint ist nämlich eine notwendigerweise nach außen hin sichtbare Aktivierung, die sich z. B. darin äußert, dass Gegenstände manipuliert werden oder die Schüler „diskutieren" im Sinne von reden. Nach Mayer (2004, S. 17) sind es die kognitiven Aktivitäten, die bedeutungsvolles Lernen tatsächlich vorantreiben. Konkret nennt er die Auswahl relevanter eingehender Informationen, deren Organisation in einer kohärenten Struktur und die Integration solch einer Struktur in die bereits bestehende Wissensstruktur. Nun wäre die Herausstellung gerade der kognitiven Aktivierung dann nicht so zwingend erforderlich, wenn nach außen hin sichtbare Aktivitäten immer zu produktiven kognitiven Aktivitäten führen würden. Renkl (2005, S. 14) führt diesbezüglich aber an, dass von außen sichtbares Lernverhalten stattfinden könne, ohne mit produktiven mentalen Aktivitäten verbunden zu sein. Weiter gebe es sogar Fälle, in denen eine offen sichtbare Aktivität nicht nur keine produktiven mentalen Konstruktionsprozesse fördere, sondern diese behindere.
Für das Unterrichtsgespräch ist damit also das Fazit zu ziehen, dass es kognitiv aktivierend sein muss, was sich aber nicht ohne Weiteres an nach außen hin wahrnehmbarer Aktivität der Schüler zeigt. Damit geht aus Sicht eines Lehrers das Problem einher, dass sich bzgl. des Vorliegens von kognitiver Aktivierung nur schwer Hinweise bei den Schülern ausmachen lassen. Speziell im Unterrichtsgespräch bietet sich für eine Suche nach Hinweisen vorrangig das Medium der Sprache an. Dementsprechend kann es auch vor dem Hintergrund des Ziels der kognitiven Aktivierung nicht verwerflich sein, Schüler zur Beteiligung am Unterrichtsgespräch anzuhalten. Wichtig scheint hier allerdings, dass das Gespräch von einer Qualität sein muss, die wenigstens versucht, die kognitive Aktivierung der Schüler gezielt zu unterstützen. Es müssen für die Wissenskonstruktion relevante kognitive Aktivitäten verlangt und ihr Vorliegen auch so weit wie möglich überprüft werden, um wenigstens die Wahrscheinlichkeit zu erhöhen, dass die Lernenden an das aktive Konstruieren von Wissen herangeführt werden.
Aus der zweiten Annahme, welche aus Teilen des konstruktivistischen Theoriegefüges hervorgeht, nämlich das adäquate kognitive Werkzeuge für die Er-, Be- und Verarbeitung von Wissen zentral sind, erwächst die Anforderung zur Ausbildung solcher Werkzeuge und zum Training ihres Gebrauchs. Dies auch im Unterrichtsgespräch anzustreben, erscheint durchaus sinnvoll. Hier hat der Lehrer die Chance, die Schüler konkret anzuleiten und in dem Fall, in dem er Probleme diagnostiziert, intervenierend einzugreifen. Ziel muss es letztendlich sein, dass die Schüler die Aktivitäten, die solch ein kognitives Werkzeug ausmachen, in ihren „intellektuellen Habitus" übernehmen. Cohors-Fresenborg (2001) greift zur Veranschaulichung dessen, was hier gemeint ist, auf die Metapher des Aufbaus eines Betriebssystems in den Köpfen der Schüler zurück. Dieses Betriebssystem beinhaltet dabei sog. Frames und Prozeduren, die grundlegende Informationen und Fertigkeiten

für die Erschließung eines Gebiets, wie bspw. der Mathematik, zur Verfügung stellen. Das Zusammenwirken verschiedener Frames und Prozeduren muss dabei für den Schüler bewusst eingefahren werden. In diesem Sinne sind die Fertigkeiten, die ein kognitives Werkzeug ausmachen, also bekannt zu machen und zu trainieren, sodass sie letztendlich in den „intellektuellen Habitus" der Schüler oder, bildlich gesprochen, in ihr intellektuelles Betriebssystem eingehen.
Nun liegt es nahe, dass Derartiges nur erreicht werden kann, wenn die Aktivitäten, die das kognitive Werkzeug ausmachen, konstant gefordert und gefördert werden. Dementsprechend erscheint es sinnvoll, den Aufbau und das Training der Anwendung dieser Werkzeuge in eine *Kultur* der Gesprächsführung einzubinden. Auf diese Art und Weise mag es gelingen, bestimmte Aktivitäten zur Erarbeitung, Bearbeitung und Verarbeitung von Wissen tatsächlich grundlegend einzuschleifen.
Wenn nun die Evozierung von kognitiver Aktivität und die Ausbildung sowie das Training kognitiver Werkzeuge im Unterrichtsgespräch gefordert werden, so setzt dies bereits die dritte Annahme voraus, die aus den vorgestellten Teilen des konstruktivistischen Theoriegefüges hervorgeht. Sie bezieht sich auf die Einflussmöglichkeiten des sozialen Umfelds auf den Wissenskonstruktionsprozess des Individuums. Dabei beinhaltet diese Annahme allerdings zusätzlich, dass der soziale Kontext mit seinen beschriebenen Funktionen vor allem dann wirklich wirksam werden kann, wenn die Kommunikation des Individuums mit dem sozialen Umfeld qualitativ hochwertig verläuft. Was mit den Wörtern „qualitativ hochwertig" gemeint ist, ist dabei weiter zu präzisieren. An dieser Stelle sei dazu zunächst auf die Ergebnisse des systematischen Literaturreviewings von Walshaw und Anthony (2008) verwiesen[2]. Für das Führen von Unterrichtsgesprächen stellen sie Folgendes heraus:

> „Facilitating respectful and patterned interactions in the classroom contributes to the enhancement of students' aspirations, attitudes, and achievements. Teachers who set up conditions that are conducive to classroom discussion come to understand their students better. Students benefit, too, and the ideas put forward in the classroom become rich resources for knowledge. Through students' purposeful involvement in discourse, through listening respectfully to other students' ideas, through arguing and defending their own positions, and through receiving and providing a critique of ideas, students enhance their own knowledge and develop their mathematical identities." (Walshaw und Anthony, 2008, S. 542f.)

Für das Unterrichtsgespräch bedeutet dies, dass es sinnvoll scheint, bestimmte Einstellungen gegenüber und Umgangsformen mit den Beiträgen anderer ebenfalls in die zu etablierende Unterrichtskultur aufzunehmen. Hier kann die kritische Auseinandersetzung mit den Ideen anderer Schüler und das genaue Zuhören bei Wortmeldungen anderer verankert

[2] Auf konkrete Forschungsergebnisse zu diesem Themenbereich wird in Kapitel 3.4.3.2 näher eingegangen.

werden. Damit kommt der Unterrichtskultur auf den ersten Blick eine doppelte Funktion zu: Die Ausbildung sowie das Training kognitiver Werkzeuge und die Gewährleistung eines qualitativ hochwertigen Unterrichtsgesprächs. Bei genauer Betrachtung genügt es aber wohl, die Forderung nach der Ausbildung kognitiver Werkzeuge zu stellen: Die Fertigkeiten, die benötigt werden, um das Gespräch auf einem angemessenen Niveau zu halten, können ebenfalls als kognitives Werkzeug bezeichnet werden. Sie wirken schließlich ebenfalls unmittelbar auf die Wissenserarbeitung, -bearbeitung und -verarbeitung ein.

3.4 Eine metakognitiv-diskursive Unterrichtskultur

3.4.1 Vorbemerkungen

Das vorangehende Kapitel endete damit, Forderungen an die Führung von Unterrichtsgesprächen zu stellen. Diese Forderungen ließen sich dabei im konstruktivistischen Theoriegefüge verankern, waren aber noch sehr abstrakt formuliert: Es müsse sichergestellt werden, dass die Schüler kognitiv aktiviert würden. Zudem sei der Umgang mit kognitiven Werkzeugen zu trainieren, was im Rahmen einer spezifischen Unterrichtskultur geschehen könne. Ziel dieses Kapitels ist es nun, eine metakognitiv-diskursive Unterrichtskultur mit ihren zentralen Bestandteilen, nämlich metakognitiven und diskursiven Aktivitäten, vorzustellen. Dabei kann diese Unterrichtskultur gedacht werden als eine Variante der oben vorgeschlagenen zu etablierenden Unterrichtskultur. Ihr Schwerpunkt liegt auf der Ausbildung und dem Training des Umgangs mit den kognitiven Werkzeugen der Metakognition und der Diskursivität. Was dabei unter den Begriffen Metakognition und Diskursivität zu verstehen ist und aus welchen Gründen rechtfertigbar scheint, gerade sie als zentrale kognitive Werkzeuge auszubilden, wird in den Kapiteln 3.4.2 und 3.4.3 ausgeführt. Kapitel 3.4.4 beschäftigt sich schließlich mit dem Zusammenspiel metakognitiver und diskursiver Aktivitäten im Rahmen dieser Unterrichtskultur.

3.4.2 Metakognition

3.4.2.1 Vorbemerkungen

Der Begriff der Metakognition wird heute durchaus nicht immer in identischer Weise verstanden. Es rangt sich vielmehr ein weit verzweigtes Forschungsfeld um ihn. Da diesem Begriff bzw. den sich dahinter verbergenden Aktivitäten in dieser Arbeit allerdings eine zentrale Rolle zukommt, wird in den folgenden Abschnitten versucht, das hier zugrunde liegende Verständnis von Metakognition und ihrer Wirkungsweise vor dem Hintergrund des aktuellen Forschungsdiskurses zu verankern. Dazu soll zunächst kurz auf begriffliche Aspekte und erste mathematikdidaktische Ansätze eingegangen werden (vgl. Kapitel 3.4.2.2), bevor das hier zugrunde liegende Verständnis dann vor dem Hintergrund ausgewählter Forschungsbemühungen (vgl. Kapitel 3.4.2.3) dargelegt wird (vgl. Kapitel 3.4.2.4).

3.4.2.2 Zum Begriff der Metakognition und zu ersten mathematikdidaktischen Ansätzen

Am Anfang der Forschungsgeschichte zum Bereich der Metakognition standen die Arbeiten Flavells zur Entwicklung des Metagedächtnisses, bevor um 1975 herum der Begriff der Metakognition aufkam (vgl. Brown, 1984, S. 61). Dieser begegnet heute in Arbeiten zur Lehr-Lern-Forschung regelmäßig. Das Feld der Metakognition hat hier in den vergangenen Jahren viel Aufmerksamkeit erfahren. Dabei wird der Begriff aber im Detail nicht immer in identischer Weise verstanden. In Bezug auf die Frage, was sich denn hinter ihm verberge, formuliert Brown (1984, S. 61) bewusst vage, Metakognition habe - vorsichtig formuliert - mit dem Wissen und der Kontrolle über das eigene kognitive System zu tun. Sie führt weiter aus, dass Metakognition nicht nur ein Monstrum ungeklärter Elternschaft sei, sondern zudem ein vielköpfiges Monstrum (vgl. Brown, 1984, S. 99). Damit spricht Brown eines der beiden Hauptprobleme an, die sie mit dem Begriff verbindet. Neben der Tatsache, dass es oft schwierig ist, zwischen dem, was „meta“ und dem, was „kognitiv“ ist, zu unterscheiden, hat sich rund um den Begriff der Metakognition ein weit verzweigtes Forschungsfeld entwickelt, daher „vielköpfiges Monstrum“, das seinen Ursprung in vielen unterschiedlichen Traditionen hat, daher „Monstrum ungeklärter Elternschaft“. Auch für die heutige Zeit und mit direktem Bezug auf die Lehr-Lern-Forschung betont Veenman, dass das Forschungsfeld der Metakognition eines sei, das Kohärenz vermissen lasse:

> „Metacognitive beliefs, metacognitive awareness, metacognitive experiences, metacognitive knowledge, feeling of knowing, judgment of learning, theory of mind, metamemory, metacognitive skills, executive skills, higher-order skills, metacomponents, comprehension monitoring, learning strategies, heuristic strategies, and self-regulation are several of the terms we commonly associate with metacognition.“ (Veenman et al., 2006, S. 4)

Vor allem eine die theoretische Erfassung des Konstrukts betreffende Unterscheidung verschiedener Komponenten von Metakognition begegnet allerdings doch immer wieder (vgl. Veenman et al., 2006, S. 4f.). Die Rede ist von der Differenzierung zwischen metakognitivem Wissen und metakognitiven Fähigkeiten. Während sich Ersteres auf deklaratives Wissen über Personen-, Aufgaben- und Strategievariablen bezieht, konzentriert sich Letzteres auf prozedurales Wissen zur Steuerung und Regulation des Denkens.

Im Folgenden soll nun nicht der Versuch unternommen werden, an einer möglichst adäquaten Beschreibung dessen, was allgemein unter Metakognition verstanden wird, zu arbeiten. Ebenfalls soll weder ein Überblick über die verschiedenen Wurzeln der Metakognitionsforschung gegeben werden (vgl. hierzu Brown, 1984), noch ist es Ziel, auch nur den Versuch zu unternehmen, die verschiedenen „Köpfe des Monstrums“ zu beschreiben. Vor dem Hintergrund der definitorischen Schwierigkeiten wird hier zunächst versucht, dem Leser einen Einblick in zentrale Ideen mathematikdidaktischer Forschung zur Metakognition zu geben, um auf dieser Basis letztendlich die in dieser Arbeit zugrunde liegende Vorstellung von diesem Begriff verorten zu können.

Schon in den 40er Jahren schrieb der ungarische Mathematiker George Pólya ein Buch mit dem Titel „How to solve it" (Pólya, 1945)[3]. Hier beschreibt er auf der Basis seiner eigenen Introspektion nützliche Komponenten von Problemlöseverhalten. In seinem Vier-Phasen-Modell unterscheidet er folgende Schritte: Zunächst muss die Aufgabe verstanden werden. Dann ist ein Plan zu entwerfen. Während der sich anschließenden Ausführung des Plans, ist jeder Schritt zu kontrollieren. Schließlich ist die erhaltene Lösung zu prüfen. Den Begriff der Metakognition benutzt Pólya noch nicht. Dennoch werden zentrale seiner identifizierten Aktivitäten heute unter diesem Begriff gefasst.
Die Heuristik Pólyas, die von Mathematikern in der Regel tatsächlich als die entscheidenden Problemlöseschritte beinhaltend anerkannt wird (vgl. Schoenfeld, 1987a, S. 17), ist von Seiten der Mathematikdidaktiker zur Grundlage weiterer Forschung im Bereich des Problemlösens gemacht worden (vgl. z. B. Garofalo und Lester, 1985; Schoenfeld, 1987b). Ausgehend von der Beobachtung, dass sich Pólyas Heuristik im Rahmen verschiedener Untersuchungen als wenig wirksam erwiesen hat, kritisiert Schoenfeld wie folgt:

> „Pólya's characterizations of problem-solving strategies were in essence accurate summary descriptions. People who already knew the strategies (for example, the mathematicians who read his books) could and did recognize them in Pólya's descriptions. But there is a huge difference between *description*, which merely characterizes a procedure in sufficient detail for it to be recognized, and *prescription*, which characterizes a procedure in precise enough detail so that the characterization serves as a guide for implementing the strategy. Accurate though they were, the descriptions of problem solving strategies in *How to Solve It* did not provide enough information to enable the student to use them." (Schoenfeld, 1987a, S. 17f., Hervorhebungen wie im Original)

Im Rahmen seiner Forschungsaktivitäten hat Schoenfeld (1992, S. 355f.) das Verhalten von Experten und Studenten aus High-School und College bei der Bearbeitung von *echten* mathematischen Problemen analysiert. Es lagen tatsächlich Aufgaben vor, die nicht mit bekannten Routinen gelöst werden konnten. Er stellte fest, dass über die Hälfte der von ihm untersuchten Studenten ein Vorgehen gemäß „read, make a decision quickly, and pursue that direction come hell or high water" (Schoenfeld, 1992, S. 356) einschlugen, was nicht zur erfolgreichen Bearbeitung des Problems führte. Demgegenüber steht das Verhalten eines ausgebildeten Mathematikers, der zunächst sehr viel Zeit darauf verwendet, das Problem zu verstehen, zu analysieren, zu explorieren. Obwohl er verschiedene Lösungswege in Betracht zieht, lässt er sich tatsächlich erst dann auf einen ein, wenn er sicher ist, dass er in die richtige Richtung arbeitet. Schoenfeld geht davon aus, dass die Fähigkeiten, die den Studenten fehlen, bei dem Experten aber vorhanden sind, erlernt werden können. Er versucht seine Studenten an diese Aktivitäten heranzuführen, indem

[3] Die deutsche Übersetzung ist unter dem Titel „Schule des Denkens" erschienen.

er sie im Klassenverband oder in Kleingruppen an Textaufgaben arbeiten lässt und ihnen dabei immer wieder Fragen der folgenden Art stellt: „What (exactly) are you doing? (Can you describe it precisely?) Why are you doing it? (How does it fit into the solution?) How does it help you? (What will you do with the outcome when you obtain it?)" (Schoenfeld, 1992, S. 356) Auf diese Weise sollen die Studenten lernen, sich das, was sie tun, bewusst zu machen. Zu Beginn eines Semesters sind die Studenten zunächst verunsichert und können die Fragen nicht recht beantworten. Mit der Zeit versuchen sie allerdings, sich gegen die Fragen zu wehren, indem sie die Antworten diskutieren, bevor die Fragen gestellt werden. So baut sich Gewohnheit bzgl. der Überwachung ihrer Aktivitäten auf.
Der Aktivität des Problemlösens wird in der Mathematik ein enormer Stellenwert zugeschrieben. Halmos schreibt bspw.:

> „I do believe that problems are the heart of mathematics, and I hope that as teachers, in the classroom, in seminars, and in the books and articles we write, we will emphasize them more and more, and that we will train our students to be better problem-posers and problem-solvers than we are." (Halmos, 1980, S. 524)

So konzentrieren sich auch zahlreiche neue Studien in der Mathematikdidaktik auf die Frage, wie Problemlöseprozesse effektiv zu gestalten sind, wobei dem Einsatz von metakognitiven Aktivitäten häufig eine tragende Rolle zukommt. Einige dieser Studien werden im Folgenden vorgestellt. Dabei sei allerdings schon an dieser Stelle darauf hingewiesen, dass sich um den Begriff des Problemlösens analog zum Begriff der Metakognition eine gewisse Unschärfe rankt. Im Zusammenhang mit schulischer Bildung wird er teilweise auch genutzt, wenn die Formulierung des Lösens einer Textaufgabe wohl passender wäre, da kein *echtes* Problem vorliegt.

3.4.2.3 Ausgewählte Forschungsergebnisse zum Einsatz metakognitiver Aktivitäten im Mathematikunterricht

Veenman hat mit unterschiedlichen Mitarbeitern in vielen verschiedenen Studien untersucht, inwiefern die Intelligenz[4] einerseits und die Metakognition[5] andererseits als Prädiktoren für die mathematische Leistung bezeichnet werden können. Zu der Frage, inwiefern diese beiden potenziellen Prädiktoren überhaupt unabhängig voneinander Einfluss nehmen, weisen ihre Ergebnisse darauf hin, dass Metakognition und Intelligenz zu einem gewissen Grade korreliert sind, die Metakognition, verstanden im Sinne von Aktivitäten des Orientierens, des Aufstellens und systematischen Ausführens eines Plans, des Evaluierens und des Reflektierens, aber auch ihren eigenen Teil zu der Vorhersage von mathematischer Leistung beiträgt (vgl. z. B. Van der Stel et al., 2010; Veenman, 2006). Zudem belegen die Studien, dass dieser Beitrag durchaus bemerkenswert ist. So zeigte bspw. eine

[4] Genauer sprechen sie hier auch von „intellectual skills" oder „intellectual ability".
[5] Genauer sprechen sie hier auch von „metacognitive skills".

Untersuchung von Veenman (2006), an der 56 12- bis 13-Jährige und 15 14- bis 15-Jährige teilnahmen, dass die Intelligenz, erhoben über einen Intelligenztest, bei den jüngeren Schülern eine eher untergeordnete Rolle bezogen auf die mathematische Leistung beim Lösen von Textaufgaben spielte. Die Metakognition hingegen trat als bedeutender Prädiktor hervor. In der Gruppe der älteren Schüler erwiesen sich sowohl die Intelligenz als auch die Metakognition als wichtige Prädiktoren. Auch hier kam der Metakognition jedoch mehr Gewicht zu. Sie wurde dabei erhoben über einen die Aufgabenbearbeitung der Schüler beobachtenden Rater. Die Lernenden waren zum lauten Denken angehalten.
Mit Bezug auf die untergeordnete Rolle der Intelligenz bei den jüngeren Schülern macht der Autor noch eine für die Rolle der Metakognition interessante Bemerkung (vgl. Veenman, 2006, S. 43f.): Forschungsergebnisse hätten gezeigt, dass metakognitive Kompetenzen gerade bei Vorliegen von neuen, schwierigen Aufgaben den Lernprozess initiierten und weniger die Intelligenz. Ein dementsprechendes Muster würden die Korrelationen für die jüngeren Schüler zeigen. Die Lernenden befinden sich gerade im ersten Schuljahr an einer weiterführenden Schule.
In einer folgenden Studie (vgl. Van der Stel et al., 2010) sind metakognitive Aktivitäten dahingehend differenzierter untersucht worden, dass zwischen Qualität und Quantität ihres Auftretens unterschieden wurde. Grundlage der Analyse waren nun Protokolle von Aufgabenbearbeitungen der Schüler, während der jene erneut zum lauten Denken aufgefordert waren. Wieder wurden zwei Gruppen von Schülern untersucht: eine Gruppe von 13- bis 14-Jährigen und eine Gruppe von 14- bis 15-Jährigen. Hier zeigte sich, dass die Intelligenz in der jüngeren Schülergruppe ein starker Prädiktor der mathematischen Leistung war und ein weniger starker in der älteren Gruppe. Obwohl sich die Qualität metakognitiver Aktivitäten in beiden Altersgruppen als ein die mathematische Leistung vorhersagender Faktor erwies, war diese Vorhersagekraft in der älteren Gruppe deutlich stärker ausgeprägt, letztendlich sogar stärker als jene der Intelligenz. Für die Quantität metakognitiver Aktivitäten bleibt anzumerken, dass sich zumindest für die jüngere Gruppe überhaupt kein von der Intelligenz unabhängiger Einfluss auf die Leistung zeigte.
Scheint die Rolle, die der Metakognition in mathematischen Lernprozessen hier zukommt, in den genannten Altersgruppen auch Veränderungen ausgesetzt zu sein, so verdienen diese Ergebnisse aus didaktischer Sicht in folgender Hinsicht Aufmerksamkeit: Zunächst stehen sie beispielhaft für viele Forschungsergebnisse, die die Bedeutung des Einsatzes metakognitiver Aktivitäten betonen (für eine Übersicht vgl. Schneider und Artelt, 2010). Des Weiteren haben verschiedene Versuche, Schüler an die Praktizierung dieser Aktivitäten heranzuführen, gezeigt, dass die Lernenden von derartigen Versuchen tatsächlich profitieren können. Damit stellt die Metakognition nicht nur einen bedeutsamen Faktor im Lernprozess dar, sondern zusätzlich einen von außen beeinflussbaren.
Vor diesem Hintergrund sind die Versuche nicht abgebrochen, metakognitiven Aktivitäten auf möglichst adäquaten Wegen Eingang in die Unterrichtspraxis zu gewähren. Über den Einsatz von Lerntagebüchern (vgl. z. B. Waasmaier, 2009) oder computergestützten Methoden (vgl. z. B. Azevedo, 2005) ist dies bspw. angegangen worden. An dieser Stelle

werden lediglich zwei, für den aktuellen Forschungsdiskurs aber durchaus zentrale Beispiele genauer betrachtet. Über sie können die im Folgenden noch anzustellenden Überlegungen verortet werden.
Bereits in Kapitel 2.1 ist auf die von Mevarech und Kramarski (1997) entwickelte und erprobte Methode IMPROVE (***I***ntroducing new concepts; ***M***etacognitive questioning; ***P***racticing; ***R***eviewing and reducing difficulties; ***O***btaining mastery; ***V***erification; ***E***nrichment) hingewiesen worden. Ziel der Methode ist es, die Kompetenzen der Schüler zur Aktivierung metakognitiver Prozesse zu fördern, um so ihre Fähigkeiten zum mathematischen Argumentieren und ihre mathematische Leistungsfähigkeit zu verbessern. Dazu werden die Schüler angeleitet, sich selbst bei der Bearbeitung mathematischer Aufgaben ausgewählte Fragen zu stellen. Unterschieden werden diesbezüglich Fragen, die auf das Verstehen der Aufgabe abzielen, solche, die sich auf ein In-Beziehung-Setzen der aktuellen Aufgabe mit zuvor bereits gelösten Aufgaben konzentrieren, und Fragen, die Bezug nehmen auf das Entwerfen einer geeigneten Strategie zur Lösung der Aufgabe. Später in das Programm aufgenommen wurden schließlich noch Fragen, die sich auf die Reflexion des Ergebnisses oder auch eines Zwischenergebnisses konzentrieren (vgl. Mevarech und Fridkin, 2006). Insgesamt zeigt sich damit eine deutliche Orientierung an den schon vorgestellten Ideen Pólyas und Schoenfelds. Kennzeichnend für die Methode ist wenigstens zu Beginn zudem, dass das Lösen der Aufgaben verbunden mit dem Einsatz der metakognitiven Fragen verstärkt eingebunden wird in kooperative Arbeitsformen. Zunächst führt der Lehrer neue Inhalte für die gesamte Klasse ein. Dabei hat er den Einsatz der metakognitiven Fragen in vorbildhafter Weise zu demonstrieren. Anschließend arbeiten die Schüler in Gruppen. Ebenfalls unter Einsatz der metakognitiven Fragen sollen hier Aufgaben gelöst werden. Am Ende der Stunde trägt der Lehrer noch einmal zentrale Ideen zusammen und geht, erneut unter Anwendung der metakognitiven Fragen, auf Schwierigkeiten ein. Als letztes Kennzeichen der Methode bleiben schließlich noch die häufig durchgeführten Leistungskontrollen zu nennen. Durch sie evaluiert der Lehrer regelmäßig den Fortschritt der Schüler und hat mit geeigneten Materialien auf ihren aktuellen Leistungsstand zu reagieren.
Die Methode ist bzgl. ihrer Effekte in vielen Studien untersucht worden. Im Rahmen einer frühen Untersuchung (vgl. Mevarech und Kramarski, 1997) sind bspw. drei Klassen eines 7. Jahrgangs gemäß der IMPROVE-Methode unterrichtet worden. Die Gruppenarbeit fand in kleinen, heterogenen Gruppen (ein starker, zwei mittlere, ein schwacher Schüler) statt. Untersucht wurden die Effekte von IMPROVE auf das mathematische Argumentieren und Leistungen im Bereich der „Einführung in die Algebra“. Die Resultate der Experimentalgruppe konnten mit jenen einer Kontrollgruppe bestehend aus fünf Klassen des 7. Jahrgangs verglichen werden. Es zeigte sich, dass die Versuchsgruppe insgesamt signifikant besser abschnitt als die Kontrollgruppe, obwohl sich beide Gruppen im Vortest nicht signifikant voneinander unterschieden. Eine Betrachtung der einzelnen Leistungsgruppen (stark, mittel, schwach) offenbarte, dass die signifikanten Unterschiede zwischen Experimental- und Kontrollgruppe auch innerhalb der Gruppen der starken,

schwachen und mittleren Schüler für den Bereich des mathematischen Argumentierens auftraten. Für den auch untersuchten Bereich der „Einführung in die Algebra" waren allerdings nur innerhalb der Gruppen der starken und mittleren Schüler signifikante Unterschiede nachzuweisen.
Im Rahmen einer sich anschließenden Studie haben Kramarski und Mevarech (2003) die Effekte des Einsatzes der metakognitiven Fragen (META) einerseits und der kooperativen Arbeitsformen (COOP) andererseits auf die Fähigkeiten zum mathematischen Argumentieren und das metakognitive Wissen untersucht. Insgesamt 384 Schüler des 8. Jahrgangs wurden in Gruppen eingeteilt. Eine Gruppe wurde unter Einsatz kooperativer Lernformen und des metakognitiven Trainings (COOP+META) unterrichtet, eine zweite Gruppe im Rahmen individueller Lernformen und unter Einsatz des metakognitiven Trainings (IND+META), eine dritte Gruppe allein unter Einsatz kooperativer Lernformen (COOP) und eine vierte Gruppe allein unter Einsatz individueller Lernformen (IND). Die Resultate zeigen, dass die COOP+META-Gruppe in den untersuchten Bereichen des mathematischen Interpretierens und Erklärens signifikant bessere Ergebnisse erbrachte als die IND+META-Gruppe. Letzere wiederum zeigte signikant bessere Leistungen als die COOP- und die IND-Gruppe. Des Weiteren zeigten die COOP+META- und die IND+META-Gruppe im Lösen ausgesuchter Transferaufgaben und bezogen auf das metakognitive Wissen bessere Leistungen als die anderen beiden Gruppen. Es fällt also auf, dass die Schüler der Gruppen, die metakognitiv gefördert worden sind, hier die besten Ergebnisse erzielten. In diese Richtung weisende Resultate zeigt ebenfalls eine spätere Studie (vgl. Mevarech et al., 2006), bei der auch Modellierungsaufgaben einbezogen wurden.
In einer neueren Studie (vgl. Mevarech und Amrany, 2008) ist schließlich u. a. untersucht worden, inwiefern die Effekte des Einsatzes der Methode nachhaltig sind, und zwar in dem Sinne, dass die trainierten Verhaltensweisen und das erworbene metakognitive Wissen auch auf neue Situationen, die sich zudem zeitlich nicht direkt an die Intervention anschließen, übertragen werden. Dazu wurden 31 High-School-Schüler gemäß der Methode IMPROVE unterrichtet. Weitere 30 Schüler bildeten die Kontrollgruppe. Direkt nachdem sie eine wichtige Prüfung abgelegt hatten, wurden 15 Schüler interviewt, die zufällig aus beiden Gruppen ausgesucht worden waren. Sie sollten die Strategien darlegen, mit denen sie die Aufgaben in der Prüfung unmittelbar zuvor bewältigt hatten. Zwischen dem Unterricht gemäß der IMPROVE-Methode und der Prüfung vergingen dabei einige Monate. Die Ergebnisse zeigen, dass die Schüler, die gemäß der IMPROVE-Methode unterrichtet worden waren, tatsächlich behaupteten, die Aufgaben unter Einsatz metakognitiver Aktivitäten gelöst zu haben. Genauer war anhand der Interviews zu erkennen, dass die Schüler zahlreich sagten, Verbindungen zu ähnlichen, früher schon einmal bearbeiteten Aufgaben hergestellt, nach Strategien gesucht und ihre Ergebnisse evaluiert zu haben. Allein das Ergebnis bzgl. des Verstehens des Problems weicht hiervon ab. Nur wenige Schüler gaben an, sich explizit darum bemüht zu haben. Die Autoren führen im Rahmen der Diskussion dieses Ergebnisses an, dass es sein könne, dass der Vorgang des Verstehens des Problems

zur Gewohnheit geworden sei und somit unbewusst geschehe.
Insgesamt ziehen die Autoren aus dieser Studie den Schluss, dass die Effekte des Einsatzes der Methode IMPROVE nachhaltig zu sein scheinen. Die Schüler hätten ihr prozedurales metakognitives Wissen in neue Situationen übertragen, die zudem noch zeitverzögert zum eigentlichen Training lagen. Kritisch zu betrachten bleibt allerdings wohl, dass bei dem Design dieser Studie aufgrund der Prüfungssituation allein die Möglichkeit bestand, mit Interviews zu arbeiten. Wie problematisch retrospektive Einschätzungen des eigenen lernstrategischen Vorgehens bzgl. ihrer prädiktiven Validität sein können, stellt Artelt (2000) heraus, bezieht sich dabei allerdings auf den Einsatz eines Fragebogens. Der in obiger Studie unerwünschte Fall, dass die Schüler nicht wahrheitsgemäß antworten, kann bspw. in Bezug auf die Angabe von Strategien vielleicht noch dadurch kontrolliert werden, dass die Strategien im Interview detailgenau berichtet werden müssen. Die zeitliche Nähe des Interviews zu der Bearbeitung der Aufgabe in der Prüfung wird sich zudem positiv auswirken. Für Fragen nach Kontrollaktivitäten mit Bezug auf das erzielte Ergebnis erscheint dies allerdings schwieriger. Die von den Autoren berichteten Antworten auf diese Fragen spiegeln gängige Kontrollstrategien wider. Sie sind also nicht speziell auf die vorliegende Aufgabe zugeschnitten. Gerade für Monitoringaktivitäten berichten Cohors-Fresenborg et al. (2010, S. 235) aber von einer Untersuchung, in der sich die Selbsteinschätzung von Schülern bzgl. ihrer Selbstkontrolle deutlich von erkennbar ausgeübten Kontrollaktivitäten unterscheidet. Gegen die gerade aufgeworfenen Bedenken spricht, dass es bei Mevarech und Amrany schon Schüler gibt, und zwar auch in der Experimentalgruppe, die nicht erwartungskonform geantwortet haben. Sie gaben bspw. an, aufgrund von Zeitmangel keine Kontrolle des Ergebnisses durchgeführt zu haben. Letztendlich ließe sich dem Problem aber wohl vor allem dadurch weiter auf den Grund gehen, dass nicht im Nachhinein Interviews geführt werden, sondern das Ringen eines Schülers oder einer Gruppe von Schülern während der Aufgabenbearbeitung in den Blick genommen wird. Derartiges spielt bei der Evaluation der Methode IMPROVE generell eine untergeordnete Rolle, was durch die Bemerkungen hierzu in Kapitel 2.1 schon angedeutet wurde.
Ein weiterer Versuch, metakognitiven Aktivitäten Eingang in die Unterrichtspraxis zu gewähren, liegt im Rahmen der in Kapitel 2.1 bereits angesprochenen flämischen Reformbemühungen vor. Mit diesen Bemühungen ist u. a. ebenfalls das Ziel verfolgt worden, die Schüler bei der Aneignung metakognitiver Strategien zum Lösen von Mathematikaufgaben gezielt zu unterstützen. Im Rahmen einer Interventionsstudie (vgl. Verschaffel et al., 1999) ist zunächst eine speziell entworfene Lernumgebung getestet worden. Mittlerweile haben die zentralen Ideen, die dieser Lernumgebung zugrunde lagen, Eingang in eine in Flandern weit verbreitete Schulbuchserie gefunden. So enthält die Schulbuchserie bspw. explizite, auch an die Schüler gerichtete Verweise auf folgende Aktivitäten aus einem von Verschaffel et al. (1999, S. 202) zusammengestellten Modell: „build a mental representation of the problem“, „decide how to solve the problem“, „execute the necessary calculations“, „interpret the outcome and formulate an answer“ und „evaluate the solution“.

Letztendlich liegt damit wohl weniger der Versuch vor, über ein wenigstens zeitweise implementiertes Training den Einsatz metakognitiver Aktivitäten beim Bearbeiten von Mathematikaufgaben zu fördern, wie es beim Einsatz der Methode IMPROVE der Fall ist. Vielmehr wird hier darauf abgezielt, den alltäglichen Unterricht durch den Einsatz eines neuen Schulbuchs zu verändern. Untersuchungen zu der Frage, inwiefern die mit der Gestaltung des Buches verbundenen Intentionen allerdings von den Lehrern passend umgesetzt wurden, ergaben nicht unbedingt zufriedenstellende Ergebnisse. So resümieren Depaepe et al. (2007, S. 278): „although there emerged a positive trend in the participating classrooms in line with a new approach to teaching and learning mathematical problem solving, it is obvious that introducing reform-based textbooks in classrooms does not easily and automatically result in a high-fidelity implementation of the innovative ideas.“ So vermisste die Forschergruppe u. a. immer wiederkehrende Verweise auf den Einsatz metakognitiver Aktivitäten bei der Bearbeitung von Aufgaben. Auch für Lehrer, die sich in ihrer Art zu unterrichten, deutlich voneinander unterschieden, schlug sich dieser Unterschied allerdings nicht in Leistungsunterschieden bei den Schülern nieder (vgl. Depaepe et al., 2010). Über die zugehörige Studie ist in Kapitel 2.1 bereits berichtet worden.

Insgesamt bleibt damit festzuhalten, dass sich die Forderung, der Metakognition Eingang in die Unterrichtspraxis zu verschaffen, mit bedeutenden Forschungsergebnissen stützen lässt. Dies ist dabei vor dem Hintergrund unterschiedlicher Operationalisierungen von Metakognition zu sehen. Es sind verschiedene Ansätze denkbar, um der genannten Forderung nachzukommen. Hier ist auf die Möglichkeit der wenigstens zeitweisen Implementation eines metakognitiven Trainings hingewiesen worden. Zudem wurde ein Versuch thematisiert, metakognitiven Aktivitäten über eine spezifisch ausgerichtete Schulbuchserie verstärkt Beachtung im Unterricht zu schenken. Beiden Ansätzen gemeinsam ist dabei, dass sie metakognitiven Aktivitäten vor allem in Zusammenhang mit dem Lösen von Mathematikaufgaben Beachtung schenken.

Im Folgenden soll vor diesem Hintergrund ein weiterer Versuch verortet werden, metakognitiven Aktivitäten Eingang in die Unterrichtspraxis zu verschaffen. Wie im Folgenden ausgeführt wird, ist für diesen Versuch ein anderer Ansatz der Implementation dieser Aktivitäten in den Unterricht kennzeichnend. Ursache hierfür ist eine ausgeweitete Sichtweise auf die Rolle, die metakognitiven Aktivitäten im Mathematikunterricht zukommt.

3.4.2.4 Die hier zugrunde liegende Sichtweise auf die Rolle von Metakognition im Mathematikunterricht

Die in dieser Arbeit zugrunde liegende Auffassung von der Rolle, die metakognitiven Aktivitäten im Mathematikunterricht zukommt, und von der Spannbreite der Aktivitäten, die folglich unter dem Begriff der Metakognition zu subsummieren sind, greift zurück auf von Cohors-Fresenborg und Kaune (2007a) entwickelte Ideen. Wie in den beiden vorangehenden Kapiteln dargestellt, ist es üblich, dass sich Forschung zur Metakognition in der Mathematikdidaktik auf Problemlöseprozesse bezieht. Diesem Ansatz folgen Cohors-

Fresenborg und Kaune nicht. Wie unten weiter ausgeführt, legen sie ihren Überlegungen folgende Beobachtung zugrunde: Wenn das Verstehen von Begriffen, eingeschlagenen Vorgehensweisen und genutzten Werkzeugen in „gutem" Mathematikunterricht eine Rolle spielt, dann fällt auf, dass die geistigen Techniken, die hier wichtig sind, jene umfassen, die auch beim Problemlösen auftreten. Dieser Zusammenhang wird jedoch in der didaktischen Forschung kaum beachtet. Anders als in den oben vorgestellten Studien aus dem Bereich der Metakognitionsforschung konzentrieren Cohors-Fresenborg und Kaune sich also nicht speziell auf Fragen die Fördermöglichkeiten und Effekte des Einsatzes metakognitiver Aktivitäten im Problemlöseprozess betreffend. Sie nehmen vielmehr den Unterrichtsprozess insgesamt in den Fokus. Um diese Positionierung nachvollziehbar zu machen, ist zunächst die Vorstellung Cohors-Fresenborgs und Kaunes davon offenzulegen, wie metakognitive Prozesse im Lern- vor allem aber Verstehensprozess wirksam werden. Anschließend sind die Konsequenzen, die sich hieraus für zu betrachtende Komponenten von Metakognition ergeben, zu thematisieren. Auf diese beiden Punkte konzentrieren sich die folgenden Ausführungen.
Unter Rückgriff auf ein kognitiv-konstruktivistisches Verständnis von Lernen betrachtet Sjuts das Wirksamwerden von Metakognition zunächst in folgendem Sinne:

> „Repräsentationstheoretisch ist zu resümieren, daß die Welt (wie immer sie auch sein mag) über externe Repräsentationen (Darstellungen) auf interne Repräsentationen (Vorstellungen) einwirkt. Auf deren konstruktivistische Interaktion kommt es zentral an. Daraus folgt aber auch, daß die Konstruktionen beim Wissenserwerb keine echten Entdeckungen oder Erfindungen sind, sondern Rekonstruktionen. Rekonstruktionen dürfen jedoch nicht subjektiv-beliebig sein, sie bedürfen einer geeigneten und bestimmten Brille, der kognitiven. Mit ihr sind Rekonstruktionsprodukte zu beobachten, daraufhin in Repräsentationen zu erfassen und mittels Reflexion und Metakognition einer Prüfung und Korrektur zu unterziehen." (Sjuts, 1999, S. 53, Klammersetzung wie im Original)

Wird hier zunächst betont, dass der Einsatz von Metakognition[6] durch das Individuum zur Prüfung von Repräsentationen auf Adäquatheit notwendig ist, so diskutieren Cohors-Fresenborg und Kaune vor dem Hintergrund konkreter Unterrichtsprozesse den Zusammenhang zwischen Gesagtem und Gemeintem, Aufgeschriebenem und Gedachten, also zwischen äußeren und inneren Repräsentationen; kurz: zwischen Darstellungen und Vorstellungen. Die dabei wichtigen Interaktionsprozesse haben sie anhand mehrerer Transkriptausschnitte erläutert (vgl. Cohors-Fresenborg und Kaune, 2003) und die zugrunde liegenden Wechselwirkungen auch abstrakt beschrieben. Für die Darstellung dieser Abstraktion nutzen sie die Metapher der $\alpha\beta\gamma$-Automaten:

[6] In dem vorangehenden Zitat wird die Reflexion als der Metakognition nebengeordnet dargestellt. Um Verwirrung vorzubeugen, sei schon an dieser Stelle darauf hingewiesen, dass die Reflexion im Folgenden als eine Komponente von Metakognition, ihr also untergeordnet verstanden wird.

> „Ein Individuum, modelliert durch einen $\alpha\beta\gamma$-Automaten, nimmt im Zustand s, in dem das Wissen der Person kodiert ist, mit Hilfe der Funktion α eine Information i aus der Umwelt auf, der α-Übergang erzeugt eine Vorstellung, eine innere Repräsentation, der β-Übergang beschreibt innere mentale Prozesse in dem Individuum. Mit einem γ-Übergang führt das Individuum eine Handlung aus, gibt z. B. eine Information nach außen ab, erzeugt eine (mündliche oder schriftliche) Darstellung, eine äußere Repräsentation von seiner Vorstellung.“ (Cohors-Fresenborg und Kaune, 2003, S. 22f., Klammersetzung wie im Original)

Unter dem Blickwinkel dieser Metapher zeigen sich im Unterricht z. B. folgende Szenarien: Hat eine Person 1 eine Information nach außen abgegeben ($\gamma_1(\beta_1(\alpha_1(s_1, i)))$) und hat eine Person 2 sich eine Vorstellung von der nach außen abgegebenen Darstellung von Person 1 ($\alpha_2(s_2, \gamma_1(\beta_1(\alpha_1(s_1, i))))$) gemacht, so ist der Fall denkbar, dass Person 2 eine Diskrepanz feststellt zwischen ihrer Vorstellung von der ursprünglichen Information i ($\alpha_2(s_2', i)$), jetzt angefertigt mit anderem Wissen s_2', und ihrer Vorstellung von der nach außen abgegebenen Darstellung von Person 1. Zieht Person 2 nun den Schluss, dass die Ursache für die Diskrepanz nicht in ihren eigenen Denkprozessen liegt, dann sind drei Fälle denkbar: Person 1 hat einen Fehler bei der Darstellung (Fehler bei γ_1) oder bei der Weiterverarbeitung (Fehler bei β_1) gemacht. Schließlich ist ebenfalls denkbar, dass sich bei Person 1 eine Fehlvorstellung von der Information i (Fehler bei α_1) gebildet hat. „Das Nachdenken darüber, welcher der genannten Fälle plausibel ist, gehört in den Bereich der Metakognition.“ (Cohors-Fresenborg und Kaune, 2003, S. 23)

Wird diese über eine Metapher verdeutlichte Vorstellung übertragen in die Unterrichtspraxis, so zieht dies Konsequenzen für die Unterrichtsgestaltung nach sich: Dem Austausch von individuellen Vorstellungen der Lernenden, dem Abgleich ihrer Argumente und gedanklicher Klärung kommt eine gesteigerte Bedeutung zu. Diese Aspekte zählt Sjuts (2003, S. 23) auf, um eine Art von Unterricht zu betonen, die letztendlich der Verstehensdimension besondere Beachtung schenkt. Dass die Metakognition hier eine zentrale Rolle spielt, mag vor dem Hintergrund nachvollziehbar werden, dass über sie gerade der kritische Zugriff auf Darstellungen und Vorstellungen erfolgt.

Wird also die Art des Wirksamwerdens metakognitiver Aktivitäten auf diese Art und Weise gesehen, so gibt es keinen Grund, sich allein im Kontext des Problemlösens für Metakognition zu interessieren, auch wenn, wie in Kapitel 3.4.2.2 zitiert, Probleme als Herzstück der Mathematik gesehen werden können. Vielmehr erscheint es sinnvoll, den Einsatz metakognitiver Aktivitäten unentwegt nahezulegen, zu fordern und zu fördern.

Metakognitive Aktivitäten dekomponieren Cohors-Fresenborg und Kaune in Planungs-, Monitoring- und Reflexionsaktivitäten, was sich, dies wird schnell deutlich, an die vier Stufen Pólyas (vgl. Kapitel 3.4.2.2) anlehnt. Die weitere Ausdifferenzierung dieser drei Aktivitäten konzentriert sich aber nicht allein auf das Problemlösen:

Zunächst werden unter den Begriff der Planung Aktivitäten geordnet, die einen nicht durchdachten Zugriff bzw. ein unreflektiertes Ausprobieren verhindern sollen. Ein gezieltes, systematisches Vorgehen wird angestrebt, was ein wildes Ausprobieren dann ausschließt, wenn es nicht zur Überprüfung oder Abschätzung eines Ergebnisses herangezogen wird. In den Bereich der Planungsaktivitäten fallen vorausblickende Aktivitäten, wie z. B. die Planung des Einsatzes geeigneter Methoden und Werkzeuge zur Bewältigung einer Aufgabe oder die Planung des Erreichens hilfreicher Zwischenergebnisse. Beziehen sich diese Planungsaktivitäten zunächst noch deutlich auf das Problemlösen, so ist nach den Ideen von Cohors-Fresenborg und Kaune zusätzlich denkbar, dass Denkprozesse gezielt angeregt, also geplant werden, die zur Erhöhung der Verstehenstiefe oder Korrektur der Wissensbestände beitragen. Dies zeigt ein Bemühen innerhalb des Unterrichts, individuellen Denkprozessen der Schüler einen hervorgehobenen Stellenwert zu verleihen. Konkret kann dies in Form von durch den Lehrer gestellte Aufgaben, in denen bspw. typische Fehlvorstellungen thematisiert werden, auftreten. Auch ist jedoch denkbar, dass die Schüler sich untereinander Tipps zur Fehlervermeidung o. Ä. geben.

Monitoringaktivitäten haben demgegenüber eine überprüfende, kontrollierende Funktion. Diese ist vor dem Hintergrund bedeutsam, dass der Wissensbildungsprozess geprägt ist durch das Auftreten von Fehlern, die behoben, und Unzulänglichkeiten, die korrigiert werden müssen. Monitoringaktivitäten können sich dazu sowohl auf die Kontrolle von Rechnungen oder anderer zuvor geplanter Schritte im Problemlöseprozess beziehen. Ebenso ist aber auch denkbar, dass die Art eines Schülers, Fachvokabular zu verwenden, korrigiert werden muss oder die Konsistenz von Argumentationen im Gesprächsverlauf des Unterrichts zu prüfen ist. Vor dem Hintergrund der hier vertretenen Sichtweise auf Metakognition scheint es schließlich besonders wertvoll, Schülerlösungen oder -beiträge bzgl. des Vorliegens von Fehlvorstellungen zu untersuchen.

Bei den Reflexionsaktivitäten ist es im Gegensatz zu Monitoringaktionen schließlich nicht der Korrektheitsgedanke, der kennzeichnend ist, sondern vielmehr ein Prozess der Analyse. Reflexionsaktivitäten sind darauf ausgerichtet, sich bestimmte Strukturen oder Abläufe ins Bewusstsein zu rufen. Es geht zunächst um ein Nachdenken *über* die Struktur eines Terms, das in einer Aufgabe auftretende Kernproblem oder die Wirkung der Anwendung eines mathematischen Werkzeugs. Ebenso kann jedoch auch die Struktur einer Argumentation oder die allgemeine Verwendung eines Begriffs Gegenstand der Reflexionsaktivität werden. Darüber hinaus ist es für die hier zugrunde liegende Sichtweise von Metakognition zentral, dass über den Zusammenhang zwischen Vorstellung und Darstellung nachgedacht bzw. über als fehlerhaft oder unzulänglich erkannte Vorstellungen gesprochen wird. Entscheidend ist besonders für die Reflexionsaktivitäten, dass sie möglichst vollständig verbalisiert werden. Nach Sjuts (2001, S. 63) hat schriftlich fixierte Metasprache (an dieser Stelle darf wohl „verbalisierte Metasprache“ ergänzt werden) das Ziel, die Klarheit des Lernens, Denkens und Verstehens zu erhöhen. Dabei fordert eine schriftliche Fixierung oder Verbalisierung die Wahl der Metasprache. Hier wird vor allem verlangt, sich auf den adäquaten Einsatz von Begriffen zu konzentrieren. Dafür muss der Sprecher sich den Bedeutungsumfang, den er einem Begriff zugeordnet hat, und die Verbindungen dieses Begriffs mit anderen ins Bewusstsein rufen. Damit wird noch einmal deutlich, inwiefern

die Ordnung des Wissensgefüges mit nach außen gekehrten Reflexionsaktivitäten verbunden wird. Mit einem solchen Ordnungsvorgang wird wiederum die Vertiefung und damit die Weiterentwicklung des mathematischen Wissens verbunden.
Legt man sich den Nutzen zurecht, der von den drei verschiedenen Ausprägungen metakognitiver Aktivitäten im Lernprozess erwartet wird, so ist sicherlich zu beachten, dass in vielen Fällen gerade die Kombination der Aktionen vielversprechend ist. Erst in dieser Kombination werden die Aktivitäten ihr volles Potenzial für das Voranschreiten im Lösungsprozess einer Aufgabe und im Lern- sowie vor allem Verstehensprozess entfalten. Wohl bedingt durch ihre geänderte Sichtweise unterscheiden Cohors-Fresenborg und Kaune im Gegensatz zu Pólya nur drei Dimensionen metakognitiver Aktivitäten. Die Aktivität gemäß Pólyas erster Stufe, nämlich das Verstehen der Aufgabe, wird nicht mehr als eine gesonderte Dimension metakognitiver Aktivitäten geführt. Sie kann aber über die anderen drei Dimensionen, in den meisten Fällen vermutlich über Reflexionsaktivitäten, erfasst werden.
In den bisherigen Ausführungen hat die in Kapitel 3.4.2.2 schon einmal angesprochene Unterscheidung zwischen metakognitivem Wissen und metakognitiven Fähigkeiten, die auch im Rahmen der in Kapitel 3.4.2.3 vorgestellten Studien immer wieder eine Rolle spielte, keine Beachtung gefunden. Dies liegt daran, dass bei dieser Sichtweise auf Metakognition weniger das theoretische Konstrukt im Mittelpunkt steht, sondern mehr der tatsächliche Vollzug zugehöriger Aktivitäten im Lerngeschehen. Nach Hasselhorn (2006, S. 481) tritt in diesem Fall ein komplexes Zusammenspiel der verschiedenen Subkategorien von Metakognition auf, sodass sie sich kaum voneinander trennen lassen. Cohors-Fresenborg und Kaune (2007a, S. 8f.) betonen zudem, dass sie die Unterscheidung zwischen deklarativer und prozeduraler Metakognition wenig überzeugend finden, u. a. weil der Begriff „deklarativ“ irreführend sei. Wenn man nun unterstelle, dass unter dem Begriff „Personenfähigkeit“ (das Wissen hierüber fällt unter die deklarative Metakognition) eine Handlungskompetenz der Person gemeint sei, also eine Kompetenz in einer Werkzeugauswahl oder einem Werkzeugeinsatz, dann sei das Deklarieren bei einer Werkzeugauswahl nicht so interessant. Wichtig sei das Wissen über das Funktionieren des Werkzeugs bzw. die Analyse der Adäquatheit der Werkzeugauswahl.
Insgesamt ist damit nun ausgeführt worden, welche Rolle der Metakognition im Mathematikunterricht in dieser Arbeit zugrunde gelegt wird. Zudem sind die Konsequenzen, die dies für die Dekomponierung der Metakognition in verschiedene Komponenten hat, dargelegt worden. Für die Unterrichtspraxis bedeutet die dargelegte Sichtweise, dass der Einsatz metakognitiver Aktivitäten unentwegt gefordert und gefördert werden muss. Nicht in Form eines wenigstens zeitweisen Trainings und nicht über strategische Hinweise zum Bearbeiten von Aufgaben in einem Schulbuch sollen die Schüler hier also an den Einsatz metakognitiver Aktivitäten herangeführt werden. Wie in Kapitel 3.4.4 weiter ausgeführt wird, liegt hier die Idee zugrunde, metakognitiven Aktivitäten in einer zu etablierenden Unterrichtskultur eine zentrale Rolle zukommen zu lassen.

3.4.3 Diskursivität

3.4.3.1 Vorbemerkungen

Neben den metakognitiven Aktivitäten, auf die sich der vorangehende Abschnitt konzentrierte, sind auch die diskursiven Aktivitäten zentraler Bestandteil einer metakognitiv-diskursiven Unterrichtskultur. Letztere gilt es in dem aktuellen Kapitel 3.4 vorzustellen. Ähnlich wie auch in Bezug auf die Metakognition wird deshalb das hier zugrunde liegende Verständnis des Begriffs der Diskursivität erläutert. Dies geschieht vor dem Hintergrund ausgewählter Forschungsbemühungen zum Wirksamwerden unterrichtlicher Kommunikation, die zum Teil direkt die Nützlichkeit der Diskursivität belegen, zum Teil jedoch auch auf andere Facetten von Kommunikation abzielen, die in dieser Arbeit eine Rolle spielen.

3.4.3.2 Ausgewählte Forschungsergebnisse zum Wirksamwerden von unterrichtlicher Kommunikation

Wie in Kapitel 3.2.4 ausgeführt, wird aktuell davon ausgegangen, dass gerade auch die Auseinandersetzung mit der Umwelt zentral ist für die Weiterentwicklung des individuellen Wissens. Vor diesem Hintergrund kommt unterrichtlicher Kommunikation, speziell auch Diskussionen als einer wichtigen Form der Auseinandersetzung mit den Vorstellungen und Darstellungen anderer Personen, eine hohe Bedeutung zu:

> „a large number of researchers have reported the cognitive advantages to students through their participation in mathematical discussion. By expressing their ideas, students are able to make their mathematical reasoning visible and open for reflection. Not only does the expression of student ideas provide a resource for teachers, informing them about what students already know and what they need to learn; the ideas also become a resource for students themselves - challenging, stimulating, and extending their own thinking.“ (Walshaw und Anthony, 2008, S. 526)

Gleichzeitig wird aber auch immer wieder betont, dass es nicht allein auf das Bereitstellen von Gelegenheiten zum Kommunizieren ankommt. Die in obigem Zitat in Aussicht gestellten Mechanismen werden dadurch nämlich nicht immer in Gang gesetzt. So berichten Sfard und Kieran (2001) bspw. Folgendes: Sie haben zwei 13-jährige Schüler bei der Bearbeitung von Algebraaufgaben in Partnerarbeit beobachtet und stellten für diese Gruppe folgende Probleme in der Interaktion fest: Die Schüler arbeiteten nicht zusammen. Zwar wandte sich einer der Schüler immer wieder mit Beiträgen an den anderen. Letzterer jedoch bevorzugte ein Arbeiten für sich. So zeigte er nur sehr selten ausführliche Reaktionen auf die häufig auftretenden Beiträge seines Mitschülers, die auf die Initiation eines Gesprächs zielten. Auf einer mehr inhaltlichen Ebene des Gesprächs zeigte sich zudem, dass die Interaktion Kohärenz vermissen ließ. Die Schüler fanden keinen gemeinsamen Fokus, sodass Situationen erkennbar sind, in denen der eine Schüler nicht zu wissen

scheint, worüber der andere redet, bzw. höchst fraglich ist, ob beide Schüler bei Verwendung identischer Vokabeln auch Identisches meinen. Wie Letzteres zustande kommen kann, verdeutlicht erneut das in Kapitel 3.4.2.4 genutzte Bild der $\alpha\beta\gamma$-Automaten. Allein dadurch, dass die Schüler öfter „zusammen" arbeiteten, verbesserte sich die Qualität der Zusammenarbeit, wie die Studie zeigt, nicht. Den Schülern scheint es nicht zu gelingen, sich ausgehend von ihren Vorstellungen eine gemeinsame Kommunikationsgrundlage zu schaffen. Dies erschwert bzw. verhindert eine gemeinsame intensive geistige Auseinandersetzung mit dem gerade zur Debatte Stehenden. Sollen Unterrichtsgespräche analysiert werden, so muss das hierfür eingesetzte Analysewerkzeug Möglichkeiten der Kenntlichmachung von Aktivitäten, die zu oben beschriebener Situation beitragen, vorhalten.
Gibt es also Hinweise darauf, dass allein das Zurverfügungstellen von Kommunikationsgelegenheiten nicht unbedingt ausreicht, um die oben in Aussicht gestellten Mechanismen in Gang zu setzen, so ist der Frage weiter nachzugehen, welche Aktivitäten denn auf welche Weise gezielt zu evozieren sind, um die Kommunikation produktiv werden zu lassen. Teasley (1997) hat die Effekte des Einsatzes sog. transaktiver Diskussionsbeiträge sowohl im Rahmen kooperativen als auch individuellen Lernens untersucht. Transaktive Diskussionsbeiträge zeichnen sich dadurch aus, dass sie entweder dazu genutzt werden, den Gedanken eines anderen weiterzuführen, oder aber dazu, einen eigenen Gedanken klarer darzustellen. Diese Diskussionsbeiträge können dementsprechend weiterführend, kritisch, elaborativ, klärend, richtigstellend, vervollständigend, gegenüberstellend oder paraphrasierend sein. Die theoretischen Überlegungen, die mit den transaktiven Diskussionsbeiträgen verbunden werden, gehen zurück auf die Ideen Piagets bzgl. der Entstehung und Verarbeitung kognitiver Konflikte. Nach Teasley (1997, S. 363) sind sie aber auch mit auf Vygotsky zurückgehende Ideen nicht unvereinbar (vgl. für wenige Informationen zu diesen Ideen Kapitel 3.2.4). Im Rahmen zweier Studien zeigte sich für die Effekte transaktiver Diskussionsbeiträge u. a. Folgendes: Die Gespräche der Schülerpaare, die die bessere Leistung bei der Lösung eines Problems zeigten, zeichneten sich durch mehr transaktive Diskussion aus als die Gespräche der Schüler, die eine weniger gute Leistung zeigten. Das Vorhandensein eines Diskussionspartners erhöhte die Wahrscheinlichkeit des Auftretens transaktiver Diskussionsbeiträge, garantierte ihr Auftreten aber nicht.
Die Ergebnisse von Goos et al. (2002) weisen in eine ähnliche Richtung. Die erfolgreich verlaufenden Problemlöseprozesse weisen auch hier mehr transaktive Diskussionszüge auf als die nicht erfolgreich verlaufenden. Da in der Studie zwischen metakognitiven und transaktiven Beiträgen unterschieden wird, wurde zudem offensichtlich, dass nicht nur Beiträge, in denen Metakognitives und Transaktives simultan auftreten, den Erfolg auszumachen scheinen, sondern auch transaktive Diskussion allein. „This finding suggests that the discussion *around*, and generated by, individual metacognitive acts is crucial to the success of the mathematical enterprise." (Goos et al., 2002, S. 213, Hervorhebungen wie im Original)
Diese Ergebnisse weisen zum einen erneut darauf hin, dass allein der Einsatz kooperativer Lernformen und damit das Zurverfügungstellen von Kommunikationsgelegenheiten nicht

unbedingt dazu geeignet ist, die gewünschten Mechanismen auszulösen. Des Weiteren werden hier aber auch bestimmte Beiträge, nämlich transaktive Beiträge, als besonders effektiv herausgestellt.

Wohl mit Bezug auf die Kommunikation im Rahmen einer gesamten Klasse betonen Walshaw und Anthony (2008, S. 522): „Better understanding is dependent on particular pedagogical approaches, purposefully focused on developing a discourse culture that elicits clarification and produces consensus within the classroom community." Um weiter präzisieren zu können, welche pädagogischen Maßnahmen es genau sind, die zu der Etablierung einer produktiven Gesprächskultur beitragen, haben die Autoren ein Literaturreviewing durchgeführt und die so gewonnenen Informationen entlang der folgenden Punkte strukturiert: „(a) participating rights and obligations, (b) articulating thinking, (c) fine-tuning mathematical thinking through language, and (d) shaping mathematical argumentation" (Walshaw und Anthony, 2008, S. 522). Auf diese Weise arbeiteten die Autoren u. a. Folgendes heraus: Dem Lehrer kommt die Aufgabe zu, möglichst alle Schüler einer Klasse aktiv in das Gespräch zu verwickeln. Dabei hat er ebenfalls die Aufgabe, Regeln für die Teilnahme der Schüler am Gespräch zu etablieren und ihre Einhaltung durchzusetzen. So wird bspw. von einer Studie berichtet, in der der Lehrer immer wieder Begründungen für Behauptungen der Schüler einfordert (vgl. Walshaw und Anthony, 2008, S. 524). In einer anderen Studie wird u. a. das Auffordern, einander zuzuhören, sich gegenseitig zu respektieren, andere Meinungen zu akzeptieren und sich an dem Austausch verschiedener Denkweisen und Perspektiven zu beteiligen als bedeutsam angesehen (vgl. Walshaw und Anthony, 2008, S. 524). Ziel ist es letztendlich jedoch nicht, die Schüler allein zum Reden zu veranlassen. Sie sollen ihre Ideen verbalisieren, was durch ein gezieltes Scaffolding unterstützt werden kann:

> „Such scaffolding takes place through careful listening and attentive noticing on the part of the teacher, through responsive rather than directive support, through a sensibility to the cultural capital and background knowledge brought to the classroom by diverse students, through revoicing and questions from the teacher and other students, and through teacher sensitivity about when to step in and when to step out of classroom discussions. ... Other students and the teacher have a visible presence within the community, focused on the articulation of thinking with a view toward enhancing new knowledge." (Walshaw und Anthony, 2008, S. 531)

Des Weiteren kommt dem Lehrer die Aufgabe zu, die Schüler an eine korrekte Benutzung der mathematischen Fachsprache heranzuführen, sie zu sensibilisieren für die spezifische Bedeutung bestimmter Wörter und Begriffe. In Einklang mit den oben berichteten Ergebnissen Teasleys wird schließlich auch in dieser Studie (Walshaw und Anthony, 2008, S. 535) betont, dass Schülern Gelegenheit und Raum zu geben sei, ihre eigenen Ideen darzulegen und zu begründen sowie die Ideen anderer zu kritisieren. Der Lehrer hat die Kompetenzen der Schüler im Argumentieren, Kritisieren, Erklären usw. dabei auch durch

eigenes vorbildhaftes Verhalten und die Etablierung entsprechender Normen zu fördern. Ein Blick in die Praxis weist darauf hin, dass Unterrichtsgespräche, die sich durch gerade genannte Aspekte auszeichnen, wohl eher die Ausnahme sind. Mit Verweis auf verschiedene Studien fassen Pauli und Lipowsky (2007, S. 104) zusammen, dass in den Klassengesprächen insbesondere des Mathematikunterrichts nach wie vor ein Frage-Antwort- bzw. „Initiation-Reply-Evaluation"-Muster zu dominieren scheine, mit in der Regel nur kurzer Wartezeit im Anschluss an Lehrerfragen und einem im Vergleich zu jenem des Lehrers nur sehr kleinen Redeanteil der Schüler. Es scheint im Bereich der Führung von Klassengesprächen also durchaus Verbesserungsbedarf zu geben. Wie oben bereits genannt, befürworten Walshaw und Anthony die Entwicklung einer spezifischen Gesprächskultur in der Klasse. Auch Sfard und Kieran formulieren auf der Basis ihrer oben dargestellten Beobachtungen beim „kooperativen" Lernen zweier Schüler für das Gespräch in der gesamten Klasse eine vergleichbare Schlussfolgerung: „The only reasonable conclusion of our analysis is that if conversation is to be effective and conducive for learning, the art of communicating *has to be taught*." (Sfard und Kieran, 2001, S. 71, Hervorhebungen wie im Original)
Die Ideen von Cohors-Fresenborg und Kaune passen zu dieser Schlussfolgerung. Sie schlagen eine zu etablierende Gesprächskultur vor, die sich einerseits durch den Einsatz von Metakognition (vgl. Kapitel 3.4.2.4) und andererseits durch den Einsatz von Diskursivität auszeichnet. Im folgenden Kapitel wird erläutert, was unter dem Begriff der Diskursivität zu verstehen ist, bevor dann nähere Ausführungen zu einer entsprechenden Unterrichtskultur folgen.

3.4.3.3 Die hier zugrunde liegende Auffassung des Begriffs der Diskursivität

Der Begriff der Diskursivität, so wie er in dieser Arbeit verwandt wird, kennzeichnet eine Haltung eines Sprechers, die darauf abzielt, die Wahrscheinlichkeit zu erhöhen, dass das, was der Sprecher selbst formuliert, auch so, wie er es gemeint hat, von einem Zuhörer verstanden wird. Damit geht die Verwendung dieses Begriffs zurück auf Ideen von Cohors-Fresenborg und Kaune. Sie berichten einerseits von verschiedenen Aktivitäten innerhalb von Unterrichtskommunikation, die sich besonders förderlich auf den Gesprächsverlauf auswirken. Vergleichbar mit den von Sfard und Kieran dargestellten Beobachtungen (vgl. Kapitel 3.4.3.2) haben sie andererseits auch solche Aktivitäten identifiziert, die den Gesprächsverlauf negativ beeinflussen.
Zu den sich positiv auswirkenden Aktivitäten, den sogenannten diskursiven Aktivitäten, gehören Bemühungen, einen Beitrag präzise in dem gerade stattfindenden Gespräch zu verankern. Dazu muss der Sprecher verbalisieren, worauf er sich in seinem folgenden Beitrag beziehen wird. Konkret kann dies z. B. die Wiederholung (von Teilen) von zuvor in dem Gespräch schon aufgetretenen Beiträgen bedeuten oder das Nennen eines gezielt herausgegriffenen Terms aus einer Gleichung. Derartigen Aktivitäten messen Cohors-Fresenborg und Kaune vor dem Hintergrund eine hohe Bedeutung bei, dass sie ein fokussiert ablaufendes Gespräch ermöglichen, in dem es durchaus möglich ist, auch Details

zu thematisieren. Letzteres ist zwingend notwendig, wenn der Anspruch besteht, mathematische Inhalte, Vorgehensweisen o. Ä. nicht nur oberflächlich erfassen, sondern tiefergehend verstehen zu wollen.

Besteht dieser Anspruch nicht, so sind auch nachvollziehbare Unterrichtsgespräche denkbar, in denen diskursive Aktivitäten größtenteils ausbleiben. Ebenfalls treten jedoch Gespräche auf, die diskursiv in einem solchen Ausmaß misslungen sind, dass dies besonderer Beachtung bedarf. Diejenigen Aktivitäten, die ursächlich für die misslungene Kommunikation sind, müssen benannt werden. Diese sich negativ auswirkenden Aktivitäten fassen Cohors-Fresenborg und Kaune unter negativ diskursiven Aktivitäten. Hierzu gehören solche, die gerade ein fokussiert und präzise geführtes Gespräch stören bzw. verhindern. In dem Fall, in dem zwei Schüler zwar dieselbe Vokabel verwenden, mit der Vokabel aber unterschiedliche Aspekte oder Dinge verbinden, müssen die Schüler aneinander vorbeireden. Zu einem fokussiert und präzise ablaufenden Gespräch wird es so nicht kommen. Es besteht die Gefahr, dass Beiträge aufgrund von mangelnden Möglichkeiten, den Inhalt nachvollziehen zu können, zu Gerede verkommen.

Welche Aktivitäten Cohors-Fresenborg und Kaune genau unter der Diskursivität bzw. der Negativen Diskursivität verstehen, haben sie im Rahmen ihres Kategoriensystems (siehe Anhang A) präzisiert. Hierauf geht das hier zugrunde liegende Verständnis des Begriffs der Diskursivität zurück. Cohors-Fresenborg und Kaune selbst haben den Begriff in der Vergangenheit auch noch in einem etwas anderen Sinn benutzt, nämlich um letztendlich das Zusammenwirken von Diskursivität und Metakognition im Rahmen einer Unterrichtskultur zu beschreiben (vgl. Cohors-Fresenborg und Kaune, 2007a, S. 11f.). Dieser Aspekt wird im folgenden Kapitel angesprochen. Die entsprechende Unterrichtskultur wird dann mit dem Namen „metakognitiv-diskursive Unterrichtskultur“ versehen sein. Diese leicht veränderte Verwendung der besagten Begriffe scheint vor dem Hintergrund der Entwicklungsstufen, die das zugehörige Kategoriensystem durchlaufen hat, hilfreich, um Einheitlichkeit zu schaffen zwischen dem in dem System benutzten Vokabular und jenem zur Beschreibung einer Unterrichtskultur, die die in dem System angesprochenen Aktivitäten favorisiert.

3.4.4 Das Zusammenspiel metakognitiver und diskursiver Aktivitäten im Rahmen einer Unterrichtskultur

Wie ihr Name schon sagt, ist eine metakognitiv-diskursive Unterrichtskultur geprägt durch das Auftreten metakognitiver und diskursiver Aktivitäten, wie sie in den Kapiteln 3.4.2.4 und 3.4.3.3 vorgestellt worden sind. Anschließend an die in Kapitel 3.3 bzgl. der Ausbildung und des Trainings kognitiver Werkzeuge im Rahmen einer Unterrichtskultur ausgeführten Überlegungen werden Metakognition und Diskursivität im Folgenden gerade als solche Werkzeuge betrachtet. Ziel ist es, sie Eingang finden zu lassen in den „intellektuellen Habitus“ der Schüler oder, bildlich gesprochen, in ihr intellektuelles Betriebssystem. Inwiefern die Sichtweise auf metakognitive und diskursive Aktivitäten als kognitive

Werkzeuge gerechtfertigt ist und zu welchem Erscheinungsbild ihr Zusammenspiel im Rahmen einer Unterrichtskultur führen sollte, wird im Folgenden erläutert.

Für die Funktionen bzw. Wirkmechanismen metakognitiver Aktivitäten ist bereits herausgehoben worden, dass diese Aktivitäten hier nicht nur im Zusammenhang mit dem Problemlösen betrachtet werden, sondern in sämtlichen unterrichtlichen Situationen ihren Platz finden. Durch Planungsaktivitäten wird ein unüberlegter, unsystematischer Zugang zu zu bearbeitenden Aufgaben verhindert. Monitoringaktivitäten sorgen demgegenüber dafür, dass Unzulänglichkeiten, Fehler und Fehlvorstellungen aufgedeckt werden. Reflexionsaktivitäten kommt schließlich die Funktion zu, bestimmte Strukturen, Situationen aber auch Vorstellungen durch die Betrachtung aus einer Metaebene heraus überhaupt erst ins Bewusstsein gelangen zu lassen und damit gezielt bearbeitbar zu machen. Somit kann die Bezeichnung der Metakognition als kognitives Werkzeug gerechtfertigt werden, schließlich zeichnen sich diese Werkzeuge dadurch aus, dass sie im Zentrum der Erarbeitung, Bearbeitung und Verarbeitung von Wissen arbeiten, was für metakognitive Aktivitäten, wie gerade noch einmal zusammengefasst, ebenfalls der Fall ist. Seltsam mag nun erscheinen, dass die *Metakognition* so in gewisser Weise in der *Kognition* verankert wird: Metakognition wird als etwas Kognitives, nämlich als kognitives Werkzeug beschrieben. Hierzu ist jedoch erstens zu sagen, dass sich die Ebenen der Metakognition und der Kognition nicht sauber voneinander abgrenzen lassen. Natürlich lassen sich typische Beispiele finden, die eindeutig dem einen oder dem anderen Bereich zugeordnet werden können. Wird die Ebene dieser typischen Beispiele aber verlassen, verschwimmen die Grenzen sehr schnell. Bezogen auf die Anwendung von Strategien in konkreten Situationen macht Konrad (2005, S. 30) dies anhand des folgenden Beispiels klar: „Das Anlegen eines Metermaßes an einen Balken ... kann je nach Beweggrund Teil einer praktischen, absichtlich initiierten Lösungshandlung sein oder der Überprüfung dienen.“ Hier wird deutlich, dass es nicht von der Handlung allein abhängt, ob von eher kognitiven oder metakognitiven Prozessen auszugehen ist. Der Kontext der Handlung bzw. der mit ihr verbundene Zweck sind mit zu berücksichtigen, was Interpretationen nötig machen kann. Zweitens soll durch den Begriff „kognitiv“ vor allem ausgedrückt werden, dass es sich bei kognitiven Werkzeugen um innere, mentale Werkzeuge handelt, die das Denken und den Aufbau von Wissen betreffend eingesetzt werden. Auch für die Metakognition trifft dies zu.

Nun betonen Cohors-Fresenborg und Kaune (2007a, S. 11) die Gefahr, dass der Einsatz metakognitiver Aktivitäten seine erhoffte Wirkung verfehlt, wenn die Aktivitäten keinen klaren Bezug zu dem aktuell Thematisierten aufweisen: „Ein tieferes Verständnis von Begriffen, eingeschlagenen Vorgehensweisen und benutzten Werkzeugen durch die Lernenden ist nur möglich, wenn sich Monitoring und Reflexion präzise auf das beziehen, was zur Debatte steht.“ Cohors-Fresenborg schreibt zudem:

> „Beim Aufschreiben (bzw. Lesen) mathematischen Wissens und beim Argumentieren (bzw. Zuhören) in einer Diskussion im Mathematikunterricht ist die Fähigkeit der präzisen (Erfassung der) Darstellung erforderlich, um z. B.

> den Unterschied zwischen Dargestelltem und Intendiertem im Diskurs erfassen und thematisieren zu können. Auch das komplexe Argumentieren bei der Herausarbeitung mathematisch relevanter Ideen, sowohl im innermathematischen Kontext als auch bei der mathematischen Modellierung erfordert präzise Verankerungen.“ (Cohors-Fresenborg, 2011, S. 185, Klammersetzung wie im Original)

Da der Diskursivität gerade eine solch präzisierende, verankernde Funktion zukommt, wird nachvollziehbar, dass sie für eine Unterrichtskultur von zentraler Bedeutung ist, die das Wirksamwerden metakognitiver Aktivitäten fördern möchte. Metakognition und Diskursivität können also, bildlich gesprochen, gedacht werden als zwei Werkzeuge eines Werkzeugkastens, die vor allem zusammen effektiv eingesetzt werden. Das erste Werkzeug, die Diskursivität, hält das zweite Werkzeug, die Metakognition, gewissermaßen in der Spur, sorgt für die Möglichkeit, präzise mit dem zweiten Werkzeug arbeiten zu können. Folgendes Beispiel (entnommen aus Cohors-Fresenborg und Kaune, 2007a, S. 74f.), illustriert dies: Auf die Frage, ob $0,\bar{9} = 1$ gelte oder nicht, anwortet der Schüler Peter, dass $0,\bar{9}$ das Gleiche sei wie 1, weil immer eine dritte Zahl zwischen zwei Zahlen liegen müsse, damit sie verschieden seien. Zwischen $0,\bar{9}$ und 1 gäbe es keine Zahl. Mona äußert sich wie folgt:

Mona: Also ich denke mal, da gibt es aber schon 'ne Zahl. Die ist zwar halt null Komma unendlich null und dann 'ne Eins, also irgendwann mal ...

Während Peter eine Zahl zwischen $0,\bar{9}$ und 1 sucht, spricht Mona über die (vermeintliche) Differenz der beiden Zahlen. Insgesamt hat sie eine Monitoringaktivität gezeigt, weil sie (vermeintlich) den Beitrag von Peter kontrolliert. Da sich diese Kontrolle jedoch nicht auf das bezieht, was Peter tatsächlich gesagt hat, sondern daran vorbeiführt, ist fraglich, inwiefern diese metakognitive Aktivität, das Gespräch und in letzter Konsequenz auch den Lernprozess positiv beeinflusst. Hier besteht, ganz im Gegenteil, eher die Gefahr, dass der Meinungsaustausch zu Gerede verkommt, wenn das Problem nicht zeitnah erkannt wird, da die Schüler aneinander vorbeireden. Fehlt an dieser Stelle also Diskursivität, durch die klare Bezüge zwischen Monas Argumentation und Peters Beitrag hergestellt werden, so zeigt sich dies in folgender Szene in ganz anderer Weise. Mit einigem zeitlichen Abstand zu Monas obigem Beitrag findet folgender Wortwechsel statt:

L. Ähm, ich möchte gern noch mal wissen, ob denn allen überhaupt klar ist, was Mona sagen wollte, über welche Zahl sie da geredet hat. Sie sagte dann ja: „Anschreiben kann ich sie doch nicht.“ (6 sec) Jens

Jens: Also, eben wie ich Mona verstanden hab' soll ja *[lacht]* nach irgendeiner Neun 'ne Eins kommen, ja?

Mona: Nee.

Jens: Nein?

Mona: Also ich meinte, ähm, die Zahl, die man bräuchte, um aus null-Komma-Periode-neun eins zu machen. Über die habe ich geredet ...

Hier wird zwar der oben monierte Aspekt nicht aufgedeckt. In der Folge der Lehrerintervention geschieht aber schon eine Aufarbeitung dessen, was Mona meinte, und damit die Sicherstellung zumindest eines Teils der Gesprächsgrundlage. So besteht die Möglichkeit, dass sich das Gespräch mit allen erkennbar werdenden metakognitiven Aktivitäten doch wieder auf Aspekte bezieht, die tatsächlich zur Diskussion stehen. Durch den Einsatz von Diskursivität könnten auch die metakognitiven Aktivitäten wieder qualitativ hochwertiger werden.

Zu klären bleibt, wodurch sich das Erscheinungsbild einer metakognitiv-diskursiven Unterrichtskultur im Allgemeinen auszeichnet. Diesbezüglich ist anzumerken, dass es das eine Erscheinungsbild sicherlich nicht gibt. Schwerpunktmäßig wird deshalb in den Blick zu nehmen sein, ob und ggf. wie metakognitive und diskursive Aktivitäten eingebunden sind in das Gespräch. Letzteres kann auf verschiedene Weisen geschehen, immer jedoch wird das Gespräch selbst gedacht als Trainingsort für die Etablierung und den routinemäßigen Einsatz metakognitiver und diskursiver Aktivitäten.

Überlegungen, wie sie auch in Kapitel 3.4.3.2 schon genannt worden sind, setzen nun allerdings ein bestimmtes Erscheinungsbild des Unterrichts in ein besonders positives Licht. Kennzeichnend für dieses Bild ist ein hoher auf die Schüler entfallender Anteil an der Gesprächszeit. Sie sollen untereinander diskutieren, sich dabei kritisch mit den Ideen ihrer Mitschüler auseinandersetzen und Argumentationen verbalisieren, in denen sie immer wieder präzise Bezüge setzen auf die Aspekte, zu denen sie sich äußern möchten. Dem Lehrer kommen dabei, obwohl es nach außen hin nicht den Anschein haben mag, enorm wichtige Aufgaben zu. Er muss geistig immer auf der Höhe des Geschehens sein und auf zwei Ebenen dafür sorgen, dass das Gespräch fokussiert bleibt: Erstens muss das Gespräch auf die inhaltlich zentralen Aspekte gerichtet bleiben und darf sich nicht dauerhaft in unwichtigen Nebensächlichkeiten verlieren. Zweitens müssen die Beiträge so formuliert sein, dass die Wahrscheinlichkeit hoch ist, dass jemand der den Beitrag konzentriert verfolgt, die Sache so versteht, wie der Sprecher sie vermutlich auch meinte. Damit kommt also die Diskursivität ins Spiel. Der Lehrer muss hier ggf. gezielt aktiv werden und Beiträge der Schüler aufeinander beziehen. Ebenfalls hat er, wie in obigem Transkript erkennbar, zu intervenieren, wenn die Gesprächsgrundlage unklar ist. Bei einer fehlenden Intervention droht das gesamte Unterrichtsgespräch aus dem Ruder zu laufen, weshalb dieser Punkt Beachtung verdient, sicherlich auch im Rahmen des Instruments, das im weiteren Verlauf dieser Arbeit noch vorgestellt wird. Neben der Fokussierung des Gesprächs kommt dem Lehrer zudem die Aufgabe zu, dafür zu sorgen, dass an Beiträgen der Schüler erkennbare Fehlvorstellungen oder generell häufig auftretende Fehlvorstellungen offengelegt und einer Diskussion zugänglich gemacht werden. So soll den Schülern die Möglichkeit gegeben werden, ihr Wissen bei Bedarf zu korrigieren. In dem Gespräch ist explizit über den Unterschied zwischen Vorstellungen und Darstellungen, dem Gesagten

und Gemeinten nachzudenken. So wird also deutlich, dass der Lehrer im Rahmen einer metakognitiv-diskursiven Unterrichtskultur lenkend eingreifen muss. Es wird in keiner Weise ein Gespräch favorisiert, in dem es als zufriedenstellend angesehen wird, wenn die Schüler reden. Der Lehrer setzt die Akzente auf die wichtigen Stellen, er gibt Impulse, er muss bemerken, wo noch Gesprächsbedarf besteht, und er muss intervenieren, wenn das Gespräch festgefahren ist, weil bspw. die Gesprächsgrundlage unklar ist. Dabei müssen die Schüler aber Freiräume zum Argumentieren, Kritisieren usw. erhalten. Dies ist schon allein deshalb notwendig, damit der Lehrer erkennen kann, wo die Probleme liegen.
Scheint dies eine Idealform zu sein, so mag es aber auch andere Erscheinungsbilder von Unterrichtsgesprächen geben, die hier nicht als minderwertig abgetan werden sollen: Ein guter Frontalunterricht, in dem der Lehrer hochgradig metakognitiv aktiv ist und seine Beiträge konstant an den Antworten der Schüler orientiert, sich präzise auf sie bezieht, könnte ebenso wirksam sein. Dies gilt vor allem in dem Fall, in dem der Lehrer ein solches Verhalten auch von seinen Schülern einfordert, wenn sie sich beteiligen. Als problematisch ist das Unterrichtsgespräch aus dieser Perspektive erst dann anzusehen, wenn keine metakognitiven und diskursiven Aktivitäten auftreten oder diese hauptsächlich vom Lehrer für kurze, wenig elaborierte Kommentare gebraucht werden.
Es sei darauf hingewiesen, dass hier damit bewusst Abstand genommen wird, von einer dichotomen Unterscheidung zwischen dem häufig sogenannten traditionellen, lehrerzentrierten Unterricht, der belehren möchte, einerseits und dem modernen, sich durch Selbstregulation der Schüler auszeichnenden Unterricht, der möglichst offen sein möchte, andererseits. Der Schwerpunkt der als zentral angesehenen Aspekte liegt zweifelsohne auf einer anderen Ebene.
Das Gelingen eines durch den Einsatz metakognitiver und diskursiver Aktivitäten angereicherten Unterrichts ist an bestimmte Bedingungen gebunden:

> „Fühlt man sich nicht verpflichtet, auf Verstehen und Durchdringen, auf Absichern und Behalten, auf Präzisieren und Systematisieren, auf Rückfragen und Nachfragen, auf Erörtern und Ringen, auf Nachdenken und Reflektieren zu bestehen, wird sich keine Unterrichtskultur mit Erfolg versprechenden metakognitiven Aktivitäten ergeben.
> Ebenso lassen sich Bedingungen anführen, die ein Gelingen des durch Metakognition geprägten Unterrichts ermöglichen. Dazu gehören auf Lehrerseite unabweisbar und vor allem fachliche Kompetenz, stoffdidaktische Sicherheit sowie die Fähigkeit zur inhaltsbezogenen und inhaltsübergreifenden Lern-, Denk- und Verstehensprozessanalyse, ebenso ein pädagogisches Menschenbild und die Akzeptanz der Individualität lernender Personen, ja ihre Wertschätzung.“ (Sjuts, 2003, S. 22)

Während konkrete Transkripte von Unterrichtsgesprächen, in denen eine metakognitiv-diskursive Unterrichtskultur eher vorliegt, in Kapitel 5.4.4 aufgeführt sind, soll im Folgenden noch ein Beispiel dafür angeführt werden, was hier nicht gemeint ist. Dies ist an dieser Stelle auch aus dem Grund wichtig, dass in der Literatur durchaus von „diskursivem Unterricht" die Rede ist, darunter allerdings nicht immer etwas zu dem hier Gemeinten Analoges verstanden wird. So bezeichnet Schneeberger (2008, S. 13)[7] das Transkript, aus dem der folgende Ausschnitt stammt, bspw. als qualitativ gutes Problemlösegespräch mit hoher adaptiver Lehrkompetenz. Die Überschrift seines zugehörigen Papieres lautet dabei: „Diskursiver Mathematikunterricht - mathematische Probleme im adaptiven Lehrer-Schüler- bzw. Schüler-Schüler-Dialog lösen". Inhaltlich geht es in dem folgenden Ausschnitt (entnommen aus Schneeberger, 2008, S. 13f.) um die Bestimmung der Länge der Diagonalen eines Quaders. Länge, Breite und Höhe dieses Quaders sind bekannt. Bei den Schülern kann die Kenntnis des Satzes des Pythagoras mit einigen Anwendungen vorausgesetzt werden. Zudem geht aus den Vorbemerkungen zu dem Transkript hervor, dass das Klassenzimmer, dessen Ausmaße grob abgeschätzt würden, als konkretes Beispiel herangezogen werde.

L: Was ist unbekannt?

S: Die Länge der Diagonale eines Quaders.

L: Was ist gegeben?

S: Die Länge, die Breite und die Höhe des Quaders.

L: Zeichne den Quader und führe passende Bezeichnungen ein! Wie wollen wir die Unbekannte nennen?

S: x

L: Welche Buchstaben willst du für die Länge, Breite und Höhe wählen?

S: a, b, c

L: Wie lautet die Bedingung, durch die a, b, c und x verknüpft werden?

S: x ist die Diagonale des Quaders, in dem a, b und c die Länge, Breite und Höhe sind.

L: Ist es eine sinnvolle Aufgabe? Ich meine damit, ist die Bedingung ausreichend, um die Unbekannte zu bestimmen?

S: Ja. Wenn wir a, b und c kennen, so kennen wir den Quader. Wenn aber der Quader bestimmt ist, so ist die Diagonale bestimmt.

L: Kennst du eine verwandte Aufgabe?

S: ...

L: Betrachte die Unbekannte! Kennst du eine Aufgabe, die dieselbe Unbekannte hat?

S: ...

L: Nun, was ist unbekannt?

[7] Die Version des Papieres, auf die hier Bezug genommen wird, ist die erweiterte CD-Version.

S: Die Diagonale des Quaders.

L: Kennst du eine Aufgabe mit einer ähnlichen Unbekannten?

S: Nein. Wir haben noch keine Aufgabe über die Diagonale eines Quaders gehabt.

L: Kennt ihr eine Aufgabe mit einer ähnlichen Unbekannten?

L: Ihr seht, die Diagonale ist ein Segment, das Segment von einer Geraden. Habt ihr niemals eine Aufgabe gelöst, deren Unbekannte die Länge einer Geraden war.

S: Doch, natürlich haben wir solche Aufgaben gelöst. Z. B. die Seite eines rechtwinkligen Dreiecks zu finden.

L: Gut! Das ist eine Aufgabe, die eurer Aufgabe verwandt ist und die ihr schon gelöst habt. Könntest du sie gebrauchen?

Die Gesprächsführung, die in diesem Transkript dokumentiert ist, zeichnet sich zunächst einmal aus durch das Frageverhalten des Lehrers. Insgesamt ist erkennbar, dass der Lehrer bemüht ist, die Schüler, bildlich gesprochen, an die Hand zu nehmen bei der Lösung der Aufgabe. Er leitet sie durch seine Fragen und gibt dabei zunächst einmal kaum Schritte auf dem Weg zur Lösung explizit selbst vor. Dabei ist erkennbar, dass der Lehrer seine Fragen in Fällen, in denen die Schüler die erwartete Antwort nicht nennen, enger fasst. So formuliert er bspw. die Frage aus Zeile 24 in den Zeilen 28ff. wesentlich weniger offen, womit er dahingehend Erfolg hat, dass ein Schüler anschließend eine für den Lehrer zufriedenstellende Antwort gibt. Vor diesem Hintergrund erscheint es nachvollziehbar, dass Schneeberger dieses Unterrichtsgespräch als adaptiv bezeichnet.

Wenn allerdings oben festgestellt worden ist, dass der Lehrer keine Schritte auf dem Weg zur Lösung explizit selbst vorgibt, so ist dies dahingehend zu relativieren, dass diese Schritte natürlich in die Fragen eingewoben sind, die er stellt. Vor allem die Fragen in den Zeilen 1 bis 9 erfordern dabei allein ein Stichwort von den Schülern. Damit mag dieser Teil zu der Art von Kommunikation gehören, die Klieme et al. (2001, S. 45) als „Kleinarbeiten komplexer Anforderungen" bezeichnen. Erst ab Zeile 10 sind die Fragen des Lehrers dann der Tendenz nach etwas offener formuliert, sodass die Schüler in ihren Antworten freier agieren können. Was allerdings auch hier auffällt, ist, dass die Schüler ihre Antworten kaum begründen. Sie verbalisieren in keiner Weise Aspekte, die weiterführend über die Antwort auf die gestellte Frage hinausgehen. Ganz im Gegenteil: Die Schüler scheinen nach jeder gegebenen Antwort auf die nächste Frage des Lehrers zu warten. So läuft die Kommunikation ohne den Austausch von Meinungen ab. Es liegt gerade nicht die Situation vor, in der ein Schüler einen Vorschlag für das Vorgehen zur Lösung der Aufgabe macht oder wenigstens mögliche erste Schritte nennt, was dann ggf. durch den Lehrer einer Diskussion zugänglich gemacht wird. So kommt es nicht zu Auseinandersetzungen darüber, ob Vorschläge adäquat sind. So werden Ideen der Schüler gerade nicht zur Grundlage einer Diskussion. Dementsprechend werden diskursive Aktivitäten, wie sie hier vorgestellt worden sind, in dem Gespräch überhaupt nicht zwingend benötigt. Das Gespräch ist auch ohne explizite Verankerungen einzelner Beiträge im Diskurs problemlos zu verfolgen, schließlich werden keine komplexen Argumentationen genannt, sondern einzelne Punkte kleinschrittig abgearbeitet. Auch wenn Schneeberger dieses Gespräch also mit „diskursivem Mathematikunterricht“ in Verbindung bringt, sei darauf hingewiesen, dass eine metakognitiv-diskursive Unterrichtskultur, wie sie in dieser Arbeit aufgefasst wird, hier nicht erkennbar ist.

3.5 Eine metakognitiv-diskursive Unterrichtskultur und kognitive Aktivierung in mathematikbezogenen Unterrichtsgesprächen

3.5.1 Vorbemerkungen

In Kapitel 3.3 ist neben dem Vorschlag der Etablierung einer spezifischen Unterrichtskultur zur Ausbildung und zum Training kognitiver Werkzeuge auch betont worden, dass der kognitiven Aktivierung der Schüler im Unterricht eine zentrale Rolle zukommt. Die Fragen, welche Forschungsergebnisse es zu den Effekten von kognitiver Aktivierung bereits gibt und inwiefern eine metakognitiv-diskursive Unterrichtskultur, wie sie in Kapitel 3.4 vorgestellt wurde, zur kognitiven Aktivierung beitragen kann, werden in den folgenden beiden Kapiteln thematisiert.

3.5.2 Ausgewählte Forschungsergebnisse zur Bedeutung kognitiver Aktivierung

In dem aktuellen Forschungsdiskurs wird die kognitive Aktivierung der Schüler im Unterricht als bedeutender Faktor bezogen auf den Lern- und vor allem Verstehensfortschritt betrachtet. Dies ist vor dem Hintergrund, dass in der Regel eine durch die Konstruktivismustheorie geleitete Auffassung von Lernen zugrunde gelegt wird, nicht verwunderlich. Mayer betont die Bedeutung kognitiver Aktivität der Schüler vor allem in Abgrenzung zu nach außen hin sichtbarer Aktivität. In Zusammenhang mit der Diskussion von Unterrichtsformen, wie dem offenen Unterricht oder entdeckenden Lernen, wird seiner Meinung nach aus der konstruktivismustheoriegeleiteten Annahme, dass Schüler ihr Wissen selbst aktiv aufbauen müssen, all zu schnell der Schluss gezogen, dass der Lernende vor allem selbst nach außen hin sichtbar aktiv werden muss, während jede instruierende, lenkende, strukturierende Funktion des Lehrers abgelehnt wird. Mayer formuliert:

> „Activity may help promote meaningful learning, but instead of behavioral activity per se (e.g., hands-on activity, discussion, and free exploration), the kind of activity that really promotes meaningful learning is cognitive activity (e.g., selecting, organizing, and integrating knowledge). Instead of depending

> solely on learning by doing or learning by discussion, the most genuine approach to constructivist learning is learning by thinking. Methods that rely on doing or discussing should be judged not on how much doing or discussing is involved but rather on the degree to which they promote appropriate cognitive processing." (Mayer, 2004, S. 17, Klammersetzung wie im Original)

Folgt man den Ansichten Mayers dahingehend, dass verstehensorientiertes Lernen vor allem durch kognitive Aktivität befördert wird, so stellt sich die Frage nach Belegen für diese Behauptung. Im Folgenden sollen einige empirische Untersuchungen zu den Effekten kognitiver Aktivierung samt ihrer Ergebnisse vorgestellt werden. Dabei wird sich die Auswahl auf neuere Studien beschränken, die sich zudem noch nennenswert auf die kognitive Aktivierung im Unterrichtsgespräch konzentrieren und nicht bspw. das entsprechende Potenzial von Aufgaben in den Blick nehmen. Dies geschieht vor dem Hintergrund, dass in dieser Arbeit die Unterrichtskommunikation im Mittelpunkt steht und der Schwerpunkt auf Klassengespräche gelegt wird. Zudem wird auf die Art der Operationalisierung kognitiver Aktivierung zu achten sein, schließlich ist schnell einsichtig, dass sich das im Fokus stehende Konstrukt nicht ganz einfach messen lässt.

Klieme et al. (2001, S. 50f.) erheben „das Ausmaß der kognitiven Aktivierung der Schüler in ihrer Auseinandersetzung mit dem Unterrichtsgegenstand und im Austausch von Argumenten" zu einer Grunddimension von Unterrichtsqualität. Im Rahmen einer Analyse von 82 Unterrichtsstunden in deutschen Klassen, die in Zusammenhang mit der TIMS-Videostudie untersucht wurden[8], konnten Klieme et al. nachweisen, dass der Lernzuwachs durch das Ausmaß der kognitiven Aktivierung bestimmt werde, was eine signifikante Korrelation anzeige. Gemessen wurde die kognitive Aktivierung dabei über Beobachtereinschätzungen zu dem genetisch-sokratischen Vorgehen des Lehrers, dem anspruchsvollen Üben, dem repetitiven Üben (andersherum gewertet) und der Motivierungsfähigkeit des Lehrers. An dem Ergebnis von Klieme et al. kritisieren Lipowsky et al. (2009, S. 529) jedoch, dass es nicht durch Mehrebenenanalysen verifiziert worden sei.

Im Zuge der Auswertungen des Materials, das im Rahmen der schweizerisch-deutschen Videostudie „Unterrichtsqualität, Lernverhalten und mathematisches Verständnis" (vgl. z. B. Klieme et al., 2009; Klieme und Reusser, 2003) erhobenen worden ist, hat sich vor allem Hugener (vgl. z. B. Hugener, 2008; Hugener et al., 2007) darum bemüht, einen Zusammenhang zu untersuchen zwischen bestimmten Inszenierungsmustern im Unterricht und deren Grad an kognitiver Aktivierung. Hugener et al. (2009) berichten bspw., dass sich die insgesamt 39 Einheiten videographierten Unterrichts nach drei Inszenierungsmustern unterscheiden lassen, nämlich dem darstellenden, dem problemlösend-entwickelnden und dem problemlösend-entdeckenden Muster. Des Weiteren stellen sie fest, dass sich das problemlösend-entdeckende Muster in Bezug auf die durch Rater eingeschätzte kognitive Aktivierung signifikant von den anderen Mustern unterscheidet. Hier wird

[8]Durch die 82 Unterrichtsstunden liegt eine Teilmenge der während der TIMS-Videostudie erhobenen Daten zu deutschem Mathematikunterricht vor, allerdings eine Teilmenge, für die vollständige Datensätze vorhanden sind. Die Auswahl ist nicht verzerrt (vgl. Klieme et al., 2001, S. 51).

der Grad der Aktivierung höher eingeschätzt. Dies steht in Einklang damit, dass das problemlösend-entdeckende Muster Ähnlichkeiten mit dem in japanischem Unterricht im Rahmen der TIMS-Videostudie häufig gefundenen Muster aufweist. Auch dieses japanische Muster gilt als besonders kognitiv aktivierend. Dennoch erwies sich keines der von Hugener et al. identifizierten Muster als Prädiktor für die Leistung im Nachtest. Dementsprechend scheinen sich die vermuteten Effekte kognitiver Aktivierung hier nicht über die Einschätzung bzgl. der Zugehörigkeit einer Unterrichtsstunde zu einem bestimmten Inszenierungsmuster nachweisen zu lassen. Folgt man also weiterhin der Behauptung Mayers, die sich für einen Effekt von kognitiver Aktivität auf den Lernerfolg ausspricht, so bleibt zu resümieren, dass die Mechanismen, nach denen im Unterricht gesucht werden muss, evtl. tiefer liegen als auf der Ebene der Inszenierungsmuster, auch wenn ein besonders kognitiv aktivierendes und dem japanischen Muster ähnliches Lehrverhalten identifiziert werden konnte.

Lipowsky et al. (2009) haben in einer weiteren Untersuchung, die sich erneut auf die Videodaten der schweizerisch-deutschen Videostudie stützt, einen direkten Weg gewählt. Wie auch bei Klieme et al. (2001) wurden die videographierten Unterrichtsstunden unter Zuhilfenahme einer Rating-Skala in Bezug auf das Merkmal „kognitive Aktivierung“ eingeschätzt und dann, ohne die Zwischenstation der Inszenierungsmuster miteinzubinden, ausgewertet. Die Rating-Skala ähnelt dabei stark der von Hugener et al. (2009) eingesetzten. Die Ergebnisse einer Mehrebenenanalyse zeigen bei Lipowsky et al. (2009) einen statistisch signifikanten, positiven Zusammenhang zwischen kognitiver Aktivierung und Lernerfolg, wenn bestimmte Charakteristika der Lernenden sowie der Klasse und die für den Unterrichtsinhalt verwendete Lernzeit kontrolliert werden.

Die von Hugener et al. und Lipowsky et al. verwendete Rating-Skala baut auf einer von Kunter und Baumert entwickelten Skala auf. Kunter und Baumert (2006) konnten unter Zuhilfenahme ihrer Skala[9] im Rahmen einer Mehrebenenanalyse keine positiven Effekte nachweisen. Wie auch in der bereits angesprochenen Studie von Klieme et al. (2001) bildete dabei eine Auswahl des deutschen Videomaterials der TIMS-Videostudie die Datenbasis. Dabei fällt bei Kunter und Baumert (2006) auf, dass sich die kognitive Aktivierung in den untersuchten Stunden insgesamt kaum zeigt. Auf einer Skala von 1 („Kommt überhaupt nicht vor“) bis 4 („Tritt fast die ganze Zeit auf“) liegt der Mittelwert aller untersuchten Stunden bei 1,53 (SD: 0,38). Eine Betrachtung der Mittelwerte getrennt nach Schulform zeigt, dass der Mittelwert für Gymnasien („Academic track“) etwas höher liegt (1,72; SD: 0,43) als der Mittelwert für Realschulen („Intermediate track“; 1,52; SD: 0,32) und jener für Hauptschulen („Vocational track“; 1,35; SD: 0,30).

Mit dem Problem, dass kognitive Aktivierung im Unterricht kaum auftritt, scheinen Hugener et al. (2009) dabei nicht kämpfen zu müssen: Von 39 untersuchten Datensätzen wurden 19 dem problemlösend-entdeckenden Inszenierungsmuster zugeordnet und damit

[9] Über diese Skala wird dem Namen nach nicht die kognitive Aktivierung untersucht, sondern „constructivist teaching approaches“. Es scheint jedoch so zu sein, dass Aspekte, wie die Unterstützung bei der Konstruktion von Wissen, in aktuellerer Literatur eher unter kognitiver Aktivierung gefasst werden.

jenem Muster, dass sich als besonders kognitiv aktivierend erwiesen hatte. In Bezug auf die Verteilung des problemlösend-entdeckenden Inszenierungsmusters auf die Schulformen Gymnasium („Higher school level") und Realschule bzw. (für die Schweiz) Sekundarschule („Intermediate school level") fällt auf, dass nur $\frac{1}{4}$ der gymnasialen Datensätze, allerdings annähernd $\frac{2}{3}$ der Datensätze aus der Realschule bzw. Sekundarschule dem problemlösend-entdeckenden Inszenierungsmuster zugeordnet wurden. Hierbei ist allerdings zu betonen, dass von den 39 untersuchten Datensätzen nur 12 aus dem gymnasialen Bereich und 27 aus dem Realschul- bzw. Sekundarschulbereich stammten.

Im Folgenden sollen die in den erwähnten Untersuchungen benutzten Rating-Skalen etwas genauer betrachtet werden. Zunächst einmal fällt auf, dass immer der Grad der kognitiven Aktivierung durch die Lehrkraft untersucht wird. Unter dem Begriff der „kognitiven Aktivierung" verstehen Lipowsky et al. (2009, S. 529) Folgendes: „Cognitive activation is an instructional practice that encourages students to engage in higher-level thinking and thus to develop an elaborated knowledge base." In diesem Sinne scheint die kognitive Aktivierung in allen genannten Studien verstanden zu werden, was bedeutet, dass es hier um Aspekte der Instruktion durch die Lehrkraft geht. Dabei wird durchaus betont, dass diese Aspekte keinen direkten Einfluss auf die Schülerleistung haben, sondern die Wahrscheinlichkeit für das Entstehen eines Zustands kognitiver Aktiviertheit beim Schüler beeinflussen können.

Wie bereits erwähnt, benutzen Hugener et al. (2007, 2009, Hugener, 2008) und Lipowsky et al. (2009) nahezu identische Rating-Skalen. Durch sie geraten folgende Aspekte in den Blick:

> „The observers rated the extent to which (a) the teacher initiated challenging activities at a high cognitive level, (b) the teacher activated prior knowledge and existing concepts, (c) the interaction between the teacher and the students supported conceptual change and conceptual expansion, (d) the teacher encouraged the students to explain their ideas, concepts, and solutions, and (e) the teaching reflected a direct transmission concept of learning (inversely re-coded). In greater detail, the observers assessed the extent to which the teacher encouraged sophisticated activities such as comparing, reasoning, explaining and analysing, the extent to which the teacher drew on students' existing ideas and conceptions, the extent to which the teacher and the students developed mathematical concepts together in classroom discourse, the extent to which the teacher encouraged the students to disclose their reasoning processes, and the extent to which the teacher avoided solving conceptual problems by specifying the procedures and solution methods to be used by the students." (Lipowsky et al., 2009, S. 532)

Entsprechend dem bereits vorgestellten Ansatz, Aspekte des Instruktionsverhaltens des Lehrers erfassen zu wollen, konzentrieren sich die Rating-Dimensionen auch stark auf den Lehrer und sein gezeigtes Verhalten. Eine genaue Beobachtung des Schülerverhaltens, welches in Reaktion auf die Instruktionsaspekte oder selbstständig auftreten kann,

wird hier nicht nahegelegt.
Vollständig geraten die Lernenden bspw. in den Studien von Hugener et al. (2009) und Lipowsky et al. (2009) allerdings nicht aus dem Blick. Hier wird zusätzlich ein Fragebogen eingesetzt, über den die Wissenschaftler versuchen, die kognitive Aktivierung der Schüler durch Selbsteinschätzung der Lernenden zu erheben. Die Ergebnisse, die Hugener et al. (2009) auf diese Weise erzielen, lassen sich so zusammenfassen, dass die Schüler, die nach einem als besonders kognitiv-aktivierend eingeschätzten Inszenierungsmuster unterrichtet worden sind, sich nicht kognitiv aktivierter fühlten als andere Schüler. Dies zeigt, dass das, was in den Augen von externen Beobachtern als kognitiv aktivierend bewertet wurde, in den Augen der Lernenden nicht unbedingt kognitiv aktivierend sein muss. Ähnliches bestätigt eine Studie von Kunter et al. (2005). Hier wurden die Einschätzungen von Lehrern bzgl. der kognitiven Aktivierung, aufgeschlüsselt nach Schulformen, mit den Einschätzungen der Schüler verglichen. Aus Sicht der Lehrer bilden die Hauptschulen und die Gymnasien die beiden Extreme. Während an Hauptschulen wenig kognitiv aktivierend unterrichtet wird, geschieht dies an Gymnasien verstärkt. Die Einschätzung der Schüler weicht hiervon jedoch deutlich ab. Die Hauptschüler reklamieren für sich einen überdurchschnittlich kognitiv aktivierenden Unterricht, während die Gymnasiasten ihren Unterricht tendenziell als unterdurchschnittlich kognitiv aktivierend beurteilen. Als eine Erklärung hierfür wird angeführt, dass die Hauptschüler eher den Grad an persönlich erlebter Schwierigkeit abbildeten als das tatsächliche Unterrichtsangebot (vgl. Kunter et al., 2005, S. 516). Unabhängig davon, ob die Operationalisierung des Konstrukts „kognitive Aktivierung“ in dieser Studie identisch ist mit jener in den anderen thematisierten Studien, lässt sich festhalten, dass auch diese Studie beschreibt, wie sehr die Einschätzungen kognitiver Aktivierung aus verschiedenen Beobachterperspektiven variieren können. Dass es jedoch vernünftig erscheint, verschiedene Perspektiven zu berücksichtigen, lässt sich schon aus den Ergebnissen von Lipowsky et al. (2009) ableiten. Sie zeigen, dass auch die von den Schülern wahrgenommene, über einen Fragebogen erhobene kognitive Aktivierung positiv mit der Nachtestleistung zusammenhängt.
Damit lässt sich also zusammenfassen, dass die kognitive Aktivität ein vielbeachteter Faktor in der aktuellen Lehr-Lern-Forschung, u. a. auch in Bezug auf die Forschung zur Unterrichtskommunikation ist. Ihm wird ein positiver Einfluss auf Fortschritte beim Lernen und Verstehen zugeschrieben. Dementsprechend ist im Rahmen mehrerer Studien versucht worden, seine Effekte empirisch nachzuweisen, was bisher zu noch nicht unzweifelhaft gesicherten Ergebnissen geführt hat. Lipowsky et al. (2009, S. 529) bezeichnen die empirischen Belege für den Nutzen kognitiver Aktivierung, die durch Unterrichtsanalysen gewonnen wurden, gar als schwach. Auch wenn die Ergebnisse der einzelnen Studien natürlich nicht ganz unreflektiert verglichen werden dürfen, zeigen sich variierende Tendenzen bzgl. des Einflusses auf den Lernerfolg, der Einschätzungen aus verschiedenen Perspektiven und des Grades des Auftretens von kognitiver Aktivierung, auch aufgesplittet nach Schulformen. Dabei fällt auf, dass die Untersuchungen, die aus der Beobachterperspektive heraus durchgeführt worden sind, also bspw. nicht über einen Fragebogen,

sich um Aspekte des Instruktionsverhaltens des Lehrers bemühen. Die Skalen weisen in eine Richtung, die untersucht, inwiefern der Lehrer eine konstruktivistische Lernumgebung schafft, d. h. die Schüler bei der Konstruktion von Wissen unterstützt.

3.5.3 Eine metakognitiv-diskursive Unterrichtskultur als Motor kognitiver Aktivierung

Zeigen die Forschungsergebnisse zu der Bedeutung kognitiver Aktivierung zurzeit auch noch uneinheitliche Tendenzen auf, so scheint es doch zunächst nicht plausibel, davon auszugehen, dass mit kognitiver Aktivität nicht jene Effekte verbunden sind, die ihr vor dem Hintergrund von Überlegungen, wie z. B. Mayer (2004) sie ausführt, zugedacht werden. Dies entbehrt zurzeit wohl einer argumentativen Grundlage. Vernünftiger erscheint es vielleicht, den Beobachtungsfokus zu ändern: Ein Eindringen in tiefere Strukturen des Unterrichtsgesprächs könnte notwendig sein, um die eigentlichen Mechanismen fassen zu können, die für die kognitive Aktivierung eine zentrale Rolle spielen. Des Weiteren könnte es hilfreich sein, den Blick nicht nur auf die kognitive Aktivierung im Sinne eines Lehrerverhaltens zu legen, sondern zusätzlich verstärkt in Betracht zu ziehen, was sich auf der Seite der Schüler in der Folge dieses Lehrerverhaltens zeigt. Im Rahmen des im weiteren Verlauf dieser Arbeit vorgestellten, neu entwickelten Analyseinstruments werden die beiden Aspekte des Eindringens in tiefere Strukturen des Unterrichts und des Richtens des Fokus auch auf die Schüler im Auge behalten werden.

In diesem Kapitel soll es jedoch darum gehen, zu überlegen, inwiefern eine metakognitiv-diskursive Unterrichtskultur, wie sie in Abschnitt 3.4.4 eingeführt worden ist, Motor und damit Zeichen für kognitive Aktivierung sein kann. Analog zu der Vorstellung von Metakognition als einem kognitiven Werkzeug stellt sich auch hier die Frage, wie *Metakognition*, als zentraler Bestandteil dieser Unterrichtskultur, Motor *kognitiver* Aktivierung sein kann. Zusätzlich zu dem in Kapitel 3.4.4 diesbezüglich bereits Gesagten, ist speziell bezogen auf die kognitive Aktivierung nun noch Folgendes zu ergänzen: Die Begriffe Kognition und Metakognition werden häufig im Sinne zweier nebeneinander stehender Kategorien verwandt. Während die Kognition sich in diesen Fällen auf Denkprozesse richtet, die sich auf eine Objektebene beziehen, also bspw. die Durchführung einer Rechnung, werden unter dem Begriff der Metakognition typischer Weise Denkprozesse verstanden, deren Bezugsgrundlage wieder Denkprozesse sind, also bspw. die Kontrolle von Vorstellungen. Um diese Unterscheidung zu betonen, ist es nützlich, dass beide Begriffe zur Verfügung stehen. Wenn nun aber in der Literatur von kognitiver Aktivität bzw. kognitiver Aktivierung gesprochen wird, dann entsteht auf der Basis der Beschreibungen, die für diese Konstrukte vorliegen, nicht der Eindruck, als würde der Begriff kognitiv hier in Abgrenzung zum Begriff metakognitiv gebraucht. So lässt sich aus den Ausführungen von Lipowsky (2007, S. 28) bspw. ableiten, dass er die Lernenden dann als kognitiv aktiv ansieht, wenn sie vertieft fachlich über den Unterrichtsinhalt nachdenken, „wenn die Schülerinnen und Schüler auf einem anspruchsvollen Niveau fachlich miteinander interagieren, wenn sie herausfordernde Aufgaben bearbeiten, wenn sie Meinungen und Konzepte austauschen und miteinander vergleichen, wenn sie Lösungswege und Ergebnisse begründen und sich aktiv mit inhaltlichen Fragen am Unterricht beteiligen.“ Hinter diesen Aktivitäten verbergen sich sicher nicht nur objektebenenbezogene Denkprozesse, sondern auch denkprozessbezogene. Insgesamt scheinen mit dem Wort kognitiv, wenn es im Kontext kognitiver Aktivierung verwandt wird, bestimmte anspruchsvolle Denkprozesse verstanden zu werden. Dementsprechend können Kognition und Metakognition hier nicht als einander nebengeordnete Konstrukte angesehen werden. Es scheint eher so, als wäre die Metakognition hier nun als Unterkategorie dieser bestimmten anspruchsvollen Denkprozesse zu verstehen. Vor dem Hintergrund einer solchen Auffassung des Begriffs der Kognition ist es damit möglich, kognitive Aktivität über metakognitive Aktivität zu diskutieren.

Im Folgenden sei der Fokus weiter auf die Aktivitäten gerichtet, die im Kontext von kognitiver Aktivität bzw. kognitiver Aktivierung genannt werden. In Bezug auf die Ausführungen von Lipowsky ist gerade genannt worden, dass metakognitive Aktivitäten in diesem Kontext eine Rolle zu spielen scheinen. Erinnert sei zusätzlich noch einmal an die Ausführungen Mayers (2004, S. 17), die in Kapitel 3.5.2 zitiert worden sind. Den Begriff der kognitiven Aktivität verbindet er mit Aktivitäten des Auswählens von relevanten Informationen aus der Menge der ankommenden Informationen, ihres Organisierens in kohärente Strukturen und ihres Vernetzens mit anderen, bereits bestehenden Strukturen. Auch hier müssen metakognitive Aktivitäten in dem in Kapitel 3.4.2.4 vorgestellten Sinne eine zentrale Rolle spielen. Dies sei an folgendem Beispiel (entnommen aus Cohors-Fresenborg und Kaune, 2007a, S. 38), das auch in Gretzmann (2010) schon unter dem Gesichtspunkt kognitiver Aktivierung diskutiert worden ist, verdeutlicht: Im Rahmen der Lösung einer an der Tafel notierten Gleichung ist dem Schüler Rainer ein Fehler unterlaufen. Nachdem seine Mitschüler ihn darauf hingewiesen haben und der Fehler ausführlich in der Klasse aufgearbeitet worden ist, meldet sich Rainer erneut zu Wort:

Rainer: Also jetzt, den Fehler habe ich auch schon öfters gemacht. Dieses Minus das habe ich da ja übersehen, nach der ähm nach der x-minus-fünf-Klammer, weil ähm in meinem Kopf sah das eben so aus, dass ich da immer so, also ... *[Nach ausführlichen Erläuterungen endet Rainer schließlich mit:]* So sah das in meinem Kopf aus. Und das war der Fehler.

Rainer scheint ehrlich dazu bereit, neue Erkenntnisse in seine bestehenden Wissensstrukturen integrieren bzw. bisherige Strukturen, mit denen er in seiner sozialen Umwelt auf Widerstand gestoßen ist, reorganisieren zu wollen. Im Sinne von Mayer ist er damit kognitiv aktiv. Eine bedeutsame Rolle spielen bei Rainer metakognitive Aktivitäten. Sein Beitrag lässt darauf schließen, dass ein gezieltes Arbeiten an den Vorstellungen des Schülers stattfindet, und zwar ausgehend von seinen Darstellungen.

Zusammenfassend lässt sich festhalten, dass kognitive Aktivierung im Sinne von Lipowsky aber auch im Sinne von Mayer erreicht werden kann, indem die Schüler dazu veranlasst werden, sich vertieft und in argumentativer Auseinandersetzung miteinander mit den Unterrichtsinhalten zu beschäftigen und dabei aktiv an ihren eigenen Wissensstrukturen zu arbeiten. Kurz: Die Schüler sind in eine präzise geführte Debatte zu verwickeln, in der falsche oder unzulängliche Vorstellungen und der Unterschied zwischen Gesagtem und Gemeintem intensiv Beachtung finden. Hierauf zielt nun aber eine metakognitiv-diskursive Unterrichtskultur ab. Das gezielte Geben von Impulsen und Aufforderungen zu metakognitiven Aktivitäten zusammen mit einer Reaktion der Schüler auf solche Impulse und Aufforderungen in Form von präzisen Debatten zieht kognitive Aktivierung mit Aspekten, die Lipowsky und Mayer anführen, nach sich. Da präzise Debatten ein adäquates Diskursverhalten erfordern, d. h. ein Diskursverhalten, das sich durch präzise formulierte Bezüge, die Offenlegung der Gesprächsgrundlage, ggf. notwendige Interventionen bei inadäquatem Verhalten usw. auszeichnet, können die Maßnahmen zu solch einem Verhalten letztendlich auch als Maßnahmen zur kognitiven Aktivierung gelten.

Kapitel 4

Methodische Grundlagen

4.1 Vorbemerkungen

Nachdem sich das vorangehende Kapitel auf Ausführungen zu der Theorie konzentrierte, die dem neu entwickelten Instrument zugrunde liegt, schließt sich in diesem Kapitel die Vorstellung dieses Analyseverfahrens selbst an.
Zu seiner Entwicklung konnte auf ein bereits bestehendes Kategoriensystem zurückgegriffen werden. Auf dieses wird in dieser Arbeit mit dem Kürzel KATMeDU (*K*ategoriensystem zur *A*nalyse von *T*ranskripten bzgl. *Me*takognition und *D*iskursivität im *U*nterrichtsdiskurs) Bezug genommen. Um konkret beschreiben zu können, an welchen Stellen und aus welchen Gründen Ideen übernommen, aber auch Modifikationen angesetzt worden sind, wird dieses Kategoriensystem in Kapitel 4.2 vorgestellt und kritisch betrachtet. In Abschnitt 4.3 folgt dann schließlich die Vorstellung des neu entwickelten vAMeDU (*v*ideobasiertes *A*nalyseinstrument für *Me*takognition und *D*iskursivität im *U*nterrichtsdiskurs), bevor in Kapitel 4.4 ausgeführt wird, wie die über die Anwendung des Instruments erhaltenen Kodierungsdaten ausgewertet werden können.

4.2 Das Kategoriensystem zur Analyse von Transkripten (KATMeDU)

4.2.1 Vorstellung des KATMeDU

4.2.1.1 Zur Entwicklungsgeschichte des Kategoriensystems

Das KATMeDU ist unter der Leitung von Cohors-Fresenborg und Kaune am Institut für Kognitive Mathematik der Universität Osnabrück entwickelt worden. In seiner ersten Fassung (vgl. Cohors-Fresenborg und Kaune, 2007a) stellt es ein Ergebnis des von der Deutschen Forschungsgemeinschaft geförderten Projekts „Analyse von Unterrichtssituationen zur Einübung von Reflexion und Metakognition im gymnasialen Mathematikunterricht der SI“ (Co 96/5-1) dar. Hier trägt es den Titel „Kategoriensystem für metakognitive Aktivitäten beim schrittweise kontrollierten Argumentieren im Mathematikunterricht". Dieser Titel legt erstens offen, dass metakognitive Aktivitäten betrachtet werden, und zweitens, dass dies in speziellen Situationen geschieht, nämlich „beim schrittweise kontrollierten Argumentieren im Mathematikunterricht". Letzteres hat folgenden Hintergrund: Das Kategoriensystem wurde auf der Basis von Unterricht aus dem Bereich entwickelt, der sich unter dem Begriff „Schulalgebra" fassen lässt. Hierbei handelt es sich nach dem Verständnis von Cohors-Fresenborg und Kaune (2007a, S. 5) um Teilgebiete der Mathematik, die sich mit mathematischen Notationen, Rechnungen, Termumformungen und Gleichungslösungen beschäftigen, und damit um Gebiete, in denen einzelne Schritte durch Regeln gerechtfertigt werden. Die Autoren betonen, dass es von einem abstrakteren Standpunkt aus betrachtet letztendlich um die Analyse schrittweise kontrollierbarer mathematischer Tätigkeiten gehe. Dazu zählen sie auch Beweise, wenn diese gestützt werden auf ein abgegrenztes System von Definitionen und Sätzen oder sogenannten Rechengesetzen. Damit wird schon deutlich, dass die Entwicklung auf der Basis von Algebra-Unterricht nicht ausschließt, dass das System auch auf andere Bereiche der Mathematik angewandt werden kann, in denen schrittweise kontrolliertes Argumentieren ebenfalls eine Rolle spielt.

Vor dem Hintergrund der Idee, dass gerade das schrittweise kontrollierte Argumentieren auch im Unterricht anderer Fächer auftreten sollte und sich das Kategoriensystem deshalb grundsätzlich auch eignen könnte, um diesen Unterricht zu analysieren, sind einige Modifikationen an der ersten Fassung des Systems vorgenommen worden. Eine Kategorie mit dem Namen „Kontrolle: Rechnung prüfen" wird im Deutschunterricht bspw. kaum zum Einsatz kommen. Was hier benötigt wird, ist eine Kategorie für das auf den Deutschunterricht bezogene Analogon zum Kontrollieren einer Rechnung in der Mathematik. Da es nicht das Ziel war, für jedes Fach ein eigenes Kategoriensystem zu entwerfen, sondern vielmehr mit einem einzigen System an den Unterricht verschiedener Fächer herangetreten werden sollte, sind letztendlich die Fachbezüge aus den Namen der Kategorien entfernt worden. Aus der Kategorie „Kontrolle: Rechnung prüfen" wurde die Kategorie „Kontrolle: fachspezifische Tätigkeit".

Zusammen mit diesen Veränderungen an der ersten Fassung des Kategoriensystems sind die Kategorien zugleich daraufhin untersucht worden, ob sich ihre Aufnahme in das System bewährt hat. Der Fokus lag hier vor allem darauf, zu betrachten, inwiefern sich die verschiedenen Kategorien gegeneinander abgrenzen lassen und inwiefern sie auf Informationen abzielen, die in dieser Detailgenauigkeit wünschenswert sind, weil sie tatsächlich Aussagekraft haben. Es zeigte sich, dass über die Kategorie „Einleitung eines Diskurses" der ersten Fassung bspw. keine aussagekräftig andere Information erhoben wurde als über die Möglichkeit des Kodierens einer Aufforderung zu einer metakognitiven Aktivität. Auch weil dies zusätzlich zu Abgrenzungsproblemen zwischen diesen Kategorisierungsmöglichkeiten führte, ist die Kategorie „Einleitung eines Diskurses" gestrichen worden. Andersherum fiel in dieser Entwicklungsphase bspw. auch auf, dass es zwar eine Kategorie gab, um Reflexionsaktivitäten über die Benutzung mathematischer Werkzeuge zu kennzeichnen. Es lag jedoch keine Kategorie vor, um eine Kontrollaktivität bezogen auf die Zulässigkeit des Werkzeugeinsatzes zu kennzeichnen. Dementsprechend wurde sie ergänzt. In diesem Sinne fand also insgesamt eine deduktive Abrundung der ursprünglich induktiv gefundenen Kategorien statt, was zu einer zweiten Fassung des Kategoriensystems (vgl. Anhang A) führte.

4.2.1.2 Der Aufbau des Kategoriensystems

Dem Aufbau des Kategoriensystems liegen die Gedanken zugrunde, die schon in Kapitel 3.4.2.4 ausgeführt worden sind. Zur Analyse unterrichtlicher Kommunikation werden metakognitive Aktivitäten in drei globale Kategorien dekomponiert, nämlich in die Kategorien Planung, Monitoring und Reflexion. Wie hier schon auffällt, ist jeder dieser Kategorien eine Farbe zugewiesen worden. Während des Kodierprozesses werden die Textstellen (bis hin zu einzelnen Wörtern, ggf. auch des Kommentartexts) eines Transkripts, denen eine Kategorie zugewiesen wird, in der der Kategorie entsprechenden Farbe gefärbt. Dies dient der optischen Unterstützung bspw. bei der Suche nach Unterschieden in der Unterrichtskultur.

Die Dreiteilung in Planung, Monitoring und Reflexion kann am Aufbau eines Problemlöseprozesses orientiert erklärt werden (vgl. Cohors-Fresenborg und Kaune, 2007b, S. 233f.): Mit der Kategorie Planung werden Aktivitäten erfasst, die sich vorausschauend mit noch durchzuführenden Schritten des Problemlöseprozesses beschäftigen, häufig auch in Verbindung mit dem Treffen einer Auswahl von anzuwendenden Werkzeugen. Aspekte des Kontrollierens und Überwachens, die „online" während des Problemlöseprozesses ablaufen, also bspw. die Kontrolle der korrekten Anwendung ausgewählter Werkzeuge oder die Überwachung des Zielbezugs gerade durchgeführter Schritte, fallen demgegenüber in den Bereich des Monitorings. Davon abzugrenzen ist schließlich die Reflexion, deren Aktivitäten auf bereits bestehenden Ergebnissen aufsetzen. Ihr Gegenstand können gestellte Probleme aber auch das Verständnis von Begriffen sein.

Um eine möglichst tiefgehende und detailgenaue Analyse der metakognitiven Aktivitäten vornehmen zu können, sind die globalen Kategorien Planung, Monitoring und Reflexion in viele Unterkategorien ausdifferenziert worden. In zahlreichen Fällen werden auch die Unterkategorien noch in weitere Teilaspekte dekomponiert. Wurde die Unterscheidung der Kategorien Planung, Monitoring und Reflexion zunächst noch anhand eines Problemlöseprozesses erklärt, so wird bei der Betrachtung der Unterkategorien und Teilaspekte deutlich, dass das Kategoriensystem nicht nur mit dem Ziel entwickelt worden ist, Phasen des Problemlösens analysieren zu können. Wie in Kapitel 3.4.2.4 ausgeführt, ist hier ein Verständnis von Metakognition zugrunde gelegt worden, das den Einsatz metakognitiver Aktivitäten nicht nur im Problemlöseprozess als bedeutsam ansieht, sondern generell in jeder Art von sachbezogenem Unterrichtsgespräch. So können Fehlvorstellungen bspw. nicht nur während der Lösung einer Aufgabe aufgedeckt werden, sondern immer dann, wenn ein am Gespräch Beteiligter etwas verbalisiert hat, das auf eine Fehlvorstellung hinweist.

Neben den drei globalen Kategorien Planung, Monitoring und Reflexion weist das System noch eine vierte auf, die Diskursivität. Soll der Einsatz metakognitiver Aktivitäten nämlich zu einem tieferen Verständnis führen, so setzt dies voraus, dass sich die Aktivitäten präzise auf das beziehen, was zur Debatte steht (vgl. Cohors-Fresenborg und Kaune, 2007a, S. 11). Metakognitive Aktivitäten, wie die Auswahl geeigneter mathematischer Werkzeuge, die Kontrolle von Argumentationen und die Analyse des Zusammenspiels zwischen Dargestelltem und Vorgestelltem, müssen fest in dem Diskurs verankert auftreten. Die hierfür notwendigen Kompetenzen des Präzisierens in der Darstellung und des Verankerns in der Debatte werden unter dem Begriff „diskursive Kompetenz" subsumiert (vgl. Cohors-Fresenborg, 2011, S. 184f.) und über die Unterkategorien und Teilaspekte der Kategorie Diskursivität erfasst. Durch ihre zusätzliche Aufnahme in das System wird es damit möglich, Unterrichtsgespräche auf den Grad des Vorliegens einer metakognitiv-diskursiven Unterrichtskultur hin zu analysieren, wie sie in Kapitel 3.4.4 vorgestellt worden ist.

Schließlich bleibt nur noch die globale Kategorie Negative Diskursivität zu nennen. Über ihre Unterkategorien und Teilaspekte wird es möglich, bestimmte Verstöße gegen das im Rahmen einer metakognitiv-diskursiven Unterrichtskultur erwartete Verhalten kenntlich zu machen.

4.2.1.3 Die Anwendung des Kategoriensystems

Obwohl Kapitel 2.3 bereits ein Beispiel für die Anwendung des Kategoriensystems beinhaltet, wird hier noch einmal auf diesen Aspekt eingegangen, um einige Punkte ausführlicher darstellen zu können als bisher geschehen.

Bei der Anwendung des Kategoriensystems stehen alle Kategorien sowohl für Lehrer- als auch für Schülerbeiträge zur Verfügung. Es ist also entschieden worden, beide Gesprächsparteien mit einem System zu klassifizieren.

Neben den klassifizierten, d. h. auch gefärbten Textbestandteilen wird auf dem Seitenrand des Transkripts eine Kurzbezeichnung für die vergebene Kategorie platziert. Diese setzt sich wie folgt zusammen:

> An erster Stelle steht der Anfangsbuchstabe des Namens der globalen Kategorie, also ein „P", „M", „R", „D" oder „ND".
>
> An zweiter Stelle kennzeichnet ein „S" bzw. ein „L", ob die jeweilige Aktivität von einem Schüler oder einem Lehrer ausgeübt wird.
>
> Die dritte Stelle wird durch eine Ziffer besetzt, die angibt, welcher Unterkategorie die Aktion zugeordnet wird.
>
> An vierter Stelle findet sich in einigen Fällen ein kleiner lateinischer Buchstabe zur Kennzeichnung eines Teilaspekts der Unterkategorie.

Zusätzlich kann die Kurzbezeichnung für eine vergebene Kategorie noch mit einem Präfix versehen werden: So zeigt ein vorangestelltes *b* an, dass die entsprechende Aktivität zusammen mit einer Begründung auftritt. Ein *f* weist darauf hin, dass die zugehörige Aktivität gefordert wird. Die Kombination *fb* weist darauf hin, dass dazu aufgefordert wird, eine Begründung zu nennen und die Kombination *bf* darauf, dass begründet aufgefordert wird.

Durch die Färbung derjenigen Wörter, die eine bestimmte Aktivität ausdrücken, in einer der Farben blau, rot, gelb, grün oder grau ist es dem Betrachter grundsätzlich problemlos möglich, zu unterscheiden, welche Teile des Beitrags oder Kommentars mit welcher globalen Kategorie belegt worden sind. Diese Unterscheidung wird dann unmöglich, wenn unmittelbar aneinandergrenzende Wörter in einer Farbe gefärbt werden müssen, d. h. einer globalen Kategorie zuzuordnen sind, aber verschiedene Unterkategorien bzw. Teilaspekte gewählt werden. In diesem Fall wird der Wechsel dadurch gekennzeichnet, dass zu Fettdruck übergegangen bzw. von Fettdruck wieder zu Normaldruck zurückgekehrt wird. Zudem besteht die Möglichkeit, Sätze, Teilsätze oder einzelne Wörter mit zwei Kategorien zu belegen. Genauer kann eine Kategorie aus dem Bereich der Metakognition zusammen mit einer Kategorie aus dem Bereich der Diskursivität oder Negativen Diskursivität gesetzt werden. Dies ist bspw. dann sinnvoll, wenn eine Äußerung sowohl Teil eines Monitorings als auch eine Verankerung des Beitrags in einem Diskurs ist. Optisch wird solch eine doppelte Kategorisierung dadurch deutlich, dass die entsprechenden Wörter gemäß der Farbe der metakognitiven Aktivität gefärbt und in der Farbe gemäß der (negativ) diskursiven Aktivität mit Punkten unterlegt werden.

Die Kurzbezeichnungen der Kategorien, die für Äußerungen des Lehrers vergeben werden, unterscheiden sich nicht nur durch das eingefügte „L" von jenen der Schüler. Sowohl sie als auch die zugehörigen Wörter werden unterstrichen und sind damit für den Betrachter schnell auffindbar.

Im Folgenden ist beispielhaft ein kategorisierter Transkriptausschnitt, publiziert in Cohors-Fresenborg et al. (in Vorbereitung), angegeben. Dieser soll dazu beitragen, die gerade beschriebenen Aspekte die Kodierungspraxis betreffend verständlicher zu machen.

L.	Wenn man Sören so vorhin zugehört hat, da dachte man „Da bauen wir uns noch was zusammen und dann müssen wir den Term aus dem Nichts bauen" **und man hat das Gefühl, das ist, „Beweisen ist so 'ne Handwerkskunst", nicht? ...** Wenn man ihn hört, da verwendet er ganz viel so Vokabeln also „er baut was", „er macht was". Und was wären dann so die Werkzeuge, wenn man so in Sörens Bild weiterdenkt? Und sagt, also, ich, äh ...	*f*RL2a DL1d ***b*RL7**
Sören	Die Axiome sind 'n Werkzeugkasten.	RS2a
L.	Die Axiome sind 'n Werkzeugkasten? [*hebt erstaunt die Stimme*]	*fb*RL2c DL1d

Ausschlaggebend dafür, ob eine bestimmte Kategorisierung vorgenommen wird, ist grundsätzlich das Format der Äußerung, nicht die inhaltliche Korrektheit. Meint ein Schüler

also einen Fehler aufzudecken, der aber tatsächlich kein Fehler ist, so wird sein Beitrag dennoch mit der entsprechenden Kategorie aus dem Bereich des Monitorings versehen, da der Lernende eine vergleichbare metakognitive Leistung erbracht hat.
Der gesamte Kodierprozess wird zunächst einmal in Bezug auf das Layout des kategorisierten Transkripts durch ein für das Institut für Kognitive Mathematik geschriebenes Tool unterstützt[1]. Auch zur Auswertung und Interpretation der Ergebnisse leistet es aber dadurch einen Beitrag, dass es zwei Hilfen bereitstellt: Erstens ist dies die Erzeugung der prozessorientierten Darstellung des graphischen Profils, das alle Kurzbezeichnungen für die vergebenen Kategorien geordnet nach Lehrer- und Schülerbeiträgen sowie dem zeitlichen Verlauf entsprechend übersichtlich zusammenfasst. Man kann es sich vorstellen als

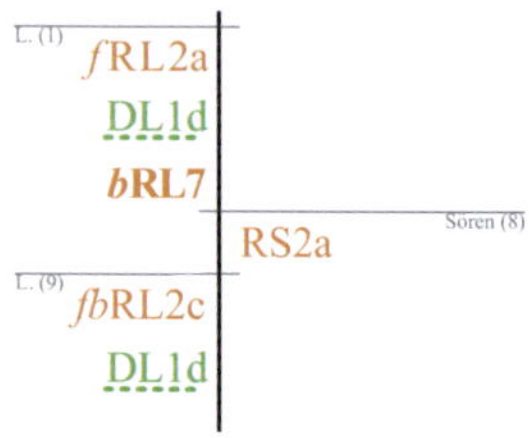

Abbildung 4.1: Graphisches Profil zum obigen kategorisierten Transkriptauszug

eine Abstraktion eines klassifizierten Transkripts, bei der der Text entfernt und die Lehrerkodes aus der Spalte am rechten Rand nach links verschoben sind. Abbildung 4.1 zeigt das graphische Profil zu dem obigen Transkriptausschnitt. Die einzelnen Beiträge werden hier über die grauen Striche nach links (Lehrerbeiträge) und rechts (Schülerbeiträge) angezeigt. Unter den grauen Strichen finden sich die für den jeweiligen Beitrag vergebenen Kategorien. Zudem sind dort, ebenfalls in grau, Verweise auf den Sprecher und die Transkriptzeile, in der der Beitrag beginnt, vermerkt. Diese Darstellung hat sich als sehr hilfreich erwiesen, wenn es darum geht, auch prozessbezogene Analysen der Kodierungsdaten durchführen zu wollen.
Zweitens steht eine Wortzählfunktion zur Verfügung, die zum einen alle Wörter, geordnet nach Sprechern, zählt und die zum anderen alle gefärbten Wörter, geordnet nach der jeweils zugewiesenen Kategorie, zählt. Hierauf aufbauend können quantitativ orientierte Auswertungsschritte vorgenommen werden.

4.2.2 Kritische Betrachtung des KATMeDU

Wie der hier gewählte Name des im Folgenden diskutierten Kategoriensystems schon aussagt, erfordert seine Anwendung die Erstellung eines Transkripts. Mit einem Transkript zu arbeiten, hat den Vorteil, dass einzelne Beiträge gründlich analysiert werden können.

[1]Das Tool ist von Philipp Rahe und Christian Hildebrandt, zwei studentischen Mitarbeitern am Institut für Kognitive Mathematik der Universität Osnabrück, geschrieben und im Laufe der Zeit stetig weiterentwickelt worden.

Das schriftliche Vorliegen der Beiträge unterstützt diesen Analyseprozess dabei enorm. So ist es einfacher, sich ggf. auch auf einzelne Wörter konzentrieren zu können. Zudem kann problemlos noch einmal zu bereits analysierten Beiträgen zurückgeblättert werden, sollte dies nötig sein. Sie sind schnell auffindbar.

Auf der anderen Seite ist die Erstellung allein eines kontrollierten Transkripts, noch ohne Klassifizierungen, sehr zeitaufwändig. Soll die hierfür benötigte Arbeitszeit berechnet werden, so ist die Anzahl an Minuten, die die zu analysierende Szene dauert, wohl mit dem Faktor 40 zu multiplizieren. Zudem ist es gewagt, sich während des Analyseprozesses ausschließlich auf das Transkript zu verlassen. Auch sehr detailgenau angefertigte Transkripte werden nämlich kaum alle Facetten abbilden können, die bei der Betrachtung des Videos zum Vorschein kommen. In vielen Untersuchungen wird daher betont, dass zur Analyse jeweils Tanskript und Video herangezogen werden müssen (vgl. z. B. Hugener et al., 2006, S. 67, 94, 130). Auch bei der Analyse mit dem hier diskutierten Kategoriensystem wird dies immer wieder getan, das Video wird aber nicht systematisch dazugeschaltet.

Eine Analyse direkt am Video verspricht schneller durchführbar zu sein. Wie gravierend sich dann jedoch der Wegfall der oben genannten Vorteile eines Transkripts auswirkt, muss im Auge behalten werden.

Ein weiterer hier zu betrachtender Punkt betrifft die Tatsache, dass das Kategoriensystem zur transkriptgestützten Analyse eine enorm hohe Anzahl an Kategorien zur Verfügung stellt. Metakognitive und (negativ) diskursive Aktivitäten sind hier sehr fein ausdifferenziert worden. Dabei unterscheiden sich vor allem die Teilaspekte einer Unterkategorie häufig nur in Nuancen voneinander. Werden z. B. zu erreichende Zwischenergebnisse benannt (P1), so ist weiterhin zu entscheiden, ob die dadurch zum Ausdruck kommende Planung einschrittig ist, ob sie mehrere Schritte umfasst, ob ein alternatives Zwischenergebnis benannt wird oder ob eine der drei gerade genannten Möglichkeiten vorliegt, sie allerdings noch durch das Nennen einer Anschlussstrategie ergänzt wird. So fordert eine Analyse mit diesem System ein enorm tiefes Eindringen in die Strukturen der zu analysierenden Szene. Der Kodierer muss sich in sehr viele Richtungen Gedanken machen, d. h. immer wieder abwägen, ob eine spezifische Situation auf der Basis des Transkripts in der ein oder anderen Weise zu interpretieren und daher auch in der ein oder anderen Weise zu kodieren ist.

Die Vorteile dieser detailreichen Ausdifferenzierung bzw. der dadurch ermöglichten detailreichen Analyse sind immer dann erkennbar, wenn der Prozess des Analysierens im Vordergrund steht, d. h. der Weg das Ziel ist. Dies ist bei der Generierung von Hypothesen der Fall, aber auch im Bereich der Aus- und Weiterbildung von Lehrkräften. Für Letzteres ist an Einzelfällen erprobt, dass eine so intensive Auseinandersetzung mit einem Unterrichtsgespräch, wie die Anwendung des Kategoriensystems sie erfordert, sehr lehrreich sein kann (vgl. Kaune und Cohors-Fresenborg, 2010; Kramer, 2009). Das Kategoriensystem stellt Begriffe und eine Theorie zur Verfügung. So fischt jemand, der Unterricht analysieren möchte, nicht im Trüben, sondern hat die Chance, tatsächlich etwas zu se-

hen. Das Kategoriensystem stellt dabei die Brille dar, durch die geschaut wird. Durch seine Anwendung können Phänomene aufgedeckt werden, deren Auswirkungen zwar zuvor schon aufgefallen waren, deren Ursache aber nicht rekonstruiert werden konnte. So ist es bspw. denkbar, dass eine Lehrkraft merkt, dass ihr das Unterrichtsgespräch entgleitet, sie es nicht stringent führen kann, sie aber nicht genau weiß, welche Situation und damit welches Verhalten von ihr dafür verantwortlich ist. Diese verantwortliche Stelle kann mit dem Analyseverfahren mit hoher Wahrscheinlichkeit identifiziert werden.
Zudem hat sich der Nutzen solch detailgenau ausdifferenzierter Kategoriensysteme in der Forschung bewährt. So können unterschiedliche Sichtweisen auf Unterricht nämlich sehr präzise debattiert werden.
Sobald jedoch größere Mengen an Datenmaterial analysiert werden sollen, werden Nachteile offenbar. So treibt die Detailgenauigkeit den für die Analyse aufzubringenden Zeitaufwand noch weiter in die Höhe. Wie in Kapitel 4.2.1.3 ausgeführt, besteht die Möglichkeit, Textpassagen bis hin zu einzelnen Wörtern mit bis zu zwei Kategorien zu belegen, und dies vor dem Hintergrund, dass die zur Verfügung stehenden Kategorien sich teilweise nur in Nuancen voneinander unterscheiden. Letztendlich ist also für einzelne Wörter zu entscheiden, ob sie nicht noch auf eine andere Aktivität verweisen als vorhergehende oder nachfolgende Wörter.
Sicher nicht nur, aber insbesondere dann, wenn die vergebenen Kategorien in ihrer Abfolge oder Häufung algorithmisch, d. h. auch kontextfrei, weiterverarbeitet und ausgewertet werden sollen, kommt der Frage nach der Zuverlässigkeit der Kodierung eine hohe Bedeutung zu. Hier spielt es eine Rolle, wie exakt die einzelnen Kodiereinheiten vor der Kodierung feststehen und wie klar die einzelnen zur Verfügung stehenden Kategorien voneinander abgrenzbar sind. Wie gerade noch einmal wiederholt, stehen die Kodiereinheiten hier nicht fest. Der Kodierer hat einen enormen Spielraum. Dadurch, dass sich die Kategorien teilweise nur in Nuancen voneinander Unterscheiden, gibt es zudem Abgrenzungsprobleme. Auch wenn die in Kapitel 4.2.1.1 angesprochene Weiterentwicklung des Systems, bei der einige Kategorien gestrichen wurden, hier ein Stück weit Abhilfe geschaffen haben mag, so ist wohl immer noch fraglich, ob das Problem bei der hohen Zahl an Kategorien gelöst ist. Letztlich scheint es zudem wenig aussichtsreich, bei dieser hohen Zahl an Kategorien die Trennschärfe durch ein Manual verbessern zu wollen. Insgesamt ist es so für zwei Kodierer extrem schwierig, einzelne Beiträge übereinstimmend einzuschätzen.
Wurde gerade bereits die Weiterverarbeitung und Auswertung der Kodierungsdaten angesprochen, so ist ein weiterer Punkt zu nennen: Bisher gibt es zwar Vorschläge dazu, wie die Kodierungsdaten zu Auswertungszwecken aufbereitet werden können, auch wird für einzelne Beispiele demonstriert, wie mit diesen Darstellungen weiter umgegangen werden kann (vgl. z. B. Cohors-Fresenborg und Kaune, 2007a; Kaune, 2009). Was aber noch nicht zur Verfügung steht, ist gerade ein Algorithmus, ein Leitfaden o. Ä., der kleinschrittig angibt, warum wohin zu schauen ist. Also kann auch noch kein Urteil darüber abgegeben werden, inwiefern sich die in dem Kategoriensystem vorliegende Art der Aus-

differenzierung der Kategorien für eine standardisierte Weiterverarbeitung und Auswertung eignet.

Zusammenfassend bleibt also festzuhalten, dass der Einsatz des KATMeDU dann empfehlenswert ist, wenn der Prozess des Kategorisierens im Mittelpunkt des Interesses steht. Sobald darüber hinaus standardisierte Weiterverarbeitungen oder Auswertungen der Kodierungsdaten verlangt werden, was häufig einhergeht mit einer größeren Menge an zu analysierendem Datenmaterial, ist es ungeeignet.

4.3 Das videobasierte Analyseinstrument (vAMeDU)

4.3.1 Vorstellung und Begründung der Auswahl zentraler Kategorien

4.3.1.1 Vorbemerkungen

Bevor das vAMeDU in seiner Anwendung und der Auswertung der Daten genauer vorgestellt wird, sei der Blick hier zunächst einmal auf die zentralen ausgewählten Kategorien gerichtet. Sie wurden ausgehend von dem in Kapitel 4.2.1 vorgestellten Kategoriensystem zur Analyse von Transkripten entwickelt. Wie die Darstellung der Konzepte Metakognition (vgl. Kapitel 3.4.2.4) und Diskursivität (vgl. Kapitel 3.4.3.3) bereits erkennen lässt, liegen für eine metakognitiv-diskursive Unterrichtskultur entscheidende Merkmale nicht in der Sicht-, sondern vor allem auch in der Tiefenstruktur[2] von Unterrichtskommunikation. So muss bspw. nicht nur darauf geachtet werden, ob ein Schüler mit seinem Beitrag kritisch Stellung bezieht zu dem Beitrag eines anderen Schülers. Entscheidend ist zudem, ob sich auch tatsächlich ein geteiltes Verständnis des kritisierten Aspekts zeigt oder beide Schüler eigentlich aneinander vorbeireden. Es kommt nicht nur darauf an, dass ein Schüler auf eine Aufforderung des Lehrers zum Monitoring reagiert, wichtig ist, dass er dabei auch tatsächlich auf das eingeht, wonach gefragt worden ist. Derartiges zuverlässig anhand von Merkmalen zu erkennen, die an der Sichtstruktur angesiedelt sind, bspw. also an der gehäuften Verwendung bestimmter Wörter oder bestimmter Fragen, scheint kaum möglich. Dementsprechend wird auch das neu entwickelte Instrument die Tiefenstrukturen der Unterrichtskommunikation ansteuern müssen und somit hoch-inferente Urteile fordern. Zur Erreichung der mit dem vAMeDU verfolgten Ziele wird sich die Ausdifferenzierung der Kategorien zur Metakognition dennoch deutlich von jener des KATMeDU unterscheiden. An der Ausdifferenzierung im Bereich von Diskursivität und Negativer Diskursivität ist hingegen wenig geändert worden. Letztendlich kommt die Auswahl der Kategorien einer Gratwanderung gleich: Einerseits müssen sie so ausdifferenziert sein, dass sich wichtige Aspekte kennzeichnen lassen und der individuelle „Charakter“ einer Szene in gutem Maße erkennbar bleibt. Andererseits darf die Ausdifferenziertheit der

[2]Die Begriffe Sicht- und Tiefenstruktur werden hier im Sinne von Nowińska (2010, S. 129-172) verwandt.

Kategorien den Kodierer während des Kodierprozesses nicht überfordern und muss für weitere Auswertungen des Datenmaterials geeignet sein.
Das vollständige neue Kategoriensystem (vgl. Abschnitt 4.3.2) wird später einige weitere Kategorien beinhalten, die hier nicht vorgestellt werden. Dies hat den Grund, dass sie entweder eher aus technischen Gründen eingeführt worden sind und so besser zusammen mit der verwendeten Software erläutert werden können oder die Begründung für ihre Aufnahme in das System so knapp gehalten werden kann, dass es sich anbietet, sie zusammen mit der Anwendung der Kategorien zu geben.

4.3.1.2 Die Kategorien zur Erfassung metakognitiver Aktivitäten

Dieses Kapitel schließt sich inhaltlich an Kapitel 3.4.2.4 an, in dem die dieser Arbeit zugrunde liegende Auffassung von Metakognition thematisiert worden ist. Hier soll es nun darum gehen, ausgehend von dieser Auffassung Kategorien zur Analyse metakognitiver Aktivitäten im Unterrichtsgespräch zu entwickeln. In die Überlegungen diesbezüglich müssen insbesondere folgende, in vorangehenden Kapiteln festgehaltene Aspekte mit eingehen:
Erstens ist in Abschnitt 4.2.2 die sehr detailreiche Ausdifferenzierung der Kodes des KAT-MeDU kritisch in den Blick genommen worden. Sowohl positive als auch negative Aspekte wurden herausgearbeitet. Vor dem Hintergrund der mit dem vAMeDU verfolgten Ziele, nämlich größere Datenmengen mit akzeptablem Zeitaufwand wissenschaftlich auswerten zu können, soll hier angestrebt werden, mit weniger Kategorien im Bereich der Metakognition auszukommen, die aber immer noch zu aussagekräftigen Ergebnissen führen.
Zweitens ist in Kapitel 3.4.2.4 betont worden, dass der Einsatz von Metakognition nicht nur während Problemlöseprozessen in den Fokus genommen werden soll, sondern während sämtlicher unterrichtlicher Kommunikation. Er ist im Rahmen einer Kultur, einer metakognitiv-diskursiven Unterrichtskultur (vgl. Kapitel 3.4.4), zu etablieren. Zentrales Ziel dieser Kultur ist es, metakognitive Aktivitäten Eingang finden zu lassen in den „intellektuellen Habitus“ der Schüler. Im Unterrichtsgespräch soll die Orientierung an den Vorstellungen und Ideen der Schüler dabei möglichst hoch sein. Sie sollen in den Fokus metakognitiver Aktivitäten geraten, um so möglichst gezielt an aktuellen Konstrukten in den Köpfen der Schüler arbeiten zu können.
Vor dem Hintergrund dieser Überlegungen sind folgende Kategorien ausgewählt worden: Den Ideen von Cohors-Fresenborg und Kaune (2007a) folgend, ist die Ausdifferenzierung metakognitiver Aktivitäten in Planungs-, Monitoring- und Reflexionsaktivitäten aufgegriffen worden. Diese drei Oberkategorien werden nun, von den Ideen Cohors-Fresenborgs und Kaunes abweichend, alle in derselben Art und Weise in lediglich vier Unterkategorien ausdifferenziert. So ergibt sich eine leicht zu memorierende Struktur im System, die es dem Kodierer erleichtern soll, alle Kategorien im Kopf behalten zu können. Für die Wahl der Unterkategorien sind vor allem die Mechanismen leitend, die metakognitiven Aktivitäten in einem sozial-interaktiven Kontext zugesprochen werden, dann nämlich, wenn verschiedene Sichtweisen aufeinandertreffen und der Auseinandersetzung

mit diesen Sichtweisen eine hohe Bedeutung für den Lern- und Verstehensfortschritt zugesprochen wird. Aktivitäten, die sich explizit auf Schülervorstellungen beziehen, werden im Rahmen der Unterkategorien unterschieden von solchen, die sich auf vorgetragene Schülerideen konzentrieren, und solchen, deren Bezugsgrundlage nicht schülerbeeinflusst ist. Genaueres hierzu wird im Folgenden erläutert. Eine Übersicht der Ausdifferenzierung der Metakognitionskategorien bietet Abbildung 4.2.

P	4	Bezug auf metakognitive Aktivitäten
	3	Bezug auf Schülerbeitrag
	2	Bezug auf schülerbeeinflusstes Arbeitsmaterial
	1	Bezug auf nicht Schülerbeeinflusstes
M	4	Bezug auf (Fehl-)Vorstellung
	3	Bezug auf Schülerbeitrag
	2	Bezug auf schülerbeeinflusstes Arbeitsmaterial
	1	Bezug auf nicht Schülerbeeinflusstes
R	4	Bezug auf Vorstellung
	3	Bezug auf Schülerbeitrag
	2	Bezug auf schülerbeeinflusstes Arbeitsmaterial
	1	Bezug auf nicht Schülerbeeinflusstes

Abbildung 4.2: Übersicht über die Metakognitionskategorien und ihre Unterkategorien

Die Unterkategorien sollten die Möglichkeit eröffnen, Beiträge zu kennzeichnen, in denen durch Planung, Monitoring oder Reflexion explizit Bezug genommen wird auf Vorstellungen oder Denkprozesse. Wie schon die Arbeit mit dem KATMeDU zeigt, aus dem die Idee für diese Kategorien übernommen ist, kommt dies in Unterrichtsgesprächen selten vor, da sie häufig nicht in diesem Maße an den Denkprozessen der Schüler interessiert geführt werden. Hier soll sich dennoch die je vierte Unterkategorie von Planung, Monitoring und Reflexion auf diesen Aspekt konzentrieren. Ein in diesem Sinne an Schülerkognitionen interessiertes Unterrichtsgespräch verdient vor dem Hintergrund der hier zugrunde liegenden Auffassung von Metakognition besondere Beachtung. Im Bereich des Monitorings hat eine explizite Bezugnahme auf Vorstellungen das Format des Kontrollierens dieser Vorstellungen und ggf. des Aufdeckens von Fehlvorstellungen. Im Bereich der Reflexion fällt das Analysieren von Vorstellungen, z. B. im Hinblick darauf, ob sie zu vorliegenden Darstellungen passen, in den Bereich der expliziten Bezugnahme auf Vorstellungen. Im Bereich der Planung liegt der Fall des Bezugnehmens auf Denkprozesse dann vor, wenn die Absicht besteht, gezielt bestehende Konstrukte der Schüler in den Fokus metakognitiver Aktivitäten zu rücken. Hier wurde bewusst das Wort „explizit" eingespart. Sollen Denkprozesse in den Fokus metakognitiver Aktivitäten rücken, so geschieht dies häufig über gezielt hierauf ausgerichtete Aufgabenstellungen. In solch einer Situation wird die Lehrkraft, von der solche Planungen in der Regel stammen, nicht explizit erwähnen, dass sie an die Vorstellungen der Schüler herantreten möchte. Dies wäre in vielen Fällen sicher kontraproduktiv, geht es häufig doch gerade darum, kognitive Konflikte zu erzeugen, derer die Schüler selbst Herr werden müssen. Aus diesen Gründen wird für den Bereich der Planung auf den Zusatz „explizit" verzichtet. In den anderen beiden Fällen ist er aber wichtig, denn auf irgendeine Weise ließe sich für jede Kontroll- oder Reflexionsaktivität begründen, warum sie sich in letzter Instanz doch auf Vorstellungen bezieht.

Um zu einem Unterricht beizutragen, der sich deutlich an den Vorstellungen und Denkweisen der Schüler orientiert, sind jedoch noch andere Aktivitäten denkbar. Dies sind bspw. metakognitive Aktivitäten, die sich auf etwas beziehen, was ein Schüler durch einen Beitrag von sich preisgegeben hat. Es kann eine Sachinformation sein, die der Schüler an dieser Stelle für richtig hält, es kann aber auch eine Stellungnahme jedweder Art sein. Halten die Mitschüler oder auch der Lehrer die preisgegebene Information für reflexions- oder korrekturbedürftig, werden sie sich metakognitiv auf diesen Beitrag beziehen. In der Tat ist solch eine analysierende oder überprüfende, also metakognitive Auseinandersetzung mit den mündlich geäußerten Ideen eines Mitschülers aus theoretischer Sicht nicht nur für diesen Mitschüler hilfreich, da dadurch im günstigsten Fall seine Vorstellungen korrigiert werden können, sondern auch für die anderen Schüler der Klasse. Nach Sjuts (2001, S. 64f.) gelten Analysen des Wissens und Denkens anderer, insbesondere auch Fehleranalysen, als Voraussetzung für das Denken über das eigene Denken, für bewusste Kontrolle mit Korrektur und Steuerung. Es entwickelt sich also die Kompetenz zur Selbstregulation. Insgesamt soll je eine dritte Unterkategorie von Planung, Monitoring und Reflexion festgehalten werden, die dann vorliegt, wenn sich die Aktivitäten nicht gemäß dem in Kapitel 3.4.2.4 eingeführten Bild der $\alpha\beta\gamma$-Automaten explizit auf Denkprozesse oder Vorstellungen beziehen, sondern direkt auf jedwede andere Information, die der Sprecher zuvor mündlich von sich preisgegeben hat.

Von den bisher genannten dritten und vierten Unterkategorien sind noch zwei weitere zu unterscheiden. Im Folgenden wird zunächst die erste thematisiert: Bevor es gelingen kann, einen Schüler zur Preisgabe einer Information über sich zu veranlassen, braucht es in der Regel irgendeines Materials, dem der Schüler sich zuwendet. Dies kann etwas Auszurechnendes sein, dies kann aber auch etwas zu Kontrollierendes oder zu Analysierendes sein. In dem Fall, dass lediglich etwas ausgerechnet werden muss, ist nicht unbedingt mit verbalisierter Metakognition zu rechnen, in dem Fall, dass etwas kontrolliert oder analysiert werden muss, schon. Für letztere Fälle wird je eine weitere Unterkategorie von Planung, Monitoring und Reflexion bereitgehalten. Diese erste Unterkategorie wird gewählt, wenn sich metakognitive Aktivitäten auf nicht Schülerbeeinflusstes beziehen, also auf etwas vom Lehrer Hereingegebenes. Solche Aktivitäten können dann wiederum Grundlage für metakognitive Aktivitäten gemäß der dritten oder vierten Unterkategorie werden, bspw. dann, wenn ein Schüler sich auf die Analyse seines Mitschülers bezieht und dazu kritisch Stellung nimmt.

Die je zweite Unterkategorie von Planung, Monitoring und Reflexion liegt schließlich auf einer Ebene zwischen der ersten und dritten Unterkategorie: In dem Moment, in dem eine Schüleridee in Form eines schriftlich fixierten Arbeitsmaterials auftritt, bspw. dann, wenn ein Satz eines Schülers an die Tafel geschrieben wird oder eine Schülerlösung zu einer Aufgabe auf Folie aufliegt, ist eine Zuordnung metakognitiver Aktivitäten zu den bisherigen Unterkategorien 1 oder 3 nicht mehr so einfach möglich. Eine Zuordnung zur dritten Unterkategorie wäre dahingehend ungerechtfertigt, dass für die Analyse dieses schülerbeeinflussten Materials ein ganz anderer Grad von Aufmerksamkeit notwendig ist. Um hier sinnvoll Stellung zu nehmen, muss keine allein mündlich vorgetragene Idee analysiert werden, sondern es kann auf eine Verschriftlichung zurückgegriffen werden. Eine Diskussion wird durch solch eine Verschriftlichung sicherlich enorm vereinfacht, kann aber evtl. auch präziser geführt werden. Von Aktivitäten gemäß der ersten Unterkategorie ist solch eine Situation jedoch ebenfalls abzugrenzen. Aktivitäten gemäß der ersten Unterkategorie konzentrieren sich nicht auf Schülerideen, sondern gerade auf nicht Schülerbeeinflusstes. Damit ist deutlich, dass für metakognitive Aktivitäten mit Bezug auf schriftlich vorliegende Schülerideen weder die erste noch die dritte Unterkategorie gewählt werden sollte. Dementsprechend wird für solche Fälle je eine weitere Unterkategorie bereitgehalten.

Abschließend sei noch darauf hingewiesen, dass die je vier Unterkategorien der Kategorien Planung, Monitoring und Reflexion sich allein in dem Aspekt, auf den sie sich beziehen, unterscheiden. Ein Monitoring bleibt immer eine Kontrollaktivität, unterschieden wird nur, ob sie sich auf ein vom Lehrer hereingegebenes Arbeitsmaterial, eine schriftlich oder mündlich vorliegende Schüleridee oder eine Schülervorstellung bezieht. Dieser Art der Ausdifferenzierung in die vier Unterkategorien liegen dabei auch die in Kapitel 3.4.3.2 angesprochenen Ergebnisse zum Nutzen transaktiver Diskussionsbeiträge zugrunde. Diese Art der Diskussionsführung unter Schülern hat sich, wie ausgeführt, in empirischen Studien als leistungssteigernd erwiesen. In die Unterkategorien 2 und 3 ist die Idee der metakognitiv geprägten, weiterführenden Bearbeitung eigener oder anderer zuvor geäußerter Ideen eingeflossen. Metakognitive Aktivitäten gemäß der ersten Unterkategorie zeigen an, dass sich hier zwar metakognitiv mit einem Material auseinandergesetzt wird. Es findet aber keine metakognitive Auseinandersetzung mit Schülermeinungen oder -argumentationen statt. Das heißt nicht, und dies sei an dieser Stelle noch einmal betont, dass solche metakognitiven Aktivitäten in Bezug auf ihre Einflussmöglichkeiten auf den Lern- und Verstehensprozess sofort abgewertet werden müssen. Derartiges ist aus theoretischer Sicht nicht zu vertreten. Was jedoch vertretbar ist, ist der Nutzen von Diskussionen für die Konstruktion von Wissen. Dieser Nutzen kann bei Aktivitäten gemäß der ersten Unterkategorie, ohne dass andere Unterkategorien folgen, kaum abgeschöpft werden.

Grundsätzlich darf schließlich aus diesen Überlegungen zur Entwicklung der Kategorien nicht der Schluss gezogen werden, dass kein Lernen, kein Arbeiten an kognitiven Konstrukten stattfindet, wenn sich bei den Schülern keine metakognitiven Aktivitäten zeigen. Natürlich besteht die Möglichkeit, dass die Schüler lernen ohne zu verbalisieren, was Ernest (1994, S. 339) wie folgt betont:

> „Rote learning, drill and practice, and passive listening to lectures can, as they always have, give rise to learning. Active learning can be mental, and so visible inactivity on the part of the learner is irrelevant."

Da es hier jedoch um die Analyse von Unterrichtsgesprächen geht, muss akzeptiert werden, dass nicht verbalisierte Formen der Auseinandersetzung mit dem Unterrichtsstoff oder den im Unterricht geleisteten Beiträgen nicht erfasst werden können.

4.3.1.3 Die Kategorien zur Erfassung diskursiver Aktivitäten

Wie in Kapitel 3.4.3.3 ausgeführt, beschreibt der Begriff der Diskursivität eine Haltung eines Sprechers, die darauf abzielt, die Wahrscheinlichkeit zu erhöhen, dass das, was der Sprecher selbst formuliert, auch so, wie er es gemeint hat, von dem Zuhörer verstanden wird. Ergebnisse von Studien geben Hinweise auf die Bedeutung solch einer Haltung für die Diskursqualität (vgl. Kapitel 3.4.3.2). Die zentrale Frage ist nun, über welche Art von Aktivitäten diese Haltung zum Ausdruck kommt. In dem KATMeDU machen Cohors-Fresenborg und Kaune hierzu Vorschläge (vgl. Anhang A). Zunächst einmal werden vier verschiedene Formen der Verankerung eines Beitrags im Diskurs unterschieden:

Diskursivität	
D1a	Nennen von Bezugspunkten oder -personen
D1b	Wie a, mit Bezug auf weiter Zurückliegendes oder Fernerliegendes
D1c	Wie a oder b, mit Absetzen von oder begründetem Zustimmen zu anderem Beitrag
D1d	Wie a , b oder c, mit Vergewisserung über Gesagtes / Geschriebenes, Wiederholung des Gesagten als Grundlage der weiteren Argumentation

Die Kategorien **D1a**[3], **D1c** und **D1d** sind in sehr ähnlicher Form für die Arbeit mit dem vAMeDU übernommen worden:

V1	1	Nennen eines Bezugspunkts oder einer Bezugsperson
V2	1	Evtl. wie V1, mit Absetzen von oder Zustimmen zu einem Aspekt
V3	1	Evtl. wie V1, mit Wiederholung von bereits Gesagtem zur Vergewisserung oder Weiterführung der Argu

Die Gründe für diese Übernahme werden im Folgenden vorgestellt.
Über die Kategorie V1 werden Aktivitäten gekennzeichnet, die sich sowohl darauf konzentrieren können, einen Beitrag in der Debatte zu verankern, als auch darauf, einen Beitrag bezogen auf einen Text, eine schriftlich vorliegende Schülerlösung o. Ä. zu verorten. Zur Verankerung in der Debatte genügt ein kurzer Hinweis bspw. auf ein Schlagwort aus dem Beitrag eines anderen oder auf den Sprechenden selbst. Zur Verankerung in Bezug auf eine Textgrundlage oder eine schriftlich vorliegende Schülerlösung kann z. B. auf einen Satz(-teil) des Textes verwiesen oder genau beschrieben werden, über welche Stelle in einer an der Tafel stehenden Schülerlösung im Folgenden gesprochen wird. Derartige Aktivitäten tragen dazu bei, dass die Bezugsgrundlage des folgenden Beitrags offengelegt wird, was die Nachvollziehbarkeit des Geäußerten erhöht. Letztendlich sorgt diese Nachvollziehbarkeit gerade dafür, dass einzelne Aspekte detailgenau debattiert werden können und die am Diskurs Beteiligten sich in vertiefender Weise mit dem Behandelten

[3] Über fettgedruckte Kategorienkurzbezeichnungen wird im Folgenden immer auf Kategorien des KATMeDU verwiesen, über nicht fettgedruckte Kategorienkurzbezeichnungen auf Kategorien des vAMeDU.

auseinandersetzen.
Als eine Form der Verankerung eines Beitrags in der Debatte, die kognitiv besonders anspruchsvoll erscheint, werden von Aktivitäten gemäß der Kategorie V1 solche gemäß der Kategorie V3 unterschieden. Die Kurzbezeichnung V3 kennzeichnet Aktionen, die sich darauf konzentrieren, einen Beitrag dadurch in der Debatte zu verankern, dass der Beitrag eines anderen wiederholt wird. Im Unterschied zu Aktivitäten der Kategorie V1 reicht es hier also nicht, nur auf ein Schlagwort aus der Äußerung oder den Namen des Sprechers zu verweisen. Die Wiederholung ganzer Äußerungen oder wenigstens längerer Teile davon ist gefordert. Dabei soll der wiederholte Beitrag des anderen in der Regel Bezugsgrundlage der folgenden Argumentation werden, mindestens geht es aber um eine Vergewisserung, ob dieser Beitrag korrekt verstanden wurde. Durch diese Art der Verankerung wird nicht nur für alle am Diskurs Beteiligten deutlich, auf welche Worte sich die ggf. folgende Argumentation beziehen wird. Es eröffnet sich ebenfalls die Chance, direkt zu überprüfen, ob ein gemeinsam geteiltes Verständnis des wiederholten Beitrags vorliegt. So können im besten Fall bspw. fehlerhaft verstandene logische Strukturen in Argumentationen zügig aufgedeckt werden. Damit wird bereits deutlich, inwiefern ein derartiges Verhalten in besonderem Maß dazu beitragen kann, eine Debatte präzise orientiert an den Ideen der Beteiligten zu führen, d. h. ohne dass es zu ggf. unaufgedeckten Missverständnissen zwischen verschiedenen am Diskurs Beteiligten kommt, sie aneinander vorbeireden usw. Die veränderte Namensgebung der Kategorie V3 im Vergleich zur Kategorie **D1d** ist vor dem Hintergrund geschehen, dass sich eine Verankerungsaktivität im Sinne von V3 tatsächlich immer auf die Wiederholung von bereits Gesagtem beziehen soll. Nicht gemeint ist ein Bezug auf den Sprecher oder vorliegendes Geschriebenes, denn dies verspricht zunächst einmal kognitiv nicht so anspruchsvoll zu sein. Es müssen schließlich keine (Teil-)Sätze im Kopf behalten werden.
Über die Kategorie V2 werden schließlich Aktivitäten gekennzeichnet, die sich darauf konzentrieren, im Rahmen des Leistens einer Argumentation schon recht früh deutlich zu machen, in welche Richtung argumentiert wird, d. h. ob der Redner seinem Vorredner oder allgemein seinem Bezugspunkt eher zustimmt oder ihn ablehnt. Auf die Nachvollziehbarkeit des Beitrags für die anderen am Diskurs Beteiligten wirkt sich dies dahingehend positiv aus, dass sie sehr schnell erfahren, wie sie den Beitrag in den Gang der Debatte einzuordnen haben, und sich dementsprechend mit Überlegungen in dieser Richtung nicht weiter aufhalten müssen. Da dieser Aspekt über die Kategorien V3 und V1 überhaupt nicht erfasst wird, ist die Kategorie V2 zusätzlich in das Kategoriensystem aufgenommen worden. Im Rahmen des KATMeDU wird im Namen der Kategorie **D1c** noch darauf verwiesen, dass Zustimmungen begründet sein müssen, damit die Kategorie gesetzt werden darf. Dies verfolgt wohl lediglich den Zweck, deutlich zu machen, dass die Kategorie erst dann vergeben werden soll, wenn die Beiträge auch argumentativ ein bestimmtes Niveau erreichen, die geäußerte Zustimmung oder Ablehnung also tatsächlich durchdacht erscheint. In Bezug auf die Kategorie V2 wird solch ein Zusatz im Namen nicht erwähnt. Nähere Ausführungen dazu, in welchen Situationen die Kategorie für Zu-

stimmungen und Ablehnungen vergeben werden soll, sind im Rahmen der Beispielkodierungen (siehe Kapitel 4.3.5.8) vermerkt. Ebenfalls fehlt die Zuspitzung auf *Beiträge*, die abgelehnt oder denen zugestimmt wird. Diesbezüglich soll die Kategorie V2 in keiner Weise beschränkt sein, schließlich ist diese Art der Verankerung hilfreich, unabhängig davon, worauf sich die Zustimmung oder Ablehnung konzentriert. Dies wird ebenfalls in Kapitel 4.3.5.8 festgelegt und im Namen der Kategorie über den bewusst weitläufigen Begriff „Aspekt" auszudrücken versucht. Vermutlich ist das Wort „Beitrag" im Namen der Kategorie D1c allerdings auch nicht so zu verstehen, dass allein Wortbeiträge gemeint sind.

Insgesamt zeigt das Auftreten der Kategorien V1, V2 und V3 damit an, dass es in den gekennzeichneten Beiträgen ein klar erkennbares Bemühen gibt, das Gesagte in dem Diskurs zu verankern und so die Nachvollziehbarkeit des Inhalts des Beitrags für alle am Diskurs Beteiligten zu erleichtern. Dies bedeutet allerdings nicht, dass ein Gespräch, in dem diese Kategorien kaum auftreten, auch kaum nachvollziehbar ist. Nicht in jeder Situation ist es unbedingt notwendig, Bemühungen dahingehend zu zeigen, dass das, was man selbst sagen möchte, auch so, wie man es meint, bei den anderen am Gespräch Beteiligten ankommt. Nennt bspw. ein Schüler sein Ergebnis einer Rechnung, nämlich „Fünf!", und äußert sich sofort danach ein zweiter Schüler mit den Worten „Ich habe da sieben raus!", dann ist sehr schnell deutlich, worauf der zweite Schüler sich bezieht und dass er dem vom ersten Schüler genannten Ergebnis nicht zustimmt. Würde der zweite Schüler seine prompte Reaktion auf die Äußerung vom ersten Schüler so im Diskurs verankern, dass Verankerungskategorien gesetzt würden (bspw. durch die Worte „Ich beziehe mich auf das gerade genannte Ergebnis 'Fünf' und stimme diesem Ergebnis nicht zu"), so würde dies den Beitrag von Schüler 2 nicht in entscheidendem Maße nachvollziehbarer machen. Die Erfahrung bei der Beobachtung von videographiertem Unterricht zeigt aber, dass Verankerungsaktivitäten der Tendenz nach für eine für alle nachvollziehbare Diskussion dann an Bedeutung zunehmen, wenn die Detailgenauigkeit bei der Betrachtung von Beiträgen anderer, Lösungswegen, Termen usw. steigt und damit auch die Gründlichkeit und ggf. die Komplexität der Auseinandersetzung mit den Unterrichtsinhalten. Wird das gerade angeführte Beispiel der Auseinandersetzung zwischen Schüler 1 und Schüler 2 bspw. dahingehend weitergedacht, dass nun die Stellen in den Rechnungen gefunden werden müssen, die zu den unterschiedlichen Ergebnissen geführt haben, so kann es notwendig werden, auf einzelne Zeilen der Rechnungen zu verweisen und ggf. vorzulesen, was dort steht. Solch ein Vorgehen verlangt das Auftreten von Verankerungen und sorgt für eine vertiefte Auseinandersetzung mit den vorliegenden Schülerlösungen. Einigt die Klasse sich hingegen ohne Betrachtung der Rechnungen darauf, dass „Sieben" das korrekte Ergebnis ist, weil es die meisten Schüler errechnet haben, so ist weniger zu vermuten, dass sich Bezugspunkte zeigen werden. Ebenso wird es auch nicht zu einer vertieften Auseinandersetzung mit den Schülerlösungen kommen. Dementsprechend gilt also ebenfalls, dass die Bedeutung von Verankerungsaktivitäten für eine nachvollziehbare Diskussion dann sinkt, wenn die Detailgenauigkeit, Gründlichkeit und Komplexität der Auseinandersetzung sinkt.

Wie aus den anfänglichen Ausführungen dieses Kapitels bereits hervorgeht, hat die Kategorie **D1b** des KATMeDU keinen Eingang in das vAMeDU gefunden. Die Gründe dafür sind die folgenden: Die Kategorie **D1b** liefert eine differenziertere Unterscheidung der Bezugspunkte bzw. Bezugspersonen, durch deren Nennung ein Beitrag verankert wird. Obwohl diese Unterscheidung ihre Berechtigung haben mag, da es als besondere Leistung angesehen werden kann, wenn Bezüge zu früher Dagewesenem oder Fernliegendem hergestellt werden, so ist hier doch zu bedenken, dass es um die Entwicklung von Kategorien für ein reduziertes Kategoriensystem und damit für eine weniger detailgenaue Analyse geht. Vor diesem Hintergrund ist entschieden worden, dieses zusätzliche Merkmal nicht weiter zu beachten.

Während die bisher diskutierten Verankerungsaktivitäten sich lokal auf einen Beitrag beziehen und damit zunächst einmal die Nachvollziehbarkeit dieses einen Beitrags steigern, hält das KATMeDU noch eine Kategorie bereit, mit der Maßnahmen gekennzeichnet werden können, die sich global um größere Teile des Diskurses kümmern:

Diskursivität	
D1e	Maßnahme (z. B. Strukturierung) zur Erleichterung eines Diskurses

Diese Kategorie ist für das vAMeDU übernommen worden:

S	1	Maßnahme zur Erleichterung oder Förderung einer präzisen Debatte

Hiermit kommt noch einmal eine ganz andere Art der Bemühung um den Diskursablauf zum Ausdruck, als sie über die Verankerungskategorien bisher erfasst werden. Als Kurzbezeichnung wurde der Buchstabe S gewählt, da die hier thematisierten Maßnahmen sehr häufig Strukturierungsmaßnahmen sind. Eine weitere Ausdifferenzierung derartiger Aktivitäten hat sich im Rahmen der Arbeit mit dem Kategoriensystem zur Analyse von Transkripten nicht als hilfreich erwiesen und wird daher auch für das videobasierte Analyseinstrument unterbleiben. Der Zusatz, dass eine „präzise Debatte“ erleichtert oder gefördert werden soll, drückt an dieser Stelle aus, dass mit dieser Kategorie nicht jede Aktion zur Organisation ggf. banaler Gespräche gemeint ist. Weiteres hierzu wird im Rahmen der Beispielkodierungen in Kapitel 4.3.5.8 ausgeführt.

Schließlich bleiben noch zwei letzte Kategorien des KATMeDU zu diskutieren, und zwar jene, die sich auf die Erziehung zum Diskurs konzentrieren:

Diskursivität	
D2a	Regeln des Diskurses offenlegen / verabreden
D2b	Einhaltung von Regeln des Diskurses einfordern

Hier werden zwei verschiedene Arten von Erziehungsmaßnahmen angesprochen. Die eine ist eher auf Prävention, die andere auf Intervention ausgerichtet. Im vAMeDU werden beide Aspekte über eine Kategorie erfasst:

E	1	Regeln des Diskurses verabreden oder zu ihrer Einhaltung auffordern

Sowohl das Verabreden, als auch die Aufforderung zur Einhaltung von Diskursregeln zeigen an, dass ein Interesse an einer möglichst produktiven Diskurskultur vorliegt. Situationen, in denen explizit dazu aufgefordert wird, sich an bestimmte Absprachen zu halten, werden mindestens indirekt mit einem Offenlegen dieser Regeln verbunden sein. Andersherum wird auch die explizite Verabredung von Regeln mindestens indirekt mit einer Aufforderung zur Einhaltung der Regeln verbunden sein. Dementsprechend erscheint eine Unterscheidung beider Erziehungsaspekte für das reduzierte Kategoriensystem nicht notwendig, um aussagekräftige Schlüsse aus dem Auftreten der Kategorie E ziehen zu können. Falls es besonders interessant sein sollte, zu erfahren, ob Erziehungsaktivitäten häufig in der Folge von Verstößen gegen eine produktive Diskurskultur auftreten, besteht im Rahmen der Auswertung der Kodierungsdaten später die Möglichkeit, die Einbettung der Erziehungsaktivitäten in den Gesprächsverlauf genauer zu betrachten.

Insgesamt sind die Kategorien des KATMeDU aus dem Bereich der Diskursivität mit verhältnismäßig wenigen Änderungen für das vAMeDU übernommen worden. Damit unterscheidet sich die Kategorienwahl für das neue Analyseinstrument im diskursiven Bereich deutlich von der Wahl im Bereich der metakognitiven Aktivitäten. Hier wurde viel stärker reduziert. Der Grund dafür ist wohl in folgendem Phänomen zu suchen: Die Diskursivität scheint ein für die Produktivität von Unterrichtsgesprächen wichtiger Faktor zu sein, dessen Vorliegen sich aber den Ergebnissen einer induktiven Kategorienbildung zufolge anhand von vergleichsweise wenigen Merkmalen ausreichend aussagekräftig erfassen lässt. Schließlich ist der Bereich der Diskursivität auch im KATMeDU vergleichsweise wenig ausdifferenziert worden.

4.3.1.4 Die Kategorien zur Erfassung negativ diskursiver Aktivitäten

Im vorangehenden Kapitel wurde betont, wie wichtig es für ein produktives Gespräch ist, dass sich die einzelnen Beiträge nachvollziehbar aneinanderreihen. Geschieht dies gerade nicht, so kann darin ein Grund für ein wenig lernförderliches Unterrichtsgespräch liegen. Von solchen Gründen haben Cohors-Fresenborg und Kaune im Rahmen der Entwicklung ihres Kategoriensystems (vgl. Anhang A) mehrere identifiziert. An ihren Ergebnissen orientiert sich die Auswahl der Kategorien zur Negativen Diskursivität für das neue, videobasierte Analyseinstrument.

Cohors-Fresenborg und Kaune führen zunächst einmal die folgenden, einen produktiven Diskurs störende Faktoren auf:

Negative Diskursivität	
ND1b	Wiederholung von bereits Gesagtem, ohne dass ein neuer Gesichtspunkt dazukommt
ND1d	Unkommentierter Wechsel von Bezugspunkt / Bedeutung
ND2	Inadäquate Wortwahl zur Beschreibung oder Kommentierung

Diese Kategorien sind für die Arbeit mit dem vAMeDU übernommen worden:

ND2	1	Wiederholung von bereits Gesagtem, ohne dass ein neuer Gesichtspunkt dazukommt
ND5	1	Unkommentierter Wechsel des Bezugs
ND1	1	Inadäquate Wortwahl

Die Gründe für die Übernahme werden im Folgenden erläutert.

Mit der Kategorie ND1 werden, wie der Name schon sagt, Beiträge gekennzeichnet, die sich durch eine inadäquate Verwendung von (Fach-)Sprache auszeichnen. Damit fügt sich diese Kategorie auf den ersten Blick nicht nahtlos in das Kategoriensystem ein. Dadurch, dass nicht nur eine adäquate Verwendung von Sprache, sondern auch von Fachsprache gefordert wird, findet hier plötzlich eine Dimension Beachtung, die bisher ausgeblendet wurde, nämlich eine Facette von fachlicher Korrektheit. Im Rahmen der Analyse von Unterrichtskommunikation auf das Vorliegen von metakognitiven Aktivitäten spielt es keine Rolle, ob bspw. bei einer Monitoringaktivität ein tatsächlicher Fehler oder nur ein vermeintlicher Fehler aufgedeckt wird. Hinzu kommt, dass es fraglich erscheint, ob eine penible Untersuchung von Schülerbeiträgen auf eine korrekte Verwendung von Fachvokabular sinnvoll ist. Zu verhindern ist auf jeden Fall, dass die Schüler irgendwann aufhören, ihre Gedanken in Worte zu fassen, weil sie wissen, dass ihr Lehrer mit ihren Formulierungen nicht einverstanden sein wird. Schließlich stellt sich die Frage, inwiefern eine inadäquate Wortwahl den Diskurs überhaupt stört. Ein geordneter Diskursverlauf gerät schließlich nicht in Gefahr. Gleiches gilt, von Extremfällen abgesehen, auch für die Nachvollziehbarkeit der Beiträge. Vor dem Hintergrund derartiger Überlegungen bedarf die Kategorie ND1 einer besonderen Rechtfertigung. Zunächst einmal ist zu betonen, dass von den am Diskurs Beteiligten keine makellose Wortwahl verlangt wird, sondern eine für den jeweils Sprechenden angemessene. Dies schließt auch ein, dass ein Schüler, der mit sich ringt, um vernünftige Worte zu finden, sicher nicht mit der Vergabe der Kategorie ND1 für seinen Beitrag „bestraft" werden darf, falls das Ringen nicht zum Erfolg führt. Worauf sich die Vergabe der Kategorie konzentrieren soll, sind Situationen, in denen sich ein Sprecher bezogen auf seine Wortwahl recht unüberlegt und ggf. umgangssprachlich zeigt, obwohl er in der Lage sein müsste, adäquater zu formulieren. Zudem sollte er auch kein Bemühen erkennen lassen, etwas an seiner Ausdrucksweise zu ändern. So verstanden fügt sich die Kategorie dann dahingehend in das Kategoriensystem ein, dass ein Diskurs auf sprachlich unangemessenem Niveau für ein Unterrichtsgespräch, in dem auch eine

tragbare Verwendung von Sprache vermittelt werden soll, wohl nicht akzeptabel ist.
Mit der Kategorie ND2 werden Beiträge gekennzeichnet, die sich dadurch störend auf den Diskurs auswirken, dass bereits Gesagtes ohne Hinzufügung eines neuen Aspekts noch einmal wiederholt wird. Geschieht dies auf Schülerseite, so zeugt es davon, dass der Schüler das Gespräch nicht aufmerksam verfolgt hat. Geschieht dies auf Lehrerseite, so hat es in den meisten Fällen die Form eines Lehrerechos. Grundsätzlich ist sicherlich nicht jedes Lehrerecho negativ zu bewerten. Wiederholt ein Lehrer bspw. den Beitrag eines Schülers, weil dieser extrem leise gesprochen hat, so kann es für den Diskurs sogar förderlich sein. Schließlich haben die anderen Schüler nur so die Möglichkeit, auf den Beitrag einzugehen. Gewöhnen sich die Schüler allerdings daran, dass der Lehrer Beiträge von ihnen regelmäßig wiederholt, so besteht die Gefahr, dass sie einander nicht mehr zuhören. Dies würde sich dann mit hoher Wahrscheinlichkeit negativ auf die Diskursqualität auswirken.
Mit der Kategorie ND5 werden Beiträge gekennzeichnet, in denen der Bezug unkommentiert gewechselt wird, was im tückischsten Fall dadurch geschehen kann, dass der Name des Bezugspunkts zwar gleich bleibt, seine Bedeutung aber geändert wird. Derartiges führt schnell dazu, dass am Diskurs Beteiligte aneinander vorbeireden und der Diskurs so an Qualität verliert.
Neben den bisher diskutierten Kategorien beinhaltet das KATMeDU des Weiteren folgende Kategorie:

Negative Diskursivität	
ND1c	Einbringen alternativer Behauptungen oder Vorschläge, ohne diese abzusetzen; Äußerungen sind nicht erkennbar auf das Geschehen oder das Gesagte bezogen oder ihr Bezug ist nicht eindeutig

Die zwei Aspekte, bei deren Vorliegen diese Kategorie gesetzt wird, haben gemeinsam, dass sich der betreffende Beitrag nicht nahtlos in den Diskurs einfügt. Es gibt allerdings ebenfalls einen nicht zu vernachlässigenden Unterschied: Wird eine alternative Behauptung ohne Absetzung von bisherigen Behauptungen eingebracht, so liegt damit ein Vergehen vor, das den Verlauf des Diskurses stört, nicht aber unbedingt die Nachvollziehbarkeit des Beitrags. Der Verlauf wird gestört, da sich das Gespräch vielleicht gerade auf die Diskussion eines anderen Vorschlags konzentrierte. Ein alternativer Vorschlag wirkt dann negativ auf die Fokussierung des Gesprächs. Dies heißt aber nicht, dass es den am Gespräch Beteiligten unbedingt Probleme bereiten muss, einordnen zu können, worauf sich die neue Behauptung bezieht. Genau dies wird aber der Fall sein, wenn Äußerungen nicht erkennbar auf das Geschehen oder das Gesagte bezogen sind und wenn ihre Bezugspunkte unklar bleiben. Vor dem Hintergrund dieses Unterschieds zwischen den beiden Aspekten, die im Kategoriensystem zur Analyse von Transkripten unter der Kategorie **ND1c** subsumiert werden, ist für das videobasierte Instrument die Entscheidung getroffen worden, die Aspekte über zwei Kategorien zu erfassen:

ND3	1	Einbringen einer alternativen Behauptung ohne Absetzung
ND4	1	Äußerung ist nicht erkennbar auf das Geschehen oder Gesagte bezogen, der Bezugspunkt ist unklar

Auch die folgende Kategorie des KATMeDU muss diskutiert werden:

Negative Diskursivität	
ND4	Keine Intervention gegen gravierenden Verstoß der Regeln eines Diskurses ergriffen, insbesondere nicht gegen auseinanderfallen von Diskussionssträngen; Einwand wird (mittelfristig) nicht berücksichtigt

Wie ihr Name erkennen lässt, wird diese Kategorie gesetzt, wenn eine den Diskursverlauf korrigierende Aktivität notwendig wäre, aber nicht durchgeführt wird. Damit liegt hier eine Kategorie vor, die sich bezogen auf ihren Namen nicht nahtlos in das Kategoriensystem einpasst. Für fehlende metakognitive Aktivitäten gibt es solch eine Kategorie nämlich nicht. Gleiches gilt für die diskursiven Aktivitäten. Fehlende Verankerungen werden nur in dem Spezialfall und dann auch nur indirekt kategorisiert, in dem der Beitrag nicht nachvollziehbar ist. Hier wird die Kategorie **ND1c** vergeben. Vor dem Hintergrund dieser Unregelmäßigkeit ist für das vAMeDU entschieden worden, die Linie weiterzuführen, bei der die Namen der Kategorien die Verstöße selbst beschreiben und nicht auf unterlassene Korrekturaktivitäten hinweisen. Effektiv ergibt sich dadurch kaum eine Änderung bzgl. der Situationen, die zu kodieren sind. Es sind folgende Kategorien in das System aufgenommen worden:

ND6	1	Nicht-Berücksichtigung eines Einwands, einer Frage, eines wichtigen Aspekts
ND7	1	Intellektuelles Durcheinander vorhanden, z. B. weil Diskussionsstränge auseinanderfallen

Beide Kategorien beschreiben Arten gravierender Verstöße gegen Regeln eines Diskurses. Wird ein Einwand, eine Frage o. Ä. von einem Sprecher nicht berücksichtigt (ND6), so kann dies ein Zeichen dafür sein, dass der Sprecher zuvor nicht zugehört hat und den Verlauf des Diskurses daher durch seinen Beitrag stört. Es kann aber auch ein Zeichen dafür sein, dass aus irgendwelchen Gründen bewusst nicht auf den Einwand eingegangen, die Frage o. Ä. bewusst nicht beantwortet wird. Beide Varianten stören vor allem den Diskursverlauf, indem sie eine fokussierte, detailgenaue Debatte erschweren.

Sowohl der Verlauf als auch die Nachvollziehbarkeit sind stark in Mitleidenschaft gezogen, wenn ein intellektuelles Durcheinander vorliegt. In diesem Fall werden sich in den Beiträgen, die um den störenden Beitrag herum platziert sind, Kategorien aus dem Bereich der Negativen Diskursivität häufen. Dies bedeutet dann schließlich, dass überhaupt nicht mehr klar ist, worauf sich die Diskussion gerade konzentriert. Es ist in solchen Fällen notwendig, bildlich gesprochen die Reißleine zu ziehen und von Grund auf Ordnung in das Gespräch zu bringen.

Abschließend bleiben noch zwei Kategorien des KATMeDU übrig, die bisher keine Beachtung gefunden haben:

Negative Diskursivität	
ND1a	Frage stellen, bei der sich Antwort erübrigt (Suggestivfrage) oder deren Antwort nicht berücksichtigt wird
ND3	falsche logische Struktur einer Argumentation

Beide Kategorien haben keinen Eingang in das vAMeDU gefunden, was darauf zurückzuführen ist, dass sie sich in den seltenen Fällen, in denen entsprechende Verstöße auftraten, durch andere Kategorien zufriedenstellend ersetzen ließen. So konnte ein Fehler in der logischen Struktur einer Argumentation auch durch den inadäquaten Gebrauch von Sprache kenntlich gemacht werden (ND1). Wurde eine Frage gestellt, deren Antwort keine Berücksichtigung fand, so traf die Kategorie ND6 dies recht gut. Suggestivfragen können zumindest in den Fällen, in denen der Lehrer eine Antwort suggeriert, die sich aus den vorherigen Beiträgen der Schüler so überhaupt nicht erkennen lässt, durch das Einbringen einer alternativen Behauptung ohne Absetzung (ND3) gekennzeichnet werden. Insgesamt ist die Gestaltung der Kategorien des Bereichs der Negativen Diskursivität sehr weit ausdifferenziert geblieben. Dies ist für das vAMeDU nicht typisch. Die Gründe hierfür liegen vor allem darin, dass es zahlreiche verschiedene Möglichkeiten gibt, einen Diskurs zu stören, diese Störungen unterschiedlich gravierende Auswirkungen haben können und sie sich somit nur schwer unter noch aussagekräftigen Oberkategorien subsumieren lassen. Vor diesem Hintergrund ist zunächst einmal der Versuch unternommen worden, mit dieser starken Ausdifferenzierung weiter zu arbeiten.

4.3.2 Übersicht über die Kategorien

Abbildung 4.3 beinhaltet eine Übersicht über alle Kategorien, die das vAMeDU vorsieht.

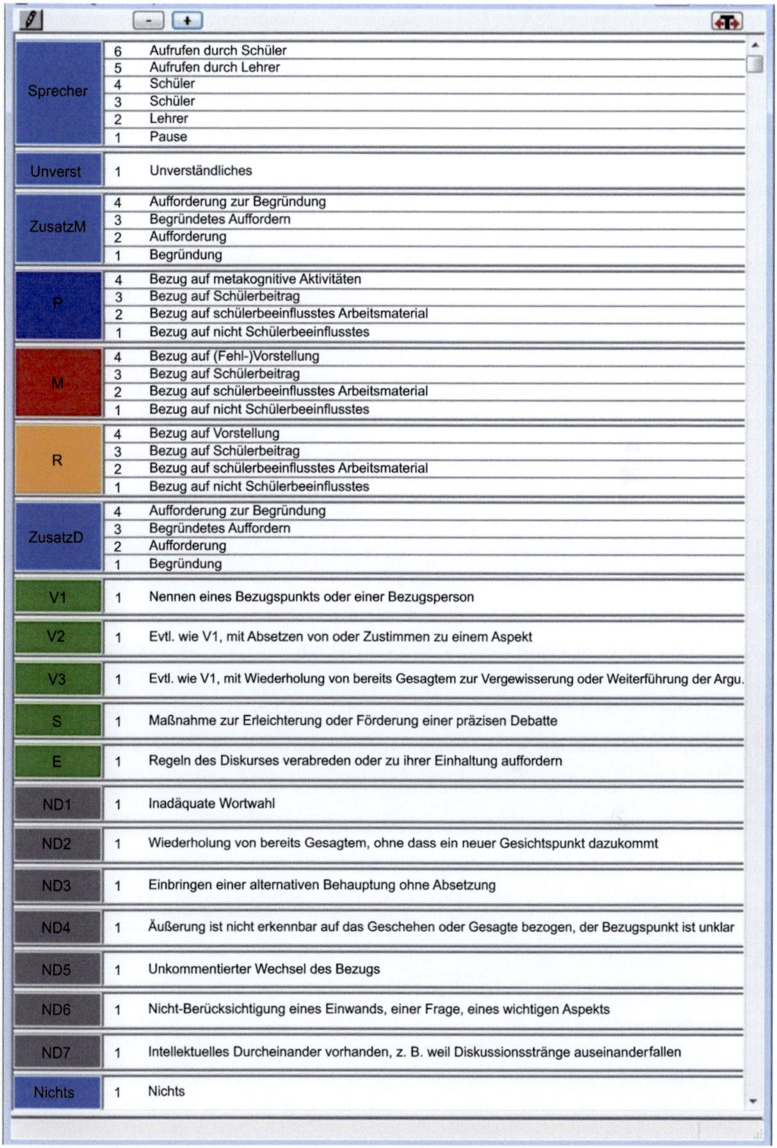

Abbildung 4.3: Übersicht über die Kategorien und Unterkategorien

4.3.3 Anmerkungen zur Software „Videograph“

Um die zeitaufwändige Transkription einzusparen, wird im Rahmen des hier vorgestellten Verfahrens direkt am Video analysiert. Dies geschieht mit Hilfe der Software „Videograph“ (Rimmele, 2005), die am Leibniz-Institut für die Pädagogik der Naturwissenschaften und Mathematik in Kiel entwickelt worden ist. Abbildung 4.4 gibt einen Überblick über ihre Oberfläche.

Insgesamt stehen drei Fenster zur Verfügung: In dem ersten Fenster (links oben im Bild) läuft das Video ab. Es kann durch Betätigung der Leertaste oder durch einen Mausklick in das Fenster gestartet und gestoppt werden.

In dem zweiten Fenster, dem Kodierungs-Fenster (rechts oben im Bild) können Kategorien zur Analyse des Videos eingegeben werden. In dieser Abbildung ist eine Kategorie, die Kategorie „Sprecher“ vermerkt. Sie ist in sechs Unterkategorien dekomponiert.

In dem dritten Fenster, dem sogenannten Timeline-Fenster (unten im Bild) können Zeitabschnitten des Videos Kategorien zugeordnet werden. Bei Start des Videos bewegt sich der Cursor (die gestrichelte, vertikale Linie im Timeline-Fenster) vorwärts. In dem Moment, in dem auf eine Unterkategorie im Kodierungs-Fenster geklickt bzw. diese über die Tastatur aktiviert wird, zeigt sich im Timeline-Fenster eine Markierung. Diese wird so lange fortgesetzt, bis die aktivierte Unterkategorie im Kodierungs-Fenster wieder deaktiviert wird. Die Höhe, auf der die Markierung angesetzt wird, korrespondiert dabei mit der „Höhe“ der Unterkategorie. In Abbildung 4.4 ist bspw. in der Zeit von 23:30 bis 23:37 eine Markierung auf der zweiten Ebene von unten zu erkennen. Gemäß der Anordnung der Unterkategorien im Kodierungs-Fenster bedeutet dies, dass in dem Zeitraum der Lehrer spricht. Auf ihn wird nämlich durch die zweite Unterkategorie verwiesen. Nach seinem Beitrag folgt von 23:37 bis 23:44 die Wortmeldung eines Schülers.

Weitere Informationen zur Handhabung der Software sollen an dieser Stelle nicht ausgeführt werden. Dazu sei auf das zugehörige Handbuch verwiesen.

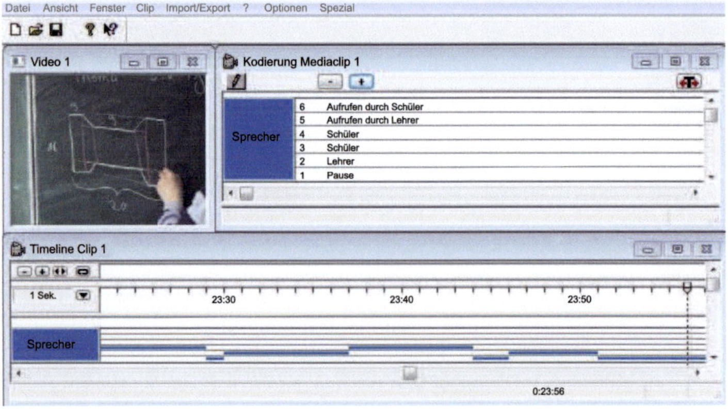

Abbildung 4.4: Übersicht über die Oberfläche der Software „Videograph“

4.3.4 Vorarbeiten: Der Umgang mit der Kategorie „Sprecher“

Bevor mit der Kodierung von Metakognition und Diskursivität begonnen werden kann, sind zunächst Sprecherkodes zu setzen. Dies ermöglicht es, im Hauptprozess des Kategorisierens später einzelne Beiträge gezielt ansteuern zu können. Bei der Sprecherkodierung werden die Balken auf den zugehörigen Ebenen so lang gezogen, wie der Beitrag andauert (siehe hierzu das Timeline-Fenster in Abbildung 4.4). Von den Sprechakten werden nur jene kategorisiert, die innerhalb des Klassengesprächs geordnet ablaufen. Zwischenrufe sind in der Regel nicht als Sprechakte, sondern als Sprechpausen zu erfassen, es sei denn, sie beziehen sich in nachvollziehbarer Weise auf das aktuelle Unterrichtsgeschehen und sind akustisch gut verständlich.

Die Unterkategorien „Aufrufen durch Schüler“ und „Aufrufen durch Lehrer“ sind eingeführt worden, um Beiträge kenntlich zu machen, die inhaltlich nichts enthalten mit Ausnahme des Aufrufens. Enthält ein Beitrag mehr, wird das Aufrufen nicht von diesem Beitrag abgespalten. Besteht eine Wortmeldung aus einem „Hm“ und einem Aufrufen, wobei das „Hm“ nicht wertend gemeint ist, sondern nur zum Ausdruck bringt, dass der vorhergehende Beitrag zur Kenntnis genommen wurde, wird die Wortmeldung lediglich als Aufrufen gewertet. Sobald ein Beitrag aber eine Rückmeldung enthält, die sich in irgendeiner wertenden, evaluierenden oder weiterverarbeitenden Weise auf das zuvor Geäußerte bezieht, wird nicht nur Aufrufen kodiert. Der Beitrag ist dann als Schüler- oder Lehrerbeitrag kenntlich zu machen. Der Sinn der besonderen Kennzeichnung von Beiträgen, die sich ausschließlich auf das Aufrufen des nächsten Schülers beziehen, liegt darin, dass diese Beiträge im Rahmen der Auswertung nicht den Eindruck erwecken sollen, als würden sie den Unterricht noch auf eine andere Weise vorantreiben. Es soll klar ersichtlich sein, dass sie lediglich dazu genutzt werden, das Rederecht weiterzugeben. Da diese Aufgabe in der Regel vom Lehrer übernommen wird, allerdings auch auf die Schüler übertragen werden kann, muss dafür Sorge getragen werden, dass die Beiträge zur Weitergabe des Rederechts auch auf Schülerseite erkennbar werden. Daher wird zwischen Aufrufen durch den Lehrer und Aufrufen durch die Schüler unterschieden.

Die Kategorie „Sprecher“ enthält zwei Unterkategorien „Schüler“. Dies hat den Grund, dass zwei unmittelbar aufeinander folgende Schülerbeiträge nicht unterschieden werden könnten, wenn es nur eine Unterkategorie „Schüler“ gäbe. Der Balken auf der Ebene 3 liefe einfach durch und ein Sprecherwechsel von einem Schüler auf einen anderen wäre nicht sichtbar. Wann die Unterkategorien der Ebenen 3 und 4 gebraucht werden, ist nicht beliebig wählbar. Grundsätzlich wird für einen Schülerbeitrag die Unterkategorie „Schüler“ der Ebene 3 benutzt. Nur in dem Fall, indem direkt nach einem Schüler, ohne Pause oder Lehrerbeitrag dazwischen, ein anderer Schüler spricht, wird die Unterkategorie „Schüler“ der Ebene 4 gewählt. Bedauerlich ist sicherlich, dass nur zwischen Schüler- und Lehrerbeiträgen unterschieden, nicht jedoch darauf geachtet wird, welche Schüler sich beteiligen. Dies ist aus technischen Gründen, aber auch dadurch, dass genau darauf geachtet werden müsste, welcher Schüler gerade spricht, nur in Verbindung mit einem stark erhöhten Zeitaufwand möglich. Daher ist hier von der Erhebung dieser Information abgesehen worden. So kann am Ende der Analyse keine Aussage darüber gemacht werden, wie viele der anwesenden Schüler sich in welcher Abfolge an der Unterrichtskommunikation beteiligt haben. Die Folgen dieser Konsequenz werden in Kapitel 5.6.3 genauer betrachtet.

Es bleibt abschließend die Frage zu klären, wann Sprecherwechsel anzusetzen sind. Grundsätzlich soll durch die Kategorie „Sprecher" möglichst genau abgebildet werden, wer zu welchem Zeitpunkt spricht. Nur so lässt sich ein möglichst wahrheitsgetreues Bild der Verteilung der Redeanteile zeichnen, wie es später benötigt wird. Eine weitgehend detailgetreue Abbildung der Sprecherwechsel wird allerdings dadurch erschwert, dass die kleinste, im „Videograph" verfügbare Zeiteinheit eine Sekunde beträgt. Teilweise wechseln die Sprecher schneller und hören auch nicht genau zur vollen Sekunde auf zu sprechen, sodass sich hier Ungenauigkeiten ergeben müssen. Dennoch soll an dem Vorhaben der möglichst genauen Umsetzung festgehalten werden. Dies bedeutet, dass Sprechpausen innerhalb eines Beitrags, die mindestens zwei Sekunden andauern, mit abgebildet werden müssen. Von der Unterkategorie, die den Sprecher angibt, wird dann gewechselt auf die Unterkategorie „Pause".

Grundsätzlich sollten die Kategorien zu den Sprechern so gesetzt sein, dass der Anfang des Beitrags vollständig zu hören ist, wenn das Video am Anfang der entsprechenden Kategorisierung gestartet wird. Auch das Ende der Kategorisierung sollte so gesetzt sein, dass das Ende des Gesprochenen noch vollständig hörbar ist, bevor die Kategorisierung endet. Falls sich zwei Beiträge überschneiden, bspw. weil ein Redner dem anderen ins Wort fällt, so wird so kategorisiert, dass der zweite zu setzende Sprecherbalken auf den Beginn des zweiten Beitrags abgestimmt ist. Das Ende des ersten Beitrags wird hier nicht beachtet.

Kaum hörbare zustimmende Sprechakte, die geäußert werden, während ein anderer Sprecher etwas erklärt (z. B. „Mmh"), werden nicht gesondert kategorisiert. Der laufende Sprecherbalken wird dafür also nicht unterbrochen. Dies geschieht nur bei klar verständlichen Ausdrücken (z. B. „Ja!", „Mmh!"), die sich nicht mit dem laufenden Sprechakt überschneiden, weil der Sprecher hier eine Pause macht. Falls solche Ausdrücke nach einem abgeschlossenen Beitrag gut hörbar auftreten und signalisieren, dass das zuvor Geäußerte verstanden wurde, werden sie ebenfalls als Sprechakte vermerkt, können dabei allerdings auch, wie oben ausgeführt, in Aufrufen untergehen.

Versucht der Lehrer über den Ausdruck „Schh" Ruhe in die Klasse zu bringen, wird dies als Sprechakt des Lehrers kodiert.

Wichtig ist schließlich, dass mit der Kodierung der Sprecher noch nicht festgelegt wird, welche Sprechakte später auch wirklich als eigenständige Beiträge in die Auswertung eingehen. Hierzu finden sich nähere Ausführungen in Abschnitt 4.3.5.3.

4.3.5 Der Hauptprozess des Kategorisierens

4.3.5.1 Vorbemerkungen

Die folgenden Abschnitte beschäftigen sich nun damit, den Hauptprozess des Kategorisierens vorzustellen. Dazu wird der Umgang mit den einzelnen Kategorien geklärt und für die Bereiche Metakognition, Diskursivität und Negative Diskursivität mit Beispielen unterlegt. Dabei sei schon an dieser Stelle betont, dass die Anmerkungen zum Umgang mit den Kategorien nicht jede denkbare Situation regeln. Das hier verfolgte Ziel konzentriert sich vielmehr auf die Vermittlung eines Eindrucks davon, wie die Kategorien in der Erprobungsphase eingesetzt worden sind und wie ihr Auftreten dementsprechend bei der Auswertung der Kodierungsdaten zu deuten ist. Im Rahmen weiterer Studien können die Grenzen für die Vergabe der Kategorien anders gesetzt werden. Dementsprechend wäre es ebenfalls passend, weite Teile der folgenden Ausführungen in das Kapitel 5 zu integrieren. Von einem derartigen Vorgehen wird hier abgesehen, um die Vorstellung des vAMeDU nicht in zwei Teile zu reißen.

Die Beispiele, die im Folgenden zu einzelnen Kategorien vermerkt sind, sind so gewählt, dass sie zusammen mit den ebenfalls im Folgenden niedergeschriebenen abgrenzenden Überlegungen zu verschiedenen Kodierungsvarianten möglichst die gesamte Spanne abdecken, in der die betreffende Kategorie vergeben werden soll.

Bevor auf den Umgang mit einzelnen Kategorien näher eingegangen wird, sei an dieser Stelle noch eine Bemerkung erlaubt, die alle im Folgenden thematisierten Kodes betrifft: Wie im Rahmen des Umgangs mit der Kategorie „Sprecher" (vgl. Kapitel 4.3.4) erwähnt, wird dort kodiert, indem der im Timeline-Fenster erzeugte Balken an die tatsächliche Länge des Sprechakts bzw. der Sprechpause angepasst wird. Dies ändert sich in Bezug auf alle im Folgenden thematisierten Kategorien. Ihre Vergabe wird nicht mehr an die tatsächliche Länge der jeweiligen Aktion angepasst, sondern es wird lediglich am Anfang eines Beitrags durch Balken, deren Längen einem 1-Sekunden-Intervall entsprechen, kenntlich gemacht, dass der Beitrag sich durch das in der zugewiesenen Kategorie angesprochene Merkmal auszeichnet. Dies ist in Abbildung 4.5 demonstriert. Bisher ist der Eindruck entstanden, dass der erhebliche zeitliche Mehraufwand, der nötig wäre, müssten die Balken hier an die tatsächliche Länge der Aktion angepasst und dementsprechend Anfang und Ende exakt bestimmt werden, sich nicht rentieren würde.

4.3.5.2 Der Umgang mit der Kategorie „Unverst"

Ist ein Beitrag aus akustischen Gründen unverständlich, wird er mit der Kategorie „Unverst" belegt und geht später auch als solcher in die Auswertung ein. Die Kategorie „Unverst" ist auch dann zu setzen, wenn zwar Teile des Beitrags zu verstehen sind, der Kodierer aber das Gefühl hat, für sein Anliegen Wichtiges gerade nicht verstehen zu können.

Ist sich der Betrachter des Videos sicher, dass ein Beitrag nur der Verteilung des Rederechts dient, er den genannten Namen aber nicht verstehen kann, wird die Kategorie „Unverst" nicht gesetzt.

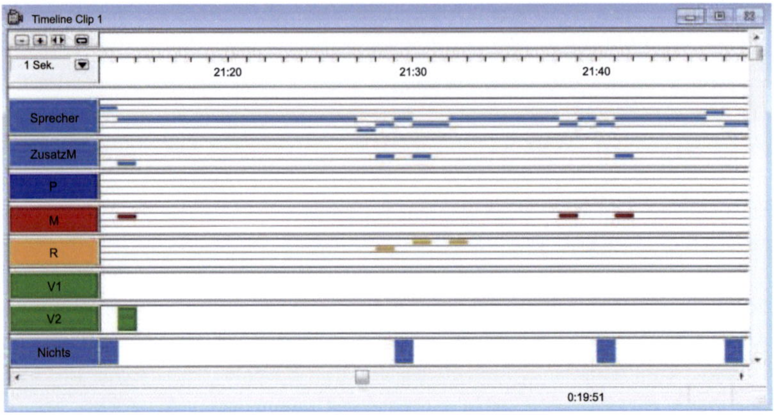

Abbildung 4.5: Timeline-Fenster mit verschiedenen Kodierungen

4.3.5.3 Der Umgang mit der Kategorie „Nichts“ und die Identifizierung eigenständiger Beiträge

Jeder Beitrag (dies gilt auch für Beiträge, die lediglich der Weitergabe des Rederechts dienen), dem keine metakognitive oder (negativ) diskursive Kategorie zugeordnet wird, der aber verständlich ist, wird mit der Kategorie „Nichts“ belegt. Dies ist notwendig, um die Anzahl der geleisteten Beiträge zu ermitteln, die im Rahmen der späteren Auswertung der Kodierungsdaten eine Rolle spielt.

Über die Vergabe der Kategorie „Nichts“ wird also gesteuert, was später als eigener Beitrag in die Auswertung eingeht und was nicht. Diese Funktion kommt dabei auch den Kategorien aus den Bereichen Metakognition, (Negative) Diskursivität und Unverständliches zu. Sobald der ersten Sekunde eines über die Kategorie „Sprecher“ identifizierten Sprechakts in der Vertikalen mindestens eine Kategorie zugeordnet wird, geht dieser Sprechakt als eigener Beitrag in die Auswertung ein. Wird demselben Sprechakt an anderer Stelle (in der Regel unter der letzten zu dem Beitrag gehörenden Sekunde) eine weitere Kategorisierung zugewiesen, geht der Sprechakt in Form von zwei Beiträgen in die Auswertung ein. Wird einem Sprechakt hingegen keine einzige Kategorie zugewiesen, so wird er als zu dem vorhergehenden Sprechakt gehörend gewertet und geht nicht als eigenständiger Beitrag in die Auswertung mit ein.

Insbesondere in dem Fall, in dem ein Beitrag durch einen Zwischenruf oder eine längere Pause (die auch in der Kategorisierung vermerkt ist) unterbrochen wird, ist zu entscheiden, ob der Beitrag als ein Beitrag in die Auswertung eingehen oder ob er geteilt werden und in Form von zwei Beiträgen auftreten soll. Im ersten Fall wird der gesamte Beitrag unabhängig von der Unterbrechung nur mit einer Kategorisierung versehen. Im zweiten Fall wird auch der zweite Teil des Beitrags noch mit Kategorien belegt.

Insgesamt muss hier sinnvoll entschieden werden, welcher Status einem Sprechakt zuge-

ordnet wird. Muss ein Schüler etwas wiederholen, weil der Lehrer es nicht verstanden hat oder es der Klasse verdeutlichen möchte, wird die Wiederholung als neuer Beitrag gewertet, also mit der Kategorie „Nichts“ belegt. Beim ersten Mal gesetzte Metakognitions- oder Diskursivitätskategorien werden nicht wiederholt. Diktiert der Lehrer eine Aufgabe, die von den Schülern mitgeschrieben wird, so sollte das Diktat als ein Beitrag gewertet werden, obwohl es immer wieder Sprechpausen geben wird. Sprechakte, wie „Schh“ und „Mmh“, mit denen für Ruhe gesorgt bzw. ausgedrückt werden soll, dass etwas im akustischen Sinne verstanden worden ist, werden nicht als eigene Beiträge gewertet.
Die Problematik, die sich hier zeigt, ist vergleichbar mit dem Setzen eines neuen Sprechers im Transkript. Es ist die Frage zu klären, ob man für ein neues Ansetzen der Person, die auch vorher schon gesprochen hatte, einen neuen Beitrag eröffnet oder nicht, ob man einen Zwischenruf in einem Kommentar beschreibt und den Hauptbeitrag weiterlaufen lässt oder ob man für den Zwischenruf einen eigenen Sprechakt vermerkt usw. Dies alles wird hier noch nicht über die Sprecherkodierung entschieden, sondern im Hauptkodierprozess über die Vergabe weiterer Kategorien. Der Grund hierfür liegt in der Tatsache, dass inhaltliche Analysen notwendig sind, um die Beiträge sinnvoll einzuteilen. Diese inhaltliche Analyse wird aber bei der Kodierung der Sprecher zunächst noch nicht gefordert.

4.3.5.4 Der Umgang mit den Kategorien „ZusatzM“ und „ZusatzD“

Über die Kategorien „ZusatzM“ und „ZusatzD“ wird kenntlich gemacht, ob zu einer Aktivität aufgefordert wird oder ob eine Aktivität zusammen mit einer Begründung auftritt. Sie werden dabei nur in Kombination mit Kategorien aus den Bereichen Metakognition („ZusatzM“) und Diskursivität („ZusatzD“) vergeben. Eine Begründung, die in einem Beitrag auftritt, der sich allein auf der Sachebene befindet, würde also nicht erfasst.
Die Idee, diese Aspekte mitzukodieren, ist von Cohors-Fresenborg und Kaune (2007a) übernommen. Die Erfahrung zeigt, dass die Zusatz-Kategorien wertvolle Informationen enthalten, wenn es später, im Zuge der Auswertung der Kodierungsdaten, um die Frage nach der Art und Weise geht, gemäß der metakognitive und diskursive Aktivitäten in das Unterrichtsgespräch eingebettet sind.
Wird zu einer metakognitiven oder diskursiven Aktivität aufgefordert, so ist die Markierung, die das Vorliegen der Unterkategorie „Aufforderung“ anzeigt, parallel zu der zugehörigen Kategorie aus dem Bereich Metakognition oder Diskursivität zu setzen. Ein Beispiel hierfür zeigt Abbildung 4.5 zum Zeitpunkt 21:28. Damit die Kategorisierungen dabei korrekt zuordenbar bleiben, ist es notwendig, für die Bereiche Metakognition und Diskursivität jeweils eigene Zusatz-Kategorien zur Verfügung zu stellen. Die Verwendung der Unterkategorien verläuft aber in gleicher Art und Weise. Welche Kategorie aus dem Bereich der Metakognition bzw. der Diskursivität bei Vorliegen einer Aufforderung gewählt wird, richtet sich jeweils danach, was derjenige, der der Aufforderung nachkommen möchte, zeigen soll, nicht danach, was er tatsächlich zeigt. Analog verläuft der Kodiervorgang, falls eine „Aufforderung zur Begründung“ vorliegt. Der Unterschied besteht

hier nur darin, dass durch die Aufforderung gezielt eine Begründung verlangt wird. Die Unterkategorie „begründetes Auffordern“ wird gewählt, wenn die Aufforderungsaktivität eine Begründung enthält.

Die Kategorie „Begründung“ wird dann gesetzt, wenn eine metakognitive oder diskursive Aktivität eine Begründung enthält. Dabei wird nicht unterschieden, ob die Durchführung der Aktivität selbst begründet wird (ob der Sprecher also bspw. begründet, warum er meint, kontrollieren zu müssen), oder ob innerhalb der Aktivität eine Begründung auftritt, die sich auf die Sache selbst rückbezieht. Dies liegt bspw. dann vor, wenn der Sprecher nicht nur einen Fehler benennt, sondern auch begründet, warum er meint, dass dies ein Fehler sei.

Für den äußerst selten auftretenden Fall, dass eine Aufforderung zur Begründung ihrerseits begründet wird, ist keine gesonderte Kategorie vorgesehen. In diesem Fall wird lediglich „Aufforderung zur Begründung“ kodiert.

In dem Fall, dass zunächst zu einer metakognitiven Aktivität aufgefordert und noch im selben Sprechakt zusätzlich nach einer Begründung verlangt wird, wird ausschließlich der Zusatz „Aufforderung zur Begründung“ gesetzt.

In den Beispielszenen der Abschnitte 4.3.5.6 und 4.3.5.8 finden sich einige der hier thematisierten Unterkategorien wieder. Sie treten in direkter Verbindung mit den Kategorien der Bereiche Metakognition und Diskursivität auf und sind den Kodes jeweils in Präfixnotation angefügt. Der Leser möge sich auf der Suche nach Beispielen hieran orientieren.

4.3.5.5 Der Umgang mit den Kategorien „P“, „M“ und „R“

Problematisch bei dem Versuch der Analyse des Auftretens von Metakognition in unterrichtlicher Kommunikation ist, dass der Kodierer immer versucht sein wird und wohl auch versucht sein muss, anhand der Verbalisierungen auf dahinterliegende Denkprozesse zu schließen. Dabei kann nicht davon ausgegangen werden, dass genau die ablaufenden Denkprozesse verbalisiert werden. Es geht hier also immer nur um Spuren von Metakognition in Beiträgen. Der Kodierer muss vor diesem Hintergrund darauf achten, dass er nicht ins „Kaffeesatzlesen“ verfällt. Kategorien sollten nur dann vergeben werden, wenn von der Verbalisierung recht zuverlässig auf den metakognitiven Denkprozess rückgeschlossen werden kann. Wie in Kapitel 3.4.2.4 ausgeführt, liegt nämlich zudem vor allem in Bezug auf Reflexionen auch ein Wert für den Lern- und Verstehensprozess im Verbalisieren selbst.

Ausschlaggebend dafür, ob eine Kategorie vergeben wird, ist, wie bei der Arbeit mit dem Kategoriensystem zur Analyse von Transkripten auch, das Format des Beitrags, nicht die inhaltliche Korrektheit.

Die zentrale Kodierregel für die Vergabe von Metakognitionskategorien besagt, dass ein Beitrag immer nur mit einer dieser Kategorien belegt werden darf. Sind in einem Beitrag mehrere metakognitive Aktivitäten erkennbar, so ist zu entscheiden, welche dieser Aktivitäten in der Hauptsache auftritt. Solch eine Entscheidung wird bspw. dann fällig, wenn eine Rechnung begründet kontrolliert und im Zuge der Begründung der Einsatz eines mathematischen Werkzeugs analysiert wird. In einem solchen Fall ist lediglich das begründete Monitoring zu vermerken, nicht die Reflexionsaktivität innerhalb der Begründung. Grundsätzlich ist in dem Entscheidungsprozess zur Identifikation der Hauptaktivität der Kontext, in dem der Beitrag steht, mit zu berücksichtigen. Der Grund für diese Kodierregel, die verhindert, dass jedes Detail einzeln kategorisiert wird, liegt darin, dass der Zeitaufwand sonst überhandnehmen würde. Des Weiteren ist fraglich, inwiefern bei zu detailgenau erhobenen Daten Gütekriterien wie die Beurteilerübereinstimmung eingehalten werden können.

Lediglich in wenigen Ausnahmesituationen ist ein Abweichen von der gerade ausgeführten Kodierregel erlaubt: Wenn sich der Inhalt innerhalb eines Beitrags deutlich ändert, weil bspw. ein anderes Thema angesprochen wird, kann eine weitere Kategorie aus dem metakognitiven Bereich (dann in der Regel unter der letzten zu dem Beitrag gehörenden Sekunde) gesetzt werden. Dies kommt vor allem in langen Lehrerbeiträgen vor, die den Zweck haben, den bisherigen Teil des Gesprächs abzuschließen und einen neuen zu eröffnen. Des Weiteren können zwei Kategorien gesetzt werden, falls sich in dem Beitrag einerseits eine Aufforderung zu einer metakognitiven Aktivität befindet und der Sprecher andererseits auch selbst noch eine metakognitive Aktivität ausübt. Häufig tritt dieser Fall ein, wenn ein Sprecher durch ein angehängtes „... oder?" signalisiert, dass sein geäußerter Beitrag von den Hörern kontrolliert werden soll. Wird aus der Situation heraus deutlich, dass der Sprecher auf sein „... oder?" gar keine Antwort erwartet, wird dieses Wort im Rahmen der Kategorisierung auch nicht berücksichtigt.

Die Regelung zur Vergabe zweier Kodes innerhalb eines Beitrags greift nicht in folgendem Sinn: Wird z. B. eine Begründung gefordert, ist klar, dass die betreffende Person zuvor festgestellt hat, dass die Begründung fehlt. Für diesen Analyseprozess, der zum Feststellen des Fehlens der Begründung geführt hat, wird keine zweite Kategorie gesetzt, und zwar schon deshalb nicht, weil von ihm in der Regel nichts verbalisiert wird.

Wie in Kapitel 4.3.5.3 im Rahmen der Wertung eines Sprechakts als eigenständiger Beitrag bereits ausgeführt, hat das Zuweisen von zwei Kategorisierungen zu einem Sprechakt (in horizontaler Linie) zur Folge, dass der Sprechakt in Form von zwei eigenständigen Beiträgen in die Auswertung eingeht. Auch aus diesem Grund muss das Auftreten von zwei Kategorien aus dem metakognitiven Bereich in einem Beitrag der Ausnahmefall bleiben.

Eine Kategorie aus dem metakognitiven Bereich kann (in vertikaler Linie) immer mit Kategorien der Diskursivität und der Negativen Diskursivität kombiniert werden.

4.3.5.6 Vorstellung von Beispielkodierungen mit den Metakognitionskategorien

Im Folgenden werden zum einen Beispiele für die Vergabe von Kategorien aus den Bereichen Planung, Monitoring und Reflexion, gegliedert nach den einzelnen Unterkategorien, aufgeführt. Dazu wird ein Tabellenlayout genutzt. Im linken Teil der Tabelle wird sich das Transkript befinden, in der mittleren Spalte die für den jeweiligen Beitrag vergebenen Kategorien und in der rechten Spalte ein Kommentar zu dem Beitrag und seiner Kategorisierung. Die Wahl der Unterkategorie hängt, wie in Abschnitt 4.3.1.2 dargelegt, zum Teil von dem interaktionalen Kontext ab, in dem die Aktivität auftritt. Dies bedeutet, dass im Folgenden möglicherweise sehr ähnliche Aktionen unter verschiedenen Unterkategorien auftreten, einfach weil sie in verschiedenen interaktionalen Kontexten stehen. Letzteres wird im Rahmen der Beispielaufzählung allerdings nicht immer sichtbar sein, sondern evtl. aus den beigefügten Kommentaren hervorgehen. Die Begründung dafür, warum trotzdem gerade diese Art von Kodes gewählt worden ist, ist in Kapitel 4.3.1.2 genannt worden.

Diese Methode der Angabe von Ankerbeispielen eignet sich wohl am besten, um von den theoretischen Vorüberlegungen tatsächlich zu der praktischen Anwendung des Kategoriensystems zu gelangen. Auf bestehende Abgrenzungsprobleme zwischen einzelnen Kategorisierungsmöglichkeiten kann so aber nicht besonders gut eingegangen werden, schließlich thematisieren Abgrenzungsfragen mehrere Kategorisierungsmöglichkeiten gleichzeitig. Diese Möglichkeiten wären jedoch im Rahmen von Beispielkodierungen nur schwer wiederzufinden. Daher sind im Folgenden zum anderen noch Ausführungen genannt, die sich weniger auf konkrete Unterrichtsszenen beziehen, dafür aber Regelungen zur Abgrenzung verschiedener Kategorien voneinander behandeln.

Zur Abgrenzung der Kategorien zur Metakognition voneinander

Zunächst einmal besteht eine Schwierigkeit darin, metakognitive Aktivitäten von Aktivitäten auf der Sachebene abzugrenzen. Im Bereich der Planung sind alle Äußerungen, die sich darauf beziehen, was zukünftig, bspw. zur Lösung einer Aufgabe getan werden könnte, mit einer entsprechenden Kategorie zu belegen, nicht jedoch die Durchführung dieser Vorschläge selbst. Unterlässt es der Sprecher also, vermutlich von ihm durchgeführte Planungsschritte zu verbalisieren, und beginnt stattdessen direkt mit ihrer Umsetzung, wird keine Kategorie aus dem Bereich der Planung vergeben. In Anlehnung an das Kategoriensystem von Cohors-Fresenborg und Kaune können z. B. Werkzeuganwendungen, Zwischenergebnisse oder Darstellungen geplant werden.

Im Bereich des Monitorings führt die Frage, was als Monitoring gewertet werden kann und was unkategorisiert verbleibt, schnell auf die Frage danach, wie viel von einem potenziellen Monitoringprozess verbalisiert wurde. Grenzfälle liegen dann vor, wenn sich die Verbalisierungen ausschließlich auf „Nein" oder „Ja", auf „Falsch" oder „Richtig" beschränken. Hier ist aus dem Kontext heraus zu entscheiden und der Beitrag auf der Basis einer Einschätzung der Glaubhaftigkeit zu bewerten.

Die Grenze zwischen dem, was noch als Reflexion gewertet wird, und dem, was der Objektebene angehört, hat sich als besonders schwer zu ziehen erwiesen. Reflexionsaktivitäten liegen z. B. dann vor, wenn eine Struktur vorgestellt, ein Zusammenhang hergestellt, eine Darstellung interpretiert, über Begriffe nachgedacht, bisher Erreichtes bilanziert und Vorliegendes eingeschätzt wird. Fragen, deren Beantwortungen komplexe, eigenständig zu erbringende Denkprozesse über den aktuellen Unterrichtsinhalt erfordern, werden als Aufforderung zur Reflexion gewertet, Fragen, die lediglich auf eine bekannte

Formel abzielen, jedoch nicht. Eine Reflexionsaktivität wird nicht für das Mitteilen von auswendig Gelerntem vergeben. Es ist darauf zu achten, dass Reflexionen längeres Reden *über* die Mathematik selbst oder im Unterricht Thematisiertes bedeuten. Wird ein Erarbeitungsprozess bspw. durch den Lehrer in so kleine Schritte zerlegt, dass die Schüler nur noch Stichworte zum eigentlichen Reflexionsprozess des Lehrers beitragen, so sind die Schülerbeiträge nicht als Reflexionen zu kodieren. Es liegen ebenfalls keine Reflexionsaktivitäten vor, wenn Schülerbeiträge schlicht wiederholt werden sollen. Anders ist dies, wenn zentrale Ideen der Beiträge herauszustellen sind.

Wie auch bei der Vergabe von Monitoringkategorien ist in Bezug auf die Reflexionskategorien darauf zu achten, dass auf den Reflexionsprozess zuverlässig rückgeschlossen werden kann, wenn hierzu kaum Verbalisierungen vorliegen. Es besteht das Problem, dass Fragen der Lehrer denkbar sind, deren Beantwortung Reflexionsprozesse erfordert. In vielen Fällen bestehen die Lehrer aber nicht auf der Verbalisierung dieser Prozesse (was z. B. in Form von Begründungen für die gegebene Antwort geschehen kann), sondern geben sich mit einer Antwort auf die gestellte Frage zufrieden, die keinen Aufschluss über eventuelle Reflexionsprozesse gibt. In solchen Fällen sollte den Schülern keine Reflexionsaktivität bescheinigt werden. Für die Auswertung der Kodierungsdaten bedeutet dies, dass eine Situation, in der eine Aufforderung zu einer Aktivität auftritt, dieser Aufforderung aber nicht so nachgekommen wird, dass es sich in Kategorien zeigen würde, so interpretiert werden muss, dass der Aufforderung nicht in verbalisierter Form nachgekommen wird. Es darf nicht geschlussfolgert werden, dass die Aktivität gar nicht durchgeführt wurde.

Insgesamt ist der Schwellenwert für die Vergabe von Planungs-, Monitoring- und Reflexionskategorien recht niedrig angesetzt. Dies zeigt sich bspw. daran, dass bei der Verbalisierung allein des Wortes „Nein" schon über das Setzen einer Monitoringkategorie nachgedacht wird. Diese Entscheidung ist aufgrund der Vermutung getroffen worden, dass sich metakognitive Aktivitäten im alltäglichen Unterricht eher wenig zeigen werden. Um aus den Kodierungsdaten im Rahmen der Auswertung später aber doch etwas herauslesen zu können, d. h. auch bei den Arten von Unterricht, in denen eher wenig Metakognition eingesetzt wird, noch differenzieren zu können, ist die Entscheidung gefallen, das Niveau, bei dem schon über Planungs-, Monitoring- und Reflexionsaktivitäten nachgedacht wird, niedrig zu halten. Ob sich dies bewährt hat, wird in Kapitel 5.6.3 diskutiert.

Schließlich hat sich die Abgrenzung kontrollierender von reflektierenden Aktionen in einigen Fällen als schwierig erwiesen. Wird eine Monitoringkategorie gesetzt, so muss die vorliegende Aktivität in dem Kontext, in dem sie auftritt, darauf ausgerichtet sein, ein Urteil im Sinne von richtig oder falsch, adäquat oder inadäquat, schlechter oder besser abzugeben. Auf solch ein Urteil kommt es bei der Reflexion nicht an. Bei Reflexionsaktivitäten steht ein Nachdenken über etwas im Vordergrund, ohne dass Urteile im Sinne von richtig oder falsch betont werden. Bezieht sich dieses Nachdenken allerdings auf zukünftig durchzuführende Schritte, so liegen Planungsaktivitäten vor.

Die vierte Unterkategorie aus dem Bereich der Planung steht des Weiteren in einem engen

Verhältnis zu sämtlichen Kategorien, die mit einem der Zusätze „Aufforderung", „Aufforderung zur Begründung" oder „begründetes Auffordern" auftreten. Immer geht es darum, dass die anderen am Diskurs Beteiligten im Anschluss an den kategorisierten Beitrag metakognitive Aktivitäten zeigen sollen. Die Abgrenzung der Vergabe der Kategorie P4 zu der Vergabe von Metakognitionskategorien mit dem Zusatz „Aufforderung", „Aufforderung zur Begründung" oder „begründetes Auffordern" wird daher wie folgt festgelegt: Falls klar ersichtlich ist, ob im Folgenden geplant, kontrolliert oder reflektiert werden soll, wird die entsprechende Metakognitionskategorie mit dem Aufforderungs-Zusatz gesetzt. Falls die auszuführende Aktivität eher offen gelassen wird, aber klar ist, dass die Frage auf die Evozierung von Metakognition abzielt, wird die Kategorie P4 gewählt. Insgesamt soll die Kategorie P4 darauf hindeuten, dass mit der entsprechenden Aktion gezielt der Versuch unternommen wird, Vorstellungen zu beeinflussen, dadurch dass die jeweils Angesprochenen sich selbst Dinge zurechtlegen.

Grundsätzlich sollen nur Verbalisierungen, die auf metakognitive Aktivitäten schließen lassen, bzw. entsprechende Aufforderungen kategorisiert werden. Problematisch wird dies, wenn der Lehrer durch Gestik oder Mimik signalisiert, dass bspw. etwas falsch ist. Hier wird ein verbales Monitoring durch ein gestisches oder mimisches ersetzt. Grundsätzlich sollte keine Gestik oder Mimik kategorisiert werden. In Fällen, in denen sie jedoch an Verbalisierungen gekoppelt werden, die in der Kombination als Kontrollaktionen aufzufassen sind, kann die Kontrollkategorie doch gesetzt werden. Dies erscheint vor allem dann wichtig, wenn der Lehrer von dieser Form des Gebens eines Feedbacks regelmäßig Gebrauch macht.

Zur Abgrenzung der Ebenen 1, 2, 3 und 4 voneinander

Neben einer geeigneten Metakognitionskategorie ist ebenfalls noch eine passende Unterkategorie zu wählen. Auch hierfür sind einige abgrenzende Überlegungen notwendig.

Situationen, in denen der Lehrer ein Schülerproblem aufgreift, indem er es ohne weitere Ausführungen an die Klasse weiterreicht, könnten entweder mit Unterkategorien der Ebene 1 belegt werden oder mit Unterkategorien der Ebene 2 bzw. 3. Im ersten Fall würde betont, dass die Schüler zum Eingehen auf die Idee ihres Mitschülers dem Mitschüler selbst gar nicht zuhören brauchten, denn sie können das Problem über den Lehrer aufnehmen. Im zweiten Fall würde betont, dass die Situation schülerbeeinflusst ist, in dem Sinne, dass Schülerideen oder -fragen diskutiert werden. Es wird verabredet, dass in solchen Fällen die Unterkategorien 2 bzw. 3 gewählt werden. Der Aufmerksamkeitsaspekt rückt in diesem Fall also hinter den Aspekt der Diskussion von Schülerideen zurück.

Abgrenzende Überlegungen zwischen den Ebenen 1 und 2 bzw. 3 sind zudem nötig, wenn ein Unterrichtsabschnitt durch eine (Zwischen-)Bilanz abgeschlossen wird. Bezieht sich diese Bilanz auf einen Aspekt, der maßgebend durch eine oder mehrere Schülerideen beeinflusst ist, so werden die Kategorien R2 oder R3 gewählt. Bezieht sich die Wiedergabe mehr darauf, das gerade behandelte Thema zu umschreiben, ohne dass entscheidende Schülerideen aufgegriffen werden, so wird die Kategorie R1 gesetzt.

Die Unterscheidung zwischen den Ebenen 1 und 3 kann zudem schwierig werden, wenn bspw. ein Schüler eine Kontrollaktivität bezogen auf ein vorliegendes Unterrichtsmaterial vornimmt (M1), in seine Begründung aber Teile von Argumentationen der Mitschüler integriert. In solch einem Fall ist klar, dass der sprechende Schüler seinen Mitschülern zugehört hat. Er hat ihre Argumentationslinien ggf. sogar kontrolliert, um sie nun in zustimmender oder ablehnender Weise in seiner eigenen Argumentation zu benutzen. Allerdings wurde diese ggf. durchgeführte Kontrolle der Argumentationen der Mitschüler wohl nicht verbalisiert. Dies hätte zu der Kategorie M3 geführt. Das Ergebnis dieses evtl. vorliegenden Kontrollprozesses tritt nun jedoch lediglich in einem neuen Kontext wieder auf. Daher wird in solchen Situationen die Ebene 1 gewählt, auch falls zusätzlich noch eine Verankerungsaktivität auf die Argumentation des Mitschülers vorliegt.

Die Erläuterung von Lösungswegen, die im Rahmen von Hausaufgaben oder Einzel-, Partner- oder Gruppenarbeit erarbeitet wurden, wird grundsätzlich erst einmal auf der Ebene 1 angesetzt, da es sich hier in der Regel um Reflexionsprozesse mit Bezug auf die Aufgabenstellung handelt. Erst wenn der vorgestellte Lösungsweg Gegenstand weiterer Reflexionen wird, kann auf andere Ebenen gewechselt werden. Vergleicht ein Schüler bspw. sein Lösungsverfahren mit dem eines anderen Schülers, muss entschieden werden, worauf der Schwerpunkt liegt: Auf der eigenen Reflexion über die Sache (R1), die zur eigenen Lösung geführt hat, oder auf dem Vergleich mit dem Lösungsweg des anderen (R2, R3). Falls sich hier keine Priorität feststellen lässt, werden die Ebenen 2 und 3 bevorzugt gewählt.

Planungen, Monitorings und Reflexionen, die sich auf etwas vom Lehrer Eingebrachtes beziehen, werden grundsätzlich mit Kategorien der Ebene 1 belegt. Auch in Situationen, in denen der Lehrer sich in der Rolle eines Schülers in die Diskussion einmischt, indem er z. B. Behauptungen aufstellt, die evtl. auch von einem Schüler kommen könnten, wird für ein metakognitives Eingehen auf diese Aktivitäten die Ebene 1 gewählt. In diesem Fall liegen keine echten Schülerideen vor, sondern didaktisch beeinflusstes Material vom Lehrer.

Wenn zwischen von einem Schüler Gesagtem und einer angeschriebenen Schüleridee verglichen wird, wird die Ebene 3 gesetzt, es sei denn, der Schwerpunkt liegt deutlich auf dem Angeschriebenen. Solch eine Schwerpunktsetzung ist vor allem dann denkbar, wenn ein Schüler seine Lösung anschreibt und sie mündlich begründet. Fragt die Lehrkraft nun die anderen Schüler nach einer Stellungnahme dazu, beziehen sich die Schüler erfahrungsgemäß in ihren Äußerungen weniger auf die Begründung, sondern mehr auf die angeschriebene Lösung. Dementsprechend wird die Aufforderung der Lehrkraft hier mit einer Unterkategorie der Ebene 2 belegt.

In Situationen, in denen der Lehrer ein Tafelbild entwickelt und die Schüler dabei hauptsächlich als Stichwortgeber fungieren, gilt dieses Tafelbild nicht als schülerbeeinflusstes Arbeitsmaterial. Ein solches liegt erst vor, wenn grundlegende Ideen im Tafelbild von Schülern stammen.

In Fällen, in denen die Lehrkraft eine Schülerlösung (z. B. einen von einem Schüler an die Tafel geschriebenen Funktionsterm) nutzt, um noch einmal grundsätzliche Fragen zu klären und das Verständnis von Begriffen zu überprüfen, werden die Beiträge mit Kategorien auf der Ebene 1 versehen. Im Zentrum der ggf. vorhandenen metakognitiven Aktivitäten steht nämlich dann nicht mehr die Schüleridee hinter der Schülerlösung.

Immer wieder kommt es vor, dass der Lehrer eine Begründung von einem Schüler nachfordert und zwar für das, was der Schüler zuvor behauptet hatte. Meistens hat der Schüler dann eine Reflexionsaktivität zu leisten. In der Regel wird die zu wählende Unterkategorie dann angepasst an die Unterkategorie, die ggf. schon für die Behauptung vergeben worden ist. Nur in Fällen, in denen der betreffende Schüler durch die Forderung einer Begründung deutlich noch einmal über seine geäußerte Behauptung nachdenkt und sich zeigt, dass er die Begründung nicht schon vorher im Kopf hatte, kann die Unterkategorie gewechselt werden.

Problematisch ist schließlich noch der Umgang mit geäußerten Verständnisdefiziten. Sicherlich wird hier der zuvor besprochene Unterrichtsinhalt zum Gegenstand des Nachdenkens, denn es muss festgestellt werden, dass ein Verständnisdefizit vorliegt. Damit wird eine Kategorie aus dem Bereich der Reflexion gewählt. Im Denkprozess spielt auch ein Abgleich mit den bisherigen Wissenskonstrukten eine Rolle. Dieser Abgleich geschieht in der Regel jedoch nonverbal, sodass es nicht angemessen wäre hier die Ebene 4 zu setzen. Deshalb wird festgelegt, dass die Entscheidung für eine Unterkategorie davon abhängt, worauf sich das Unverständnis bezieht. Kann eine Aufgabenstellung oder eine Beweisführung des Lehrers nicht nachvollzogen werden, wird die Ebene 1 gesetzt. Kann eine Schüleridee nicht nachvollzogen werden, wird Ebene 2 oder Ebene 3 gesetzt. Damit wird das Äußern eines Verständnisdefizits gewertet als eine Art evaluierende Reaktion auf einen Aspekt des Unterrichtsgesprächs.

Beispiele[4]: P1

S.	Ja also, ich würd' erst mal die null Komma Periode sechs in zwei Drittel umwandeln, weil dann hat man das ein bisschen einheitlicher.	*b*P1	Zu Beginn des Lösungsprozesses einer Gleichung, die vom Lehrer vorgegeben wurde, schlägt der Schüler vor, bestimmte Terme anders aufzuschreiben. Er begründet dies mit einem sich daraus ergebenden Nutzen.

[4]Wenn nicht anders vermerkt, stammt der Transkripttext aller folgenden Beispiele aus der Datenbank MUMAS (MUltimediabasiertes Mathematikdidaktisches AnalyseSystem) des Instituts für Kognitive Mathematik der Universität Osnabrück, die auch aktuell noch mit neuen Unterrichtsszenen und weiteren unterrichtlichen Materialien gespeist wird. Nähere Informationen zu dieser Datenbank sind unter www.ikm.uni-osnabrueck.de/aktivitaeten/mumas/mumas.html zu finden.

7	S.	Mh - zuerst - x minus 4 schreiben.	P1	Dieser Beitrag[5] stammt ebenfalls aus dem Kontext eines gerade beginnenden Gleichungslösungsprozesses. Der Schüler vertieft seinen Vorschlag für den nächsten durchzuführenden Schritt weder, noch führt er ihn in anderer Art und Weise weiter aus. Es ist also nicht erkennbar, wie gut durchdacht dieser Schritt tatsächlich ist. Damit liegt dieser Beitrag an der unteren Grenze dessen, was noch mit Planungskategorien versehen werden sollte.
9	T.	[...][6] What would you do to solve that problem? [...]	*f*P1	Dieser und die drei folgenden Beiträge[7] entstammen einer Szene. Sie liefern ein Beispiel für das Auftreten von Planungsaktivitäten in Verbindung mit Reflexionen. Hier fordert der Lehrer die Schüler zunächst zu einer Planungsaktivität auf. Grundlage hierfür ist eine vom Lehrer eingebrachte Textaufgabe.
	S.	60×45. Dividing by 10×8	P1	Die Reaktion des Schülers auf die Frage des Lehrers ist noch mit einer Planungskategorie belegt worden, auch wenn hier sicherlich festgehalten werden muss, dass der Schüler sich sehr nahe am Durchführen einer Rechnung befindet und sich nicht eindeutig auf die Formulierung eines Plans konzentriert.
11	T.	Why?	*fb*R1	Durch diese Aufforderung des Lehrers wird der Schüler dazu veranlasst, seinen Planungsschritt zu begründen. Nun müsste deutlich werden, wie gut er seinen Vorschlag durchdacht hat.

[5] Beitrag entnommen aus Klieme et al., 2001, S. 55.

[6] Dieser und einige noch folgende Beiträge oder Beitragsfolgen sind nicht vollständig zitiert, weil nicht der gesamte Beitrag oder die gesamte Folge von Beiträgen benötigt wird, um die jeweils gewünschte Aussage zu der Situation treffen zu können. Auslassungen werden dann mit „[...]“ gekennzeichnet, da „...“ und „(...)“ häufig in den Transkripten selbst genutzt werden.

[7] Beiträge entnommen aus Depaepe et al., 2007, S. 272f.

			Es wurde eine Kategorie auf der Ebene 1 gewählt, weil der Schüler durch die geforderte Begründung seinen vorherigen Planungsschritt erst noch fortsetzen bzw. vervollständigen muss. Erst sich daran anschließende Einschätzungen des dann begründeten Planungsschritts würden mit einer höheren Unterkategorieebene belegt. Das Formulieren einer Begründung erfordert nun eine Reflexionsaktivität.
S.	Since you will know the size of it	ND4	Der Schüler versucht vielleicht der Aufforderung nachzukommen, dadurch, dass er notwendige Bezüge jedoch nicht präzise setzt (es ist nicht klar, was mit „it" gemeint ist und worauf sich dementsprechend „size" bezieht), ist seine Antwort nicht verständlich.

Beispiele: P2

S.	Ja und jetzt kann man auch wieder ein bisschen was ausrechnen.	P2	Der Schüler formuliert einen Vorschlag für das weitere Vorgehen im Rahmen eines an der Tafel dokumentierten Gleichungslösungsprozesses, der zuvor schon durch Schüler und ohne Einmischung der Lehrkraft vorangetrieben worden ist. Es folgen konkrete Rechnungen.
S.	Und dann ja natürlich den Rest wieder hinschreiben. Und ja gut, man könnte natürlich sofort das Distributivgesetz auch noch anwenden, ähm davor schreiben, [...]	P2	Dieser Beitrag, ebenfalls im Rahmen eines bereits durch die Schüler an der Tafel vorangetriebenen Lösungsprozesses geäußert, enthält zwei Planungsschritte. Die entsprechende Kategorie wird aber dennoch nur ein Mal vergeben.

S.	Das kann dann ja wieder also, alles, vielleicht ist das wieder einfacher, wenn man das dann in Addition umwandelt [...]	*b*P2	Der Schüler formuliert einen begründeten Planungsschritt, der ebenfalls im Rahmen eines durch die Schüler an der Tafel vorangetriebenen Lösungsprozesses stattfindet. Der Vorschlag der Umwandlung einer Differenz in eine Summe wird damit begründet, dass die Rechnung dann einfacher würde.
S.	Ja und dann kann man jetzt noch ähm ähm mal zwölf äh minus ähm minus und dann zwei Drittel mal elf sind (...) ja und dann das kann auch (...) minus, ähm vier Drittel x gleich eins plus x.		Dieser Beitrag ist nicht mit einer Planungskategorie belegt worden, da weniger das Formulieren eines Plans im Vordergrund steht, sondern vielmehr die Durchführung eines zuvor nicht explizit verbalisierten Plans. Dieser Schüler diktiert bereits an die Tafel zu Schreibendes.

Beispiele: P3

S.	That's the same (problem) as before. Both (problems) are distance-time-speed problems, and in both we have two trains leaving from the same place.	*b*R1	Dieser und die folgenden drei Beiträge[8] stammen aus einer Szene. Hier arbeitet der Schüler heraus, dass die vorliegende Aufgabe vom selben Typ sei, wie die zuvor bearbeitete. Als Begründung gibt er Gemeinsamkeiten an.
S.	Yes, but here it's different, because the trains did not leave at the same time.	*b*M3 V2	Der Schüler stimmt seinem Vorredner zwar grundsätzlich zu, findet bei genauerer Betrachtung aber doch noch einen Unterschied in den Aufgaben.
S.	That makes it more difficult because we do not know when they left, and so we cannot figure out the time.	*b*R3	Dieser Schüler schätzt den von seinem Vorredner genannten Unterschied ein und arbeitet damit verbundene Schwierigkeiten heraus.
S.	Let's call the time x.	P3 ND5	Dieser Schüler formuliert nun aufbauend auf dem zuvor Gesagten eine Planungsaktivität. Als problematisch wird sich im Folgenden erweisen, dass die Schüler unterschiedliche Vorstellungen von „der Zeit x" (Startzeit vs. Fahrzeit) haben.

[8]Beiträge entnommen aus Mevarech und Kramarski, 1997, S. 375.

Beispiele: P4

S.	Ja also, wenn man das nicht so genau beherrscht, haben wir ja mal gesagt, dass wir das am besten so, nicht so schnell im Kopf alles in Plus umwandeln, sondern das alles ganz sch (. . .) so hinschreiben, wie sich das gehört, also alle, die mit dem Minus und so, so zum Beispiel Minus.	P4 V1	Der Schüler formuliert einen Tipp für seine Mitschüler, der sich darauf konzentriert, wie sie sich beim Durchführen von Termumformungen effektiv selbst überwachen und so Fehler vermeiden können. Damit plant dieser Schüler metakognitive Aktivitäten seiner Mitschüler.
L.	Schreibst du's mal eben an, wie du dir die Zahl vorstellst?	P4	Der Lehrer fordert vordergründig betrachtet zu einer nicht metakognitiven Aktivität auf. Ihm kann jedoch die Absicht unterstellt werden, bei dem angesprochenen Schüler eine metakognitive Aktion auslösen zu wollen, sodass dieser merkt, dass seine Behauptung Unsinn ist. Die Zahl, die er sich vorgestellt hat, gibt es nicht.
L.	Ich sag' da mal nichts zu. Äußert euch! [...]	P4	Nachdem ein Schüler seine Lösung zu einer Aufgabe an der Tafel notiert hat, gibt der Lehrer zu verstehen, dass er eine Stellungnahme erwartet. Es besteht die Möglichkeit, über verschiedenartige metakognitive Aktivitäten zu reagieren.

Beispiele: M1

S.	Ähm ja also auf jeden Fall also das erste, der erste Satz ist ja richtig, aber der zweite n- nicht, weil da Diagonale steht. Man weiß ja nicht, man hat ja noch gar keine Flächen gegeben, kann noch gar keine Diagonalen irgendwo hinzeichnen.	*b*M1 V1	Der Schüler kontrolliert den Text eines vom Lehrer hereingegebenen Arbeitsmaterials.

L.	Mh, also meinst du, man kann hier keine Prognose stellen?	R3 *f*M1	Der Lehrer fasst hier zunächst den Kern eines Schülerbeitrags, so wie er ihn verstanden hat, zusammen und fordert durch den fragenden Unterton gleichzeitig auf, zu kontrollieren, ob seine Zusammenfassung adäquat ist. Da die Zusammenfassung vom Lehrer stammt, ist die von den Schülern zu leistende Monitoringaktivität der Ebene 1 zuzuordnen.
L.	Ich glaube, die meisten sind fertig. Ist das richtig? [...]		Zwar fordert der Lehrer hier dazu auf, eine von ihm aufgestellte Behauptung zu kontrollieren, inhaltlich geht es dabei aber um Unterrichtsorganisatorisches. Damit verbleibt der Beitrag ohne Kategorien.

Beispiele: M2

L.	Gleichheitszeichen und dann (. . .)	M2	Während ein Schüler eine neue Zeile innerhalb eines Gleichungslösungsprozesses an die Tafel schreibt, nimmt der Lehrer diese Korrektur an der Notation vor.
S.	Ja, ist beides richtig. Geht beides.	M2	Der Schüler bewertet zwei verschiedene Terme, die zur Lösung einer Aufgabe an die Tafel geschrieben worden sind, als korrekt. Durch seine knappe Äußerung ist nicht zweifelsfrei erkennbar, ob er ernsthaft kontrolliert hat. Ein Zuweisen der Kategorie muss hier also evtl. unter Einbezug des Kontexts abgewogen werden.
S.	Das muss heißen ähm x eins mal fünf und dann erst mal x zwei.	M2	Der Schüler verbessert einen von einem Mitschüler an die Tafel geschriebenen Term. Die Kontrollaktion ist zwar wenig ausführlich, da aber ein Korrekturvorschlag mit angegeben wird, ist erkennbar, dass der Beitrag wohl durchdacht ist.

S.	Also ich finde, Peter gibt da doch 'ne ganz gute Antwort. Ähm, weil äh logisch ist es nicht wahr, aber er sagt ja, dass null Komma neun das Gleiche, nich, wie eins ist und dass da immer eine Zahl zwischen ... also dass eine Zahl mindestens zwischen zwei Dezimalzahlen liegen muss. Und das ist in diesem Fall halt nicht so und deshalb ist es logisch ja das so, dass das eigentlich stimmen müsste.	*b*M2 V2 V1	Der Schüler kontrolliert die schriftlich vorliegende Argumentation eines Mitschülers. Dabei begründet er sein Urteil. Diese Urteilsbegründung nimmt einen hohen Anteil des gesamten Beitrags ein. Da sie eher der Kategorie „Reflexion“ unterzuordnen wäre, stellt sich die Frage, ob hier wirklich ein Monitoring kategorisiert werden sollte. Die Monitoringkategorie ist allerdings anstelle einer Reflexionskategorie zu setzen, da die Aktion in dem Kontext, in dem sie auftritt, insgesamt als Monitoring zu werten ist.
S.	Also, ich meine das auch. Und zwar, weil (. . .) erst mal, wenn das am Ursprung gespiegelt wird, dann muss die Öffnung unten sein und das hat er halt mit dem -a. (. . .) Weil, ähm (. . .) dann (. . .) ... Ähm, das ist ja einmal an der (. . .) Argumentachse dann gespiegelt und dann müsste ähm -b, äh, +b hin, da das ja b dann im Minusbereich sein muss und dann muss auch -c hin, -c? (. . .) *[Getuschel, Gelächter]* Ja klar. Ähm ja, das wird dann an der (. . .) Funktionswertachse gespiegelt und das muss auch im Minusbereich sein, also muss ein Minus dahin.	*b*M2 V2 V1	Der Schüler kontrolliert einen an der Tafel stehenden Term eines Mitschülers. Dabei zeigt der Schüler mehrere kurze Selbstüberwachungen, indem er sich zeitnah selbst verbessert (siehe z. B. „-b, äh, +b“). Diese werden nicht gesondert kategorisiert. Wäre allerdings der gesamt Beitrag darauf ausgelegt, eine Verbesserung an zuvor selbst Gesagtem vorzunehmen, würde die Kategorie M3 gesetzt. Mit derselben Begründung wie im vorangehenden Beispiel ist auch hier keine Reflexionskategorie zu setzen.

Beispiele: M3

S.	[...] Man weiß ja nicht, man hat ja noch gar keine Flächen gegeben, kann noch gar keine Diagonalen irgendwo hinzeichnen. [...]	*b*M1	Dieser und der folgende Beitrag sind zusammen zu lesen. Hier stellt der Schüler zunächst eine Behauptung auf. Insgesamt hat er den Text eines vom Lehrer hereingegebenen Arbeitsmaterials kontrolliert.
S.	Doch.	M3	Dieser Schüler bezieht in knapper Weise Stellung zu der Behauptung seines Mitschülers. Dies mit einer Monitoringkategorie zu belegen, ist dabei grenzwertig. Hier muss genau überlegt werden, ob der Schüler sich tatsächlich Gedanken gemacht hat oder nicht. Dazu sind ggf. wieder Kontextinformationen miteinzubeziehen.
S.	Gut, beide sind größer als Null.		Dieser und die folgenden fünf Beiträge[9] beziehen sich auf die Frage danach, wann ein Produkt kleiner ist als Null. Dieser Schüler gibt eine erste Antwort auf die Frage.
L.	Beide größer - und das Produkt soll kleiner als Null sein? Dass...	*f*M3	Dieser Beitrag des Lehrers hat das Format einer skeptischen Rückfrage und wird deshalb als Aufforderung an den Schüler kategorisiert, das von ihm Behauptete noch einmal zu kontrollieren.
S.	Nein, beide sind kleiner als Null?		Da der Schüler hier deutlich den Eindruck erweckt, die Antwort zu raten und nicht ernsthaft nachzudenken, wird ihm keine Monitoringaktivität zugeschrieben.
L.	Na ja, dann - ist das der zweite Fall, der nicht geht.	M3	Hier zeigt der Lehrer nun selbst eine Kontrollaktivität.
S.	Uh - dann ist einer größer und einer kleiner.		Der Schüler stellt eine neue Behauptung auf.
L.	Ja. [...]	M3	Der Lehrer kontrolliert die vorangegangene Schülerbehauptung.

[9]Beiträge entnommen aus Klieme et al., 2001, S. 56f.

S.	Ich wollte meins selbst verbessern. [*Gelächter*] Und zwar hat' ich eben gesagt, man darf eine Koordinate mehr einsetzen, und ich glaub', die Formulierung ist schon falsch. Man darf einfach nur die 6 auch als Koordinate halt als Argument einsetzen und ähm hat somit halt eine Definitionslücke geschlossen.	M3 V2 V3	Dieser Schüler demonstriert, dass er sich selbst überwacht. Nachdem einer seiner Mitschüler einen Beitrag geleistet hat, merkt dieser Schüler, dass sein eigener zuvor geleisteter Beitrag falsch war.
S.	Ja, Jennys ist eigentlich fast richtig, bis auf, dass sie gesagt hat, dass es nach unten geöffnet ist. Ich würde eher sagen „andersrum" als sie ...	M3 V2 V3	Dieser Schüler reagiert auf den Beitrag, der im letzten Beispiel zu Unterkategorie M2 (Z. 22ff.) abgedruckt ist. Er kontrolliert die Formulierungen seines Mitschülers.

Beispiele: M4

S.	Weil a ist ja nicht unbedingt eine positive Zahl, die Variable a, weil es kann auch eine negative sein. Ich glaube, Jenny hat sich vorgestellt, dass a einfach nur eine positive Zahl ist, und wenn man da ein Minus vorsetzt, das negativ ist.	*b*M4	Dieser Beitrag schließt sich an das letzte Beispiel zu Unterkategorie M3 (Z. 29ff.) an. Obwohl der erste Satz eher auf eine Reflexionsaktivität hindeutet, konzentriert sich dieser Beitrag insgesamt auf die Thematisierung einer Fehlvorstellung eines Mitschülers. Dementsprechend ist er auch kategorisiert worden.
S.	Ja, weil manche sagen ja immer, manche Maschinen laufen nur bei bestimmten Zahlen. Und wenn wir jetzt da zum Beispiel eins, zwei, drei reingeschrieben hätten, da hätten alle sagen können, ja die laufen vielleicht nur bei den Zahlen.	*b*M4	Der Schüler kommentiert hier, warum er an einer bestimmten Stelle keine Zahlen notieren möchte. Er will damit einer Fehlvorstellung bei anderen vorbeugen. Insgesamt befindet sich die hier vorliegende Aktivität wohl an der Grenze zwischen einer Reflexion und einem Monitoring. Aus dem Kontext heraus liegt jedoch wohl eher ein Monitoring vor, da zugleich der Vorschlag eines Mitschülers, da doch Zahlen hinein zu schreiben, als inadäquat bewertet wird.

Beispiele: R1

	Beitrag	Kode	Erläuterung
L.	Gut, und jetzt sind wir an dem Punkt, wo wir gestern eine Aufgabe bearbeitet haben. Auf der linken Seite unserer Ungleichung haben wir ein Produkt von zwei Faktoren. Und dieses Produkt zweier Faktoren soll kleiner oder gleich null sein. Welche Möglichkeiten gibt es? Ganz allgemein erst mal. Ohne jetzt diese Werte zu betrachten.	R1	Der Lehrer offenbart seinen Schülern in diesem Beitrag[10] eine bestimmte Sicht auf die von ihm an der Tafel notierte Ungleichung. Er spricht unter Benutzung des entsprechenden Fachvokabulars über diese Ungleichung.
S.	[...] Well, this is a problem about *distance, time, and speed*. It tells us about two trains that left the *same station* in the *same direction* with *different speeds*. The fast train left one our later and reached the last station one our earlier. We have to find the distance.	R1	Dieser und der folgende Beitrag[11] entstammen einer Szene, in der gerade mit der Bearbeitung einer Textaufgabe begonnen wird. Beide Schüler äußern sich in ihren eigenen Worten zu dem Text. Sie lesen ihn nicht vor. Dieser Schüler hier konzentriert sich auf die Herausarbeitung von Informationen, die für den Lösungsprozess zentral sein werden.
S.	That's the same (problem) as before. Both (problems) are distance-time-speed problems, and in both we have two trains leaving from the same place.	*b*R1	Dieser Schüler betont stärker den Typ der Aufgabe.
S.	Ja also, das äh die beiden x'e links die stehen, also oder nur das erste oder nee, das ist das zweite, [...] das steht für die Zeit in Minuten.	R1	Hier erläutert ein Schüler, wofür die Variable x in einer vorgegebenen Funktionsgleichung steht. Damit leistet er einen Beitrag zur Interpretation einer Funktionsgleichung in einem bestimmten Kontext.

[10] Beitrag entnommen aus Klieme et al., 2001, S. 56.

[11] Beiträge entnommen aus Mevarech und Kramarski, 1997, S. 374f.

	Beitrag	Kategorie	Kommentar
S. 33	[...] Also, wir haben das durchnummeriert, also 1 ist dieser, ist der Vertrag von Jonas [...]		Der Schüler erläutert ein von ihm an die Tafel gezeichnetes Koordinatensystem, in das mehrere Funktionsgraphen eingetragen wurden. Die Funktionsgraphen sind durchnummeriert. Im Unterschied zu dem vorangegangenen Beispiel sind hier keine Deutungs- oder Interpretationsprozesse des Schülers zu erkennen, sondern lediglich Erklärungen für die Mitschüler, wie die Darstellung zu lesen ist. Dementsprechend wird dieser Beitrag nicht mit Reflexionskategorien versehen. In dem Fall, dass Graphen und Funktionsgleichungen einander zugeordnet werden müssen, ist sehr wohl denkbar, dass Reflexionskategorien gesetzt werden, vor allem dann, wenn die Zuordnungen begründet werden.
35 L.	[...] Welche Eigenschaft hat dieser Winkel?	ƒR1	Um diese Frage des Lehrers zu beantworten, muss mit mathematischem Fachvokabular über einen vom Lehrer ausgewählten Winkel gesprochen werden.
37 L.	Wie heißt dieser Punkt hier?		Dieser Beitrag entstammt einer Situation, in der der Lehrer den Eckpunkten und Seiten eines Dreiecks Namen geben möchte. Eine Antwort auf seine Frage wird nicht mehr als Reflexionsleistung angesehen, weshalb hier auch keine Aufforderung zu einer metakognitiven Aktivität kenntlich gemacht wird. Analog werden Situationen gehandhabt, in denen ausschließlich Ergebnisse abgefragt werden und auf Erläuterungen dieser kein Wert gelegt wird.

Beispiele: R2

L.	So. Und jetzt war ich schusselig und hab' gedacht, das wär' deine Maschine gewesen und nicht Mirjas Maschine. Aber ich meine, dass die genau äh die gleiche ähm Art hatte wie du. [*Zustimmung durch die Schüler.*] Dass die von der Funktionsweise genau die gleiche war.	R2	Der Lehrer gleicht die Funktionsweisen von zwei von Schülern erfundenen Rechenmaschinen, die auf Folie vorliegen, miteinander ab.
L.	[...] Könnt ihr Michaela eben doch noch mal diktieren, wo in dieser Rechnung waren jetzt so schwierige Stellen?	*f*R2	Der Lehrer fordert auf zur Reflexion über die Schwierigkeiten, die zuvor innerhalb eines Gleichungslösungsprozesses der Schüler aufgetreten sind. Dafür, dass dies als Aufforderung zur Reflexion angesehen wird, ist entscheidend, dass die schwierigen Stellen konkret thematisiert werden. Das Gespräch darf nicht auf der Ebene verbleiben, auf der lediglich gefragt wird, ob jemand Schwierigkeiten hatte, ohne sie genau zu thematisieren.
S.	Erst mal das Distributivgesetz da, minus zwei Drittel mal (. . .)	R2 V1	Der Schüler nennt eine schwierige Stelle als Reaktion auf die vorhergehende Frage des Lehrers.
S.	Ich kapier' nicht ganz. Also das, was Tim und Alex jetzt gemacht haben, verstehe ich das nicht. [...]	R2 V1	Dieser und der folgende Beitrag sind zusammen zu betrachten. Hier äußert der Schüler ein Verständnisdefizit. Dieses bezieht sich auf einen Lösungsweg, den zwei Mitschüler zuvor am Overhead-Projektor präsentiert haben.
L.	Ok, jetzt müssen wir klären ... Was habt ihr da ... Kannst du genauer deine Nachfrage sagen?	*f*R2	Der Lehrer verlangt daraufhin eine Präzisierung dessen, was nicht verstanden worden ist. Dies erfordert eine erneute Reflexionsaktivität über den präsentierten Lösungsweg.

Beispiele: R3

L.	Kannst du erklären, warum das ein Unterschied ist, ob du sagst „nach unten geöffnet“ oder „andersrum“?	*fb*R3 V3	Der Lehrer fordert dazu auf, das von einem Schüler behauptete Vorliegen eines Unterschieds zwischen zwei Formulierungsvorschlägen zu begründen. Die Formulierungsvorschläge („nach unten geöffnet“ und „andersrum“) stammen dabei wieder von Schülern. „Andersrum“ ist als Verbesserungsvorschlag für „nach unten geöffnet“ genannt worden.
S.	Yes, but here it's different, because the trains did not leave at the same time.	*b*M3 V2	Dieser und der folgende Beitrag[12] sind zusammen zu lesen. Der Schüler hier äußert sich kontrollierend und begründet zu einer zuvor von einem Mitschüler aufgestellten Behauptung.
S.	That makes it more difficult because we do not know when they left, and so we cannot figure out the time.	*b*R3	Dieser Schüler nimmt nun die Bemerkung seines Vorredners auf und entwickelt sie begründet weiter. Ginge ein Lehrer in vergleichbarer Weise mit Schülerbeiträgen um, würde auch sein Beitrag entsprechend kategorisiert.
L.	Hast du's verstanden, den Einwand?	*f*R3	Nachdem ein Schüler einen Einwand gegen den Lösungsvorschlag eines Mitschülers vorgetragen hat, stellt der Lehrer diese Frage. Er fordert damit den Schüler, gegen dessen Antwort sich der Einwand richtet, dazu auf, den Einwand genau nachzuvollziehen. Ob ein einfaches „Ja“ als Antwort auf diese Frage als Reflexion gewertet werden sollte, ist erneut vom Kontext abhängig zu machen. In der Regel wird dies allerdings nicht ausreichen, da so nichts von dem eigentlichen Reflexionsprozess verbalisiert wird.

[12] Beiträge entnommen aus Mevarech und Kramarski, 1997, S. 375.

Beispiele: R4

S.	Also jetzt, den Fehler habe ich auch schon öfters gemacht. Dieses Minus das habe ich da ja übersehen, nach der ähm nach der x-minus-fünf-Klammer, weil ähm in meinem Kopf sah das eben so aus, dass ich da immer so, also bei dem ersten Term vor dem Gleichheitszeichen, öhm den hab ich wieder in zwei Teile unterteilt, also einmal den von null Komma Periode sechs mal x minus fünf, ist der erste Teil und der andere Teil war dann zwei Drittel mal elf minus zwei x. Und dazwischen ähm steht dann bei mir das Minus, dass dass ich den äh den zweiten Teil von dem ersten dann irgendwie immer abziehen muss. So sah das in meinem Kopf aus. Und das war der Fehler.	*b*R4	Der Schüler verbalisiert die Weise, auf die er sich etwas falsch zurechtgelegt hat. Er thematisiert damit explizit seine Vorstellungen.
L.	So Benno. Was interessiert denn Sören? Benno interpretiert jetzt, was Sören interessiert.	*f*R4	Dieser und der folgende Beitrag sind zusammen zu betrachten. Der Wortwechsel findet statt, nachdem ein Schüler behauptet hat, dass einer seiner Mitschüler nicht die Frage an die Tafel geschrieben hatte, die er eigentlich stellen wollte. Der Lehrer fordert nun dazu auf, die Behauptung des Vorliegens einer Diskrepanz zwischen Angeschriebenem und Gemeintem näher zu erläutern. Der Beitrag, in dem der Schüler das Vorliegen dieser Diskrepanz behauptet hat (hier nicht abgedruckt), ist mit M4 belegt worden.

S.	(...) interessiert, ob wenn man beim, wenn man die Funktion f ableitet, ob äh, $\|f\|$ ableitet, ob dann die Betragsstriche bei der Ableitung auch erhalten bleiben, drumrum, und hier hat er, hier steht die Frage, ob $\|f(x)\|$ gleich dem $\|f'(x)\|$ ist.	R4	Der Schüler reagiert hier auf die vorausgehende Aufforderung des Lehrers.

4.3.5.7 Der Umgang mit den Kategorien zur Diskursivität und zur Negativen Diskursivität

Die Kategorien der Bereiche Diskursivität und Negative Diskursivität können parallel zu einer bereits gesetzten Metakognitionskategorie (und ggf. einer zugehörigen Zusatzkategorie) vergeben werden. Sie können aber auch allein auftreten. Zudem ist es möglich, einem Beitrag mehrere verschiedene Kategorien dieser Bereiche zuzuordnen. Zeigt sich allerdings eine Art von Aktivität in einem Beitrag mehrmals, so wird die entsprechende Kategorie nur ein Mal vergeben. Diesbezüglich ist für die Metakognition anders entschieden worden. Hier muss der Kodierer sich für die in der Hauptsache auftretende metakognitive Aktivität entscheiden. Der Grund dafür, dass im Bereich der Diskursivität nun wie vorgestellt kodiert werden soll, liegt darin, dass bisherige Beobachtungen zeigen, dass in alltäglichem Unterricht eher wenige diskursive Aktivitäten auftreten. Falls sich diese Aktivitäten nun doch zeigen, sollte auch die Möglichkeit bestehen, sie tatsächlich vollständig erfassen zu können. Ihr Vorliegen oder Fehlen ist ein wichtiger Gesichtspunkt bei der Beschreibung der vorliegenden Unterrichtskultur. Zu beachten ist allerdings die Art der Benennung der Kategorien V2 und V3: Wenn das Absetzen / Zustimmen bzw. die Wiederholung von einem Beitrag unmittelbar verbunden ist mit dem Nennen eines Bezugspunkts, so wird dieser Bezugspunkt nicht gesondert kodiert. Auf diese Weise wird die Komplexität des Kodierdurchgangs etwas reduziert, ohne dass wichtige Informationen verloren gehen. In der Regel werden die Bezugspunkte bei Vorliegen von Aktivitäten der Sorten V2 und V3 nämlich mindestens indirekt deutlich.

Der Grund dafür, dass aus dem Bereich der Negativen Diskursivität ebenfalls mehrere Kodes für einen Beitrag vergeben werden können, liegt darin, dass es wichtig erscheint, zu wissen, auf welche Weise ein Beitrag den Diskurs stört. Die zur Verfügung stehenden Kategorien sind diesbezüglich sehr unterschiedlich ausgerichtet.

Besonders selten sind diskursive Aktivitäten, die begründet auftreten oder zu denen aufgefordert wird. Da solche Situationen aber nicht ausgeschlossen sind und auch bereits beobachtet wurden, wird die Kategorie „ZusatzD" bereitgehalten. Bisher nie aufgetreten ist der Fall, bei dem in einem Beitrag zwei verschiedene Arten von diskursiven Aktivitäten aufgefallen sind und mindestens eine davon begründet wurde oder auffordernd gemeint war. In einer solchen Situation wäre bei der hier vorliegenden Art zu Kategorisieren nicht mehr eindeutig zuordenbar, auf welche diskursive Aktivität sich der Zusatz bezieht. Sollte dieser Fall auftreten, wird entweder nur die Aktivität, die eine Zusatzkategorie mit sich bringt, kodiert oder der Kodierer muss entscheiden, welche Aktivität er in dem Beitrag für bedeutsamer hält und nur diese kenntlich machen.

4.3.5.8 Vorstellung von Beispielkodierungen mit den Kategorien des Bereichs der Diskursivität

Bevor auch für den Bereich der Diskursivität Beispiele für die Vergabe der Kodes aufgezeigt werden, sollen ebenfalls einige abgrenzende Erläuterungen zu den verschiedenen Kategorien dieses Bereichs vorgestellt werden.

Zur Abgrenzung der Kategorien des Bereichs der Diskursivität voneinander
Die Vergabe des Kodes V1 hat sich auch in Zusammenarbeit mit anderen Kodierern als schwierig erwiesen. Deshalb wird sie im Folgenden etwas ausführlicher behandelt. Der Kodierer sollte sich grundsätzlich an der Frage orientieren, ob der vermeintliche Bezugspunkt genannt wird, um einen Aspekt aus einem größeren Zusammenhang heraus gezielt zu fokussieren und darauf aufbauend weiter zu argumentieren. Ist dies der Fall, wird die Kategorie vergeben. In der Regel werden Bezugspunkte also vorhanden sein, wenn Details besprochen werden, nicht das große Ganze.
Zu klären ist der Fall, bei dem bspw. ein Schüler auf das, was er im Folgenden kommentieren möchte, zeigt. Grundsätzlich wird für solche Gestiken keine Kategorie vergeben. Nur in Ausnahmefällen, in denen das Zeigen ganz bewusst geschieht und zudem mit einem entsprechenden Kommentar unterlegt wird, ist ein Bezugspunkt kenntlich zu machen. Wird in einem Beitrag ein markantes Schlagwort wieder aufgegriffen und dann dazu Stellung bezogen, so wird die Kategorie V1 ebenfalls gesetzt.
In dem Fall, in dem ein Schüler seine Wortmeldung im Diskurs dadurch verankert, dass er den Beitrag eines anderen Schülers wiederholt, wobei der Beitrag an der Tafel steht, wird V1 gewählt und nicht V3.
Zu erwähnen ist ebenfalls die Situation, in der der Lehrer den nachfolgend sprechenden Schüler dazu auffordert, zunächst zu sagen, worüber er im Folgenden sprechen möchte, wobei das, was hierfür in Frage kommt, an der Tafel steht. Falls der Lehrer die verschiedenen Antwortmöglichkeiten bereits in seiner Aufforderung nennt, sodass der Schüler nur noch wählen muss, bekommt nur der Lehrer die Kategorie V1. Die eigentliche Verankerungsleistung wird hier nämlich von ihm erbracht. Falls der Lehrer die Antwortmöglichkeiten nicht vorgibt, bekommt sein Beitrag die Kategorie *f*V1 und der antwortende Schüler den Kode V1.
Die Kategorie V2 tritt häufig in Verbindung mit Monitoringaktivitäten auf. Wurde sie gesetzt, so bedeutet dies, dass der entsprechend kategorisierte Beitrag auf eine vertief-

te Auseinandersetzung mit einem Aspekt hindeutet, im Rahmen derer Zustimmung oder Ablehnung gegenüber zuvor geäußerten Positionen explizit verbalisiert wird. Klassische Fragen der Lehrkraft, die dies nach sich ziehen können, sind „Äußert euch mal dazu!", „Will noch jemand was dazu sagen?" und „Seid ihr einverstanden?". Da diese Fragen allerdings nicht explizit nach verbalisierten Zustimmungen oder Ablehnungen verlangen, werden sie nicht mit *f*V2 kodiert.

Grenzfälle, bei denen fraglich ist, ob die Kategorie V2 schon gesetzt werden kann, liegen häufig dann vor, wenn allein das Wort „aber" Ablehnung signalisiert. Falls dies so deutlich gesagt wird, dass jedem Zuhörer klar ist, dass nun ein Gegenargument genannt wird, kann der Beitrag mit der Kategorie V2 belegt werden.

Die Kategorie S bedarf ebenfalls einiger abgrenzender Überlegungen. Nicht gemeint sind hier unterrichtsorganisatorische, technische Aspekte, wie das Auffordern zu lauterem Sprechen, die Klärung, wer den nächsten Sprecher aufrufen darf usw. Auch die Ankündigung des Themas oder des Ablaufs der heutigen Stunde hat mit dieser Kategorie zunächst einmal nichts zu tun. Beides zielt nicht auf die Bildung eines gemeinsamen Fokus für eine präzise Debatte ab.

Der klassische Fall, in dem diese Kategorie gesetzt wird, ist jener, in dem ein am Diskurs Beteiligter gezielt darauf hinwirkt, dass sich das Gespräch noch für mehrere weitere Beiträge auf einen Aspekt konzentriert und dieser Aspekt detailliert diskutiert werden kann. In Bezug auf bestimmte Situationen ergibt sich so eine Schnittmenge mit der Kategorie E. Ein Beispiel hierfür ist der Fall, in dem ein Schüler einfach den Bezugspunkt wechselt, beginnt, über einen neuen Aspekt zu reden, und dann vom Lehrer aufgefordert wird, sich zunächst doch noch weiter auf den alten, bisher nicht abschließend diskutierten Aspekt zu beziehen. Dies wird mit der Kategorie E belegt, falls der Lehrer mit einem deutlich spürbaren erzieherischen Unterton spricht. Die Kategorie S wird gewählt, wenn solch ein Unterton nicht auszumachen ist. Dies kann z. B. dann der Fall sein, wenn dem Schüler nicht unbedingt ein Vergehen vorgeworfen werden kann, weil einfach nicht klar war, welcher Aspekt im Weiteren fokussiert werden sollte. Hierzu bedarf es ggf. erst eines strukturierenden Lehrerbeitrags.

Da sich Aktivitäten, die mit der Kategorie S belegt werden, eher global auf einen größeren Abschnitt des Diskurses beziehen, werden sie des Öfteren größere Gesprächsteile einleiten oder evtl. auch abschließen. Damit liegt die Katgeorie S nahe an dem Ziehen von (Zwischen-)Bilanzen, die in den Bereich der Reflexion fallen. Falls das bisherige Unterrichtsgespräch reflektiert wird (mit oder ohne konkreter Bezugnahme auf einzelne Schülerbeiträge), und zwar mit dem Ziel, präziser diskutieren zu können (weil noch einmal strukturiert wird), wird die Kategorie S evtl. zusätzlich zu einer Reflexionskategorie gesetzt. Wird mit der (Zwischen-)Bilanz lediglich das Ziel verfolgt, einen Teil abschließen zu können, dient sie also nicht dazu, noch einmal vertieft in eine Debatte einzusteigen, dann wird die Kategorie S nicht gesetzt.

Der Name der Kategorie E erweckt den Eindruck als müsste der Kodierer wissen, welche Diskursregeln in der jeweiligen Klasse verabredet worden sind oder implizit zugrunde gelegt werden, um die Kategorie setzen zu können. Dies kann er im Regelfall jedoch gerade nicht wissen. Die Kategorie E soll für Situationen vergeben werden, in denen ein am Diskurs Beteiligter explizit gegen ein Fehlverhalten im Sinne der Negativen Diskursivität eines anderen am Diskurs Beteiligten angeht. Dies kann präventiv geschehen oder in Form einer Intervention.

Beispiele: V1

S.	Weil a ist ja nicht unbedingt eine positive Zahl, die Variable a, weil es kann auch eine negative sein. Ich glaube, Jenny hat sich vorgestellt, dass a einfach nur eine positive Zahl ist, und wenn man da ein Minus vorsetzt, das negativ ist.	*b*M4	Der Schüler bezieht sich auf einen vorhergehenden Beitrag eines Mitschülers, was durch das Nennen des Namens dieses Mitschülers deutlich wird. Dieses Nennen des Namens wird noch nicht als Bezugspunkt gewertet und mit der Kategorie V1 versehen. Der Name wird hier nicht zwecks expliziter Fokussierung auf einen Aspekt aus Jennys Beitrag genannt.
S.	[...] also bei dem b größer gleich null kann nur b größer null stehen, weil durch null geht das nicht.	*b*M2 V1	Hier wird etwas von einem Schüler an die Tafel Geschriebenes kritisiert. Dabei wird die Stelle, auf die sich die Kritik bezieht, exakt benannt.
S.	Ich glaube, dass da eben schon, also in der zweiten Reihe kommt das nicht ganz hin und zwar beim zweiten Mal zwei Drittel, da steht ja also zum zweiten Mal das Vorzeichen, das vor der Zahl steht, und vor den zwei Dritteln da steht ja ein Minus, also nach der ersten Klammer, also minus zwei Drittel, und wenn man das dann mit dem Distributivgesetz anwendet und dann müsste man das, müsste das heißen: also minus zwei Drittel mal elf und dann, und dann ähm hat, hat Rainer diktiert „plus“ aber dann müsste vor der zwei Drittel wieder ein Minus stehen.	*b*M2 V2 V1	Dieser Schülerbeitrag enthält drei Verankerungen. Während der ersten setzt der Schüler sich mit den Worten „also in der zweiten Reihe kommt das nicht ganz hin“ von dem ab, was an der Tafel steht. Dann beschreibt er sehr genau, auf welche Stelle der an der Tafel stehenden Gleichungen er sich bezieht. Abschließend nimmt er noch Bezug auf einen Teil des Beitrags eines Mitschülers. Da dies eher stichwortartig passiert, ist es ebenfalls als Nennen eines Bezugspunkts gewertet worden.

L.	[...] Was meinen die anderen ... zu Veras Äußerung? [...]	*f*M3 V1	Hier verfolgt der Lehrer das Ziel, den Beitrag eines Schülers zum Gegenstand einer Diskussion zu machen. Dementsprechend wird die Kategorie V1 hier gesetzt, denn es sollte nun eine argumentative Auseinandersetzung folgen, die Veras Äußerung als Grundlage hat.

Beispiele: V2

S.	Also ich denke mal, da gibt es aber schon 'ne Zahl. [...]	M2 V2	Hier macht der Schüler durch seine einleitende Bemerkung deutlich, welchen Standpunkt er vertreten, d. h. in welche Richtung seine anschließende Argumentation weiterlaufen wird. Damit setzt er sich von seinem Vorredner ab.
S.	Also, ich meine das auch. Und zwar, weil (. . .) erst mal, wenn das am Ursprung gespiegelt wird, dann muss die Öffnung unten sein und das hat er halt mit dem -a. [...]	*b*M2 V2 V1	In diesem Beitrag liegt im Gegensatz zu dem ersten Beispiel eine Zustimmung vor.
L.	Richtig! [...]	M3	Hier reagiert der Lehrer kontrollierend auf einen Schülerbeitrag. Durch das Wort „Richtig" betont er seine Zustimmung. Dennoch wird hiermit nicht die Richtung einer Argumentation angekündigt. Eine solche folgt nämlich nicht. Dementsprechend ist auch die Kategorie V2 nicht gesetzt worden. Dieses Beispiel steht exemplarisch auch für Schülerbeiträge, in denen über ein kurzes „Ja!", „Nein!" oder „Passt!" Zustimmung oder Ablehnung bekundet wird, ohne dass weitere Ausführungen folgen.

Beispiele: V3

Transkript	Kodierung	Kommentar
L. Rainer fragt gerade, hat er etwas falsch gemacht? Können wir das denn mal rechts raussuchen und an der Tafel noch mal nachrechnen?	*f*M2 V3 S	Der Lehrer zitiert hier eine Frage, die ein Schüler unmittelbar zuvor gestellt hat. Dieses Zitat dient als Grundlage für die weiteren Entscheidungen des Lehrers, nämlich die problematische Stelle noch einmal gesondert herauszuschreiben und zu kontrollieren.
S. Also, ähm, ich wollte noch zu dem sagen, was Rainer eben gesagt hat, dass er sich öfter mit so was vertut, also ähm, wenn ich zu Hause oder so diese Aufgaben rechne, und die sind ähm länger und da kommen auch eben solche Sachen mit Minus drin vor, dann unterstreich' ich mir das meistens. Also ähm, dass ich sehe, dass da eben dieses Minuszeichen davor ist und dass man das nachher, wenn man das Distributivgesetz anwendet, eben beachten muss. Ja, und dann geht das eigentlich immer relativ gut, wenn man da die ganze Zeit dran denkt.	P4 V3	Hier gibt der Schüler Teile eines anderen, schon etwas zurückliegenden Beitrags eines Mitschülers soweit sinngemäß wieder, dass eindeutig ist, welchen Beitrag er meint. Würde der Zusatz „dass er sich öfter mit so was vertut" fehlen, wäre die Kategorie V1 gewählt worden.
S. Ja, Jennys ist eigentlich fast richtig, bis auf, dass sie gesagt hat, dass es nach unten geöffnet ist. Ich würde eher sagen „andersrum" als sie ...	M3 V2 V3	Dieser und der folgende Beitrag sind erneut zusammen zu betrachten. Der Schüler bezieht sich hier nicht nur auf Jennys Äußerung im Allgemeinen, sondern zusätzlich auf eine exakt angegebene Formulierung der Schülerin.
L. Kannst du erklären, warum das ein Unterschied ist, ob du sagst „nach unten geöffnet" oder „andersrum"?	*fb*R3 V3	Die Reaktion des Lehrers unterstützt den erhöhten Präzisionsgrad, der zuvor von dem Schüler gewählt worden ist, dadurch, dass auch er sich auf die Diskussion über einzelne Wörter einlässt.

Beispiele: S

	Äußerung	Kategorie	Kommentar
L.	Rainer fragt gerade, hat er etwas falsch gemacht? Können wir das denn mal rechts raussuchen und an der Tafel noch mal nachrechnen?	*f*M2 V3 S	Mit seiner Aufforderung, eine problematische Stelle innerhalb einer Rechnung noch einmal gesondert herauszuschreiben und isoliert zu betrachten, sorgt der Lehrer dafür, dass stark fokussiert über diese Stelle gesprochen werden kann.
L.	Wen haben wir denn da auf der Ecke, die noch nicht viel gesagt haben? Jenny, wie ist's denn, sag doch mal was dazu!	*f*M2	Hier wird eine Schülerin aufgerufen, und zwar mit dem zusätzlichen Kommentar, dass sie bisher noch nicht viel gesagt habe. Der Lehrer versucht den Diskurs also dahingehend zu verbessern, dass möglichst viele Schüler beteiligt sind. Ein derartiges Verhalten wird jedoch nicht mit einer Kategorie aus dem Bereich der Diskursivität belegt. Es gehört in den Bereich der Unterrichtsorganisation.
L.	Anne, würdest du deinen Satz vielleicht noch mal sagen können?		Dieser und die folgenden zwei Beiträge sind einer Szene entnommen, in der ein an der Tafel stehender Satz eines Schülers mit dem zunächst nur verbalisiert vorliegenden Satz von Anne verglichen werden soll. Mit den Ergebnissen dieses Vergleichs ist der Lehrer nicht zufrieden, weshalb er die Debatte über die beiden Sätze dadurch vereinfachen möchte, dass er auch den Satz von Anne anschreibt. Dazu fordert er die Schülerin zunächst zur Wiederholung auf.
S.	Wenn das Vorzeichen ...		Anne beginnt mit der Wiederholung.
L.	Moment. *[L. schreibt an der Tafel mit.]*	S	Der Lehrer unterbricht Anne, weil er mitschreiben möchte. Das Wort, welches hier mit der Kategorie S belegt worden ist, ist nicht genau das Wort, an dem sich die strukturierende, vereinfachende Maßnahme des Lehrers festmachen lässt. Es wurde benutzt, um ein Zeichen zu setzen, dass insgesamt solch eine Maßnahme vorliegt.

17 S.	Ich hab' noch einen Drachen, der ...		In der Szene, aus der dieser und der folgende Beitrag stammen, stellen verschiedene Schüler ihre gefundenen Möglichkeiten der Konstruktion eines Drachens vor. Der Schüler, der sich hier zu Wort meldet, möchte eine weitere Möglichkeit vorstellen.
19 L.	Augenblick mal gerade. Ähm hier sind 'ne ganze Menge Finger spontan gekommen. Wollt ihr dazu was sagen? Oder wolltet ihr 'ne Alternative alle sagen? Du wollst dazu? Du auch, ne? [...] Dann erst mal bitte die, die dazu was sagen wollten, bevor wir mit was Neuem anfangen, ne?	S	Der Lehrer hat jedoch bemerkt, dass es in der Klasse noch Gesprächsbedarf bzgl. der zuvor vorgestellten Lösung gibt. Dieser Debatte verschafft er Raum, indem er den neuen Vorschlag des Schülers zunächst zurückstellt. Der Leser könnte der Meinung sein, dass die Aktivität des Lehrers hier ebenfalls als Erziehungsmaßnahme zu verstehen sei. Die Kategorie E ist hier jedoch nicht gewählt worden, da der Eindruck entsteht, als würde es dem Lehrer hier nicht darum gehen, die Einhaltung von Diskursregeln zu fordern. Diese hat der Schüler auch gar nicht verletzt. Es steht vielmehr im Vordergrund, einer Diskussion über Schülerideen Platz zu verschaffen.
29 S.	Soll ich noch dazu was sagen oder zum nächsten?	S	Der Schüler vergewissert sich hier über den weiteren Ablauf der Diskussion. Damit signalisiert er, dass er um die Struktur des Diskurses bemüht ist und sie an dieser Stelle nicht stören möchte.
31 S.	Ich hab' das, ähm, also erst mal sechzehn mal zwanzig ...	ND6	In der Szene, der dieser und der folgende Beitrag entnommen sind, hat der Lehrer von den Schülern gefordert, Strategien zur Lösung einer Aufgabe zu nennen. Nachdem bereits ein Schüler dieser Aufforderung nachgekommen ist, äußert ein weiterer Schüler diesen Beitrag, dessen Inhalt nicht dem entspricht, wonach gefragt war.

L.	Noch keine Rechnung. Erst mal nur zur Strategie.	S V1	Der Lehrer unterbricht den Schüler und weist noch einmal auf seine nun schon etwas zurückliegende Frage hin. Dies geschieht in einem Tonfall, der wenig erzieherisch oder vorwurfsvoll klingt. Auf das Vergehen an sich, nämlich die Nicht-Berücksichtigung der Frage des Lehrers, wird nicht explizit hingewiesen. Insgesamt kommen hier sowohl die Kategorie S als auch die Kategorie E in Frage. Wegen des Tonfalls und des fehlenden expliziten Bezugs auf das Vergehen des Schülers wird die Kategorie S gesetzt.

Beispiele: E

L.	Achtet auf die, äh, die Fachsprache. „Den Graphen da losgehen lassen“, äh, passt natürlich jetzt nicht ganz so hundertprozentig.	E M3 V3	Der Lehrer kritisiert den Beitrag eines Schülers wegen dessen inadäquater Verwendung von Fachsprache. Dieses Vergehen wird explizit benannt.
S.	Genau das haben wir auch gerad' gesagt, genau das Gleiche.	R3 E	Die Situation, der dieser Beitrag entnommen wurde, stellt sich so dar, dass zwei Schüler ihren Lösungsweg zur Bearbeitung einer Aufgabe präsentiert haben und sich anschließend ein Mitschüler der beiden meldet. Dieser beschreibt ebenfalls seinen Lösungsweg, der aber exakt mit jenem der zwei ersten Schüler übereinstimmt. Darauf reagiert dann einer der zwei ersten Schüler mit diesem Beitrag. Er ist mit einem erkennbar kritischen Unterton versehen, weshalb hier die Kategorie E gesetzt wurde, obwohl das Vergehen der Wiederholung von bereits Gesagtem ohne Hinzufügung eines neuen Aspekts nicht explizit genannt wird. Durch die gewählte Tonlage wird es aber doch deutlich.

L.	Ich hab' gesagt „Wer kann begründen". Du hast 'ne Antwort geliefert. Schieb, schiebst du die Begründung hinterher?	M3 V3 E *fb*R2	Hier kritisiert der Lehrer einen Schüler, der statt einer begründeten Antwort lediglich eine Antwort und keine Begründung vorgetragen hat.

4.3.5.9 Vorstellung von Beispielkodierungen mit den Kategorien des Bereichs der Negativen Diskursivität

Bevor auch für den Bereich der Negativen Diskursivität Beispiele für die Vergabe der Kodes aufgezeigt werden, werden ebenfalls einige abgrenzende Erläuterungen zu den verschiedenen Kategorien dieses Bereichs vorgestellt.

Zur Abgrenzung der Kategorien des Bereichs der Negativen Diskursivität voneinander

In Bezug auf die Vergabe von Kategorien aus dem Bereich der Negativen Diskursivität ist grundsätzlich zu beachten, dass sie nicht für fachliche Fehler vergeben werden. Sie beziehen sich auf Aspekte, die eine detailorientierte, präzise Debatte stören können.
Inwiefern dieser Aspekt auch auf die Vergabe der Kategorie ND1 zutrifft, ist in Abschnitt 4.3.1.4 bereits ausgeführt worden. Noch einmal sei an dieser Stelle betont, dass die Kategorie für Beiträge vergeben wird, in denen inadäquate Worte gewählt werden, was aber von dem Sprechenden selbst, d. h. mit seinem Wissen, behoben werden könnte. Grundsätzlich erfordert die Vergabe dieser Kategorie ein sehr genaues Zuhören. Häufig verbergen sich jene Stellen, die hier erfasst werden müssen, nämlich im Detail und werden leicht überhört. Dies geschieht, weil der Hörer zu wissen glaubt, was gemeint ist, auch wenn es inadäquat formuliert wurde.
Die Kategorie ND3 konzentriert sich auf Situationen, in denen ein neuer Aspekt in die Debatte eingebracht wird, obwohl die Diskussion eines anderen Aspekts noch nicht abgeschlossen ist. Damit stören Beiträge, die mit der Kategorie ND3 versehen worden sind, einen fokussierten Diskussionsverlauf. Die Kategorie ist allerdings nicht gedacht für Situationen, in denen der Lehrer von den Schülern fordert, ihre Ergebnisse zu nennen, ohne aufeinander einzugehen. In Phasen, die einem „Brainstorming" ähneln, wird die Kategorie also nicht immer wieder vergeben, da hier in der Regel gar keine Diskussion über einzelne Aspekte stattfindet, die gestört werden könnte.
Zur Abgrenzung der Kategorien ND3 und ND4 voneinander ist folgende Bemerkung zu machen: Regelmäßig kommt es vor, dass ein am Diskurs Beteiligter den Beitrag eines anderen zusammenfasst und ihm dabei Aspekte unterstellt, die er so nie gesagt hat. Obwohl in diesem Fall die Bezugsbasis für die Zusammenfassung unklar sein dürfte bzw. nicht existiert, was für das Setzen der Kategorie ND4 spricht, wird dennoch ND3 gewählt. Dies geschieht, da mindestens implizit die alternative und nicht abgesetzte Behauptung aufgestellt wird, dass etwas gesagt worden sei, was nie gesagt worden ist.

Liegt zwischen dem Einbringen einer neuen Behauptung und der zugehörigen Frage allerdings schon wieder eine neue Frage, wird nicht nur ein neuer Vorschlag unabgesetzt geäußert, zusätzlich wird ebenfalls noch die neue Frage ignoriert. In solch einem Fall hat die Kategorie ND6 Vorrang vor der Kategorie ND3.

Beispiele: ND1

S.	Das geht nicht, weil wenn das unten bei Null ist, dann ist es ja bei oben (...) und un- also oben (...) wenn's bei oben bei Neu- äh Null ist und oben, nee, unten dann bei Neun ist, dann kann's ja eigentlich noch 'ne Runde fahren. Dann ist es ja bei Zehn.	*b*M1 ND1	Mit diesem Beitrag bezieht sich der Schüler auf ein auf Folie aufliegendes sogenanntes Rechennetz, in dem zwei Zähler vorhanden sind. Der eine liegt oben und der andere unten im Bild. Durch die vielen Nachbesserungen und Einschübe, die hier verbalisiert werden, ist der Beitrag kaum nachvollziehbar. Grundsätzlich werden grammatikalische Fehler o. Ä. zwar nicht als negativ diskursiv bewertet. Werden die Fehler allerdings so gravierend, dass der Sinn des Gesprochenen kaum noch erkennbar ist, so kann die Kategorie ND1 gewählt werden.
S.	[...] Sie stellt jetzt am Zirkel [...] den, den ähm, ähm Radius [...] z. B. sieben ein.	ND1	In diesem Beitrag vergisst der Schüler eine Maßeinheit anzugeben, obwohl die anderen Werte, die in diesem Kontext auftreten, mit einer Maßeinheit versehen sind.
S.	[...] Nur proportionale Funktionen gehen äh durch den Ursprung. [...]	ND1	Hier behauptet der Schüler, dass eine Funktion durch den Ursprung gehe. Gemeint ist wohl, dass der Graph dieser Funktion durch den Ursprung verläuft. Dass hier unterschieden werden muss, weiß der Schüler, was andere seiner Beiträge belegen. Er befindet sich diesbezüglich nicht in einem Lernprozess. Dies hätte dazu geführt, auf die Kategorie ND1 zu verzichten. Sie ist hier nicht dafür vergeben worden, dass die Aussage falsch ist, auch wenn die genannte Ungenauigkeit unberücksichtigt bliebe.

Beispiele: ND2

L.	Den Flächeninhalt vom Quadrat? [...]		Dieser und die folgenden beiden Beiträge sind zusammen zu lesen.
S.	a zum Quadrat.		Der Schüler gibt eine Antwort auf die Frage des Lehrers.
L.	a zum Quadrat. [...]	ND2	Der Lehrer reagiert mit einem Lehrerecho. Er wiederholt die Antwort, ohne einen neuen Aspekt zu ergänzen. Dabei ist die Wiederholung keine Verankerung des Beitrags, um auf der so geschaffenen Grundlage weiter zu argumentieren. Dies oder das Hinzufügen eines neuen Aspekts hätten das Setzen der Kategorie ND2 verhindert.

Beispiele: ND3

S.	Ja oder dass man einfach sagt, dass der Graph halt keine Lücke hat im Gegensatz zum andern Graphen.	ND3	Diese Äußerung beinhaltet einen alternativen Vorschlag zur Lösung eines Formulierungsproblems. Dieser Vorschlag wird eingebracht, obwohl andere, zuvor geäußerte Vorschläge noch nicht ausdiskutiert worden sind. Damit stört dieser Vorschlag die Besprechung der bisherigen Vorschläge.
S.	Ich hab' bei sechstens (. . .)	ND3 V1	Auch hier richtet der Schüler seinen Fokus auf etwas Neues, obwohl das Alte noch nicht abschließend geklärt ist. In dem folgenden Beitrag stellt der Lehrer dies auch sofort klar.
L.	Bleiben wir erst mal bei Sieben. Bist du mit einverstanden?	E *f*M2	Versehen mit einem erzieherischen Unterton macht der Lehrer dem Schüler, der sich zuvor geäußert hat, klar, dass er den Verlauf des Diskurses gestört hat.

Beispiele: ND4

L.	[...] What would you do to solve that problem? [...]	*f*P1	Dieser und die folgenden drei Beiträge[13] sind zusammen zu lesen. Hier fordert der Lehrer zunächst zu einer Planungsaktivität auf.
S.	60 × 45. Dividing by 10 × 8	P1	Der Schüler kommt der Aufforderung des Lehrers nach.
L.	Why?	*fb*R1	Der Lehrer fordert eine Begründung für den Planungsschritt ein.
S.	Since you will know the size of it	ND4	Der Begründungsversuch des Schülers für seinen zuvor geäußerten Planungsschritt ist mangelhaft, weil nicht klar ist, worauf sich sein „it“ bezieht. Damit ist der gesamte Beitrag nicht zu verstehen und verdient es damit auch nicht, als Reflexionsaktion gekennzeichnet zu werden.

Beispiele: ND5

S.	Also ich denke mal, da gibt es aber schon 'ne Zahl. Die ist zwar halt null Komma unendlich null und dann 'ne Eins, also irgendwann mal ...	*b*M2 V2 ND5	Hier spricht der Schüler von einer Zahl, die es angeblich geben soll. Mit dieser Zahl bezieht er sich auf die Differenz zweier Zahlen. Ein anderer Schüler hatte zuvor ebenfalls von einer Zahl gesprochen, meinte damit aber nicht die Differenz zweier Zahlen, sondern eine Zahl zwischen diesen beiden Zahlen. Damit wechselt der Schüler hier die Wortbedeutung von „Zahl“. Da dies von niemandem bemerkt wird, reden die Schüler noch längere Zeit aneinander vorbei.

[13] Beiträge entnommen aus Depaepe et al., 2007, S. 272f.

S2	Let's call the time x.	P3 ND5	In der Szene, der dieser Beitrag[14] entnommen ist, belegen die Schüler das Wort „time“ mit unterschiedlichen Vorstellungen. Für die einen verbirgt sich dahinter die Fahrzeit eines Zuges, für die anderen die Startzeit. Um die Kategorie ND5 hier adäquat setzen zu können, ist der Kontext des hier betrachteten Beitrags mitzubeachten. Die Diagnose des Wechsels von Bedeutung lässt sich nicht an einem Beitrag allein erkennen. Dementsprechend wird dieser Beitrag hier kodiert, um so ein Zeichen zu setzen, dass insgesamt ein Wechsel der Wortbedeutung vorliegt.

Beispiele: ND6

S.	Also irgendwann kann man das schon rauskriegen, aber man muss halt die ganze Zeit ausprobieren.		In seinem Beitrag gibt der Schüler an, wie er etwas „herauskriegen“ möchte. Er schlägt den Weg des Ausprobierens vor. Der folgende Beitrag zeigt die Reaktion des Lehrers hierauf.
L.	Aber wie siehst du noch nicht, ne, oder?	ND6	Damit ignoriert der Lehrer den vorherigen Schülerbeitrag dahingehend, dass er dem Schüler unterstellt, er sehe nicht, wie er es herauskriegen könne. Vermutlich hat die Lehrkraft hier nicht konzentriert zugehört, sodass ein Lösungsvorschlag keine Berücksichtigung findet. Auch die Reaktion des Schülers auf das „oder?“, im Rahmen derer der Vorschlag des Ausprobierens wiederholt wird, nimmt der Lehrer nämlich nicht wahr. Er ruft schnell den nächsten Schüler auf, was darauf schließen lässt, dass er auf sein „oder?“ eigentlich keine Antwort erwartet hat.

[14]Beitrag entnommen aus Mevarech und Kramarski, 1997, S. 375.

L.	[...] Aber wir könnten sie nicht in der Fläche zusammensetzen, wir könnten sie auch stapeln. Was würden wir feststellen?	*f*R1	Dieser und der folgende Beitrag sind zusammen zu lesen. Der Lehrer hat zunächst eine Frage gestellt, die sich darauf bezieht, was man mit bestimmten Dreiecken alles machen könne. Jetzt möchte er wissen, was man beim Stapeln von Dreiecken feststellen würde.
S.	Wir könnten sie auch zerschneiden.	ND6	Mit seinem Beitrag antwortet der Schüler jedoch nicht auf die Frage des Lehrers, sondern bezieht sich implizit noch auf dessen zuvor gestellte Frage zurück. Damit ignoriert er hier die letzte Frage des Lehrers.
L.	[...] Was müsst ihr bedenken, wie geht ihr da vor, wenn ihr das jetzt so planen möchtet? Was müsst ihr beachten? [...]	*f*P1	Hier fragt der Lehrer explizit nach zu nennenden Planungsschritten. Es soll ein Koordinatensystem gezeichnet werden, um anschließend den Graphen einer Funktion eintragen zu können. Die im Folgenden abgedruckte Antwort eines Schülers darauf beantwortet diese Frage aber nicht.
S.	[...] Also ich hab' auf der Rechtsachse hab' ich Telefontarif und [...] ein Zentimeter ist bei mir hundert [...] hundert Minuten. [...]	ND6	Diese Antwort eines Schülers konzentriert sich auf die Beschreibung des eigenen Lösungswegs, nicht auf Planungsschritte.
S.	[...] Sie stellt jetzt am Zirkel [...] den, den ähm, ähm Radius [...] z. B. sieben ein.	ND1	Dieser und der folgende Beitrag sind erneut zusammen zu lesen. Hier stellt der Schüler zunächst eine Behauptung auf.
L.	Richtig, sie stellt den Radius sieben Zentimeter ein. [...]	M3 ND6	Nun bewertet der Lehrer die Behauptung des Schülers zunächst als richtig, nimmt dann aber doch noch eine Verbesserung vor, in dem er die fehlende Maßeinheit ergänzt. Damit scheint der Lehrer sein eigenes zuvor gefälltes Urteil nicht ausreichend zu beachten.

Beispiele: ND7

L.	Mhm, ... Juli!	ND7	Dieser Beitrag des Lehrers schließt sich nicht direkt, aber zeitnah an den als erstes Beispiel zu ND5 diskutierten Beitrag an (Z. 1f.). Weder der Lehrer noch die Schüler haben den unkommentierten Wechsel des Bezugspunkts bemerkt. Im Folgenden wird nur noch über „die Zahl" diskutiert, die eine Differenz ist, und nicht mehr über „die Zahl", die zwischen zwei Zahlen liegt. Daher fallen im Weiteren zwei Diskussionsstränge unbemerkt auseinander. Dies ist an diesem Beitrag des Lehrers nicht zu erkennen. Er wird benutzt, um deutlich zu machen, dass hier etwas durcheinander läuft.
L.	Ja, was machen wir jetzt damit? Haben die Recht, oder was? [...]	ND7	Mit dem Wort „die" bezieht der Lehrer sich auf irgendwelche Schüler. Es ist nicht klar, wen er genau meint. Zudem haben die in Frage kommenden Schüler gegensätzliche Positionen geäußert, sodass die Frage, ob „die Recht haben", nicht angemessen ist, da kaum alle Recht haben können. Da es sehr schwierig war, der vorangehenden Diskussion zu folgen, bestätigt sich mit dieser inadäquaten Frage des Lehrers nun die Vermutung, dass eigentlich niemand mehr genau weiß, worum es im Detail geht. Um dies zu verdeutlichen, wird an dieser Stelle die Kategorie ND7 gewählt und keine der Kategorien ND1 oder ND4, die sicherlich auch denkbar wären. Der im Folgenden abgedruckte Schülerbeitrag schließt sich an diesen Lehrerbeitrag an.

S.	Die haben eigentlich Recht.	ND7	Dieser Schüler dürfte eigentlich nicht genau wissen, was er jetzt sagen soll. Er nimmt die Frage des Lehrers (siehe oben) in der ursprünglichen Formulierung auf, ohne Klarheit zu schaffen. Damit folgt er der inadäquaten Wortwahl des Lehrers und unterstützt die durcheinander geratenen Verhältnisse durch weitere Missachtung eigentlich zu setzender Bezugspunkte.

4.4 Regelgeleitete Auswertung der Kodierungsdaten

4.4.1 Vorbemerkungen

Die in einem ersten Schritt über die Software „Videograph“ erhobenen Kodierungsdaten sind in einem zweiten Schritt auszuwerten. Das diesbezügliche Vorgehen wird in den folgenden Kapiteln vorgestellt.

Abschnitt 4.4.2 beschäftigt sich zunächst damit, Fragen aufzuwerfen, die für die Auswertung der Kodierungsdaten leitend sind. Zu ihrer Beantwortung müssen verschiedene Aspekte der Daten analysiert werden. Auf welche Weise dies geschehen soll, wird in den Kapiteln 4.4.3 bis 4.4.6 ausgeführt. Zentral für diese Analyse der Daten ist es, die Kodes vorher in ausgewählten Darstellungen aufzuarbeiten. Erst durch solche Darstellungen kann es nämlich gelingen, Besonderheiten und Auffälligkeiten im Vergleich zu anderen Szenen herauszuarbeiten. In den Kapiteln 4.4.3 bis 4.4.6 wird deshalb auch ausgeführt, in welcher Art von Darstellung die Kodierungsdaten aufzubereiten sind.

Die Ergebnisse der Analyse der aufbereiteten Kodierungsdaten bilden schließlich die Basis zur Beantwortung der leitenden Fragen. Dementsprechend schließt dieses Kapitel mit einer Anleitung dazu, wie die leitenden Fragen ausgehend von den Analyseergebnissen beantwortet werden können.

In Kapitel 5.4.2 wird die regelgeleitete Auswertung der Kodierungsdaten an konkreten Beispielen demonstriert. Eine übersichtliche Kurzform des Regelwerks (allerdings ohne Nennung der Leitfragen) ist in Anhang B enthalten.

4.4.2 Für die Auswertung der Kodierungsdaten leitende Fragen

Über die Kategorisierung von Unterrichtsgesprächen nach dem oben beschriebenen Vorgehen sollen Aussagen bzgl. der Ausprägung einer metakognitiv-diskursiven Unterrichtskultur in der analysierten Unterrichtsszene getroffen werden können. Dies ist das zentrale

Anliegen der Arbeit mit dem Kategoriensystem. Die übergeordnete Hauptfrage, die durch die Anwendung des Systems beantwortet werden soll, lautet daher:

> **Auf welche Art und Weise** treten in dem betreffenden Unterrichtsgespräch **welche Arten von** metakognitiven Aktivitäten auf?

Diese Frage ist wenig konkret. Die nun folgende Angabe von präzisierenden untergeordneten Fragen möchte hier Abhilfe schaffen.
Für einen Eindruck von **der Art und Weise**, gemäß der metakognitive Aktivitäten in dem Unterrichtsgespräch auftreten, spielen zunächst einmal recht grundlegende Merkmale des Aufbaus des Gesprächs eine Rolle. Zu diesen Merkmalen gehören die Anteile, zu denen der Lehrer und die Schüler an dem Gespräch beteiligt sind, sowie die Verteilung der identifizierten metakognitiven Aktivitäten in dem Gespräch. Diese Merkmale gewähren Einblick in wichtige Rahmenbedingungen des Gesprächs und müssen daher in einem ersten Schritt Beachtung finden. Gebündelt wird dies in folgender erster Frage:

> I. „Grundlegende Merkmale“: Welches Bild zeigt sich bzgl. des Einsatzes metakognitiver Aktivitäten im Unterrichtsgespräch mit Blick auf grundlegende Merkmale des Aufbaus des Gesprächs?

In einem zweiten Schritt wird nun die bisher ausschließlich in Betracht gezogene oberflächliche Ebene des Gesprächsablaufs verlassen. Wichtige Dimensionen der Qualität der Einbettung metakognitiver Aktivitäten in den Diskurs müssen Beachtung finden. Die erste dieser Dimensionen konzentriert sich auf den Grad der Tiefe, der mit den kategorisierten metakognitiven Aktivitäten einhergeht. Er hängt maßgeblich davon ab, ob die Beiträge, anhand derer sich metakognitive Aktivitäten zeigen, mit Begründungen versehen sind oder ob sie reine Behauptungen bleiben. Als zweite untergeordnete Leitfrage stellt sich also die folgende:

> II. „Metakog. Akt. und Begründungen“: Welches Bild zeigt sich bzgl. des Auftretens von metakognitiven Aktivitäten in Kombination mit Begründungen?

Eine weitere Dimension der Qualität der Einbettung metakognitiver Aktivitäten in den Diskurs macht ein Bemühen um ein präzisierend und nachvollziehbar ablaufendes Unterrichtsgespräch aus. Die hierzu notwendigen Kompetenzen werden in dieser Arbeit unter dem Begriff „diskursive Kompetenzen“ gefasst. Die bisherigen Fragen sind somit zu ergänzen um die folgende:

> III. „Diskursivität“: Welches Bild zeigt sich bzgl. des Einsatzes diskursiver Aktivitäten im Unterrichtsgespräch?

Ebenfalls eine wichtige Dimension der Qualität der Einbettung metakognitiver Aktivitäten stellt es dar, wenn die Schüler zeigen, dass sie in der Lage sind, sich selbstständig und elaboriert mit zur Diskussion stehenden Aspekten auseinanderzusetzen. In solchen Phasen reagieren Schüler selbstständig, argumentativ und diskursiv auf Beiträge von Mitschülern. Diese Reaktionen sind häufig kontrollierend oder analysierend ausgerichtet, sodass diese Phasen ebenfalls gekennzeichnet sind durch ein gehäuftes Auftreten metakognitiver Aktivitäten in Schülerbeiträgen. Hier angesprochene Aspekte werden in folgender Frage gebündelt:

> IV. „Debatten“: Inwiefern sind Debatten unter Schülern erkennbar?

Die letzte wichtige Dimension der Qualität der Einbettung metakognitiver Aktivitäten in den Diskurs stellt schließlich eine negativ ausgerichtete dar. Den Diskurs störende Aktivitäten, wie das Verschweigen klarer Bezugspunkte, sollten nicht auftreten. Sie werden in dieser Arbeit unter dem Begriff der „Negativen Diskursivität“ subsumiert. Folgende fünfte Frage muss ebenfalls beachtet werden:

> V. „Negative Diskursivität“: Inwiefern wird das Gespräch durch negativ diskursive Aktivitäten gestört?

Die bisher genannten fünf Fragen präzisieren die übergeordnete Frage nach der Art und Weise, gemäß der metakognitive Aktivitäten in dem analysierten Unterrichtsgespräch auftreten. Um der Hauptfrage weiter gerecht zu werden, ist nun noch nach **der Art** der auftretenden metakognitiven Aktivitäten zu fragen. Wie in Kapitel 4.3.1.2 ausgeführt, wird mit verschiedenen dieser Aktivitäten auch je ein anderer Effekt verbunden. Es ergibt sich also folgende letzte Frage:

> VI. „Ausprägung metakog. Akt.“: Welche Ausprägungen metakognitiver Aktivitäten treten in dem Unterrichtsgespräch auf?

Wie im Rahmen der Vorbemerkungen zu diesem Kapitel bereits gesagt, sind Regeln entwickelt worden, nach denen die Kodierungsdaten ausgewertet werden sollen. Die Gesamtheit dieser Regeln kann als Operationalisierung der gerade aufgeführten Fragestellungen betrachtet werden. Das Regelwerk ist dabei nicht so aufgebaut, dass die gerade aufgeworfenen Fragen in genau der Reihenfolge, in der sie hier formuliert worden sind, abgearbeitet werden. Ein solches Vorgehen erscheint nicht sinnvoll, um die Antworten auf die Fragen systematisch zu bestimmen. Dies liegt daran, dass zur Beantwortung der Fragen teilweise mehrere Aspekte gleichzeitig in Betracht gezogen werden müssen, deren Ausprägungen für die kodierten Szenen aber zunächst einzeln und systematisch zu erarbeiten sind. Sehr deutlich wird dies in Bezug auf die vierte Frage. Es gibt keine Kategorie, die das Vorliegen von Debatten kennzeichnet. Dennoch ist das Kategoriensystem aber so angelegt, dass durch die Betrachtung bestimmter Merkmalskombinationen schließlich eine Antwort auf die Frage gegeben werden kann. Welche Merkmalskombinationen dies sind und in welcher Reihenfolge ihre Bestandteile betrachtet werden sollen, wird in den folgenden Kapiteln ausgeführt.

4.4.3 Betrachtung der auf Schüler- und Lehrerbeiträge entfallenden prozentualen Anteile an Unterrichtszeit

Bei einer Sprecherkodierung, wie in Abschnitt 4.3.4 beschrieben, gibt die Software „Videograph“ die prozentualen Anteile an kategorisierter Unterrichtszeit, in denen die Schüler einerseits und der Lehrer andererseits sprechen, direkt aus. Über diese Anteile ist sich in einem ersten Schritt ein Überblick zu verschaffen. Es geht allein darum, einen Eindruck von dem Gewicht zu bekommen, mit dem Lehrer und Schüler verbal an dem Unterrichtsgespräch beteiligt sind. Über die Qualität der Sprechakte und ihre Effektivität bezogen auf den Lernfortschritt lässt sich so noch keine Aussage treffen. Ein hoher Redeanteil des Lehrers kann z. B. dazu genutzt werden, an Vorwissenselemente der Schüler anzuknüpfen und so die Grundlage zu bilden für den Aufbau weiteren vernetzten Wissens bei den Lernenden. Er kann aber auch mit dem Ziel eingesetzt werden, den Schülern Wissen „einzutrichtern“, wie es das mittlerweile überholte Trichtermodell nahelegt. Ein hoher Redeanteil der Schüler kann dazu eingesetzt werden, die Schüler ihre Vorstellungen und Ideen verbalisieren und weiterentwickeln zu lassen. Er kann aber auch für kaum sachbezogene Argumentationen genutzt werden. Diese Beispiele warnen vor übereilten Interpretationen allein der Daten zu den auf Lehrer- und Schülerbeiträge entfallenden Anteilen an Unterrichtszeit. Es müssen andere Merkmale zusätzlich Beachtung finden.
Im Rahmen weiterer Auswertungsschritte (siehe Kapitel 4.4.5 und 4.4.6) werden sich verschiedene prozentuale Angaben jeweils auf die Grundgesamtheit aller in einem Unterrichtsgespräch geleisteten Beiträge beziehen. Dementsprechend ist es sinnvoll, sich schon an dieser Stelle zusätzlich zu den prozentualen Anteilen an Unterrichtszeit verteilt auf Lehrer- und Schülerbeiträge einen Eindruck davon zu verschaffen, wie viele Beiträge jeweils auf den Lehrer und die Schüler entfallen. Dazu werden die entsprechenden Daten im Rahmen dieses Auswertungsschritts mit aufgeführt. Im Unterschied zu dem Vorgehen bei der Angabe der Redeanteile werden Aufrufe und als unverständlich gekennzeichnete Beiträge nun nicht mehr mitberücksichtigt. Diese Entscheidung ist gefallen, da derartige Wortmeldungen nicht mit Kategorien aus den Bereichen Metakognition und (Negative) Diskursivität versehen werden (können), sodass sie nicht in die Grundgesamtheit an Beiträgen aufgenommen werden sollen, auf die sich spätere quantitative Auswertungen der Kodierungsdaten beziehen werden.

4.4.4 Betrachtung der Abfolge des Auftretens von metakognitiven Aktivitäten und Aufforderungen dazu

Im zweiten Schritt der Auswertung der Kodierungsdaten geht es darum, typische Abfolgen des Auftretens bestimmter Kodes aufzudecken. Grundlegend für diesen Schritt ist eine Darstellung, die in ähnlicher Form schon von Cohors-Fresenborg und Kaune (2007a) verwendet worden ist: die Darstellung aller vergebenen Kategorien in einem sogenannten graphischen Profil. Dieses Profil zeichnet sich dadurch aus, dass alle gesetzten Kategori-

en in der zeitlichen Reihenfolge, in der die zugehörigen Beiträgen in dem Unterrichtsgespräch auch auftreten, aufgeführt werden. Der gesprochene Text, der ursprünglich kategorisiert wurde, tritt nun in keiner Form mehr auf. Damit sind auch sämtliche Informationen bzgl. inhaltlicher Aspekte der Unterrichtsszene verloren. Insgesamt stellt das graphische Profil eine Abstraktion der kategorisierten originalen Szene dar, die den Prozesscharakter von Unterricht weiterhin mitberücksichtigt, Inhaltliches jedoch ausblendet. Letzteres eröffnet die Möglichkeit, Unterrichtsszenen nicht nur themenübergreifend, sondern gar fächerübergeifend vergleichen zu können.
Abbildung 4.6 zeigt einen Ausschnitt dieser Darstellungsart. Ausgehend von der vertika-

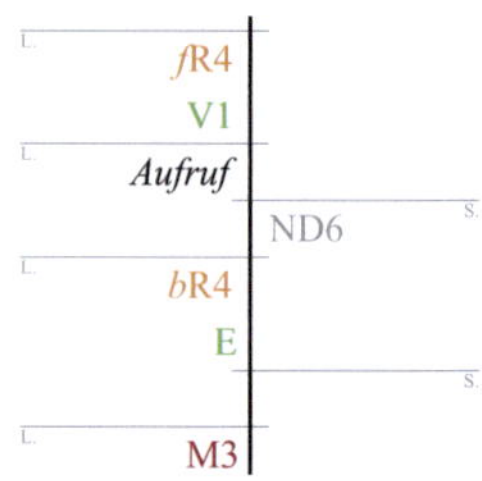

Abbildung 4.6: Ausschnitt eines graphischen Profils

len Mittellinie deuten die grauen Striche nach links Lehrerbeiträge (L.) und die grauen Striche nach rechts Schülerbeiträge (S.) an. Falls der jeweilige Beitrag im Kodierprozess mit einem Kode oder mehreren Kategorien verschieden von der Kategorie „Nichts“ versehen worden ist, erscheinen die Kurzbezeichnungen für diese Kategorien jeweils unter dem Strich. Erscheint dort das Wort *Aufruf*, so ist der Beitrag als Aufruf kodiert worden. Erscheint dort das Kürzel *unv.*, so ist der Beitrag als unverständlich kodiert worden.
Graphische Profile können über die Export-Funktion der Software „Videograph“ nach PASW und ein für das Institut für Kognitive Mathematik der Universität Osnabrück geschriebenes Tool erzeugt werden[15]. Sie haben sich schon im Rahmen der Arbeit mit dem KATMeDU (siehe Kapitel 4.2.1) als enorm hilfreich erwiesen. Der Kodierprozess, sowohl der transkriptbasierte als auch der videobasierte, verlangt nämlich ein konzentriertes Hineindenken in jeden einzelnen im Unterrichtsgespräch geleisteten Beitrag. Dabei verliert der Kodierer erfahrungsgemäß den Überblick über die schon vergebenen Kategorien. Der Vorteil, den die Darstellung des graphischen Profils bringt, besteht nun gerade darin, alle gesetzten Kodes noch einmal im Überblick vorliegen zu haben und dabei sowohl bestimmte Abfolgen von Kategorien als auch die Einbettung gezielt herausgesuchter einzelner Kategorien in ihren Kontext beobachten zu können.
Während auf die zuletzt genannte Möglichkeit erst in den Kapiteln 4.4.5 und 4.4.6 zurückgegriffen wird, spielt die Möglichkeit der Beobachtung spezifischer Abfolgen von Kategorien im nun Folgenden die zentrale Rolle: Grundsätzlich sind ganz verschiedene Abfol-

[15]Das Tool ist von Christian Hildebrandt, einer studentischen Hilfskraft am Institut für Kognitive Mathematik, geschrieben worden.

gen, im Weiteren „Muster“ genannt, denkbar. Wichtige von ihnen werden nun vorgestellt und jeweils mit Abbildungen illustriert, die Beispiele für das Erscheinungsbild der Muster im graphischen Profil zeigen.
Die schlichteste Variante eines Musters ist jene, bei der keine Kategorien aus den Bereichen Metakognition und Diskursivität im Unterrichtsgespräch auftreten[16]. Da dem Kategoriensystem aber eine Vorstellung von Metakognition zugrunde liegt, die es sehr wahrscheinlich macht, dass sich hin und wieder doch solche Aktivitäten mindestens beim Lehrer zeigen, bspw. dann, wenn er sich zustimmend oder ablehnend zu einem Schülerbeitrag äußert, wird folgendes erste Muster festgehalten:

> **Muster A**
> Es zeichnet sich dadurch aus, dass es über mindestens zehn Lehrerbeiträge[17] hinweg zwar des Öfteren einen Wechsel zwischen Schüler- und Lehreräußerungen gibt, sich aber metakognitive und diskursive Aktivitäten (jeweils inklusive Aufforderungen dazu), wenn überhaupt, dann ausschließlich auf der Seite des Lehrers zeigen. Treten zu Beginn und/oder am Ende einer Phase, die gemäß Muster A aufgebaut ist, andere Muster auf, so werden diese vorrangig gesetzt.

Muster A vereinigt demnach die Fälle, bei denen sich über einen längeren Gesprächsabschnitt hinweg (zehn Lehrerbeiträge haben sich als passendes Maß erwiesen) entweder keine Metakognition und keine Diskursivität zeigen oder sie nur auf der Lehrerseite auftreten. Der Informationsgehalt, der durch das Vorliegen von Muster A übermittelt wird, ist dennoch für die hier angestrebten Zwecke ausreichend. Es ist sicher, dass sich auf der Seite der Schüler keine metakognitiven und keine diskursiven Aktivitäten zeigen. In Bezug auf das Lehrerverhalten kommen verschiedene Möglichkeiten in Frage, die sich aber über die Analyse qualitativer und quantitativer Aspekte der möglichen Lehreraktivitäten im nächsten Schritt der Auswertung der Kodierungsdaten (siehe Kapitel 4.4.5) einschränken lassen.
Zu klären bleibt, warum es für die Interpretation der Kodierungsdaten nützlich sein könnte, etwas über das mögliche Vorliegen dieses Musters zu wissen. Wie ist es also zu deuten? Falls sich keinerlei metakognitive Aktivitäten in dem Gespräch zeigen, wird dies in der Regel heißen, dass der Lehrer (bewusst oder unbewusst) keinen Wert auf derlei Aktivitäten legt und sie deshalb auch nicht provoziert. Zudem treten die Aktivitäten aber auch nicht ohne Absicht des Lehrers und nur aufgrund seines Unterrichtsstils auf. Falls sich metakognitive Aktivitäten ausschließlich auf der Seite des Lehrers zeigen, sind verschiedene Fälle denkbar: Evtl. gehören sie zufällig zum Unterrichtsstil des Lehrers und treten aus diesem Grund als unbeabsichtigtes Beiwerk auf. Evtl. ist sich die Lehrkraft dieser Aktivitäten aber auch durchaus bewusst und versucht, sie für die Schüler

[16]Das Vorkommen von Negativer Diskursivität findet im Rahmen dieses Schritts der Auswertung der Kodierungsdaten keine Beachtung.
[17]Hier und im Rahmen der Beschreibung der anderen Muster gilt, dass Aufrufe nicht als Beiträge gezählt werden.

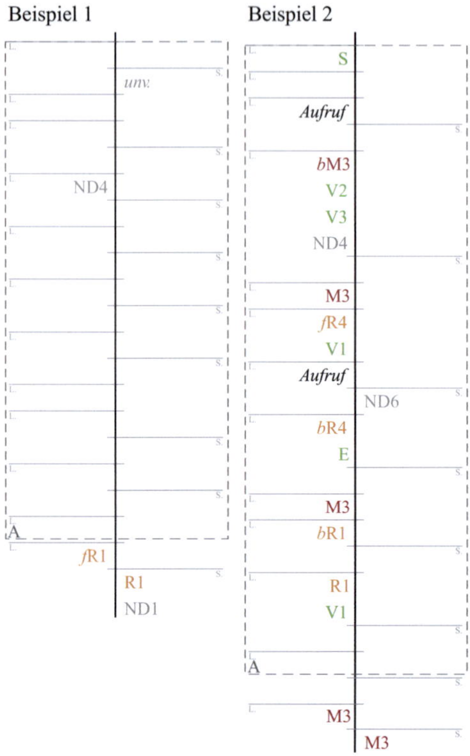

Abbildung 4.7: Beispiele für Muster A

vorbildhaft und dementsprechend qualitativ hochwertig zu zeigen. Ziel könnte es dann sein, die Schüler langfristig ebenfalls zum Durchführen solcher Aktivitäten zu animieren. Berthold und Renkl (2010, S. 26) äußern allerdings im Rahmen ihrer Arbeit zu der Frage danach, warum instruierende Erklärungen so häufig keinen positiven Effekt auf die Lernresultate haben, folgende Vermutung: „the ineffectiveness of instructional explanations might also be due to mental passivity of the recipient learners that leads to shallow pocessing of the explanations.“ Webb und Farivar (1999, S. 131-133) konnten zudem zeigen, dass einerseits die Vortestleistung, andererseits aber auch die Folgeaktivitäten eines Schülers, nachdem er eine Erklärung gehört hat, die höchste Vorhersagekraft in Bezug auf die Lernresultate haben, sogar eine höhere als die Elaboriertheit der Erklärung selbst hat. Bezüglich der Elaboriertheit der Erklärungen ergab sich kein signifikanter Zusammenhang mit der Lernleistung, allerdings zeigt sich ein Effekt auf Verhaltensweisen, die wiederum Prädiktoren für die Leistung sind. Bezogen auf das Training des Einsatzes metakognitiver Aktivitäten gibt Derartiges einen Hinweis, auch wenn dabei ggf. keine instruierenden Erklärungen vorliegen. Es spricht vor allem dann gegen die Wirksamkeit

von metakognitiven und diskursiven Aktivitäten, die der Lehrer vorbildhaft und dementsprechend qualitativ hochwertig durchführt, wenn sich auch in der Folge der Szene nichts annähernd Vergleichbares auf der Schülerseite zeigt. Das Ausbleiben von metakognitiven und diskursiven Nachfolgeaktivitäten könnte ein Zeichen dafür sein, dass die Schüler die Aktionen des Lehrers nicht mit der nötigen kognitiven Aktiviertheit verfolgt haben.
Als zweite Muster werden die Folgenden vorgehalten, und zwar um metakognitive und diskursive Aktivitäten der Schüler in dem Fall, in dem sie doch auftreten, erfassen zu können.

Muster B
Es zeichnet sich dadurch aus, dass sich anders als bei Muster A sowohl auf der Lehrer- als auch auf der Schülerseite metakognitive und/oder diskursive Aktivitäten zeigen. Sie treten dabei in folgender Abfolge auf:
B1: Zunächst fordert der Lehrer zu einer metakognitiven oder diskursiven Aktivität auf. Unmittelbar[18] nach der Aufforderung zeigt sich auf der Schülerseite auch eine zu der geforderten Aktivität passende Aktion. Auf diese folgt wiederum unmittelbar eine metakognitive Aktivität mit Bezug auf einen Schülerbeitrag auf der Seite des Lehrers.

Kennzeichnend ist hier also eine Sequenz, die darauf hindeutet, dass auf eine Initiation des Lehrers eine Reaktion eines Schülers folgt, die der Lehrer wiederum evaluiert. Der

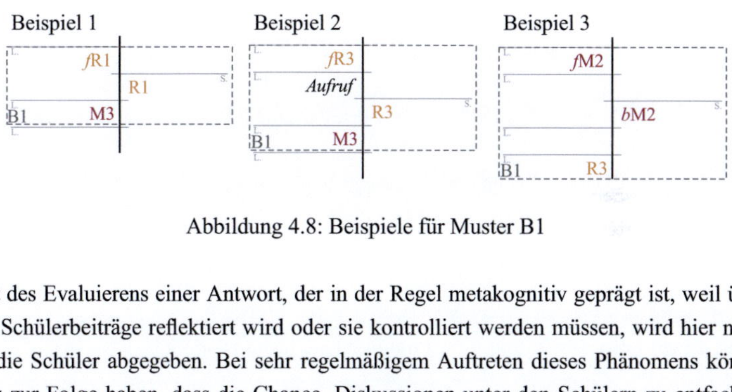

Abbildung 4.8: Beispiele für Muster B1

Akt des Evaluierens einer Antwort, der in der Regel metakognitiv geprägt ist, weil über die Schülerbeiträge reflektiert wird oder sie kontrolliert werden müssen, wird hier nicht an die Schüler abgegeben. Bei sehr regelmäßigem Auftreten dieses Phänomens könnte dies zur Folge haben, dass die Chance, Diskussionen unter den Schülern zu entfachen, schon im Keim erstickt wird. Durch die ständigen Einschätzungen des Lehrers, die in den seltensten Fällen von den Schülern hinterfragt werden werden, ist die „richtige" Position dann nämlich schon deutlich geworden.
Da derartige Überlegungen für die Daseinsberechtigung von Muster B eine zentrale Rolle spielen, soll hier ebenfalls Mustern Beachtung geschenkt werden, die darauf hindeuten,

[18]Das Wort „unmittelbar" ist hier und im Rahmen der Beschreibung der anderen Muster so zu verstehen, dass maximal ein unkategorisierter Beitrag zwischen den zwei als unmittelbar aufeinander folgend bezeichneten Beiträgen liegen darf. Aufrufe zählen, wie oben bereits angemerkt, nicht als Beiträge.

dass der Lehrer einen Schülerbeitrag evaluiert, auch wenn eine Initiation von Metakognition oder von Diskursivität durch den Lehrer fehlt und sich ggf. auch keine Metakognition oder Diskursivität auf Schülerseite zeigt.

> **B2**: Anders als bei Muster B1 zeigt sich keine Aufforderung zu einer metakognitiven oder diskursiven Aktivität auf der Seite des Lehrers. Es liegt jedoch eine metakognitive und/oder diskursive Aktivität auf der Schülerseite vor, in deren unmittelbarer Folge sich auf der Lehrerseite eine metakognitive Aktivität mit Bezug auf einen Schülerbeitrag zeigt.
> Für den Fall, dass nicht Muster A vorliegt, fällt ebenfalls folgendes Muster unter B2: Anders als bisher für das Vorliegen von B2 verlangt, zeigt sich nun auf der Seite der Schüler ein Beitrag, der mit keiner Kategorie aus den Bereichen der Metakognition oder der Diskursivität versehen ist, auf den aber dennoch ein Lehrerbeitrag folgt, der mit einer Kategorie versehen ist, die eine metakognitive Aktivität mit Bezug auf einen Schülerbeitrag anzeigt.

Das Vorliegen von Mustern der Sorte B zeigt damit an, dass der Lehrer zwar evaluierend in den Diskurs eingreift und damit immer wieder metakognitive Aktivitäten selbst durchführt, sich solche aber ebenfalls auf der Seite der Schüler zeigen: Das Vorliegen von Muster B1 ist ein Hinweis darauf, dass die Aktivitäten nicht selbstständig, sondern nach Aufforderung dazu erbracht werden. Bei Vorliegen von Muster B2 kann diesbezüglich

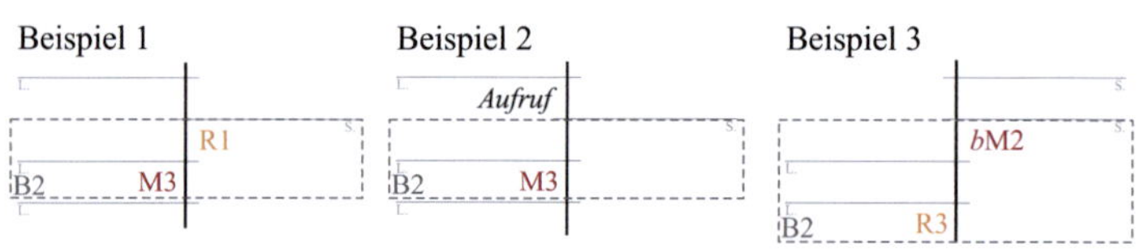

Abbildung 4.9: Beispiele für Muster B2

keine Aussage getroffen werden. Dass mindestens im unmittelbaren Umfeld des Auftretens dieses Musters aber metakognitive und/oder diskursive Aktivitäten von Schülern gezeigt werden, wird durch das Nicht-Vorliegen von Muster A gesichert.
Einer dritten Sorte von Mustern liegt nun die Überlegung zugrunde, dass sich die hohe Zahl an metakognitiven Aktivitäten, die der Lehrer bei gehäuftem Auftreten von Mustern der Sorte B selbst zeigt, doch dadurch sinnvoll verringern lassen müsste, dass der Lehrer die Evaluationen von Schülerbeiträgen an die Schüler abgibt. Dementsprechend ergibt sich folgendes weitere Muster:

> **Muster C**
> Es zeichnet sich dadurch aus, dass analog zu Muster B1 zunächst der Lehrer zu einer metakognitiven oder diskursiven Aktivität auffordert und sich auf der Seite der Schüler unmittelbar nach der Aufforderung auch eine zu der geforderten Aktivität passende Aktion zeigt. Allerdings zeigt sich nach dem

Beitrag des Schülers auf der Seite des Lehrers keine metakognitive Aktivität mit Bezug auf einen Schülerbeitrag.

Das Vorliegen dieses Musters deutet also darauf hin, dass entweder auf eine explizite Evaluation der Antwort verzichtet oder sie durch ggf. nachfolgende Aufforderungen von den Schülern verlangt wird. In dem Fall, dass sich keine Evaluation zeigt, ist in Bezug

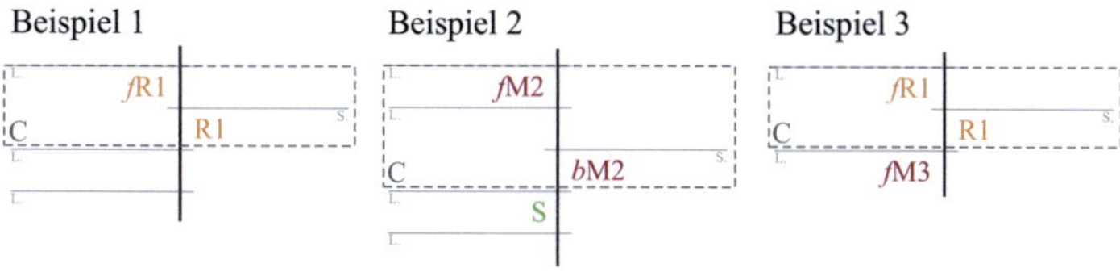

Abbildung 4.10: Beispiele für Muster C

auf eine Interpretation dieses Musters auf Folgendes zu achten: Es ist denkbar, dass dem Unterrichtsgespräch die Verabredung zugrunde liegt, dass eine Antwort korrekt ist, wenn sie vom Lehrer nicht weiter kommentiert wird. Damit müsste den Schülern dann schnell klar sein, dass eine Antwort falsch ist, wenn der Lehrer die anderen Schüler zu einer Stellungnahme auffordert. Dementsprechend können evaluierende Züge also auch nonverbal im Verhalten einer Person verankert sein, was mit dem vorliegenden Kategoriensystem aber nicht erfasst wird.

Mit Ausnahme von B2 ist allen bisher diskutierten Mustern gemeinsam, dass sich metakognitive Aktivitäten der Schüler, wenn sie überhaupt vorhanden sind, nach einer Aufforderung des Lehrers zeigen. Dies weist darauf hin, dass der Lehrer schon bemüht ist, zum Einsatz metakognitiver Aktivitäten anzuleiten, dieses Bemühen bisher aber dahingehend noch keine Früchte getragen hat, dass die Aktionen auch selbstständig von den Schülern erbracht werden. Das wirft wiederum die Frage auf, ob die Schüler metakognitive und diskursive Aktivitäten auch in Situationen, in denen sie allein ein Problem bearbeiten sollen, einsetzen werden. Vor allem dann, wenn ihnen die Nützlichkeit metakognitiver Denkprozesse nicht explizit (schülergerecht) erklärt wurde und sie den Einsatz dieser Aktivitäten ebenfalls für sich nicht als hilfreich entdecken konnten, besteht die Gefahr, dass die Schüler das „Aufforderungsspielchen" des Lehrers lediglich mitspielen, die entscheidenden Denkprozesse aber nicht in ihren „intellektuellen Habitus" übernehmen, sodass sie sie bewusst oder unbewusst auch ohne Aufforderung dazu selbstständig anwenden.

Im Rahmen einer vierten Sorte von Mustern sollte die Abfolge, in der die metakognitiven und diskursiven Aktivitäten bzw. die Aufforderungen dazu auftreten, also auch daraufhin untersucht werden, inwiefern Szenen auffällig werden, in denen sich allein die Schüler aufeinander folgend äußern und dabei metakognitive oder diskursive Aktivitäten zeigen. Ist dies nämlich in einem nennenswerten Ausmaß der Fall, so kann es zwar kein Garant dafür sein, dass die Schüler sich dieser Aktivitäten auch in Situationen bedienen, in denen sie allein arbeiten. Jedoch besteht etwas mehr Hoffnung als bei dem ausschließlichen Vorliegen nicht-selbstständig angestrengter Aktivitäten, dass die Schüler Metakognition

und Diskursivität im Sinne kognitiver Werkzeuge in ihren „intellektuellen Habitus" übernehmen.
Als Folge aus diesen Überlegungen wird ein weiteres Muster bereitgehalten:

> **Muster D**
> Es zeichnet sich anders als Muster C dadurch aus, dass sich auf der Seite der Schüler metakognitive und/oder diskursive Aktivitäten zeigen, ohne dass eine entsprechende Aufforderung des Lehrers dazu vorausgeht. Das Muster wird dann vermerkt, wenn mehr als zwei Schülerbeiträge, kaum unterbrochen durch Beiträge des Lehrers, aufeinander folgen, von denen sich mindestens einer durch metakognitive und/oder diskursive Aktivitäten (jeweils inklusive Aufforderungen dazu) auszeichnet. Zudem dürfen Muster C oder Muster B2 nicht vorliegen.

Durch die Forderung, dass mehrere Schülerbeiträge aufeinander folgen müssen, ehe das Muster kodiert wird, wird zugleich geregelt, dass der Lehrer seine Aktionen im Unterrichtsgespräch in solchen Phasen sehr beschränken muss. So besteht die Chance, dass

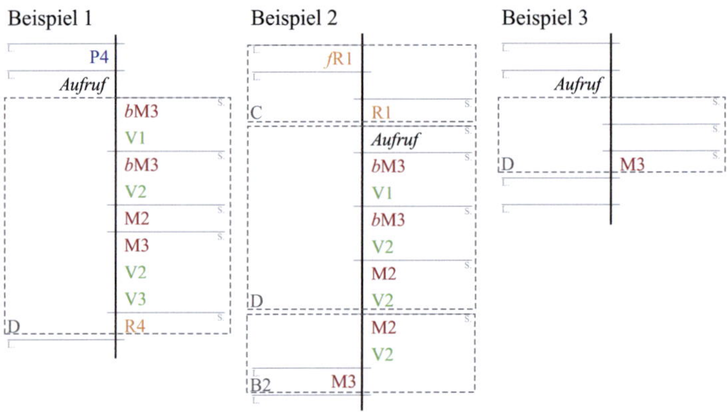

Abbildung 4.11: Beispiele für Muster D

Diskussionen unter Schülern stattfinden, in denen sie ihre Ideen selbstständig weiterentwickeln. Inwiefern sich tatsächlich Hinweise auf das Vorliegen von Debatten unter Schülern ergeben und von welcher Qualität die in diesem Zusammenhang auftretenden metakognitiven Aktionen sind, soll an dieser Stelle noch nicht beobachtet werden. Es wird in einem weiteren Auswertungsschritt (siehe Kapitel 4.4.6) betrachtet.
Für die Interpretation von Muster C, bei dem sich über die Kategorien kein Hinweis darauf zeigt, dass der Lehrer explizit Schülerbeiträge evaluiert, ist darauf aufmerksam gemacht worden, dass sich solche Hinweise auch im Nonverbalen verbergen können. Ein ähnlicher Punkt ist auch für das Muster D zu diskutieren: Es sind Unterrichtsszenen bekannt (vgl. Cohors-Fresenborg und Kaune, 2007a, S. 35-45), in denen die Schüler unter verhältnismäßig geringer Beteiligung des Lehrers ein Unterrichtsgespräch führen, das

bemerkenswerte metakognitive und diskursive Anteile enthält, aber nur wenige Aufforderungen seitens des Lehrers dazu. Dies kommt durch einen didaktisch-sozialen Vertrag (vgl. Sjuts, 2003) zustande, in dem bestimmte Verhaltensregeln vereinbart sind. So ist dort bspw. geregelt, dass Aspekte, die im Unterricht vorgeschlagen werden, grundsätzlich zur Diskussion stehen und debattiert werden sollen. Die Schüler nehmen dann auch ohne Aufforderung des Lehrers zu einem Vorschlag eines anderen Schülers Stellung. Für solche Szenarien stellt sich nun die Frage, ob von selbstständig erbrachten Aktivitäten gesprochen werden darf, wenn zwar keine expliziten Aufforderungen mehr formuliert werden, sie aber eben in einem dem Unterrichtsgespräch zugrunde liegenden Vertrag, der vom Lehrer etabliert wurde, doch vorhanden sind. Die Schüler folgen hier ggf. einem implementierten Ritual. Diesbezüglich sei betont, dass der Selbstständigkeitsbegriff in dieser Arbeit verstanden wird im Sinne von dem Zeigen von nicht explizit in der konkreten Situation angeleitetem Verhalten. Damit ist der Selbstständigkeitsbegriff für das Verhalten der Schüler bei Vorliegen eines didaktisch-sozialen Vertrags anwendbar.
Bei der nun abgeschlossenen Vorstellung verschiedener Muster, nach denen am graphischen Profil gesucht werden kann, ist immer dann, wenn Informationen über Interaktionen eine Rolle spielten, vorsichtig formuliert worden. *So deute das Muster B1 bspw. an*, dass auf eine Lehrerinitiation eine Schülerreaktion folge, die wiederum vom Lehrer evaluiert werde. Es ist nicht formuliert worden, dass dies so sei, d. h. dass der Lehrer seine Evaluation bspw. tatsächlich auf den unmittelbar zuvor geäußerten Schülerbeitrag bezieht. Diese Vorsicht liegt in Folgendem begründet: Die Kategorien sind ihrer Anlage nach nicht darauf ausgerichtet, Informationen zu liefern bzgl. Fragen danach, wer auf wen reagiert und wer demzufolge mit wem interagiert. Allerdings sind die oben vorgestellten Muster und auch die Kategorien selbst so zugeschnitten, dass sich die jeweils naheliegende Interpretation der Kategorienabfolge eines Musters in der Regel als korrekt erweist. Dies zeigt ein Abgleich der Musterkodierung mit dem zugehörigen Videodatenmaterial. Der spezielle Zuschnitt der Muster macht sich z. B. darin bemerkbar, dass zwischen einer Aufforderung zu einer metakognitiven Aktivität durch den Lehrer und der durch eine passende Kategorie auf Schülerseite angezeigten Reaktion des Schülers maximal ein anderer unkategorisierter Beitrag liegen darf. In diesem Fall ist der Zusammenhang zwischen Initiation und Reaktion noch sehr zuverlässig herstellbar. Falls sich Reaktionen von Schülern oder Evaluationen von Lehrern allerdings verzögern, weil bspw. unterrichtsorganisatorische Beiträge dazwischen liegen, lässt sich ein interaktionistischer Zusammenhang nur noch unter Zuhilfenahme des Originaldokuments zuverlässig rekonstruieren. Der spezielle Zuschnitt der Kategorien macht sich vor allem darin bemerkbar, dass anhand einer Kategorienkurzbezeichnung aus dem Bereich der Metakognition, die mit der Ziffer 3 endet, aufgrund der Aussage, die diese Kategorisierung (auch ohne Berücksichtigung des Kontexts) in sich trägt, ein interaktionistischer Aspekt angesprochen wird. Hinzu kommt, dass in der Regel Kategorien aus dem Bereich der Negativen Diskursivität auftreten, wenn der Lehrer eine Frage gestellt hat und ein Schüler eine Antwort gibt, die nicht zur Frage passt, o. Ä. Soll Derartiges ohne graue Kategorie verbleiben, muss der Schüler einen hohen dis-

kursiven Aufwand treiben, um seine Antwort trotz der zuvor gestellten Frage ordentlich in dem Diskurs zu verankern. Schließlich trägt auch die Ausdifferenzierung der metakognitiven Aktivitäten zunächst in Planungs-, Monitoring- und Reflexionsaktionen und dann weiter entlang der vier Ebenen dazu bei, bestimmte interaktionistische Schlüsse am graphischen Profil zuverlässiger zu machen. Fordert der Lehrer bspw. zu einer Planungsaktivität auf der Ebene 3 auf und zeigt sich in dem unmittelbar nachfolgenden Schülerbeitrag eine Planungsaktivität auf der Ebene 1, würde der Schluss eines interaktionistischen Zusammenhangs nicht gezogen. Zeigt sich in dem unmittelbar nachfolgenden Schülerbeitrag jedoch genau die geforderte Aktivität, ohne dass zusätzlich eine Kategorie aus dem Bereich der Negativen Diskursivität vergeben wurde, so scheint es kaum möglich, dass der Schüler mit seinem Beitrag nicht auf die Aufforderung des Lehrers reagiert. Trotz all dieser Aspekte muss aber darauf geachtet werden, dass bzgl. interaktionistischer Fragen keine Überinterpretation der graphischen Profile stattfindet. Dies gilt vor allem auch für die interessante Frage danach, inwiefern Schüler metakognitive und diskursive Aktivitäten selbstständig, also ohne dazu vom Lehrer aufgefordert worden zu sein, erbringen. Eine derartige Behauptung darf nur dann aufgestellt werden, wenn sich auch in vielen vorangehenden Lehrerbeiträgen keine passende Aufforderung finden lässt. Sonst ist mit derartigen Deutungen sehr zurückhaltend umzugehen. Dementsprechend hat das graphische Profil oben bereits genannte Vorteile bei der Auswertung der Kodierungsdaten. Es stößt aber vor allem, wenn es um Interaktionsfragen geht, an Grenzen.

Die oben vorgestellten Muster sind prototypisch zu verstehen. Selbstverständlich sind auch andere Kategorienabfolgen denkbar. Die hier genannten wurden im Rahmen der Auswertung der Kodierungsdaten für diese Arbeit ausgehend von dem vorliegenden Material und mit dem Ziel der Beantwortung der an das Material gestellten Fragen entwickelt. Die Muster B und C spiegeln dabei eine auffallende Nähe wider zu den Regeln unterrichtlicher Interaktion, die bspw. von Bellack et al. und Mehan aufgedeckt worden sind. Bellack et al. (1966) unterscheiden die initiierenden Züge des Strukturierens und des Aufforderns sowie die bezugnehmenden Züge des Reagierens und des Fortführens. Sie betonen, dass Sequenzen aus Aufforderung und Reaktion den Kern der unterrichtlichen Interaktion ausmachen. Hinzu kommt, dass jeder dritte Zug eine Fortführung ist, durch die Beurteilungen und Modifikationen vorgenommen werden. Der Lehrer konzentriert sich in der Hauptsache auf das Auffordern, die Schüler auf das Reagieren. Fortführungen des Lehrers werden in der Regel durch Reaktionen der Schüler veranlasst und Schüler führen üblicherweise erst fort, nachdem der Lehrer dies getan hat. Im Rahmen seiner Beobachtungsstudie arbeitet Mehan (1979, S. 72) heraus, dass sich Unterrichtsstunden als Wechselfolge verschiedener Verhaltensweisen beschreiben lassen. Charakteristisch ist dabei das immer wiederkehrende Muster aus Lehrer-Schüler-Lehrer-Verhaltensweisen. Die Interaktion betreffend fällt eine dreischrittige Sequenz bestehend aus Initiation, Erwiderung und Evaluation (Initiation-Reply-Evaluation, I-R-E) auf. An eine Initiation zumeist des Lehrers schließt sich eine Erwiderung zumeist eines Schülers an, worauf dann eine Evaluation folgt. Vor dem Hintergrund dieser Forschungsarbeiten verwundert es nicht,

wenn die Muster der Sorten B und C auch im Rahmen der Auswertungsarbeiten in dieser Arbeit regelmäßig zu finden sind, wobei sie hier natürlich nur dann auffallen, wenn die beteiligten Beiträge Metakognition oder Diskursivität offenbaren.
Selbstverständlich wird zudem selten die Situation auftreten, dass sich in einer analysierten Szene nur Muster einer Sorte zeigen. Daher sollten in einem ersten Auswertungsdurchgang lediglich Muster identifiziert werden. Erst im Rahmen eines nachfolgenden Auswertungsdurchgangs ist dann zu entscheiden, ob sich ein Muster als für die Szene charakteristisch bezeichnen lässt, weil es sich auffallend häufig zeigt, oder ob als Ergebnis der Betrachtung von Kategorienabfolgen das Auftreten verschiedener Muster ohne Schwerpunktbildung festgehalten werden muss. Auf jeden Fall verdient das Auftreten der Muster A und D besondere Aufmerksamkeit. Hier werden zwei Extremfälle bzgl. des Einsatzes von Metakognition und Diskursivität erfasst. Bei einer Auftretenshäufigkeit von lediglich zwei oder drei pro Szene sollten diese Muster schon mitberücksichtigt werden, auch wenn die Auftretenshäufigkeit der Muster B und C deutlich höher liegen sollte. Diese möglicherweise vorliegende quantitative Ungleichheit wird nämlich maßgeblich dadurch beeinflusst, dass Muster der Sorten A und D gewöhnlich länger sind als solche der Sorten B und C. Zudem wäre es höchst verwunderlich, wenn sich ausschließlich Muster D über eine ganze Szene hinweg zeigen würde. Dies hieße nämlich, dass der Lehrer fast keine Beiträge leistet. Vor dem Hintergrund derartiger Überlegungen ist die absolute Auftretenshäufigkeit der einzelnen Muster also passend zu gewichten.
Grundsätzlich dient dieser Auswertungsschritt in der Folge der Betrachtung der auf Schüler- und Lehrerbeiträge entfallenden Anteile an Unterrichtszeit dazu, sich einen Überblick über den Gesprächsaufbau zu verschaffen. Hier gewonnene Eindrücke müssen nun im Rahmen der Betrachtung der Lehrerrolle einerseits und der Schülerrolle andererseits anhand von quantitativ orientierten Darstellungsweisen bestätigt und in Bezug auf Qualitätsfragen vertieft werden.

4.4.5 Betrachtung der Lehrerrolle und verschiedener Dimensionen, die zur Beurteilung der Qualität der metakognitiven Aktivitäten des Lehrers und der Qualität ihrer Einbettung in den Unterrichtsdiskurs herangezogen werden

Aufgrund der ersten Betrachtungen des graphischen Profils ist nun ein Eindruck davon entstanden, in welcher Abfolge die Kategorien in dem Unterrichtsgespräch auftreten, was (auch unter Einbezug der Anteile an Unterrichtszeit, die auf Lehrer- und Schülerbeiträge entfallen) vorsichtige Rückschlüsse darauf zulässt, auf welche Art und Weise metakognitive Aktivitäten, wenn vorhanden, in dem Unterrichtsgespräch auftreten. Um diesen Eindruck nun zu überprüfen und zu festigen, werden quantitativ orientierte Darstellungen der Kodierungsdaten herangezogen. Im Gegensatz zum graphischen Profil repräsentieren diese Darstellungen in Form von Balkendiagrammen nicht mehr den Unterrichtsprozess, schon aber die Anzahl des Auftretens verschiedener Aktivitäten. Durch die kombinier-

te Betrachtung der graphischen Profile einerseits und der Balkendiagramme andererseits werden die Kodierungsdaten aus verschiedenen Perspektiven betrachtet, was dazu beitragen soll, ein möglichst aussagekräftiges und dennoch stark an der jeweiligen individuellen Unterrichtsszene orientiertes Bild des Untersuchungsgegenstands zu erhalten.
In den Balkendiagrammen sind die Kodierungsdaten wie folgt aufbereitet: Für die unterschiedlichen Aktivitäten werden jeweils prozentuale Angaben zu ihrem Auftreten gemacht. Diese Art von Angaben erscheint sinnvoll, da Vergleiche angestrebt werden. Allein die Auswahl ungefähr gleich langer Unterrichtsszenen sorgt noch nicht unbedingt für eine vernünftige Vergleichsgrundlage. Als Bezugsgröße der Prozentwerte sind die Anzahl der gesprochenen Wörter und die Redezeit denkbar. Die Anzahl der gesprochenen Wörter ist jedoch im Rahmen des videobasierten Analyseverfahrens nicht abrufbar. Die Redezeit wäre zwar abrufbar, allerdings nicht genau diejenige Redezeit, in der metakognitive oder diskursive Aktivitäten erkennbar sind. Dies liegt daran, dass im Kategorisierungsprozess lediglich gekennzeichnet wird, ob ein Beitrag eine bestimmte Aktivität enthält, nicht jedoch, wie lange sie ggf. andauert. Es bestünde also nur die Möglichkeit, die Zeit, die ein kategorisierter Beitrag insgesamt andauert, ins Verhältnis zu setzen zu der gesamten Redezeit. Vor allem da das Abrufen der Länge eines einzelnen Beitrags erhöhten technischen Aufwand bedeutet, wird auch von diesem Verfahren abgesehen.
Als Bezugsgröße der Prozentwerte ist die Anzahl aller geleisteten Beiträge gewählt worden. Sie ist im Rahmen der Arbeit mit dem videobasierten Analyseinstrument recht schnell abrufbar. Allein die unterschiedliche Komplexität gezeigter metakognitiver und diskursiver Aktivitäten, ausgedrückt durch die Länge der jeweiligen Aktivität, bleibt so unberücksichtigt, was aber, wie bereits gesagt, schon durch die Art zu kategorisieren verursacht ist. Es wird die Zahl *aller* Beiträge (nicht getrennt nach Schüler- und Lehrerbeiträgen) als Bezugsgröße gewählt, da auf diese Weise die unterschiedliche Anzahl an Beiträgen von Schülern und Lehrern keine Beachtung mehr findet, sondern allein die Anzahl an jeweils geleisteten Aktivitäten im Vordergrund steht. So kann ein Vergleich zwischen dem Lehrer- und dem Schülerverhalten bzgl. metakognitiver und diskursiver Aktivitäten stattfinden. Dies ist in dem Sinne zu verstehen, dass es z. B. möglich ist, über das Verhältnis zwischen Aufforderungen zur Metakognition durch den Lehrer und ausgeübten metakognitiven Aktivitäten der Schüler zu sprechen. Szenenübergreifend kann so verglichen werden, in wie vielen Beiträgen von hundert bspw. der Lehrer eine Aktivität zeigt, unabhängig davon, wie sich die Beiträge auf die verschiedenen Sprecher verteilen. Da letztendlich die Unterrichtskommunikation als Ganze in den Blick geraten soll und nicht allein das Lehrer- oder Schülerverhalten, erscheint diese Herangehensweise sinnvoll.
Abbildung 4.12 zeigt ein beispielhaftes Balkendiagramm für die erste Variante genutzter Diagramme. Auf der linken Seite der gestrichelten Mittellinie befinden sich Angaben zu den Lehreraktivitäten, auf der rechten Seite zu den Schüleraktivitäten. Zur optischen Unterstützung sind die Angaben in den üblichen Farben gehalten: Planungsaktivitäten in blau, Monitoringaktivitäten in rot usw.

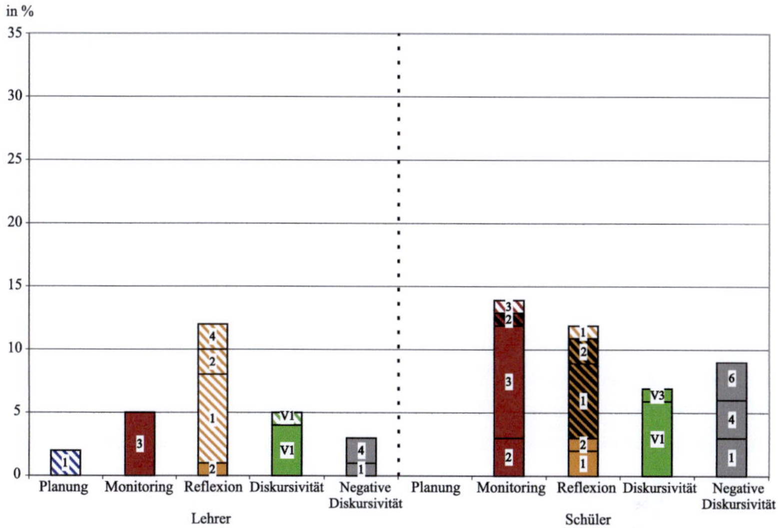

Abbildung 4.12: Beispiel für die erste Variante genutzter Balkendiagramme

Wie nebenstehende Legende noch einmal zusammenfasst, zeigen weiß gestreifte Balkenteile Aufforderungsaktivitäten an. Aufforderungen, Aufforderungen zur Begründung und begründete Aufforderungen werden hier zusammen betrachtet. Schwarz gestreifte Balkenteile zeigen Aktivitäten an, die zusammen mit einer Begründung auftreten. Nicht gestreifte Balkenteile stehen für Aktivitäten ohne weiteren Zusatz. Sind einzelne Abschnitte eines Balkens mit einer Zahl oder Zeichenkette vor weißem Hintergrund gekennzeichnet, so gibt diese Zahl oder Zeichenkette an, welche Art der Ausprägung der jeweiligen Aktivität vorliegt. Eine 3 vor weißem Hintergrund in einem roten Balkenabschnitt gibt also an, dass dieser Balkenabschnitt für Monitoringaktivitäten auf der Ebene 3 steht.

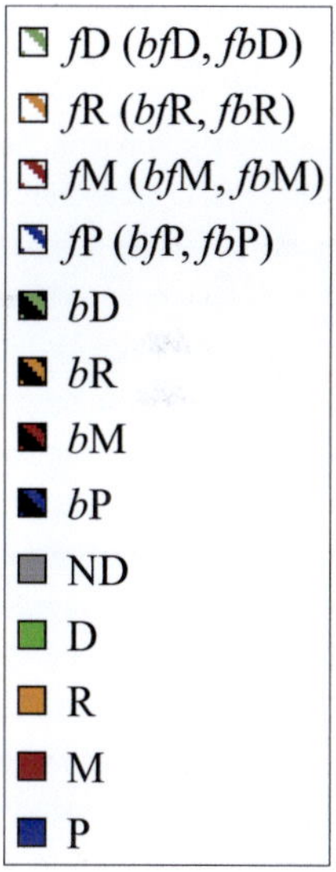

Abbildung 4.13: Legende

Auch in den Kodierungsdaten verzeichnete diskursive und negativ diskursive Aktivitäten werden in das Balkendiagramm mit aufgenommen. Um es übersichtlich zu halten, soll nicht für jede (negativ) diskursive Kategorie ein Balken angelegt, sondern gestapelt werden. Da ein Beitrag mit mehreren diskursiven und negativ diskursiven Kategorien versehen werden kann, dürfen die Prozentwerte für die einzelnen Unterkategorien hier jedoch nicht einfach addiert werden. Sollte ein Beitrag mit mehreren Kategorien versehen worden sein, so wird in dem Balkendiagramm nur die „höchste" und damit bedeutungsvollste Unterkategorie[19] verzeichnet. Insgesamt gibt ein Balken auf Schülerseite zur Diskursivität, der an die 7% heranreicht, also an, dass die Schüler in 7% aller Beiträge mindestens eine diskursive Aktivität zeigen. Die Unterteilung des Balkens gemäß dem Auftreten der Unterkategorien wird so vor allem im niederen Bereich etwas verzerrt. Hier werden Aktivitäten im Balkendiagramm nicht erfasst, die im graphischen Profil aber erkennbar sind. Dies ist jedoch akzeptabel, da Doppelkodierungen nicht der Regelfall sind und später immer eine Prüfung gefällter Urteile am graphischen Profil vorzunehmen ist, in dem alle vergebenen Kategorien aufgeführt werden.

Das in Abbildung 4.12 dargestellte Balkendiagramm ist eine Variante, in der sehr viele Informationen kompakt dargestellt werden können. Während der Abarbeitung des hier vorgestellten Regelwerks werden aber hin und wieder Informationen benötigt, die aus anders aufgebauten Balkendiagrammen deutlicher hervorgehen. Um etwas über das Aufforderungsverhalten des Lehrers sagen zu können, macht es z. B. Sinn, ein Balkendiagramm anzufertigen, in dem die entsprechenden Daten gestapelt und nicht nebeneinander aufgeführt werden. Daher wird im Folgenden zusätzlich immer noch ein Balkendiagramm angegeben, das wie jenes in Abbildung 4.14 aufgebaut ist. Wieder trennt die gestrichelte Mittellinie die Angaben zu den Lehreraktivitäten (links) von den Angaben zu den Schüleraktivitäten (rechts). Die Balken „gesamt" zeigen nun jedoch alle von der jeweiligen Personengruppe auffällig gewordenen metakognitiven Aktivitäten an. Es wird nur noch über die Farbgebung zwischen Planungs-, Monitoring- und Reflexionsaktivitäten differenziert. Dabei treten die Ebenen der Aktivitäten, die in dem ersten Diagramm jeweils vor weißem Hintergrund vermerkt wurden, nicht mehr auf. Wieder zeigen schwarz gestreifte Balkenteile Aktivitäten an, die zusammen mit Begründungen auftreten, Balkenanteile ohne Streifen hingegen Aktivitäten, die ohne Zusatz auftreten. Die Balken „auffordernd" verweisen nun entsprechend auf alle Aufforderungsaktivitäten. Weiß gestreifte Balkenteile zeigen nun nur noch reine Aufforderungsaktivitäten an, in gleicher Richtung grau gestreifte Balkenteile Aufforderungen zur Begründung und in anderer Richtung grau gestreifte Balkenteile begründete Aufforderungen. Angaben zur Diskursivität und zur Negativen Diskursivität enthalten diese Balkendiagramme nicht mehr.

Die gerade vorgestellten Darstellungsarten der Kodierungsdaten bieten die Möglichkeit von Vergleichen der Analyseergebnisse verschiedener Szenen miteinander. Es scheint sinnvoll, dies immer wieder auszunutzen, weil nur so ein Eindruck davon entstehen kann, was wenigstens mit Bezug auf den vorliegenden Datensatz als „hoch" bzw. „niedrig" oder als „viel" bzw. „wenig" bezeichnet werden darf[20].

[19] Die „Höhe" der Unterkategorien richtet sich dabei nach ihrem Auftreten im Kategoriensystem. V1 und ND1 sind die „niedrigsten", E und ND7 die „höchsten" Kategorien.

[20] Der Leser beachte hierzu auch den Hinweis bzgl. Schwellenwerten am Ende des Kapitels 4.4.7.

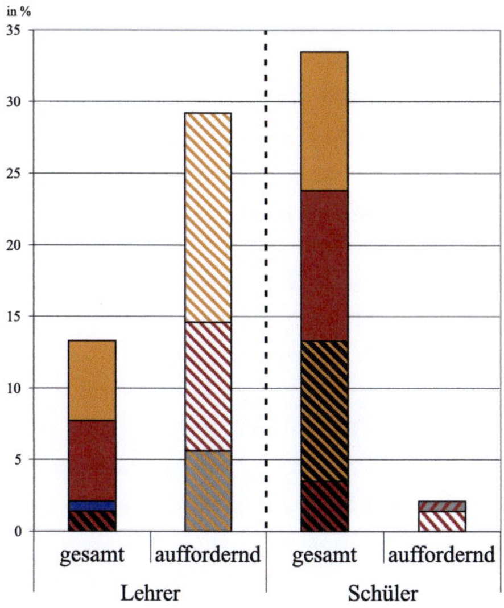

Abbildung 4.14: Beispiel für die zweite Variante genutzter Balkendiagramme

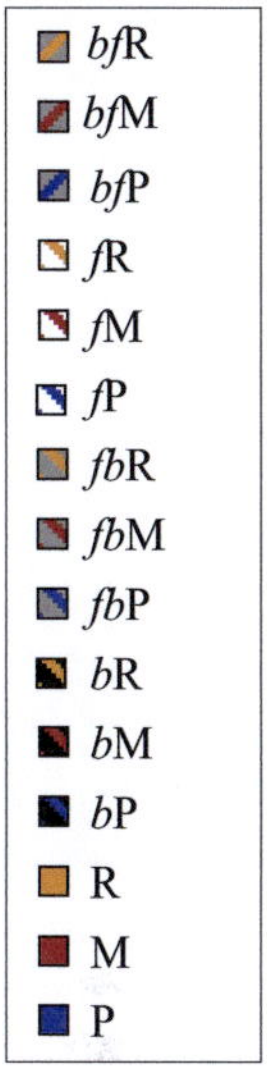

Abbildung 4.15: Legende

In Bezug auf die Rolle des Lehrers im Unterrichtsgespräch wurde im Rahmen der Musteranalyse schwerpunktmäßig in Betracht gezogen, inwiefern der Lehrer metakognitive Aktivitäten von den Schülern einfordert, er Gelegenheiten zum Ausüben metakognitiver Aktivitäten selbst wahrnimmt und er sich vielleicht auch sehr zurückhaltend zeigt. Die diesbezüglichen Eindrücke sind nun zunächst anhand von nach obigen Vorstellungen erstellten Balkendiagrammen zu überprüfen. Ein auffallend häufiges Auftreten von Mustern der Sorte B sollte z. B. mit einem zahlreichen Auftreten wenigstens einer der Kategorien M3 oder R3 auf der Seite des Lehrers einhergehen. Ein häufiges Auftreten des Musters D sollte dazu führen, dass der Lehrer nur in einem verhältnismäßig kleinen Anteil an allen Beiträgen metakognitive Aktivitäten zeigt oder dazu auffordert usw.

Im nächsten Schritt kommt es nun vor allem darauf an, zu analysieren, von welcher Qualität die gezeigten metakognitiven Aktivitäten sind und wie die Qualität ihrer Einbettung in den Unterrichtsdiskurs zu bewerten ist. Dafür muss an dieser Stelle zunächst offengelegt werden, welche Dimensionen zur Beurteilung dieser Qualitätsfragen aus welchen Gründen herangezogen werden können und sollen. Die fachliche Korrektheit kann keine Rolle spielen. Diesbezüglich geben die Kodierungsdaten schließlich keine Auskunft. Anders ist die Situation in Bezug auf das Vorliegen von Begründungen. Treten sie zusammen mit metakognitiven Aktivitäten auf, so ist dies ein Hinweis darauf, dass der Sprecher sich vertieft Gedanken gemacht hat zu dem, was er behauptet. Je nach Ausführlichkeit der Begründung liegt dann eine mehr oder weniger komplexe Argumentation vor. Zudem erleichtert das Verbalisieren einer Begründung den Zuhörern das Nachvollziehen des Zustandekommens der Behauptung. Aus der Perspektive von metakognitiven Aktivitäten betrachtet sind Begründungen in der Regel Reflexionsaktivitäten. Dies führt dazu, dass bei Vorhandensein einer Reflexionsaktivität und zusätzlicher Kennzeichnung einer Begründung allein anhand der Kategorienkurzbezeichnung nicht entschieden werden kann, ob eine begründete Reflexionsaktivität vorliegt oder eine reflektierende Begründung. Sicher ist allerdings, dass beide genannten Komponenten auftreten.

In dem Fall, in dem eine Metakognitionskategorie auf der Ebene 4 gesetzt worden ist, ist dies ebenfalls ein Zeichen für eine zunächst einmal hervorzuhebende Aktion. Mit diesen Aktivitäten wird im Bereich des Monitorings und der Reflexion direkt Bezug genommen auf die Vorstellungen der Schüler. Derartiges kommt in alltäglichem Unterricht nach bisherigen Erfahrungen eher selten vor. Dementsprechend ist es auch schon beachtenswert, wenn sich solche Aktivitäten nur in kleiner Anzahl zeigen. Es ist nicht wahrscheinlich, dass sie in großer Anzahl ganz regelmäßig auftreten. Schließlich ist nicht jede Situation dazu geeignet, (Fehl-)Vorstellungen zu diskutieren. Etwas regelmäßiger mag vor allem auf der Seite des Lehrers die Kategorie P4 vergeben werden. Ihr Auftreten ist nicht ganz so hoch zu bewerten, wie Monitoring- und Reflexionsaktivitäten auf der Ebene 4. Dies liegt daran, dass Aktivitäten gemäß der Kategorie P4 eher auffordernden Charakter haben. Es geht in der Regel um recht offen gehaltene Impulse. Ob so aber tatsächlich die Vorstellungen der Schüler erreicht werden, ist kaum überprüfbar. Hiervon kann nur in dem Fall ausgegangen werden, in dem sich anschließend Monitoring- oder Reflexionsaktivitäten auf der Ebene 4 zeigen. Geschieht dies nicht, kann die Kategorie P4 auf der Seite des Lehrers nicht ganz anders gewertet werden als Aufforderungen zu metakognitiven Aktivitäten.

Neben Kategorien auf der Ebene 4 sollten auch die Metakognitionskategorien beachtet werden, die auf den Ebenen 2 und 3 gesetzt worden sind. Diese Kategorienkurzbezeichnungen deuten darauf hin, dass hier Schülerideen kritisch begutachtet, analysiert oder weiterentwickelt werden. Der besondere Wert solcher Aktivitäten wurde im Rahmen von Forschungsarbeiten zur transaktiven Diskussion (vgl. z. B. Teasley, 1997) herausgearbeitet.

Schließlich muss, wenn es um die Qualität der Einbettung metakognitiver Aktivitäten in den Unterrichtsdiskurs geht, auch die Diskursivität Beachtung finden. Kategorien aus diesem Bereich werden vergeben, wenn ein besonderes Bemühen um einen nachvollziehbaren Gesprächsverlauf deutlich wird, und zwar dadurch, dass Beiträge verankert werden (V1, V2, V3), das Gespräch strukturiert wird (S) oder Maßnahmen der Erziehung zum Diskurs erkennbar sind (E).

Auch negativ diskursive Aktivitäten spielen in Bezug auf die Qualität der Einbettung metakognitiver Aktivitäten in den Unterrichtsdiskurs eine Rolle. Durch sie kann die Qualität metakognitiver und diskursiver Aktivitäten beeinträchtigt werden. Der Lehrer kann z. B. eine metakognitiv noch so hochrangige Frage stellen. Wenn nicht klar ist, worauf sie sich bezieht (ND4), wenn sie eigentlich schon in der vorherigen Diskussion beantwortet wurde (ND6) oder wenn zu dem Zeitpunkt das gesamte Gespräch aus dem Ruder gelaufen ist

(ND7), wird dies den lernfördernden Wert der Aktion deutlich mindern.

Nachdem anhand der Balkendiagramme eingeschätzt worden ist, inwiefern die genannten Aktivitäten in beruhigend hoher Anzahl (in Bezug auf die negativ diskursiven Aktivitäten niedriger Anzahl) oder in beunruhigend niedriger Anzahl (in Bezug auf die negativ diskursiven Aktivitäten hoher Anzahl) auftreten, ist es wichtig, das so entstandene Vorurteil noch einmal am graphischen Profil zu prüfen. Anhand der Balkendiagramme ist nämlich die Kombination, in der verschiedene Kategorien auftreten, nicht abzulesen. Die Auflistung der Kategorien in der Reihenfolge ihres Auftretens kann noch einmal genaueren Aufschluss über die Einbettung bestimmter Aktivitäten in das Unterrichtsgespräch geben. Folgende Kategorienfolgen können dabei besondere Beachtung finden:

Sind anhand der Balkendiagramme nennenswert viele Aktivitäten auf den Ebenen 2 und 3 aufgefallen, deren zugehörige Beiträge ebenfalls eine Begründung enthalten, so ist die Einbettung der entsprechenden Kategorienkurzbezeichnungen in den Gesprächsverlauf zu betrachten. Möglich ist z. B., dass sich solche Aktivitäten hauptsächlich in direkter Folge zu einzelnen Schülerbeiträgen zeigen, die dann vermutlich recht ausführlich evaluiert werden, es aber keine Phasen gibt, in denen die Schüler erst unter sich diskutieren und der Lehrer danach eine ausführliche, abschließende Bemerkung macht.

In Bezug auf ggf. auftretende Kategorien der Ebene 4 ist weiterhin zu überprüfen, inwiefern es durch Aufforderungen zu solchen Aktivitäten tatsächlich gelingt, die anderen am Diskurs Beteiligten auf dieses Niveau des Denkens zu heben. Möglich ist, dass solche Aufforderungen in der Regel ins Leere laufen. Möglich ist demgegenüber aber auch, dass sich metakognitive Aktivitäten auf der Ebene 4 zeigen, ohne dass im Vorfeld eine entsprechende Aufforderung erkennbar ist. In diesem Fall werden sie selbstständig geleistet.

Besondere Beachtung verdienen weiterhin argumentativ auftretende metakognitive Aktivitäten (erkennbar an einem *b* in der Kategorienkurzbezeichnung in Präfixposition), deren Beiträge zusätzlich mit Kategorien aus dem Bereich der Diskursivität ausgestattet sind. Analog zu den mit Begründungen einhergehenden Aktivitäten auf den Ebenen 2 und 3 ist auch hier zu untersuchen, ob sie gehäuft in vergleichbaren Kontexten auftreten.

Um in Bezug auf die kategorisierten negativ diskursiven Aktivitäten zu entscheiden, an welchen Stellen sie die Qualität des Diskurses auf welche Weise mindern können, sind sie ebenfalls im graphischen Profil zu betrachten. Vor allem dann, wenn Beiträge mit eigentlich hervorzuhebenden Aktivitäten (bspw. metakognitiven Aktivitäten auf der Ebene 4) auch durch Kategorien aus dem Bereich der Negativen Diskursivität gekennzeichnet sind, ist dies herauszuarbeiten.

Es besteht natürlich die Möglichkeit, dass auf Verstöße gegen eine diskursive Gesprächskultur erzieherisch oder strukturierend reagiert wird. In solch einem Fall wird ggf. thematisiert, dass derartige Vergehen einzustellen sind. Es wird evtl. festgelegt, worauf sich der Diskurs im Folgenden beziehen soll. Dementsprechend werden die Kategorien E und S aus dem Bereich der Diskursivität gesetzt. Tritt wenigstens eine dieser Kategorien auf, ist ihr Umfeld am graphischen Profil zu betrachten. Auch wenn das Profil nicht explizit Auskunft hierüber gibt, ist es in manchen Fällen möglich, Hinweise dahingehend zu bekommen, worauf sich die diskursiven Maßnahmen beziehen könnten. Derartiges liegt vor allem dann vor, wenn dem Beitrag mit wenigstens einer der Kategorien E oder S am Profil ein Beitrag vorausgeht, der eine Kategorie aus dem Bereich der Negativen Diskursivität erhalten hat. In solchen Situationen ist dann also eine am Diskurs beteiligte Person bemüht, den Gesprächsverlauf zu verbessern.

Abschließend sei bemerkt, dass die gerade angegebenen Abfolgen von Kategorien, die zur Einschätzung der Qualitätsdimensionen einzelner Aktivitäten und ihrer Einbettung in den Diskurs betrachtet werden sollen, nur als Beispiele zu verstehen sind. Da jede Szene eigene Charakteristika aufweisen kann, ist es durchaus möglich, dass in anderen Szenen andere auffällige Abfolgen von Kategorien auftreten. Die obigen Vorschläge erheben also keinen Anspruch auf Vollständigkeit.

4.4.6 Betrachtung der Schülerrolle und verschiedener Dimensionen, die zur Beurteilung der Qualität der metakognitiven Aktivitäten der Lernenden und der Qualität der Einbettung dieser Aktivitäten in den Unterrichtsdiskurs herangezogen werden

Auch in Bezug auf die Rolle der Schüler im Unterrichtsgespräch muss analog zum Vorgehen beim Lehrer zuerst nach zahlenmäßigen Bestätigungen für anhand der Musteranalyse gewonnene Eindrücke gesucht werden. Besonderes Augenmerk ist nun darauf zu legen, inwiefern die Schüler im Vergleich zum Lehrer und zu den Ergebnissen der anderen Szenen des Datensatzes in einem eher hohen oder niedrigen Anteil an allen Beiträgen metakognitive Aktivitäten zeigen und inwiefern sich vermuten lässt, dass sie diese Aktivitäten selbstständig erbringen. Für Letzteres kann das Verhältnis zwischen dem Anteil an Beiträgen, in dem der Lehrer auffordert, und jenem, in dem die Schüler metakognitive Aktivitäten zeigen, betrachtet werden.

Die Dimensionen zur Beurteilung der Qualität der metakognitiven Aktivitäten und der Qualität der Einbettung dieser Aktivitäten in den Unterrichtsdiskurs sind in Bezug auf die Schüler annähernd dieselben wie bei den Lehrern. Auch für die Schüleraktivitäten muss sich nun ein Überblick über die Ausprägung dieser Dimensionen verschafft werden. Dies geschieht in einem ersten Schritt erneut anhand der Balkendiagramme. Wieder müssen aber die so gewonnenen Eindrücke, die nur Vorurteile sein können, anschließend am graphischen Profil überprüft werden. Dazu kann nach ganz ähnlichen Abfolgen bzw. Kombinationen von Kategorien Ausschau gehalten werden, wie sie für den Lehrer bereits vorgestellt worden sind.

Aus den Gründen, die in Kapitel 4.4.4 schon angesprochen wurden, ist als bedeutendster Unterschied zum Vorgehen in Bezug auf den Lehrer für die Schüler die Selbstständigkeit, mit der die hier im Fokus der Aufmerksamkeit stehenden Aktivitäten erbracht werden, immer im Auge zu behalten. Dies kann, wie gerade bereits vorgeschlagen, unter quantitativen Gesichtspunkten geschehen, indem das Verhältnis zwischen dem Anteil an Aufforderungen durch den Lehrer und jenem an metakognitiven Aktivitäten der Schüler analysiert wird. Analoges ist möglich für die Betrachtung der Selbstständigkeit, mit der Begründungen vorgetragen werden. Diesbezüglich ist der Anteil an allen Beiträgen, in dem der Lehrer zu einer Begründung auffordert, jenem gegenüberzustellen, in dem metakognitive Aktivitäten der Schüler zusammen mit einer Begründung auftreten. Solch ein Vorgehen kann aber lediglich einen ersten Eindruck liefern, der unbedingt weiter zu prüfen ist. Seine Fehleranfälligkeit kommt vor allem dadurch zustande, dass es durchaus möglich ist, dass auf eine Aufforderung des Lehrers mehrere Schüler reagieren und sich nacheinander zu der Frage des Lehrers äußern. So kann anhand der Balkendiagramme der Eindruck entstehen, dass ein beachtlicher Teil der Aktivitäten selbstständig geäußert worden sein muss, was sich bei der Betrachtung des Videos aber nicht bestätigen wird. Das graphische Profil erlaubt diesbezüglich etwas zuverlässigere Schlüsse. Dies ist vor allem dann der Fall, wenn sich im Vorfeld einer metakognitiven Aktivität auf der Seite der Schüler keine passende Aufforderung auf der Seite des Lehrers zeigt. Da aber, wie bereits angesprochen, die Interaktionsstruktur an sich nicht kodiert wird, sind auch Schlüsse anhand des graphischen Profils mit Bedacht zu ziehen.

Ein weiterer Aspekt, der bei der Auswertung der schülerbezogenen Daten anders als bei den lehrerbezogenen Daten im Auge zu behalten ist, ist jener der Aufforderungen, die von Schülern geäußert werden. Die quantitativen Daten können zunächst Aufschluss darüber geben, ob Derartiges überhaupt auftritt. Anhand des graphischen Profils kann dann etwas über die Einbettung dieser Aktivitäten in den Diskurs ausgesagt werden. Grundsätzlich können Aufforderungen, die von Schülern kommen, ein Zeichen dafür sein, dass die Lernenden einen Teil ihres Lernprozesses selbst in die Hand nehmen und dafür sorgen, dass sich bei ihnen vorhandene kognitive Konflikte lösen, sie die Dinge also etwas besser verstehen. Dementsprechend hat dieser Aspekt ebenfalls etwas mit dem selbstständigen Agieren der Schüler zu tun.

4.4.7 Beantwortung der leitenden Fragen

In Kapitel 4.4.2 wurden Fragen angegeben, die nach der Abarbeitung der vier gerade vorgestellten Schritte zur Auswertung der Kodierungsdaten beantwortet werden müssen. Als übergeordnete Hauptfrage ist formuliert worden:

> **Auf welche Art und Weise** treten in dem betreffenden Unterrichtsgespräch **welche Arten von** metakognitiven Aktivitäten auf?

Präzisiert wurde diese Hauptfrage durch eine Ausdifferenzierung in sechs untergeordnete Fragen. Diese gilt es nun zu beantworten.

Selbstverständlich könnten die Antworten in Form von für jede Szene individuell angefertigten Texten gegeben werden. Dies hätte den Vorteil, dass sie exakt auf die jeweilige Situation im Unterricht zugeschnitten wären. Wie jedoch in Kapitel 2.4 vorgestellt worden ist, wird hier das Ziel verfolgt, dem Ergebnis der Auswertung der Kodierungsdaten ein Format zu verleihen, das Vergleiche ermöglicht und damit weiterführenden Auswertungsschritten förderlich ist. Letztlich ist es Ziel der Auswertung der Kodierungsdaten, die ver-

schiedenen analysierten Unterrichtsgespräche unter angemessener Reduzierung der Informationsfülle zu strukturieren, also eine Typologie zu entwickeln. Hierunter versteht Kluge (1999, S. 26f.) das Ergebnis eines Gruppierungsprozesses, bei dem ein Objektbereich anhand eines oder mehrerer Merkmale in Gruppen eingeteilt werde, sodass sich die Elemente innerhalb einer Gruppe möglichst ähnlich seien (interne Homogenität) und sich die Gruppen voneinander möglichst stark unterscheiden würden (externe Heterogenität). Mit dem Begriff Typus würden schließlich jene gebildeten Untergruppen bezeichnet, die gemeinsame Eigenschaften hätten und anhand der spezifischen Konstellation dieser Eigenschaften beschrieben und charakterisiert werden könnten.
Zur Verdeutlichung der Vorstellung, die bei der Bildung einer Typologie zugrunde liegen kann, greift Kuckartz (2010, S. 557, S. 564) in Anlehnung an andere auf einen n-dimensionalen Raum, einen Merkmalsraum von n Merkmalen, zurück. Die einzelnen Elemente des Objektbereichs sind als Punkte in diesen Merkmalsraum einzutragen. Im Idealfall sollen auf diese Weise Punktwolken entstehen, d. h. Bereiche, in denen viele Punkte dicht beieinander liegen. Verschiedene Punktwolken sollen durch das Vorhandensein erkennbarer Abstände voneinander unterschieden werden können. Die Elemente der Datenmenge, deren Punkte zu einer Punktwolke gehören, stehen schließlich demselben Typus nahe.
Die folgenden Überlegungen gehen nun davon aus, dass die Merkmale des Merkmalsraums durch die untergeordneten Leitfragen bestimmt werden. Nun legt es das Bild des n-dimensionalen Merkmalsraums nahe, die Antwortmöglichkeiten für die Leitfragen zu standardisieren und auf diese Weise verschiedene Ausprägungen des Merkmals zu unterscheiden. Eine solche Standardisierung birgt zwar immer die Gefahr, dass die Zeichnung eines möglichst komplexen und an der jeweiligen Szene individuell orientierten Bildes ins Hintertreffen gerät. Dafür können die Ergebnisse verschiedener Szenen aber besser verglichen werden.
Vor dem Hintergrund dieser Überlegungen wird im Folgenden der Weg über standardisierte Antworten für die aufgeworfenen Fragen gewählt. Die Menge dieser Antworten erhebt keinen Anspruch darauf, für jede denkbare Situation eine genau passende Variante bereitzuhalten. Ggf. muss eine Antwort gewählt werden, auch wenn sie auf die tatsächlich vorliegende Situation nicht voll zutrifft. Zudem sind die Antwortmöglichkeiten anhand einer begrenzten Menge von Kodierungsdatensätzen entwickelt worden. Es ist dementsprechend denkbar, dass für einzelne Studien Antwortformate ergänzt werden müssen, die bisher nie gebraucht wurden. Grundsätzlich darf die Zahl an möglichen Antworten auf eine Frage aber nicht zu groß werden. Dies würde die Bildung von Typen wieder erschweren. Es muss eine möglichst sinnvolle Informationsreduktion stattfinden.
Die Antwortmöglichkeiten für die einzelnen Fragen sind durchnummeriert. Als Ergebnis der Beantwortung entsteht für jede analysierte Szene ein Sechs-Tupel: Das Tupel hat sechs Stellen, da sechs Fragen zu beantworten sind. Die Einträge an den einzelnen Stellen entsprechen den Nummern der gewählten Antwortmöglichkeiten.
Die erste untergeordnete Leitfrage lautete:

I. „Grundlegende Merkmale“: Welches Bild zeigt sich bzgl. des Einsatzes metakognitiver Aktivitäten im Unterrichtsgespräch mit Blick auf grundlegende Merkmale des Aufbaus des Gesprächs?

Zur Beantwortung dieser Frage sind erstens die Ergebnisse der Betrachtung der auf Lehrer- und Schülerbeiträge entfallenden Unterrichtszeit heranzuziehen. Zu unterscheiden sind hier zunächst einmal zwei Fälle: In dem ersten sind die Anteile zu Gunsten der Lehrerbeiträge verschoben, in dem zweiten zu Gunsten der Schülerbeiträge. Der dritte denkbare Fall, bei dem überhaupt keine Tendenz in eine der beiden Richtungen auszumachen ist, ist unwahrscheinlich, vor allem dann, wenn im Zweifelsfall auch noch die Anzahl an Schüler- und Lehrerbeiträgen mitbeachtet wird. Für die beiden erstgenannten Fälle ist noch eine weitere Unterteilung sinnvoll, um Extreme zu identifizieren: Innerhalb des Falls, in dem die Gesprächsanteile zu Gunsten der Schüler verschoben sind, bilden die Klassen, in denen die Schüler mehr als doppelt so viel Unterrichtszeit mit ihren Beiträgen füllen, als der Lehrer es tut, eine eigene Untergruppe. Hier sind die Anteile deutlich zu Gunsten der Schüler verschoben. Analoges gilt für den Fall, in dem die Anteile zu Gunsten des Lehrers verschoben sind. Der Leser könnte sich über einen so angesetzten Schwellenwert wundern, schließlich finden sich in der Literatur Aussagen, die behaupten, dass der Lehrer in der Regel 60 bis 80 Prozent der Unterrichtsstunde selbst rede (vgl. Baptist und Winter, 2001, S. 66). So würde mit dem oben angegebenen Schwellenwert in Bezug auf eine Verteilung der Unterrichtszeit zu Gunsten der Lehrerbeiträgen kein Extrem gekennzeichnet. Für die Arbeit mit dem hier vorgestellten System hat sich der genannte Schwellenwert dennoch zunächst einmal als vernünftig erwiesen, was vor allem dadurch bedingt sein mag, dass mit diesem Verfahren keine ganzen Unterrichtsstunden analysiert werden, sondern lediglich Klassengesprächsphasen.

Zweitens ist das Ergebnis der Analyse des graphischen Profils bzgl. des Auftretens von Mustern zu betrachten. Tritt hier mindestens zwei Mal Muster A auf, so ist diese Tatsache mit besonderer Beachtung zu behandeln. Gleiches gilt für das mindestens zweimalige Auftreten des Musters D. Sollte keiner dieser beiden Fälle vorliegen, wird der Schwerpunkt der Verteilung bei den Mustern B1, B2 und C zu finden sein. Kann hier nicht sofort ein schwerpunktmäßig vorliegendes Muster identifiziert werden, muss für den betrachteten Datensatz die Aussage stehen bleiben, dass die aufgetretenen Muster die Muster B1, B2 und C sind, ohne Schwerpunktsetzung.

In Ergänzung zu der Betrachtung der am graphischen Profil identifizierten Muster sollen auch die Ergebnisse der Betrachtung der quantitativ orientierten Darstellungen der Kodierungsdaten miteinbezogen werden, die zur Überprüfung und Festigung der Eindrücke eingeholt werden sollten.

Die nun erhaltenen Informationen lassen sich auf verschiedene Weise zu Antwortmöglichkeiten auf die oben gestellte Frage kombinieren. Hier stehen vier Antwortmöglichkeiten zur Verfügung. An dieser Stelle sei noch einmal daran erinnert, dass bei einer Zuordnung einer Klasse zu einer der im Folgenden aufgeführten Antwortmöglichkeiten nicht immer alle Merkmale erfüllt sein müssen. Es ist die passendste Möglichkeit zu suchen, mindestens aber ein Schwankungsbereich anzugeben.

1. Metakognitive Aktivitäten werden, wenn überhaupt, dann ausschließlich vom Lehrer ausgeübt, der auch einen deutlich überwiegenden Anteil der Unterrichtszeit für seine Beiträge beansprucht.
   Wenn es also eine Ambition des Lehrers gibt, die Schüler an metakognitive Denkprozesse heranzuführen, dann ist dies dahingehend noch nicht gelungen, dass die Schüler keine Anstalten machen, die erforderlichen Aktivitäten für einen Beobachter wahrnehmbar zu übernehmen.

2. Metakognitive Aktivitäten werden nicht nur vom Lehrer, sondern auch von den Schülern ausgeübt. Dabei beansprucht der Lehrer einen immer noch überwiegenden Anteil der Unterrichtszeit für seine Beiträge. Er nutzt seine metakognitiven Aktivitäten häufig, um Stellung zu Schülerbeiträgen zu beziehen. Zudem fordert er die Schüler auf, metakognitiv aktiv zu werden. Das Verhältnis zwischen den Daten bzgl. seines Aufforderungsverhaltens und bzgl. seiner selbst durchgeführten Aktivitäten ist nicht deutlich zu Gunsten der Aufforderungen verschoben. Die Schüler zeigen sich schwerpunktmäßig in der Folge von Aufforderungen des Lehrers metakognitiv aktiv.
   Metakognitive Aktivitäten werden also sowohl von dem Lehrer als auch von den Schülern gezeigt. Allerdings nutzt der Lehrer viele Gelegenheiten zum Einsatz metakognitiver Aktivitäten selbst und gibt sie nicht an die Schüler ab. Es ist kaum wahrnehmbar, dass die Schüler auch selbstständig metakognitiv aktiv werden.

3. Wieder werden metakognitive Aktivitäten sowohl vom Lehrer als auch von den Schülern ausgeübt. Dabei beanspruchen nun aber die Schüler einen überwiegenden Anteil der Unterrichtszeit für ihre Beiträge. Der Lehrer nutzt nur selten eigene metakognitive Aktivitäten, um Stellung zu Schülerbeiträgen zu beziehen. Häufig fordert er die Schüler aber zu metakognitiven Aktivitäten auf, sodass das Verhältnis zwischen den Daten bzgl. seines Aufforderungsverhaltens und bzgl. seiner selbst durchgeführten Aktivitäten deutlich zu Gunsten der Aufforderungen verschoben ist. Die Schüler zeigen sich weiterhin schwerpunktmäßig in der Folge von Aufforderungen des Lehrers metakognitiv aktiv. Evtl. zeigen sich auch auf ihrer Seite ebenfalls Aufforderungen.
   Auch hier wird das Unterrichtsgespräch sowohl von den Schülern als auch vom Lehrer zum Einsatz metakognitiver Aktivitäten genutzt. Der Lehrer forciert dies bei den Schülern dadurch, dass er viele Gelegenheiten nicht selbst wahrnimmt, sondern an die Lernenden abgibt. Was fehlt ist ein für den Beobachter wahrnehmbares, selbstständiges Durchführen metakognitiver Aktivitäten der Schüler.

4. Wieder werden metakognitive Aktivitäten sowohl vom Lehrer als auch von den Schülern ausgeübt. Die Verteilung der Unterrichtszeit ist nun aber deutlich zu Gunsten der Schülerbeiträge verschoben. Die Lernenden äußern sich immer wieder über längere Phasen hinweg ohne Einmischung des Lehrers und zeigen dabei metakognitive Aktivitäten. Der Lehrer zeigt diese nur selten selbst. Er konzentriert sich auf

das Auffordern der Schüler hierzu, zeigt auch dieses Aufforderungsverhalten aber im Vergleich zum Auftreten von metakognitiven Aktivitäten der Schüler selten. Die Schüler zeigen sich regelmäßig auch ohne vorangehende, passende Aufforderung des Lehrers metakognitiv aktiv. Zudem formulieren auch sie Aufforderungen.
Hier nutzen die Schüler das Unterrichtsgespräch auch selbstständig zum Einsatz metakognitiver Aktivitäten. Sie zeigen diese Aktivitäten also für den Beobachter wahrnehmbar, auch ohne dass der Lehrer sie dazu aufgefordert hat.

Die zweite untergeordnete Leitfrage lautete:

> II. „Metakog. Akt. und Begründungen": Welches Bild zeigt sich bzgl. des Auftretens von metakognitiven Aktivitäten in Kombination mit Begründungen?

Zur Beantwortung dieser Frage sind die Ergebnisse der Analyse der Kodierungsdaten bzgl. des Auftretens von Begründungen heranzuziehen. Die Erfahrung zeigt, dass die Antwortmöglichkeiten den Fall vorsehen müssen, dass in einem Unterrichtsgespräch keine oder kaum metakognitive Aktivitäten in Kombination mit Begründungen gezeigt werden. Derartiges tritt durchaus auf. Auch für den Fall, dass die hier im Fokus stehende Kombination auftritt, sollen aber ausreichend Differenzierungsmöglichkeiten zur Verfügung stehen. Zunächst einmal muss hier unterschieden werden, ob sie auf der Seite des Lehrers oder vor allem auch bei den Schülern auftritt. Für die Schüler macht es dann Sinn, weiter zu unterscheiden, ob sie selbstständig agieren und ob sie durch ihre metakognitiven Aktivitäten kombiniert mit Begründungen schwerpunktmäßig auf nicht Schülerbeeinflusstes reagieren oder hiermit Schülerideen weiter vorantreiben. Natürlich ist es denkbar, an dieser Stelle auch metakognitive Aktivitäten auf der Ebene 4 zusammen mit Begründungen in Betracht zu ziehen. Da diese metakognitiven Aktivitäten aber sehr selten auftreten, soll auf eine solche Differenzierung an dieser Stelle verzichtet werden.
Folgende Antwortmöglichkeiten stehen zur Verfügung:

1. Sowohl auf der Seite des Lehrers als auch bei den Schülern treten entweder keine metakognitiven Aktivitäten kombiniert mit Begründungen auf oder dies geschieht nur vereinzelt. Damit bleiben die auf metakognitiver Ebene getroffenen Aussagen in der Regel als Behauptungen stehen.

2. Auf der Seite des Lehrers treten immer wieder metakognitive Aktivitäten zusammen mit Begründungen auf. Sollte sich die entsprechende Kategorienkombination auch für die Schüler zeigen, so folgt sie in der Regel einem Lehrerbeitrag, der entsprechend einer Aufforderung zur Begründung kategorisiert ist. Es ist also nicht davon auszugehen, dass die Schüler die Begründungen selbstständig erbringen.

3. Auf der Seite der Schüler treten immer wieder metakognitive Aktivitäten zusammen mit Begründungen auf. Dabei ist davon auszugehen, dass die Begründungen von den Schülern auch selbstständig erbracht werden. Die metakognitiven Aktivitäten,

mit denen die Begründungen einhergehen, verbleiben allerdings überwiegend auf der Ebene 1.

4. Erneut treten auf der Seite der Schüler immer wieder metakognitive Aktivitäten zusammen mit Begründungen auf. Dabei ist wieder davon auszugehen, dass die Begründungen von den Schülern auch selbstständig erbracht werden. Die metakognitiven Aktivitäten, mit denen die Begründungen einhergehen, sind nun allerdings überwiegend auf den Ebenen 2 und 3 angesiedelt.

Die dritte untergeordnete Leitfrage lautete:

> III. „Diskursivität“: Welches Bild zeigt sich bzgl. des Einsatzes diskursiver Aktivitäten im Unterrichtsgespräch?

Zur Beantwortung dieser Frage sind die Ergebnisse der Analyse der kodierten diskursiven Aktivitäten heranzuziehen. Auch hier zeigt die Erfahrung, dass die Antwortmöglichkeiten eine Spanne abdecken müssen, die von dem Fall, bei dem kaum diskursive Aktivitäten auftreten, bis zu dem Fall reicht, bei dem sich vor allem auch die Schüler durch ein besonderes Bemühen um diskursive Aktivitäten auszeichnen. Beide Extrema treten nämlich auf.
Des Weiteren stellt sich die Frage, inwiefern die gesamte Ausdifferenziertheit, mit der diskursive Aktivitäten erhoben werden, über die zu entwickelnden Antwortmöglichkeiten ausgenutzt werden soll. Auch wenn die Ausdifferenziertheit für die Auswertung einzelner Szenen anhand eines graphischen Profils hilfreich sein mag, ist hier dafür zu sorgen, die Antwortmöglichkeiten auf eine sinnvolle Anzahl zu begrenzen. Es scheint vernünftig, nicht mehr zwischen den drei verschiedenen Verankerungsarten zu unterscheiden. Diesbezüglich ist vielmehr das Gesamtbild zu betrachten. Strukturierungs- und Erziehungsmaßnahmen bedürfen hingegen schon noch eines gesonderten Blicks.
Es sind folgende Antwortmöglichkeiten gewählt worden:

1. Sowohl auf der Seite des Lehrers als auch bei den Schülern treten keine oder kaum diskursive Aktivitäten auf. Falls kaum diskursive Aktivitäten auftreten sind insbesondere die Kategorien S und E nicht darunter. Damit wird das Unterrichtsgespräch für eine Heranführung an den Einsatz diskursiver Aktivitäten nicht genutzt.

2. Sowohl auf der Seite des Lehrers als auch bei den Schülern zeigen sich diskursive Aktivitäten. Es können auf beiden Seiten sehr wenige sein, unter denen sich aber mindestens eine der Kategorien S oder E befindet, oder die diskursiven Aktivitäten konzentrieren sich in nennenswerter Häufigkeit beim Lehrer, die Schüleraktivitäten bleiben deutlich dahinter zurück.
   In diesem Fall besteht sehr wohl die Ambition, diskursive Aktivitäten einzusetzen. Allerdings gelingt dies noch nicht in zufriedenstellender Weise. Entweder sind nur wenige Aktivitäten vorhanden, darunter aber hochrangige, sodass ein Bemühen um Diskursivität nicht geleugnet werden kann. Oder das Bemühen um Diskursivität ist

vor allem von den Schülern noch nicht in bemerkenswerter Weise angenommen worden.

3. Wieder zeigen sich sowohl auf der Seite des Lehrers als auch bei den Schülern diskursive Aktivitäten. Vor allem die Schüler fallen dabei durch ihr diskursives Bemühen auf, das sich dadurch äußert, dass sie ihre Beiträge sehr regelmäßig verankern. Ggf. zeigen sich sogar auf ihrer Seite die Kategorien S und/oder E.
In diesem Fall zeigen also gerade die Schüler viele diskursive Aktivitäten. In der Regel wird dann auch der Lehrer einige dieser Aktivitäten durchführen oder sie einfordern. Sein Verhalten ist in diesem Fall aber nicht ausschlaggebend.

Die vierte untergeordnete Leitfrage lautete:

IV. „Debatten": Inwiefern sind Debatten unter Schülern erkennbar?

Wie in Kapitel 4.4.2 bereits angesprochen, konzentriert sich diese Frage auf Unterrichtssituationen, in denen die Schüler aufeinander folgend auch zu Schülerideen Stellung nehmen und dies in argumentativer Form und diskursiv verankert geschieht. Die Erfahrung zeigt, dass Derartiges nicht besonders häufig auftritt. Dementsprechend sollte zur Beantwortung dieser Frage ebenfalls eine abgeschwächte Form solch einer Debatte mit in Betracht gezogen werden. Diese liegt dann vor, wenn die Schüler metakognitive Aktivitäten mit Begründungen verbinden und ihre Beiträge auch verankern, dies aber nicht über eine längere Gesprächsphase ohne Einmischung des Lehrers in das Gespräch durchhalten. Um auch Lehrerbeiträgen gerecht werden zu können, in denen metakognitive Aktivitäten kombiniert werden mit Begründungen und diskursiven Aktivitäten, wird ebenfalls die Möglichkeit in Betracht gezogen, dass sich eine solch abgeschwächte Form der Debatte allein auf der Seite des Lehrers zeigt. Ein Antwortformat, das diese Informationen bereithält, kann besonders dann wichtig werden, wenn ein Unterrichtsgespräch vorliegt, in dem der Lehrer zwar vorbildhaft agiert, die Schüler Entsprechendes aber (noch) nicht in ihren Habitus integriert haben.
Wie ebenfalls in Kapitel 4.4.2 schon ausgeführt, müssen zur Beantwortung dieser Frage viele verschiedene Informationen herangezogen werden. Erstens spielen die Ergebnisse der Analyse des graphischen Profils bzgl. des Auftretens von Mustern eine Rolle. Debatten unter Schülern ziehen das Auftreten des Musters D nach sich. Allerdings kann aus dem Auftreten des Musters D nicht ohne Weiteres auf das Vorliegen von Debatten unter Schülern geschlossen werden. Hierzu ist erst noch ein Blick auf verschiedene Dimensionen der Qualität der metakognitiven Aktivitäten und der Qualität ihrer Einbettung in den Diskurs zu werfen. Diskursive Aktivitäten und das Auftreten von Begründungen müssen mit in den Blick genommen werden.
Folgende Antwortmöglichkeiten stehen für die vierte Leitfrage zur Verfügung:

1. Es gibt keine Phasen, die den Kriterien für das Vorliegen einer Debatte unter Schülern entsprechen. Auch gibt es sowohl auf Lehrer- als auch auf Schülerseite keine oder nur wenige Situationen, die den oben beschriebenen abgeschwächten Kriterien

entsprechen. Dies bedeutet, dass keine oder kaum Begründungen zusammen mit metakognitiven und diskursiven Aktivitäten auftreten.

2. Wieder gibt es keine Phasen, die den Kriterien für das Vorliegen einer Debatte unter Schülern entsprechen. Es liegen aber schon Situationen vor, die den abgeschwächten Kriterien entsprechen. Allerdings gilt dies lediglich bezogen auf den Lehrer. Er äußert sich also nennenswert oft metakognitiv, argumentativ und verankert seine Beiträge im Diskurs, während die Schüler Derartiges kaum zeigen.

3. Wieder gibt es keine Phasen, die den Kriterien für das Vorliegen einer Debatte unter Schülern entsprechen. Es liegen allerdings auf der Schülerseite einige Situationen vor, die den abgeschwächten Kriterien entsprechen. Sie sind mit nennenswerter Häufigkeit vertreten.

4. Es liegen Phasen vor, die den Kriterien einer Debatte unter Schülern entsprechen.

Die fünfte untergeordnete Leitfrage lautete:

> V. „Negative Diskursivität“: Inwiefern wird das Gespräch durch negativ diskursive Aktivitäten gestört?

Zur Beantwortung dieser Frage ist die Auswertung der Kodierungsdaten zur Negativen Diskursivität heranzuziehen. Wünschenswert ist diesbezüglich, dass in dem betreffenden Unterrichtsgespräch keine oder nur wenige negativ diskursive Aktivitäten auffällig werden. In den meisten Gesprächen ist dies jedoch nicht der Fall. Dementsprechend ist zu überlegen, wie die Antwortmöglichkeiten zu der fünften Leitfragen gewählt werden sollten, damit einerseits auch in Fällen, in denen das Unterrichtsgespräch durch negativ Diskursives gestört wird, Möglichkeiten zur Differenzierung bleiben, andererseits aber auch nicht zu detailorientiert geantwortet wird. Letzteres wäre aufgrund der weiten Ausdifferenzierung der Kategorien zur Negativen Diskursivität zwar möglich. Es würde die Vergleichbarkeit der Analyseergebnisse aber beeinträchtigen.
In einem nicht wünschenswerten Fall treten Kategorien aus dem Bereich der Negativen Diskursivität in großer Anzahl auf. Dabei können sich aber ganz verschiedene Arten von Vergehen zeigen. Die Frage ist nun, ob eine Unterrichtsszene, in der die Kategorie ND1 sehr häufig gesetzt worden ist, bei der Beantwortung der fünften Leitfrage anders bewertet werden muss, als eine Unterrichtsszene, in der weniger häufig bspw. die Kategorien ND4, ND6 und/oder gar ND7 auftreten. Obwohl damit viele vorliegende Detailinformationen keine Beachtung mehr finden, ist hier entschieden worden, dass vor allem ein gehäuftes Auftreten von negativ diskursiven Aktivitäten Beachtung findet, nicht vorrangig Einzelfälle. Welche Art von Verstoß auftritt, ist zwar für die Analyse einzelner Situationen am graphischen Profil enorm aussagekräftig, wird hier aber als zweitrangig betrachtet. Dies liegt daran, dass die Beantwortung dieser fünften Leitfrage lediglich dazu dienen soll, Auskunft darüber zu geben, inwiefern es Verbesserungsbedarf in der Gesprächsführung

gibt. Wo die Verbesserungen im Detail ansetzen müssen, soll hier keine Beachtung finden. Mit in die Überlegungen zur Wahl der Antwort sollten aber schon Beobachtungen dahingehend einfließen, dass ein Bemühen erkennbar wird, Verstöße zu verhindern bzw. im Nachhinein zu korrigieren, und zwar in der Regel durch Maßnahmen zur Erziehung zum Diskurs. Derartiges muss im Rahmen der Abarbeitung der verschiedenen Punkte des Regelwerkes mitbetrachtet werden.

Mit den gerade genannten Festsetzungen dessen, was in die Beantwortung der fünften Leitfrage miteinfließen soll, bleibt nun noch die Möglichkeit, zu unterscheiden, ob sich entweder bei den Schülern oder bei dem Lehrer ein Schwerpunkt bzgl. des Auftretens von negativ diskursiven Aktivitäten ausmachen lässt. In einem Unterrichtsgespräch, in dem sie weder im Fokus des Lehrers noch der Schüler liegen, werden sie auf beiden Seiten auftreten. Vor allem in dem Fall, in dem der Lehrer das Gespräch maßgeblich trägt, dadurch dass er viel Unterrichtszeit mit eigenen Beiträgen füllt, ist es denkbar, dass sich negativ Diskursives vor allem bei ihm häuft. Die Schüler haben dann schließlich gar nicht so viele Möglichkeiten, den Diskurs zu stören. Analoges gilt für den Fall, in dem die Schüler das Gespräch maßgeblich tragen.

Vor dem Hintergrund dieser Überlegungen sind folgende Antwortmöglichkeiten ausgewählt worden:

1. Negativ diskursive Aktivitäten stören sowohl Lehrer- als auch Schülerbeiträge in nennenswerter Form. Es ist kaum ein Bemühen erkennbar, negativ Diskursivem entgegenzuwirken.

2. Nur der Lehrer zeigt negativ diskursive Aktivitäten in nennenswerter Ausprägung. Es ist kaum ein Bemühen erkennbar, negativ Diskursivem entgegenzuwirken.

3. Nur die Schüler zeigen negativ diskursive Aktivitäten in nennenswerter Ausprägung. Es ist kaum ein Bemühen erkennbar, negativ Diskursivem entgegenzuwirken.

4. Negativ diskursive Aktivitäten stören den Diskurs in nennenswerter Form. Dabei lässt sich aber in mehreren Situationen die Vermutung begründen, dass negativ Diskursivem entgegengewirkt wird.

5. Keine der beiden am Gespräch beteiligten Seiten zeigt negativ diskursive Aktivitäten in nennenswerter Ausprägung.

Die sechste untergeordnete Leitfrage lautete:

> VI. „Ausprägung metakog. Akt.“: Welche Ausprägungen metakognitiver Aktivitäten treten in dem Unterrichtsgespräch auf?

Zur Beantwortung dieser Frage sind vorrangig die Ergebnisse der Auswertung der Kodierungsdaten heranzuziehen, die sich auf die Ebenen 1, 2, 3 und 4 konzentrieren. Der aufmerksame Leser mag dies vermutet haben, schließlich zielt auch die Analyse der Kodierungsdaten lediglich auf diese Informationen ab. Eine Betrachtung der metakognitiven

Aktivitäten nach Planungs-, Monitoring- und Reflexionsaktivitäten bleibt weitgehend aus, obwohl, allein der sechsten Leitfrage nach zu urteilen, auch Informationen hierüber in eine Antwort einfließen könnten. Die Erfahrung zeigt allerdings, dass das Auftreten von Planungs-, Monitoring- oder Reflexionsaktivitäten deutlich durch die Art der der Szene zugrunde liegenden Aufgabenstellung beeinflusst wird. Dabei lässt sich unter den drei verschiedenen Arten von Aktivitäten keine Wertrangfolge begründen. In der Regel ist es wohl positiv zu bewerten, wenn Monitoring- und Reflexionsaktivitäten in ggf. unregelmäßigem Wechsel auftreten. Zu beachten bleibt dabei, dass viele begründete Monitoringaktivitäten in ihrem Begründungsteil eine Reflexionsaktivität enthalten, die aber gemäß den Kodierregeln nicht extra gekennzeichnet wird. Planungsaktivitäten sind nicht in jeder Situation zu erwarten. Kurz: Eine Analyse der Kodierungsdaten mit dem Fokus auf der Unterscheidung zwischen Planungs-, Monitoring- und Reflexionsaktivitäten erscheint zur Beantwortung der sechsten Leitfrage und letztendlich auch für die Beantwortung der Frage nach der Art der Ausprägung einer metakognitiv-diskursiven Unterrichtskultur nicht besonders aussagekräftig. Eine Ausnahme mag die Situation bilden, bei der überhaupt keine Monitoringaktivitäten auftreten. Dann findet keine kritische Auseinandersetzung mit dem Thematisierten statt, was in kaum einer denkbaren Situation sinnvoll sein kann. Außer Frage steht insgesamt aber schon, dass die Erhebung der Information, ob eine Planungs-, Monitoring- oder Reflexionsaktivität vorliegt, unverzichtbar ist. Vor allem die Analyse des graphischen Profils würde ohne diese Information deutlich schwieriger. Da wesentliche Beschreibungen der in den Beiträgen jeweils wahrnehmbaren metakognitiven Aktivitäten fehlen würden, wäre der Verlauf der Kommunikation am graphischen Profil kaum rekonstruierbar.

Vor dem Hintergrund dieser Überlegungen thematisieren die folgenden Antwortmöglichkeiten auf die sechste Leitfrage hauptsächlich die Frage nach den Ebenen 1, 2, 3 oder 4:

1. Weder der Lehrer noch die Schüler fallen überhaupt durch metakognitive Aktivitäten auf. Die Frage nach den Arten von metakognitiven Aktivitäten erübrigt sich daher.

2. Allein der Lehrer zeigt metakognitive Aktivitäten in nennenswertem Ausmaß. Diese erreichen dabei auch die Ebene 4.

3. Auch die Schüler üben in nennenswertem Ausmaß metakognitive Aktivitäten aus. Die meisten dieser Aktivitäten sind der Ebene 1 zugeordnet, Ebene 4 tritt nicht auf.

4. Wieder üben auch die Schüler in nennenswertem Ausmaß metakognitive Aktivitäten aus. Die meisten metakognitiven Aktivitäten der Schüler sind einer der Ebenen 2 oder 3 zugeordnet, Ebene 4 tritt nicht auf.

5. Wieder üben auch die Schüler in nennenswertem Ausmaß metakognitive Aktivitäten aus. Auf der Seite der Schüler liegt mindestens eine metakognitive Aktivität der Ebene 4 vor.

Ein abschließender Hinweis sei noch erlaubt: In den angegebenen Antwortmöglichkeiten sind häufig Wörter wie „kaum“ oder „in nennenswertem Ausmaß“ genutzt worden. Solche Formulierungen verhindern, dass Schwellenwerte festgezurrt werden müssen, was das Finden der geeigneten Antwortmöglichkeit auf eine Frage für einen vorliegenden Datensatz vereinfachen würde. Dafür lassen diese Formulierungen jedoch Spielräume offen. Aus folgendem Grund ist dies hier bewusst so angelegt worden: Die Angabe von Schwellenwerten muss sinnvoll begründet werden. Dies wäre z. B. dadurch möglich, dass entsprechende Informationen aus der Literatur gesucht, d. h. Ergebnisse anderer Forschergruppen herangezogen würden. Dem Autoren dieser Arbeit ist jedoch keine Forschergruppe bekannt, die sich in ihren theoretischen Überlegungen und ihren darauf aufbauenden Studien auf ähnliche Aspekte konzentriert, wie hier geschehen. Dementsprechend ist nicht zu erwarten, dass die Literatur Informationen enthält, die in Form von Schwellenwerten für die hier anvisierten Zwecke sinnvoll übertragen werden könnten. Es bestände also lediglich die Möglichkeit, auf den eigenen Vorrat an Kodierungsergebnissen zurückzugreifen. Dieser ist aber zum jetzigen Zeitpunkt noch nicht so ausgereift, dass Schwellenwerte auf seiner Basis sinnvoll begründbar wären. Dementsprechend wird hier mit zunächst „schwammigen“ Grenzen gearbeitet. Sie sind im Rahmen des jeweils vorliegenden Satzes von Kodierungsdaten mehrerer Szenen zu schärfen.

Kapitel 5

Erprobung des videobasierten Analyseinstruments (vAMeDU)

5.1 Vorbemerkungen

Während das vorangehende Kapitel vor allem dazu diente, das vAMeDU vorzustellen sowie seine Anwendung zu beschreiben, wird sich der Fokus nun auf seine Erprobung richten.

Im Folgenden wird das für diese Erprobung erhobene Datenmaterial zunächst vorgestellt (vgl. Kapitel 5.2). Ausführungen zu Gütekriterien schließen sich in Abschnitt 5.3 an. Der Kodierprozess selbst kann aufgrund seiner Videogestütztheit an dieser Stelle nicht dokumentiert werden, schon aber die Auswertung der Kodierungsdaten. Kapitel 5.4 enthält dementsprechende Ausführungen, die zugleich der Demonstration der Anwendung des regelgeleiteten Auswertungsverfahrens (vgl. Kapitel 4.4) dienen. Zudem wird eine auf der Basis der Ergebnisse des Analyseprozesses vorgenommene Gruppen- und schließlich Typenbildung vorgestellt. Das Kapitel schließt in Abschnitt 5.6 mit einer kritischen Betrachtung des videobasierten Analyseverfahrens.

5.2 Das Datenmaterial

Insgesamt liegen der im Folgenden berichteten Erprobung des entwickelten Kategoriensystems Unterrichtsstunden in acht verschiedenen gymnasialen siebten Klassen zugrunde. Zwei der acht Klassen werden dabei von demselben Lehrer unterrichtet. Videographiert wurde an vier verschiedenen Schulen in der Südhälfte Niedersachsens.

Von den sieben Lehrern sind drei schon einmal an einem Projekt beteiligt gewesen, in dem die Analyse des eigenen Unterrichts bezüglich metakognitiver und diskursiver Aktivitäten im Zentrum der Aufmerksamkeit stand. Diese Lehrer haben damit ein ungefähres Wissen darüber, unter welchen Gesichtspunkten ihre Unterrichtsstunden später analysiert werden.

Von jeder der acht Klassen liegen zwei Unterrichtsstunden videographiert vor. Es ist kein

Wert darauf gelegt worden, die Stunden in einem jeweils konstanten zeitlichen Abstand voneinander zu videographieren. Teilweise folgen sie direkt aufeinander, allerdings ohne Doppelstunden zu sein, und teilweise fanden nicht videographierte Mathematikstunden zwischen den beiden Aufzeichnungen statt.

Den Lehrern wurden für die videographierten Unterrichtsstunden kaum Vorgaben gemacht. Ziel war es, den Unterrichtsgang durch die Videoaufnahmen so wenig wie möglich zu stören. Die Lehrer sollten möglichst ihren alltäglichen Unterricht zeigen. Dementsprechend wird in den aufgezeichneten Unterrichtsstunden auch kein einheitliches Thema behandelt. Während in 11 der 16 vorliegenden Stunden lineare Funktionen besprochen werden, konzentriert sich der Unterricht in zwei Stunden auf Flächeninhalts- und Volumenberechnungen an Vielecken, in zwei weiteren Stunden auf Kongruenzsätze für Dreiecke und in einer letzten Stunde auf Anfänge in der Wahrscheinlichkeitsrechnung. In Bezug auf den Ablauf ist den Lehrern lediglich mitgeteilt worden, dass sie sich um mindestens zwei Klassengesprächsphasen von je mindestens fünf Minuten Dauer pro Stunde bemühen sollten. Diese beiden Phasen sollten des Weiteren durch eine Phase unterbrochen werden, in der die Schüler in einer anderen Sozialform arbeiten. Keiner der Lehrer hatte etwas gegen diese Vorgabe einzuwenden. Alle zeigten sich zuversichtlich, sie relativ problemlos erfüllen zu können.

Wichtig zu erwähnen ist zudem, dass das Videodatenmaterial bewusst am Ende des Schuljahres 2009/2010 erhoben wurde. Dadurch ist gewährleistet, dass Schüler und Lehrer sich schon über einen längeren Zeitraum hinweg kennen und zusammen arbeiten. Die Schüler sollten an die Art des Lehrers, Klassengespräche zu führen, also gewöhnt sein und sich nicht auf etwas Neues einstellen müssen.

Neben den Videoaufzeichnungen liegen des Weiteren von den Schülern der videographierten Klassen ausgefüllte Fragebögen (vgl. Anhang E) vor. Hier schätzen die Schüler Aspekte des Vorliegens einer metakognitiv-diskursiven Kultur in ihrem Mathematikunterricht ein. In dieser Arbeit werden diese Fragebogendaten als Außenkriterium genutzt, um zu Einschätzungen der Validität der mit dem vAMeDU erzielten Ergebnisse kommen zu können (vgl. Kapitel 5.5).

5.3 Gütekriterien

5.3.1 Vorbemerkungen

Qualitativ orientierte Forschungsansätze werden regelmäßig wegen ihrer kaum kontrollierbaren Ergebnisse kritisiert. Dabei ist es jedoch falsch, zu behaupten, dass in diesem Bereich keine Kriterien angesetzt werden, um die Güte der Ergebnisse zu garantieren. Für seine Verfahren der Qualitativen Inhaltsanalyse, auf die hier Bezug genommen wird, weil sie ebenfalls durch den Einsatz von Kategoriensystemen maßgeblich geprägt sind, betont Mayring (2010a, S. 603) den besonderen Wert, der auf ein systematisches, regelgeleitetes Vorgehen gelegt wird. So sollen die intersubjektive Nachvollziehbarkeit gefördert und allzu freien Interpretationen vorgebeugt werden. In Bezug auf die klassischen Gütekriterien führt Mayring (2010b, S. 116) zudem die Reliabilität und die Validität an. Die Reliabilität wird bei inhaltsanalytischem Vorgehen dabei regelmäßig über die Intercoderreliabilität bestimmt. Diesem Hinweis folgend werden in Kapitel 5.3.2 die Ergebnisse einer Untersuchung der Übereinstimmung zweier Kodierer bzw. Auswerter vorgestellt.

Die Validität wird im Folgenden schwerpunktmäßig mit Bezug auf die Ergebnisse der Auswertung der Kodierungsdaten betrachtet. Erste Bemerkungen hierzu werden in Kapitel 5.3.3 ausgeführt. Da die Aspekte, die zur Betrachtung von Validitätsfragen herangezogen werden sollen, jedoch auf Informationen zurückgreifen, die erst in Kapitel 5.4 vorgestellt werden, wird das Kapitel zur Validität in Abschnitt 5.5 fortgesetzt.

5.3.2 Untersuchung zur Beurteilerübereinstimmung

Im Rahmen der hier beschriebenen Erprobung des vAMeDU ist auch eine Überprüfung der Beurteilerübereinstimmung durchgeführt worden. Das Resultat einer solchen Überprüfung muss Beachtung finden vor dem Hintergrund, dass das Ergebnis eines Kodierprozesses oder allgemein einer Datenauswertung zunächst einmal nicht auf einen speziellen Kodierer oder Auswerter rückführbar sein sollte. Nach Wirtz und Caspar (2002, S. 15) sollten Rater austauschbar sein. Dann könne von einer hohen Präzision des Urteils eines Raters ausgegangen werden. In diesem Fall sei es also insbesondere nicht notwendig, Einschätzungen von mehreren Kodierern einzuholen.

Obwohl derartige Überlegungen zunächst einmal dafür sprechen, der Beurteilerübereinstimmung Beachtung zu schenken, so wird sie dennoch auch kritisch betrachtet: Gerade wenn das Analyseverfahren auch hoch-inferente Urteile erfordert, die Interpretationen durch den Beurteiler voraussetzen, ist nicht zu erwarten, dass es zu einer völligen Übereinstimmung im Urteil kommt (vgl. Mayring, 2008, S. 12f.). Auch besteht das Problem, dass bestimmte Urteile wohl nur von bestimmten Personen, nämlich Experten auf einem Gebiet, zuverlässig gefällt werden können. Ein typisches Training von zunächst eher wenig qualifizierten Personen kann dann nicht ausreichend sein. Häufig mag sich der Grad der Übereinstimmung aber dadurch steigern lassen, dass Unterscheidungen herausgenommen oder interpretative Anteile gekürzt werden. Damit gehen allerdings auch Informationen über das Datenmaterial verloren, die evtl. sehr aussagekräftig sind: „Je differenzierter und umfangreicher das Kategoriensystem, desto schwieriger ist es, eine hohe Zuverlässigkeit der Resultate zu erzielen, obwohl gleichzeitig die inhaltliche Aussagekraft einer Untersuchung steigen kann.“ (Ritsert, 1972, S. 70)

Die Beurteilerübereinstimmung im Kodierprozess

Vor dem Hintergrund des Zwiespalts, für eine Forschungsarbeit einerseits die Erfüllung gewisser Gütekriterien zu fordern, dadurch andererseits aber keine zu starken Einschränkungen hinnehmen zu wollen, werden in der Literatur für qualitativ orientierte Forschungsansätze verschiedene Verfahren vorgeschlagen, um die Beurteilerübereinstimmung im Kodierprozess zu messen. Sie decken eine Spanne von sehr „weichen“ bis zu „harten“

Kriterien ab. Als Beispiel für ein „weiches“ Kriterium sei auf ein von Mayring und Gläser-Zikuda vorgeschlagenes Verfahren verwiesen (vgl. Mayring, 2008, S. 13): Es werden ein Erst- und ein Zweitkodierer unterschieden. Aufgabe des Erstkodierers ist es zunächst, dem Zweitkodierer Aufbau und Anwendung des Analyseverfahrens zu erklären. Nachdem beide Kodierer dann einen Teil des Materials separat ausgewertet haben, vergleichen sie ihre Ergebnisse. Dabei wird nur der Fall als Nicht-Übereinstimmung gewertet, in dem der Zweitkodierer den Erstkodierer davon überzeugen kann, dass Letzterer nicht den Regeln oder dem Material entsprechend kodiert hat. Kann hingegen der Erst- dem Zweitkodierer Mängel in der Kodierung nachweisen, wird dies nicht als Nicht-Übereinstimmung gewertet. Im Rahmen eines deutlich „härteren“, da strikter überprüfbaren Verfahrens der Übereinstimmungsmessung wird regelmäßig die prozentuale Übereinstimmung berechnet. Kritisiert wird diese Methode aber deshalb, weil die Ergebnisse gegenüber dem Zufall nicht bereinigt sind (vgl. z. B. Wirtz und Caspar, 2002, S. 50). Genau dieses Kriterium erfüllt jedoch die Arbeit mit Cohens κ-Koeffizienten. Sie stellt ein „hartes“ Verfahren der Beurteilerübereinstimmungsmessung dar.

Zusammenfassend lässt sich also erstens feststellen, dass die Beurteilerübereinstimmung im Bereich der qualitativen Forschung ein umstrittenes Gütekriterium ist. Maßnahmen zu ihrer Erhöhung sind gegenüber Verlusten an Aussagekraft und Differenziertheit der Kodierergebnisse abzuwägen. Zweitens werden vor diesem Hintergrund verschiedene Verfahren der Beurteilerübereinstimmungsmessung diskutiert. Für diese Arbeit wurde nun folgender Weg gewählt: Es ist eine Beurteilerübereinstimmungsuntersuchung durchgeführt worden, und zwar über die Berechnung von Cohens κ-Koeffizienten. Damit findet also ein „hartes“ Kriterium Anwendung. Schon an dieser Stelle sei allerdings darauf hingewiesen, dass dieses „harte“ Kriterium nicht im Sinne eines „Ausschlusskriteriums“ verwendet wird: Es ist nicht beabsichtigt, das Kategoriensystem bei unzureichender Übereinstimmung so lange zu überarbeiten und ggf. Kategorien zu streichen, bis ein ausreichendes Maß an Übereinstimmung erzielt ist. Vielmehr dienen die Ergebnisse dieser Untersuchung der Orientierung. Sie sollen Hinweise geben, inwiefern die Anwendung des Kategoriensystems im üblichen Sinne trainiert werden kann. Zudem bietet die Kreuztabelle, die zur Berechnung des Koeffizienten ausgegeben wird und die Verteilung der Übereinstimmungen und Nicht-Übereinstimmungen erkennen lässt, gute Möglichkeiten, Vermutungen für das Zustandekommen von (Nicht-)Übereinstimmungen aufzustellen. Zeigt sich so, dass verschiedene Kategorien deutlicher voneinander abzugrenzen sind oder dass das Profil einzelner Kategorien zu schärfen ist, ist dem nachzukommen. Nicht jedoch sollen einzelne Merkmale allein aufgrund der Ergebnisse der Übereinstimmungsmessung gestrichen oder zusammengefasst werden.

Im Rahmen der Untersuchung ist ein Kodierer (eine studentische Hilfskraft) von dem Autor dieser Arbeit trainiert worden. Schließlich haben beide unabhängig voneinander zuvor vereinbarte Szenen kategorisiert.

Zunächst ist die Übereinstimmung in Bezug auf die Kodierung der Sprecher untersucht worden. In diesem ersten Kodierschritt ist zu entscheiden, ob der Lehrer, ein Schüler

oder niemand spricht. Zudem werden Beiträge, die lediglich der Vergabe des Rederechts dienen, gesondert kategorisiert. Bei diesem Kodierschritt kommt es insgesamt darauf an, zukünftige Kodiereinheiten zu finden. Diese stehen zu diesem Zeitpunkt noch nicht fest. Für die Berechnung des Übereinstimmungskoeffizienten ist daher in Anlehnung an einen Vorschlag bei Greve und Wentura (1997, S. 142ff.) zur Messung der Beobachterübereinstimmung bei unklarer Segmentierung eine Zeitrasterung angenommen worden. Eine Einheit entspricht dabei einer Sekunde. Letztendlich wurde also vor dem Hintergrund gerechnet, dass jeder Sekunde der Unterrichtsgespräche eine Sprecherkategorie zuzuordnen war. Für die Messung wurde Datenmaterial aus zwei Lerngruppen herangezogen.
Die Ergebnisse zeigen einen κ-Wert von $0,89$[1]. Eine separate Betrachtung der einzelnen Werte für die beiden Lerngruppen offenbart in dem einen Fall $\kappa = 0,85$ und in dem anderen Fall $\kappa = 0,90$. Diese recht hohen Werte waren bei dem hier kodierten Merkmal zu erwarten, da es der Beobachtung gut zugänglich ist, also nur niedrig-inferente Urteile fordert. Eine Analyse der Nicht-Übereinstimmungen zeigt nichts Überraschendes: Sie treten vor allem dadurch auf, dass einer der beiden Kodierer den Kode „Pause" gesetzt hat, während der andere Kodierer einen der Kodes „Lehrer" oder „Schüler" wählte. Dies kann dann zustande kommen, wenn der Beginn oder das Ende eines Beitrags nicht jeweils übereinstimmend in genau dieselbe Sekunde gelegt wird. Des Öfteren tritt auch der Fall auf, dass ein Kodierer einen Beitrag durch das Setzen des Kodes „Pause" für zwei Sekunden unterbricht, während der andere Kodierer diese Unterbrechung nicht vornimmt. Eine weitere Fehlerquelle sind Beiträge, die im Hintergrund geäußert werden. Es tritt der Fall auf, dass sie von einem Kodierer als ordnungsgemäßer Beitrag kodiert wurden, während der andere Kodierer sie im Sinne von allgemeinem Gemurmel in Gesprächspausen hat untergehen lassen. Schließlich bereiten auch aufeinander folgende kurze Beiträge Probleme. Dies wird mitverursacht durch die Tatsache, dass die kleinste Zeiteinheit, mit der die hier verwendete Software arbeitet, eine Sekunde beträgt. Folgen Beiträge schneller aufeinander, kann nicht mehr genau parallel zum Gesprochenen kategorisiert werden.
Für alle weiteren Übereinstimmungsuntersuchungen stand beiden Kodierern eine identische Sprecherkodierung zur Verfügung. Es sei daran erinnert, dass damit die weiter zu kodierenden Einheiten zwar deutlich näher bestimmt, aber immer noch nicht endgültig festgelegt sind. Wie in Kapitel 4.3.5.5 ausgeführt, erlauben es die Kodierregeln, einen durch das Setzen der Kategorie „Sprecher" identifizierten Sprechakt in bestimmten Fällen im Sinne von zwei Sprechakten zu behandeln. Dies kommt vor allem dann vor, wenn sich der inhaltliche Bezugspunkt innerhalb eines Beitrags deutlich ändert. Wie in Kapitel 4.3.5.3 ausgeführt, können auch mehrere Sprechakte, wenn sie inhaltlich zusammengehören und

[1] Als Faustregel für die Interpretation des Wertes von κ wird in der Literatur angegeben, dass $\kappa > 0,75$ ein Indikator für eine sehr gute Übereinstimmung ist, während $0,6 < \kappa < 0,75$ einen Indikator für eine gute Übereinstimmung darstellt. Als Indikator für eine akzeptable Übereinstimmung kann $0,4 < \kappa < 0,6$ ggf. hingenommen werden (vgl. Wirtz und Caspar, 2002, S. 59). Insgesamt darf bei der Interpretation der Werte nicht aus dem Auge verloren werden, auf welche Art von zu erfassenden Merkmalen sich die Untersuchung bezieht. Vor diesem Hintergrund wird die Angabe von Richtwerten auch durchaus kritisiert (vgl. Wirtz und Caspar, 2002, S. 59).

nur bspw. durch Zwischenrufe oder kurze zustimmende Laute unterbrochen werden, als ein Beitrag gewertet werden. Aufgrund solcher Fälle stehen die zu kodierenden Sprechakte also an dieser Stelle nicht exakt fest.

In Bezug auf die weitere Ausgestaltung der Übereinstimmungsuntersuchung ist die Entscheidung getroffen worden, zunächst einmal für den Umgang mit der Kategorie „ZusatzM" (*b*, *f*, *bf* oder *fb*), die Wahl einer Metakognitionskategorie (P, M oder R) und die Wahl einer Unterkategorie der gewählten Metakognitionskategorie (1, 2, 3 oder 4) getrennte Werte zu berechnen. Dies scheint vor dem Hintergrund rechtfertigbar, dass diese Merkmale im Rahmen der späteren Auswertung der Kodierungsdaten, wie sie in Kapitel 4.4 vorgeschlagen wird, immer wieder auch für sich betrachtet werden. Hat ein Kodierer einen Beitrag mit dem Kode M1 versehen und der andere Kodierer denselben Beitrag mit dem Kode R1, so liegt einerseits eine Übereinstimmung (nämlich in Form von der gewählten Unterkategorie 1) und andererseits eine Nicht-Übereinstimmung (nämlich in Form von den gewählten Metakognitionskategorien M und R) vor. Bei dem oben angekündigten Vorgehen findet beides Beachtung. Im Auge zu behalten ist dabei, dass sich der Kodierer nur in dem Fall Gedanken über die Kategorie „ZusatzM" (*b*, *f*, *bf* oder *fb*) und eine Unterkategorie (1, 2, 3 oder 4) macht, in dem er auch über eine Metakognitionskategorie nachdenkt. In diesem Sinne besteht eine Abhängigkeit unter den drei Merkmalen, die sich dann auf die Übereinstimmungsmessung auswirkt, wenn es gehäuft vorkommt, dass ein Kodierer eine Metakognitionskategorie setzt und der andere nicht. Im Folgenden wird die Übereinstimmung zunächst ohne Berücksichtigung dieser Abhängigkeit angegeben, um für jedes Merkmal einen Wert vorliegen zu haben, der für eine passende Deutung nicht mit anderen Werten zusammen betrachtet werden muss. Ist also von einem Kodierer R1 gesetzt worden, von dem anderen jedoch die Kategorie „Nichts", geht dies als Nicht-Übereinstimmung in die Berechnung des κ-Koeffizienten für die Metakognitions- und die Unterkategorien ein. Häufen sich Fälle, wie der gerade genannte, so wird zusätzlich ein Wert angegeben, der die Abhängigkeit berücksichtigt.

Für die Berechnungen wurde jeweils der Fall mitkodiert, dass keine Kategorie aus dem jeweiligen Bereich vergeben worden ist. Dies bedeutet, dass die Metakognitionskategorien P, M und R bspw. um eine Kategorie ergänzt wurden, die kennzeichnet, dass keine metakognitive Aktivität erkennbar ist. Nur so kann jeder Fall erfasst werden. Falls ein Kodierer einen Beitrag mit der Kategorie „Unverst" als für ihn akustisch nicht verständlich gekennzeichnet hat, ist dieser Beitrag aus der Übereinstimmungsmessung herausgenommen worden. Für alle im Folgenden berichteten Messungen wurde Datenmaterial aus drei Lerngruppen herangezogen.

In Bezug auf den Umgang mit der Kategorie „ZusatzM" ergab sich $\kappa = 0,76$. Dabei bewegen sich die Werte für die drei einzelnen Lerngruppen im Bereich von $0,73$ bis $0,78$. Nicht-Übereinstimmungen treten hier vorrangig dadurch auf, dass ein Kodierer keinen Zusatz erkannt hat, der andere jedoch eine Aufforderung oder eine Begründung. Dies ist vor allem für den Bereich der Aufforderungen nicht sofort nachvollziehbar: Nicht-Übereinstimmungen können hier z. B. dadurch zustande kommen, dass einer der Kodierer

einen Sprechakt im Sinne zweier Beiträge behandelt hat, bspw. weil sich der inhaltliche Bezugspunkt im Beitrag seiner Meinung nach ändert. Ist dabei dann einer der Beiträge im Sinne einer Aufforderung zu einer metakognitiven Aktivität kodiert worden, ergibt sich eine Nicht-Übereinstimmung, falls der andere Kodierer die Unterteilung des Sprechakts nicht in dieser Weise vorgenommen hat. Eine weitere Möglichkeit, wie es hier zu Nicht-Übereinstimmungen kommen kann, liegt darin, dass die Aufforderung nicht explizit verbalisiert, sondern von einem der Kodierer in den Beitrag hineingedeutet worden ist. Schließlich tritt ebenso der Fall auf, dass ein Kodierer eine Aufforderung zu einer metakognitiven Aktivität vermerkt hat, während der andere Kodierer die Aktivität, zu der aufgefordert wurde, nicht als metakognitiv bewertete, die Szene insgesamt bspw. dem Bereich der Unterrichtsorganisation zuordnete[2]. Nicht-Übereinstimmungen in Bezug auf das Kenntlichmachen von Begründungen sind vor allem dadurch verursacht, dass ein Kodierer im Gegensatz zu dem anderen etwas Gesagtes als Begründung gedeutet hat, was nicht explizit im Sinne einer Begründung formuliert ist, also z. B. kein „weil" auftritt.
Für die Wahl einer Metakognitionskategorie ergab sich $\kappa = 0,69$. Dabei bewegen sich die Werte für die drei untersuchten Lerngruppen im Bereich von $0,63$ bis $0,82$. Nicht-Übereinstimmungen treten hier vor allem dadurch auf, dass ein Kodierer keine metakognitive Aktivität erkannt hat, der andere jedoch entweder eine Monitoringaktion oder eine Reflexionsaktivität kodierte. Besondere Beachtung verdient diesbezüglich, dass anhand der Kreuztabelle eine Tendenz erkennbar ist, die besagt, dass einer der Kodierer insgesamt weniger Reflexionsaktivitäten kodiert als der andere Kodierer, der in solchen Fällen häufig keine metakognitive Aktivität vermerkt. Hier besteht die Schwierigkeit also im Festlegen einer gemeinsamen Schwelle. Hinzu kommt, dass die Unterscheidung zwischen Monitoring- und Reflexionsaktivitäten immer wieder Mühe bereitet. Teilweise ist es nicht leicht, zu entscheiden, ob etwas eher kontrollierend oder eher analysierend gemeint ist. Unterschiedliche Interpretationen solcher Situationen führen dann zu Nicht-Übereinstimmungen.
Für die Wahl einer passenden Unterkategorie der gewählten Metakognitionskategorie ergab sich $\kappa = 0,71$. Dabei bewegen sich die Werte für die drei untersuchten Lerngruppen im Bereich von $0,62$ bis $0,75$. Aufgrund der Probleme, die sich in Bezug auf die Übereinstimmungsmessung bei den Metakognitionskategorien gezeigt haben, tritt hier immer wieder der Fall auf, dass ein Kodierer keine Unterkategorie gewählt hat, da er keine metakognitive Aktivität erkennen konnte[3]. Der andere Kodierer, der eine metakognitive Aktivität erkannt hat, wählte dann jedoch in der Regel eine der Unterkategorien 1, 2 oder 3. Die Unterkategorie 4 fällt hier nicht besonders auf.
Es verbleiben nun insgesamt 13 Kategorien des Kategoriensystems, die zu thematisieren sind. Hierzu zählt die Kategorie „ZusatzD", über die erhoben werden kann, ob in irgend-

[2]Wird das κ, um solch eine Art von Nicht-Übereinstimmung auszuschließen, nur für die Fälle berechnet, in denen beide Kodierer eine Metakognitionskategorie gesetzt haben, so ergibt sich $\kappa = 0,8$.

[3]Wird das κ, um diese Art von Nicht-Übereinstimmung auszuschließen, nur für die Fälle berechnet, in denen beide Kodierer eine Metakognitionskategorie gesetzt haben, so ergibt sich $\kappa = 0,79$.

einer Form zu einer diskursiven Aktivität aufgefordert wird oder sie in Kombination mit einer Begründung auftritt. Außerdem gehören alle Kategorien aus dem diskursiven (V1, V2, V3, S, E) und dem negativ diskursiven Bereich (ND1 - ND7) dazu. Mit den 12 letztgenannten Kategorien ist im Sinne dichotomer Kategorien verfahren worden. Dies bedeutet, dass davon ausgegangen wird, dass im Kodierprozess für jeden Beitrag und jede der 12 Kategorien entschieden werden muss, ob die jeweilige Aktivität vorliegt und die Kategorie dementsprechend gesetzt wird oder nicht. Da während des Kodierprozesses selbst nur vermerkt wird, dass ein Merkmal vorliegt, allerdings nicht vermerkt wird, dass ein Merkmal nicht vorliegt, wurden die zwölf Kategorien und auch die Kategorie „ZusatzD“ zur Berechnung der Beurteilerübereinstimmung ebenfalls je um eine Unterkategorie ergänzt, die anzeigt, dass das Merkmal nicht vorliegt.

Grundsätzlich stellt es kein Problem dar, den κ-Koeffizient auch für die letzten 13 Kategorien zu berechnen. Besonderer Beachtung bedarf dies aber dann, wenn die zu erfassenden Merkmale sehr selten vorkommen. Genau das ist bei den verbleibenden Kategorien der Fall. Beide Kodierer haben für jedes der 13 Merkmale in mehr als 85% der Fälle entschieden, dass das jeweilige Merkmal nicht vorliegt. Dies führt im Rahmen der Berechnung des κ-Koeffizienten zunächst einmal zu einem hohen Erwartungswert in einer der Zellen der Hauptdiagonalen der zugehörigen Kreuztabelle. Das wiederum lässt den Wert des κ-Koeffizienten sinken gegenüber dem Fall, bei dem absolut gesehen genauso viele übereinstimmende Urteile vorliegen, diese sich aber gleichmäßig auf alle Urteilsmöglichkeiten verteilen. Allerdings könnte hier auch argumentiert werden, dass genau dieser Effekt von einem zufallskorrigierten Übereinstimmungsmaß verlangt wird (vgl. für eine Diskussion hierzu Simon, 2006, S. 771f.). Dadurch, dass ein Kodierer mit hoher Wahrscheinlichkeit „richtig“ urteilt, wenn er sich gegen das Vorliegen des Merkmals ausspricht, ist die zufallskorrigierende Eigenschaft des Koeffizienten hier besonders gefragt. Dabei gilt dies nur dann, wenn das Erkennen des (Nicht-)Auftretens eines Merkmals nicht trivial ist. Hiervon kann für die letzten 13 zu betrachtenden Kategorien jedoch wohl ausgegangen werden. So gibt es z. B. für keines dieser Merkmale feste Wörter, die das Vorliegen des Merkmals eindeutig anzeigen oder ausschließen.

Ein Weg, im Rahmen einer Untersuchung der Beurteilerübereinstimmung mit der Situation umzugehen, bestände darin, nicht zufällig ausgewählte Teile des Datenmaterials zu analysieren, sondern gezielt Szenen herauszusuchen, in denen sich das zu untersuchende Merkmal häuft (vgl. Wirtz und Caspar, 2002, S. 238). Von einem derartigen Ansatz wurde hier abgesehen, da die Auswahl der Szenen schon einen wesentlichen Teil des Beurteilungsprozesses vorwegnehmen würde. Es bleibt also nur die Möglichkeit, zufällig aus dem gesamten Datenmaterial auszuwählen, was das niedrige Vorkommen der Merkmale zur Folge hat. Die Übereinstimmungsuntersuchung nun nur auf die Fälle zu beziehen, in denen mindestens einer der Kodierer das Merkmal erkannt hat, scheint ebenfalls unpassend. Schließlich liegt auch dann eine Übereinstimmung vor, wenn beide Kodierer das Merkmal nicht erkannt haben.

Zur Dokumentation der Ergebnisse für die letzten 13 Kategorien wird nun einem Vorschlag bei Wirtz und Caspar (2002, S. 239) folgend der Weg gewählt, bei dem zusätzlich zu dem κ-Koeffizienten absolute Zahlen zu Übereinstimmung und Nicht-Übereinstimmung berichtet werden. Dies soll zur Zeichnung eines möglichst aussagekräftigen Bilds beitragen. Dabei wird aus Gründen der Übersichtlichkeit auf Angaben zu den einzelnen, den Ergebnissen zugrunde liegenden drei Datensätzen verzichtet. Die Kreuztabellen zu den Merkmalen sind in Anhang C zu finden, ebenso die κ-Koeffizienten. Da alle diese Datensätze mit demselben grundlegenden Problem behaftet sind, nämlich dem seltenen Auftreten der Merkmale, wird im Folgenden nicht jede einzelne Kreuztabelle diskutiert. Vielmehr werden Auffälligkeiten zusammengefasst.

Für die Kategorie „ZusatzD“ ist darauf hinzuweisen, dass beide Kodierer nur an einer Stelle übereinstimmend die Unterkategorie 2 gesetzt haben. Sonst haben beide Kodierer nie Gebrauch von dieser Kategorie gemacht, also entschieden, dass sie in keinem der anderen Fälle zum Tragen kommt. Dies ergibt $\kappa = 1$, was aufgrund des extrem seltenen Auftretens des Merkmals mit höchster Vorsicht zu deuten ist.

Für die Kategorien ND4, ND5 und ND7 konnte aufgrund der Datenlage kein κ berechnet werden. Mindestens einer der Kodierer hat das jeweilige Merkmal kein einziges Mal erkannt.

Für alle anderen Kategorien bleiben die zugehörigen Kreuztabellen daraufhin zu untersuchen, ob sich zeigt, dass einer der Kodierer das Merkmal deutlich häufiger erkennt als der andere. Dies würde auf unterschiedliche Schwellenwerte hinweisen. Am ehesten sind diesbezüglich wohl die Kategorien E und ND3 im Auge zu behalten. Bei der Kategorie E kommen alle vier nicht-übereinstimmenden Urteile dadurch zustande, dass ein und derselbe Kodierer das Merkmal erkannt hat und der andere Kodierer nicht. Bei der Kategorie ND3 kommen fünf der sechs nicht-übereinstimmenden Urteile dadurch zustande, dass ein und derselbe Kodierer das Merkmal erkannt hat und der andere Kodierer nicht. Sollten hier tatsächlich verschiedene Schwellenwerte vorliegen, so kann aber wohl nicht geleugnet werden, dass die Schwelle bei beiden Kodierern hoch ist, sie das Merkmal also selten erkennen.

Für die übrigen Kategorien sind die Nicht-Übereinstimmungen wohl schlicht auf (nicht-systematisch) unterschiedliche Einschätzungen verschiedener Situationen, also mangelnde Konsistenz zurückzuführen.

Für die Kategorien aus dem Bereich der Negativen Diskursivität und die Kategorie V1 zeigten Gespräche mit dem zweiten Kodierer (der studentischen Hilfskraft), dass als Ursache für die Nicht-Übereinstimmungen vor allem die Schwierigkeit in Frage kommt, das entsprechende Merkmal zu erkennen. Während das Problem für die Kategorie V1 durch eine Präzisierung dessen in Angriff genommen werden konnte, was mit der Kategorie genau erfasst werden soll, erwies sich für die Kategorien aus dem Bereich der Negativen Diskursivität vor allem die Aufmerksamkeit der Kodierer als Dreh- und Angelpunkt. Anhand des über die Kategorie ND1 erfassten Merkmals „inadäquate Wortwahl“ zeigt sich bspw., dass inadäquat gewählte Wörter in dem Fall, in dem mit Transkripten gearbeitet wird, recht schnell auffallen, da der Leser darüber stolpert. In dem Fall, in dem am Vi-

deo gearbeitet wird, hört der Kodierer das zu Kodierende jedoch lediglich. Es scheint, als sei der Hörer dann toleranter gegenüber diskursiven Verstößen. Kern des Problems bleibt hier, an der Stelle, an der das Gespräch beginnt, problematisch zu verlaufen, darauf aufmerksam zu werden und nicht erst später.
Letztendlich kann aus den Ergebnissen der Beurteilerübereinstimmungsmessung wohl nur der Schluss gezogen werden, dass die Übereinstimmung vor allem in Bezug auf die Kategorien des Bereichs der Negativen Diskursivität im Auge behalten werden muss. Erreicht werden konnte bisher, dass beide Kodierer einheitlich eine hohe Schwelle aufgebaut haben, d. h. sie erkennen die Merkmale selten. In dem Fall, in dem einer der Kodierer die entsprechende Kategorie aber setzt, ist jedoch vor allem im Bereich der Negativen Diskursivität die Wahrscheinlichkeit sehr gering, dass der andere Kodierer dies ebenfalls durchführt. Die Kodierung des gesamten hier genutzten Datenmaterials und die Kodierregeln sind daher noch einmal überarbeitet worden.
Abschließend sei noch darauf verwiesen, dass sich in dem Fall, in dem ein Merkmal nur sehr selten auftritt, die naheliegende Frage stellt, ob die Bedeutung dieses Merkmals für die Beurteilung der Unterrichtsszenen tatsächlich so groß ist, dass hierfür eine eigene Kategorie vorgehalten werden sollte. Diese belastet den Kodierer schließlich zusätzlich im Kodierprozess, da das Merkmal im Auge behalten werden muss, auch wenn es fast nie auftritt. Die Gründe dafür, warum hier dennoch entschieden worden ist, mit diesen zahlreichen Kategorien zu arbeiten, sind in den Kapiteln 4.3.1.3 und 4.3.1.4 erläutert worden. Inwiefern sich diese Entscheidung bewährt hat, wird in Kapitel 5.6.3 diskutiert.

Die Beurteilerübereinstimmung im Auswertungsprozess

Nachdem Unterrichtsgespräche kodiert worden sind, müssen die Kodierungsdaten in einem nächsten Schritt ausgewertet werden. Ein mögliches Vorgehen hierfür ist in Kapitel 4.4 vorgeschlagen worden. Im Rahmen der hier dokumentierten Erprobung des vAMeDU wurde überprüft, inwiefern zwei Personen bei Vorliegen identischer Kodierungsdaten unabhängig voneinander zu einem übereinstimmenden Ergebnis kommen. Unter einem Ergebnis ist dabei das für jeden Datensatz zu ermittelnde Sechs-Tupel zu verstehen.
Die Kodierungsdaten der acht Datensätze, anhand derer die Erprobung des Analyseinstruments hier dokumentiert ist, wurden von dem Autor dieser Arbeit und einer zweiten Person ausgewertet. Der zweiten Person lagen dabei nur die Kodierungsdaten vor. Die zugehörigen Videos waren ihr unbekannt. Für die 48 zu besetzenden Stellen der acht Sechs-Tupel zeigten sich 43 übereinstimmende Urteile. In Bezug auf die fünf verbleibenden Nicht-Übereinstimmungen zeigen sich keine Häufungspunkte. Dies ist in dem Sinne zu verstehen, dass nicht immer dieselbe Stelle eines Tupels nicht übereinstimmend besetzt und damit nicht immer dieselbe Frage nicht übereinstimmend beantwortet wurde. Die nicht übereinstimmenden Urteile wichen in allen fünf Fällen nicht deutlich voneinander ab. Es wurden vielmehr „benachbarte“ Urteile abgegeben. So stellte sich auch heraus, dass (zurzeit noch) fehlende Schwellenwerte verantwortlich sind für die Nicht-Übereinstimmungen. Bei der Beantwortung der die Auswertung der Kodierungsdaten leitenden Fragen ist es nämlich nicht immer leicht einzuschätzen, wann ein Merkmal häufig, selten

oder kaum auftritt.
Mit den nicht übereinstimmenden Urteilen ist schließlich so verfahren worden, dass die kritischen Stellen diskutiert wurden, bis ein einheitliches Urteil feststand.

5.3.3 Zur Validität der erzielten Ergebnisse

Bezüglich der Validität kann an dieser Stelle zunächst gesagt werden, dass das Kategoriensystem theoretisch fundiert entwickelt worden ist. Dies ist in den ersten Kapiteln dieser Arbeit dokumentiert.
Zudem fußt das vAMeDU auf dem Kategoriensystem zur Analyse von Transkripten. Letzteres ist am Institut für Kognitive Mathematik der Universität Osnabrück intensiv diskutiert worden. Es musste sich bei der Anwendung auf Unterricht verschiedener Fächer bewähren. In diesem Kontext entstanden auch Vorschläge für seine Überarbeitung. All diese Debatten konnten genutzt werden, um auszuloten, wie ein Analyseinstrument aufgebaut sein muss, um im Prinzip die Aspekte herausarbeiten zu können, auf die auch das KATMeDU abzielt, dies jedoch über weniger Kategorien zu erreichen. Dabei ist letztendlich die wichtige Entscheidung gefallen, von der bisherigen Art der Ausdifferenzierung der Kategorien Abstand zu nehmen. Sie konzentriert sich darauf, detailgenau zu beschreiben, was geplant oder kontrolliert und worüber reflektiert wird. Nun liegt für jede der drei Metakognitionskategorien eine einheitliche, nur noch gering ausdifferenzierte Stufung vor, durch die weniger detailgenau und weniger inhaltsbezogen beschrieben wird, dafür aber mit jeder Stufe ein spezifischer Wert für den Gesprächsverlauf verbunden ist. Es gab zahlreiche Gelegenheiten, diese Idee mit Wissenschaftlern des Instituts für Kognitive Mathematik und anderer Universitäten zu diskutieren. Außerdem konnte sie anhand exemplarischer Beispiele mit Ausbildern an Studienseminaren debattiert werden. Dies eröffnete insbesondere die Möglichkeit, auszuloten, inwiefern dieser Ansatz mit Blick auf potenzielle zukünftige Nutzer, d. h. mit Blick auf einen Einsatz in der Aus- und Fortbildung von Lehrern, vernünftig positioniert ist. Der Nutzen einzelner Kategorien stand im Fokus, und zwar vor dem Hintergrund der Frage, ob sich im Rahmen der Auswertung später wichtige Qualitätsmerkmale wiederfinden lassen.
Abweichend von diesen Aspekten zur Konstruktion des neuen Analyseinstruments wird der Fokus im Folgenden auf einer Validitätsprüfung der erzielten Ergebnisse am Datenmaterial selbst liegen. Hierzu kann auf eine Fragebogenerhebung unter den Schülern, deren Unterricht videographiert worden ist, zurückgegriffen werden. Der Fragebogen (siehe Anhang E) zielt darauf ab, die Schüler das Vorliegen einer metakognitiv-diskursiven Unterrichtskultur einschätzen zu lassen. Damit kann hier zur Prüfung der Validität also ein Außenkriterium einbezogen werden. Die über das vAMeDU erzielten Ergebnisse sollen zu jenen, erhoben über eine andere Methode und aus einer anderen Perspektive, in Beziehung gesetzt werden.
Da für die Auswertung dieser Fragebogendaten auf Ergebnisse des folgenden Kapitels 5.4 zurückgegriffen wird, ist entschieden worden, die Resultate der Fragebogenerhebung

erst in Kapitel 5.5 zu berichten. Dieser Abschnitt wird dort also fortgesetzt.

5.4 Anwendung des vAMeDU auf vergleichbare Phasen des Unterrichts

5.4.1 Auswahl der zu kodierenden Sequenzen

Ziel der Arbeit mit dem vAMeDU ist es, Einblick in die Art der Gesprächsführung in dem jeweils analysierten Unterricht zu erlangen. Die Auswahl der Szenen, die im Zuge der Erprobung des videobasierten Analyseinstruments kodiert werden sollen, muss sich also auf die kommunikationsintensiven und mathematikbezogenen Phasen konzentrieren. Damit finden bspw. Begrüßungsphasen oder Phasen, in denen der Fokus auf Organisatorischem liegt, keine Beachtung. Aus technischen Gründen müssen von den kommunikationsintensiven und mathematikbezogenen Phasen alle nicht öffentlichen Gesprächsphasen ausgeschlossen werden. Aufgrund der Mikrofonverteilung im Raum während der Videoaufzeichnung ist es bspw. nicht möglich, einzelne Schüleräußerungen während einer Partner- oder Gruppenarbeitsphase zu verfolgen.

In Bezug auf die nun noch verbleibenden kommunikationsintensiven, mathematikbezogenen und öffentlichen Gesprächsphasen zeigt sich, dass in fast jeder Unterrichtsstunde eine öffentliche Gesprächsphase zur Besprechung von zuvor in Gruppen-, Partner- oder Einzelarbeit vorbereiteten Aufgaben eingeleitet wird. Damit bieten sich diese Phasen an für eine Untersuchung der Frage, inwiefern sich bei Anwendung des vAMeDU Unterschiede bzgl. des Einsatzes von Metakognition und Diskursivität in den Gesprächsstrukturen der verschiedenen Lerngruppen zeigen, falls die analysierten Phasen jeweils auf vergleichbare Art und Weise in den Unterrichtsgang eingebettet sind. Ein weiterer Grund dafür, dass es sinnvoll sein könnte, gerade diese Unterrichtsphasen auszuwählen, liegt darin, dass das Lösen von Aufgaben im Mathematikunterricht generell eine bedeutende Rolle spielt, sodass die Schüler an die hier diskutierten Unterrichtsphasen gewöhnt sein müssten. Da sie regelmäßig vorkommen werden, ist es zudem um so wichtiger, sich um eine hohe Gesprächsqualität in diesen Phasen zu bemühen.

Wichtig ist nun, dass die Phasen der Besprechung von Aufgaben eine ausreichende Länge haben und sich nach Möglichkeit nicht auf lediglich wenige Minuten beschränken. Dies könnte nämlich zu Verzerrungen bezogen auf den Eindruck von der Gesprächsstruktur führen. Um also zu ausreichend langen Phasen zu gelangen, gilt hier jede Phase als Besprechungsphase von Aufgaben, die sich an eine Gruppen-, Partner- oder Einzelarbeitsphase anschließt und in der die Resultate der Gruppen-, Partner- oder Einzelarbeitsphase thematisiert werden. Falls die Lehrkraft in diesem Zusammenhang vertiefende oder weiterführende Fragen stellt, gilt die Phase der Besprechung von Aufgaben nicht sofort als beendet. Dies geschieht erst dann, wenn bspw. neue Inhalte eingeführt werden. Insgesamt liegt also ein eher weitgefasstes Verständnis von Phasen der Besprechung von Aufgaben vor. Dennoch bleiben die Phasen aber auf vergleichbare Weise eingebettet in den Unter-

richtsverlauf.
Von sechs der insgesamt acht videographierten Klassen (die Ausnahmen bilden K3 und K8[4]) liegen Phasen der Besprechung von Aufgaben vor, die pro Klasse wenigstens eine Länge von 17,87 Minuten erreichen. In fünf der sechs Fälle verteilen sich die Aufgabenbesprechungsphasen auf beide in der Klasse aufgezeichnete Stunden. In dem einen verbleibenden der sechs Fälle, nämlich bei K1, liegen zwar zwei Phasen der Aufgabenbesprechung vor, sie sind allerdings innerhalb von nur einer Stunde verteilt. Damit gibt es in den bisher diskutierten sechs Fällen Gelegenheit, pro Klasse mindestens zwei Aufgabenbesprechungsphasen zu analysieren, die jeweils eine ausreichende Länge haben und sich mit einer Ausnahme auf zwei verschiedene Stunden verteilen.
In Bezug auf K8 ist zu erwähnen, dass hier ebenfalls Phasen der Aufgabenbesprechung vorliegen. In Stunde 1 verteilen sie sich auf insgesamt zwei Szenen, in Stunde 2 liegt eine weitere Szene vor. Letztere ist im Rahmen der Auswertung der Ergebnisse dahingehend im Auge zu behalten, dass hier zwar ebenfalls an eine Partnerarbeitsphase angeschlossen wird, der Schwerpunkt aber in Richtung weiterführender Überlegungen ausgerichtet ist. Sollte sich das Kommunikationsmuster hier also im Vergleich zu dem Muster der anderen Szene von K8 deutlich ändern, so könnte der Grund dafür in dem etwas anders gelagerten Schwerpunkt liegen.
Zu diskutieren bleiben die Stunden von K3. Hier finden sich insgesamt vier Phasen der Aufgabenbesprechung, die aber alle eine Länge von 3 Minuten nicht überschreiten und damit zu kurz sind, um sich ein zuverlässiges Bild von der Gesprächsstruktur zu verschaffen. Aus diesem Grund ist in diesem Fall so verfahren worden, dass die Phasen, die mit der Besprechung einer Aufgabe eingeleitet werden, jeweils bis zur nächsten Stillarbeitsphase analysiert worden sind, auch wenn sich an die Aufgabenbesprechungsphase dann schon eine Phase der Hinführung zu neuen Aspekten angeschlossen hat. Anhand der Ergebnisse muss nachher überprüft werden, ob sich dieser Phasenwechsel deutlich bemerkbar macht und damit die Vergleichbarkeit der analysierten Szenen gefährdet.
Eine Übersicht über die Länge und Verteilung der analysierten Szenen, gestaffelt nach Klassen, ist in Tabelle 5.1 zu finden. In dem Fall, dass die zur Verfügung stehenden Analy-

	K1	K2	K3	K4	K5	K6	K7	K8
Stunde 1	13,32 6,73	9,10	2,02 (8,53) 1,83 (3,60) 2,10	14,83	11,27	8,88	12,13	7,15 3,47
Stunde 2		15,10	2,85	9,00	6,60	10,22	9,25	12,18
Gesamt	20,05	24,20	8,80 (17,08)	23,83	17,87	19,10	21,38	22,80

Tabelle 5.1: Analysierte Zeiträume der Besprechung von Aufgaben in Minuten

sephasen eine Gesamtzeit von 25 Minuten überschreiten, sind die erste Aufgabenbespre-

[4]Um im Folgenden gezielt Bezug nehmen zu können auf einzelne Klassen, sind sie durchnummeriert worden. Mit „K8“ wird also auf **K**lasse Nummer 8 verwiesen.

chungsphase der ersten Stunde und die erste Aufgabenbesprechungsphase der zweiten Stunde jeweils von Beginn an analysiert worden, solange bis eine Gesamtzeit von ca. 20 Minuten erreicht war. Diese 20 Minuten erstrecken sich dann zu ungefähr gleichen Teilen auf beide Stunden. Für K3 sind in Tabelle 5.1 zunächst die Zeiträume in ihrer Verteilung auf die beiden Stunden aufgeführt worden, in denen ausschließlich die Besprechung von Aufgaben stattfindet. In Klammern ist jeweils aufgeführt worden, auf welche Länge die Zeiträume ggf. ausgedehnt wurden, um eine genügend lange Kommunikationsphase zu erhalten.

Um im Rahmen der sich anschließenden Darstellung der Auswertung der Kodierungsdaten für jede Klasse die analysierten Unterrichtsphasen, die aus verschiedenen Stunden stammen, unterscheiden zu können, werden die Phasen (auch wenn es mehrere sind), die aus Stunde 1 stammen, mit Szene K*x*(1) bezeichnet und jene aus Stunde 2 mit Szene K*x*(2). Das *x* wird dabei der Klasse entsprechend durch eine Ziffer ersetzt. Im Falle von K1 wird die zweite Phase der ersten Stunde mit Szene K1(2) bezeichnet, da hier beide analysierten Phasen aus einer Stunde stammen. Falls sich Daten auf alles für eine Klasse Analysierte beziehen, wird die Bezeichnung Kx(gesamt) gewählt.

Obwohl im Rahmen der Auswertung der Kodierungsdaten in der Regel das Gesamtbild über alles Analysierte hinweg in den Blick geraten wird, könnte es doch an einigen Stellen aufschlussreich sein, zu wissen, welche Daten zu welcher Einzelstunde gehören. Nur so kann wenigstens ansatzweise überprüft werden, inwiefern sich bestimmte Aspekte mit einer gewissen Regelmäßigkeit zeigen.

5.4.2 Auswertung der Kodierungsdaten gemäß dem regelgeleiteten Auswertungsverfahren

5.4.2.1 Vorbemerkungen

Da der Kodiervorgang selbst videogestützt verläuft, kann er an dieser Stelle nicht dokumentiert werden, schon aber die Auswertung der Kodierungsdaten. Dies geschieht im Folgenden gemäß dem regelgeleiteten Auswertungsverfahren (vgl. Kapitel 4.4) nach Klassen gestaffelt. Notiert werden dabei vor allem auffallende Aspekte. Fordert das Auswertungsverfahren bspw. die Betrachtung metakognitiver Aktivitäten auf den Ebenen 2 und 3 und zeigen sich in Bezug auf diesen Aspekt für den betrachteten Datensatz keine Auffälligkeiten, so kann es sein, dass er auch nicht diskutiert wird. Des Weiteren sollen die unten verfassten Texte möglichst gut lesbar sein. Um dies umzusetzen, werden die Punkte des regelgeleiteten Auswertungsverfahrens nicht immer in exakt der Reihenfolge abgearbeitet, wie sie dort vermerkt sind. Wird bspw. der Vorschlag gemacht, sich zunächst anhand der Balkendiagramme einen Überblick über *alle* Qualitätsdimensionen zu verschaffen und danach bzgl. dieser Punkte in die graphischen Profile zu schauen, so kann die Reihenfolge in den unten stehenden Texten dahingehend geändert sein, dass die anhand der Balkendiagramme entstandenen Eindrücke bzgl. *eines* Aspekts sofort im graphischen Profil weiter untersucht werden.

Wie in Kapitel 4.4 bereits angesprochen, müssen die Kodierungsdaten zu ihrer Auswertung in verschiedenen Darstellungen aufgearbeitet werden. Einige dieser Darstellungen sind hier direkt in den Text eingebunden. Weitere Darstellungen sind in den Anhang verlegt worden, weil sie entweder nur selten hinzugezogen werden oder weil es wichtig ist, diese Art von Balkendiagramm so darzustellen, dass klassenübergreifend verglichen werden kann. Die graphischen Profile sind aus technischen Gründen in diesem Kapitel liegend eingefügt. Sie sind von rechts nach links zu lesen, bzw. bei Wenden der Seite um 90 Grad in gewohnter Weise von oben nach unten und von links nach rechts. In den folgenden Texten wird auch unter Nutzung von Zeilennummern auf die graphischen Profile verwiesen. Eine schwarze, fettgedruckte Linie mit den zugehörigen Einträgen wird dabei als eine Zeile gezählt.
Insgesamt werden die folgenden Kapitel zahlreiche Verweise auf Tabellen, Abbildungen und graphische Profile enthalten. In dem Fall, in dem alle im Text gemachten Aussagen anhand dieser Tabellen, Abbildungen und grahischen Profile nachvollzogen werden sollen, führt dies dazu, dass immer wieder vor- oder zurückzublättern ist. Dies stört den Lesefluss. Es scheint jedoch kaum anders möglich, die Abarbeitung der regelgeleiteten Auswertung zu demonstrieren. Insgesamt ist hin und wieder versucht worden, die Lesbarkeit der Texte dadurch zu erhöhen, dass die Bedeutung bspw. gewählter Antwortmöglichkeiten auf die leitenden Fragen an geeigneter Stelle kurz mitberichtet wird, sodass weiteres Blättern vielleicht nicht zwingend nötig ist.

5.4.2.2 Auswertung der Kodierungsdaten von K1

Betrachtung der auf Schüler- und Lehrerbeiträge entfallenden prozentualen Anteile an Unterrichtszeit

Die Anteile an Unterrichtszeit, die auf Schüler- und Lehrerbeiträge entfallen, sind insgesamt betrachtet zu Gunsten der Schüler verschoben. Wie Tabelle 5.2 zeigt, gibt es allerdings deutliche Unterschiede zwischen beiden analysierten Szenen. Szene K1(1) ist länger als Szene K1(2) und fällt deshalb bei Auswertungen über beide Einzelszenen hinweg stärker ins Gewicht[5]. Da hier die prozentualen Anteile deutlich zu Gunsten der Schüler verschoben sind, wirkt sich dies entsprechend auf die Gesamtwerte aus.

[5]Die Werte für K1(gesamt) sind nicht durch Mittelwertbildung über die Werte von K1(1) und K1(2) entstanden. Für ein derartiges Vorgehen sind die jeweils ausgewählten zwei Szenen einer Klasse häufig in ihrer Länge zu unterschiedlich. Sie sollten nicht gleichberechtigt nebeneinander stehen. Es ist der Weg gewählt worden, bei dem beide Einzelszenen zu einer Szene zusammengeknüpft werden und dann über diese Gesamtszene ausgewertet wird. In diese Daten gehen dann die Ergebnisse der beiden Einzelszenen zu jeweils dem Anteil ein, der ihnen aufgrund ihrer Länge zusteht. Sollten sich bestimmte Schlüsse nur auf der Basis einer der beiden Szenen ziehen lassen, sind beide Szenen also in Bezug auf ein Merkmal verschieden aufgestellt, wird in den zugehörigen Texten auf diesen Unterschied verwiesen. Die hier angesprochenen Aspekte gelten auch für alle weiteren betrachteten Datensätze.

Szene	Anteil L	Anteil S	Beiträge L	Beiträge S
K1(gesamt)	33,75%	47,64%	66	73
K1(1)	25,91%	56,45%	44	57
K1(2)	49,26%	30,2%	22	16

Tabelle 5.2: Anteile an auf Lehrer- und Schülerbeiträge entfallender Unterrichtszeit sowie die absolute Anzahl an Lehrer- und Schülerbeiträgen.

Betrachtung der Abfolge, in der metakognitive Aktivitäten auftreten[6]

Tabelle 5.3 zeigt, dass in den Szenen von K1 vier Mal Muster D auftritt. Wie in Kapitel 4.4.4 begründet, muss dies an dieser Stelle besondere Berücksichtigung finden, auch wenn die Muster B2 und C öfter vertreten sind als Muster D. Alle Muster der Sorte D

Szene	A	B1	B2	C	D
K1(gesamt)	0	1	6	7	4
K1(1)	0	1	3	5	4
K1(2)	0	0	3	2	0

Tabelle 5.3: Auftretenshäufigkeit verschiedener Muster in absoluten Zahlen

treten dabei in Szene K1(1) auf. In Bezug auf die kürzere Szene K1(2) ändert sich das Bild dahingehend, dass ausschließlich die Muster B2 und C vorhanden sind.

Diese Ergebnisse passen zu jenen des vorangehenden Analyseschritts. Auch hier unterschieden sich beide Szenen stark voneinander. Ein erhöhtes Auftreten von Muster D lässt erwarten, dass der Anteil an Unterrichtszeit, der auf Schülerbeiträge entfällt, ansteigt.

Betrachtung der Lehrerrolle und verschiedener Dimensionen, die zur Beurteilung von Qualität herangezogen werden

In Bezug auf die Rolle des Lehrers in dem Unterrichtsgespräch zeigt das Balkendiagramm in Abbildung 5.1[7], dass sich der Lehrer stärker auf das Auffordern zu metakognitiven Aktivitäten konzentriert als auf das Durchführen dieser Aktivitäten. Dabei ist der prozentuale Anteil an allen Beiträgen, in dem der Lehrer entweder auffordert oder sich selbst metakognitiv aktiv zeigt, im Vergleich zu den anderen hier vorliegenden Datensätzen eher klein (vgl. die Balkendiagramme in Anhang D.2). Dies passt zu dem recht häufigen Auftreten des Musters D, das im vorangehenden Abschnitt festgestellt wurde. Während Phasen dieses Musters hält der Lehrer sich nämlich mit eigenen Beiträgen zurück.

In Bezug auf die verschiedenen Dimensionen zur Beurteilung der Qualität der metakognitiven Aktivitäten und der Qualität ihrer Einbettung in den Diskurs fällt anhand von Abbildung 5.1 zunächst ins Auge, dass der Lehrer keine metakognitiven Aktivitäten zusammen mit Begründungen zeigt. Dies fügt sich dahingehend in das bisher gezeichnete

[6]Die Musterkodierung ist in dieser Arbeit im Einzelnen nicht dokumentiert. Es bestand die Überlegung, sie in die unten noch folgenden graphischen Profile einzutragen. Dies hätte das Lesen dieser Profile aber sicher erschwert. Die Musterkodierung kann jederzeit bei dem Autor dieser Arbeit eingesehen werden.

[7]Für Erläuterungen zur Lesart des Balkendiagramms siehe die Ausführungen in Kapitel 4.4.5.

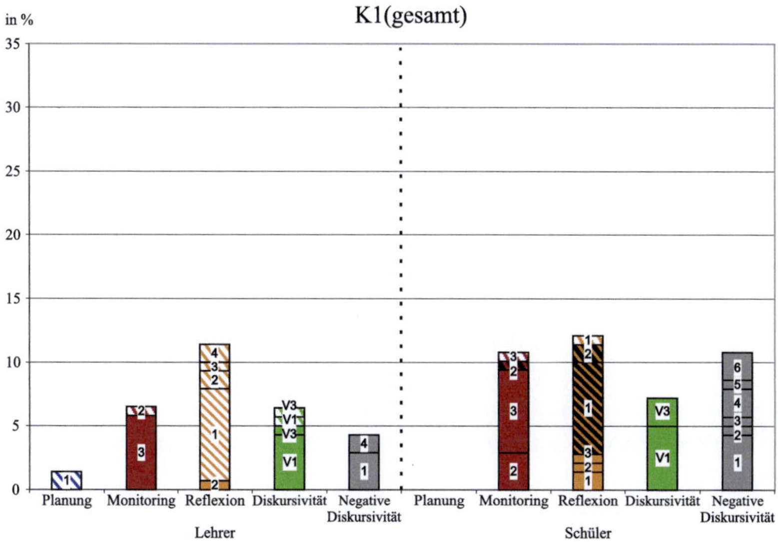

Abbildung 5.1: Balkendiagramm zum Datensatz K1(gesamt)

Bild ein, dass er eher wenige metakognitive Aktivitäten selbst durchführt und sich erkennbar an dem auf seine Beiträge entfallenden Anteil an Unterrichtszeit insgesamt eher zurückhält. Ihm jedoch zu unterstellen, er sei an Begründungen nicht interessiert, würde zu weit greifen, da er des Öfteren Begründungen einfordert (vgl. die Balkendiagramme in Anhang D.2).

Des Weiteren sticht in Abbildung 5.1 ins Auge, dass der Lehrer Aufforderungen zur Reflexion auf der Ebene 4 formuliert. Diese Aufforderungen zielen darauf ab, die Schüler zum Verbalisieren von Aspekten ihre Vorstellungen betreffend anzuhalten. Dass dies nicht gelingt, wird bereits dadurch deutlich, dass das Auftreten der Kategorie R4 auf der Schülerseite des Balkendiagramms nicht vermerkt ist. Ein Blick in das graphische Profil zu der Szene K1(1) (siehe unten) verrät schließlich, dass einer der Beiträge, die mit *f*R4 gekennzeichnet sind, zusätzlich die Kategorie ND4 erhalten hat (vgl. Z. 1). Damit fügt sich die Aufforderung nicht nachvollziehbar in das Gespräch ein, Bezugspunkte bleiben unklar. Auf den zweiten Beitrag, der mit der Kategorie *f*R4 versehen worden ist, folgt direkt ein Lehrerbeitrag, der mit der Kategorie *f*R1 gekennzeichnet wurde (vgl. Z. 3). In unmittelbarer Folge dieser beiden Lehreraufforderungen zeigt sich auf der Seite der Schüler ausschließlich die Kategorie *b*R1.

Die vom Lehrer selbst durchgeführten metakognitiven Aktivitäten konzentrieren sich, von einer Ausnahme abgesehen, auf Monitoringaktivitäten auf der Ebene 3 (vgl. Abbildung 5.1). Da er insgesamt nur wenige metakognitive Aktivitäten zeigt, passt dies zu den Ergebnissen der Musteranalyse, die das Auftreten der Muster B1 und B2 in mehreren Fällen ergab. Wie bereits gesagt, zeigt der Lehrer keine metakognitiven Aktivitäten zusammen mit Begründungen. Die graphischen Profile zu den Szenen K1(1) und K1(2) bestätigen diesbezüglich, dass die metakognitiven Aktivitäten des Lehrers ohne qualitätssteigernde, ergänzende Aktivitäten in den Diskurs eingebettet sind, insbesondere auch ohne diskursive Aktivitäten.

Das Vorkommen Letzterer ist, anhand von Abbildung 5.1 betrachtet, nicht besonders auffallend. Zu verweisen ist allerdings auf zwei Stellen im graphischen Profil zu Szene K1(1), an denen der Lehrer vielleicht dafür sorgt, dass Bezugspunkte nachgeliefert werden, die zuvor unklar waren. An der ersten Stelle (vgl. Z. 3) folgt nämlich auf einen Schülerbeitrag, der u. a. mit der Kategorie ND4 versehen worden ist, ein Lehrerbeitrag, der die Kategorisierung *f*V1 aufweist. Der sich anschließende Schülerbeitrag ist erwartungsgemäß mit der Kategorie V1 versehen worden. An der zweiten Stelle (vgl. Z. 5) folgt auf einen u. a. mit der Kategorie ND4 gekennzeichneten Schülerbeitrag ein mit der Kategorie V1 versehener Lehrerbeitrag. Des Weiteren ist im Rahmen der Betrachtung der diskursiven Aktivitäten des Lehrers anzumerken, dass er ein Mal die Wiederholung von Gesagtem einfordert (*f*V3; vgl. das Profil zu K1(2), Z. 2), was allerdings nicht zu gelingen scheint. Der folgende Schülerbeitrag ist allein mit der Kategorie ND3 versehen.

Kategorien aus dem Bereich der Negativen Diskursivität treten, wie Abbildung 5.1 zeigt, ebenfalls nicht besonders häufig auf. Anhand der graphischen Profile zeigen sich allerdings einige bemerkenswerte Kombinationen dieser Kategorien mit anderen: Bereits angesprochen wurde die Kategorie ND4, die zusammen mit der Kategorie *f*R4 auf der Seite des Lehrers auftritt, was evtl. der Grund dafür ist, dass dieser Aufforderung nicht nachgekommen wird. Zwei Aufforderungen zur Planung auf der Ebene 1 (*f*P1) wird ebenfalls nicht nachgekommen, was sich als den Diskurs störend entpuppt, da für die folgenden Schülerbeiträge jeweils die Kategorie ND6 vergeben worden ist (vgl. das Profil zu K1(1), Z. 4). Dies sagt aus, dass die Schüler mit ihrem Beitrag einen Aspekt ignorieren. Anhand des graphischen Profils ist nicht erkennbar, dass der Lehrer diesbezüglich erzieherisch eingreift. Im Übrigen macht sich negativ Diskursives noch ein paar Mal in Form von inadäquater Wortwahl bemerkbar. In der recht kurzen zweiten Szene tritt die Kategorie ND1 allein drei Mal auf. Diese Häufigkeit zeigt sich in der ersten Szene nicht, in der, daran sei erinnert, die Gesprächsanteile des Lehrers auch viel geringer waren.

Insgesamt sind damit zwar schon Versuche des Lehrers dahingehend erkennbar, ein metakognitiv-diskursiv angereichertes Unterrichtsgespräch in qualitativ bemerkenswerter Form zu evozieren, was sich vor allem anhand der auftretenden Kategorien auf der Ebene 4 und der den Schülern Raum lassenden Art seiner Gesprächsführung zeigt. An mehreren Stellen entsteht jedoch der Eindruck, dass diese Versuche wohl nicht zielstrebig verfolgt werden. Die Schüler kommen Aufforderungen zu verschiedenen Aktivitäten nicht angemessen nach. Anhand des Videos könnte hier noch einmal geprüft werden, inwiefern gar ein inflationärer Gebrauch bestimmter Fragen vorhanden ist. Dies wäre bedenklich, da die Schüler sich dann einfach an einen bestimmten Sprachgebrauch ihres Lehrers gewöhnen könnten, allerdings nie in die eigentlich geforderte Tiefe gehen würden. Sie könnten sich daran gewöhnen, dass der Lehrer zwar unter Nutzung einer speziellen Wortwahl fragt,

„übliche" Antworten aber ausreichen. Auf die Frage, wie etwas *geplant* worden sei, würde bspw. eine Antwort akzeptiert, die ausdrückt, was *getan* worden ist. Auf die Frage, wie etwas *gedacht* gewesen sei, würde bspw. eine Antwort akzeptiert, die ausdrückt, was *gemacht* worden ist. Speziell bezogen auf die Aufforderungen zu Reflexionsaktivitäten auf der Ebene 4 ist allerdings auch denkbar, dass das Problem gar nicht bei den Schülern liegt, sondern beim Lehrer selbst. Nicht in jeder Situation kann nämlich eine Fehlvorstellung aufgedeckt werden, bspw. dann nicht, wenn lediglich ein Fehler vorliegt. Nicht in jeder Situation macht es dementsprechend Sinn, auf der Ebene von Vorstellungen zu fragen. Die diesbezüglich passenden Situationen muss ein Lehrer erkennen, um seine Fragen adäquat zu platzieren.

Graphisches Profil zu Szene K1(1)

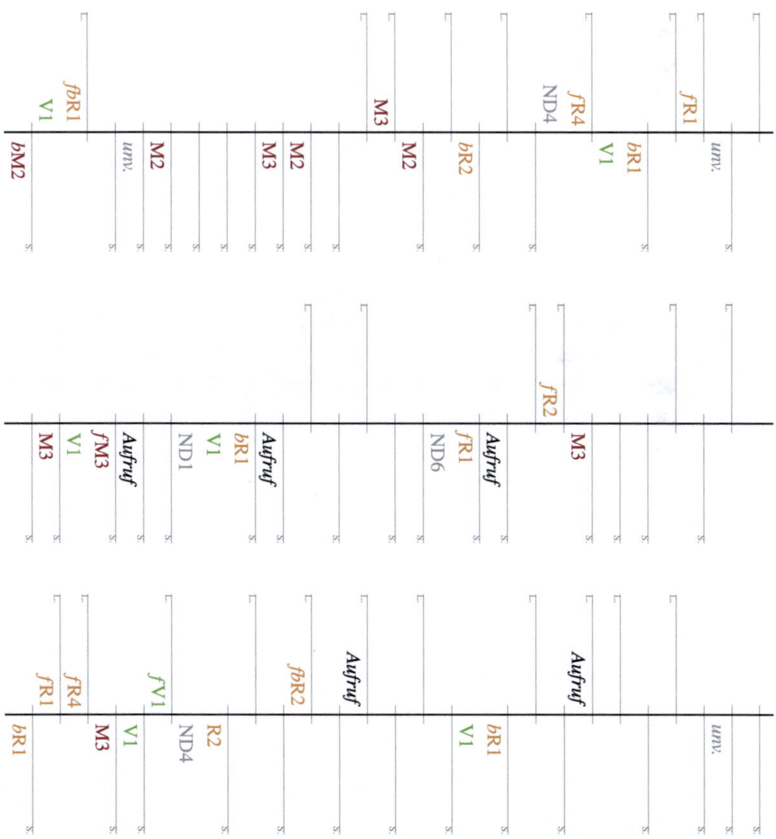

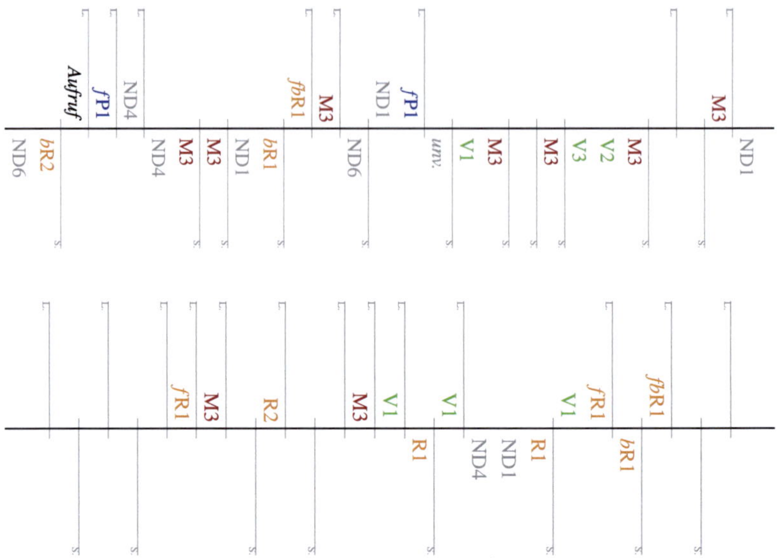

Graphisches Profil zu Szene K1(2)

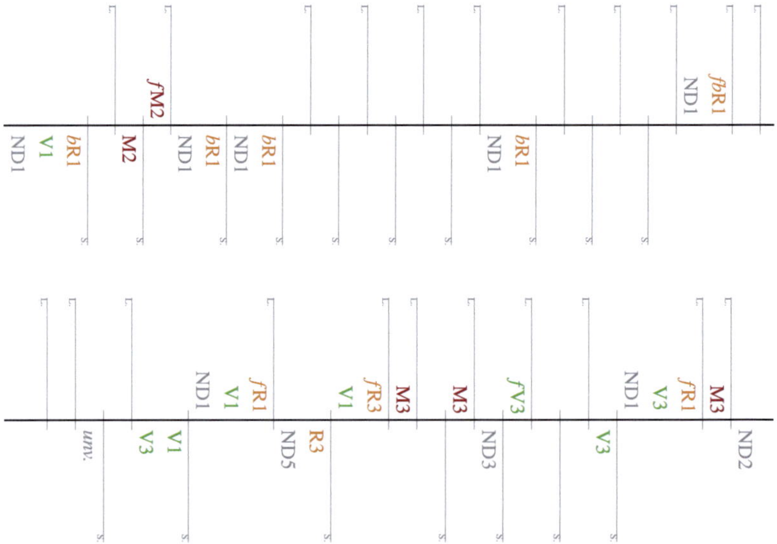

Betrachtung der Schülerrolle und verschiedener Dimensionen, die zur Beurteilung von Qualität herangezogen werden

In Bezug auf die Rolle der Schüler im Unterrichtsgespräch zeigt Abbildung 5.1 zunächst, dass die Schüler sich zwar in einem deutlich größeren prozentualen Anteil an allen Beiträgen metakognitiv aktiv zeigen als der Lehrer selbst. Allerdings liegt dieser Anteil im Vergleich zu jenen der anderen Datensätze eher im unteren Bereich (vgl. Anhang D.2). Dies ist besonders vor dem Hintergrund des Ergebnisses der Musteranalyse auffällig: Obwohl den Schülern in mehreren Phasen des Gesprächs Freiräume eröffnet werden (Muster D), zeichnet sich kein besonders großer Anteil aller Beiträge durch metakognitive Schüleraktivitäten aus.

In Bezug auf die Selbstständigkeit, mit der die Aktivitäten erbracht werden, zeigt Abbildung 5.1, dass der Lehrer kaum zu Monitoringaktivitäten auffordert. Diese Aktivitäten müssen die Schüler also in der Regel selbstständig erbringen. Sie tun dies ausschließlich auf den Ebenen 2 und 3, also mit Bezug auf schriftlich oder mündlich vorliegende Schülerideen. Der Balkenteil, der Informationen zum Aufforderungsverhalten des Lehrers zu Reflexionsaktionen bereithält, ist hingegen ungefähr genau so hoch wie jener, der sich auf die Reflexionsaktivitäten der Schüler bezieht. Auch die Einteilungen genannter Balkenabschnitte nach Ebenen passen weitgehend zueinander. Damit ist denkbar, dass diese Aktivitäten eher nicht selbstständig erbracht werden. Ein Blick in die graphischen Profile bestätigt diesbezüglich, dass Reflexionsaktionen der Schüler in der Regel eine Aufforderung zur Reflexion durch den Lehrer vorangeht. Die Reflexionsaktivitäten konzentrieren sich dabei vor allem auf der Ebene 1.

Im Gegensatz zu den für das Lehrerverhalten gemachten Beobachtungen, zeigt das entsprechende Balkendiagramm in Anhang D.2, dass die Schüler knapp die Hälfte ihrer metakognitiven Aktivitäten mit Begründungen verbinden. Dabei zeigen die graphischen Profile, dass sich das Auftreten von Begründungen auf Beiträge konzentriert, denen Aufforderungen des Lehrers zur Reflexion vorangehen. Dies bedeutet auch, dass die Monitoringaktivitäten, die auf den Ebenen 2 und 3 auftreten und vermutlich selbstständig von den Schülern erbracht werden (wie bereits gesagt fordert der Lehrer kaum zu Monitoringaktionen auf), sich ohne Angabe von Gründen auf das Nennen von Fehlern beschränken müssen. Von den auftretenden Begründungen scheinen einige selbstständig erbracht (vgl. z. B. das Profil zu K1(1), Z. 1f.), ein Teil wird allerdings auch eingefordert (vgl. z. B. das Profil zu K1(1), Z. 4f.), was die Informationen zum Aufforderungsverhalten des Lehrers bzgl. Begründungen erwarten ließen.

Metakognitionskategorien auf der Ebene 4 treten nicht auf, obwohl der Lehrer zu derartigen Aktivitäten auffordert. Dieser Aspekt ist im vorangehenden Abschnitt bereits diskutiert worden. Insgesamt überwiegt die Anzahl metakognitiver Aktivitäten der Schüler auf den Ebenen 2 und 3 jene auf der Ebene 1.

Das Vorkommen diskursiver Aktivitäten der Schüler ist anhand von Abbildung 5.1 als nicht besonders auffallend zu beurteilen. Bei der Betrachtung der graphischen Profile ragt diesbezüglich allein ein Beitrag heraus (vgl. das Profil zu K1(1), Z. 4). Hier kontrolliert ein Schüler den Beitrag eines Mitschülers (M3), setzt sich dabei explizit von einem Aspekt ab oder stimmt ihm zu (V2) und wiederholt noch den Teil des zuvor Gesagten, auf den er sich bezieht (V3). Neben diesem Beitrag treten noch vereinzelt Beiträge auf, in denen ein Bezugspunkt genannt wird (V1). Dies geschieht dann häufig in Kombination mit einer Reflexionsaktivität auf der Ebene 1 und einer Begründung (*b*R1). Das bedeutet insgesamt, dass die Szenen, in denen das graphische Profil den Eindruck vermittelt, als würden hier Schüler miteinander ins Gespräch kommen (Muster D, vgl. das Profil zu Szene K1(1), Z. 1; Z. 2f.; Z. 4), mit der einen gerade zur Diskursivität diskutierten Ausnahme, keine besonders elaboriert eingebetteten metakognitiven Aktivitäten zeigen. In diesen Phasen treten nämlich hauptsächlich Monitoringaktivitäten auf (wie bereits gesagt folgen die Reflexionsaktivitäten in der Regel Aufforderungen des Lehrers), diese sind fast alle unbegründet und abgesehen von der diskutierten Ausnahme kaum mit diskursiven Aktivitäten verbunden. Eine einigermaßen elaborierte Debatte ist daher nicht zu erkennen. Einzig fällt diesbezüglich die schon angesprochene Kategorienkombination aus *b*R1 und V1 auf.

Es bleibt schließlich noch zu diskutieren, inwiefern das Unterrichtsgespräch durch das Vorkommen von Negativer Diskursivität beeinflusst werden könnte. Abbildung 5.1 zeigt diesbezüglich ein breites Spektrum verschiedener vorkommender Vergehen. Anhand des graphischen Profils zu Szene K1(1) fällt bspw. folgende Szene auf (vgl. Z. 2): Nachdem er von einem anderen Schüler aufgerufen wurde, fordert dieser Schüler zu einer Reflexionsaktivität auf (*f*R1). Mit dieser Aufforderung ignoriert er allerdings eine Frage, einen wichtigen Aspekt o. Ä. (ND6), sodass diese Frage die Qualität des Gesprächsverlaufs wohl eher negativ als positiv beeinflusst. Damit ist eine Situation in der analysierten Szene qualitativ angeschlagen, die den Eindruck mitbegründet, dass die Schüler auch untereinander ins Gespräch kommen. Diesbezüglich bleibt nur die sich anschließende Abfolge der Kategorien *f*M3 in Kombination mit V1 und die dann folgende Kategorie M3 zu nennen. Andere Stellen, an denen Schülerbeiträge mit der Kategorie ND6 versehen worden sind, sind in Zusammenhang mit Aufforderungen des Lehrers, denen nicht erkennbar nachgekommen wird, schon diskutiert worden. Weiter bleibt zu diesem Punkt festzustellen, dass die Qualität von über der Hälfte der Reflexionsaktivitäten durch Negative Diskursivität gemindert wird. Alle Beiträge der zweiten Szene, in denen Reflexionsaktivitäten und Begründungen erkennbar sind, sind ebenfalls mit den Kategorien ND1 und / oder ND2 versehen. In dieser Szene bleibt letztendlich nur ein Schülerbeitrag übrig, der mit einer Metakognitionskategorie belegt worden ist und keine Kategorie aus dem Bereich der Negativen Diskursivität erhalten hat.

Beantwortung der die Auswertung der Kodierungsdaten leitenden Fragen

Vor dem Hintergrund der gerade herausgearbeiteten Informationen ergibt sich für K1 unter dem Blickwinkel der die Auswertung der Kodierungsdaten leitenden Fragen Folgendes:

Zur Beantwortung der ersten Leitfrage („Grundlegende Merkmale“) ist festzuhalten, dass metakognitive Aktivitäten insgesamt sowohl vom Lehrer als auch von den Schülern gezeigt werden. In der ersten analysierten Szene entfällt ein deutlich überwiegender prozentualer Anteil an Unterrichtszeit auf Schülerbeiträge. In der zweiten Szene überwiegt hingegen eher der Anteil, der auf Beiträge des Lehrers entfällt. Dazu passend zeigen sich in der ersten Szene gleich vier Unterrichtsphasen, die gemäß dem Muster D aufgebaut sind. Hier äußern sich die Schüler also fast ohne Einmischung des Lehrers aufeinander folgend. In der zweiten Szene treten diese Phasen nicht mehr auf. Diese Szene ist jedoch auch deutlich kürzer als die erste. Über beide Szenen hinweg konzentriert sich der Lehrer auf das Auffordern zu metakognitiven Aktivitäten. Seltener übt er sie selbst aus. Insgesamt zeigt er sich sowohl bezogen auf sein Aufforderungsverhalten als auch bezogen auf selbst gezeigte metakognitive Aktivitäten eher zurückhaltend. Die Schüler zeigen mehr metakognitive Aktivitäten als der Lehrer. Insbesondere Monitoringaktivitäten scheinen sie auch durchaus selbstständig zu verbalisieren. Ebenfalls sind Aufforderungen der Schüler zu metakognitiven Aktivitäten erkennbar. Diese Aspekte werden am besten in der vierten Antwortmöglichkeit auf die erste Frage gebündelt. Dabei ist allerdings zu betonen, dass die Wahl dieser Antwortmöglichkeit überwiegend durch die erste analysierte Szene von K1 beeinflusst ist. Beide Szenen zusammen weichen einzig in Bezug auf die Gesprächsanteile von dem in der vierten Antwortmöglichkeit Geforderten ab: Die Anteile sind nicht *deutlich* zu Gunsten, aber schon noch zu Gunsten der Schülerbeiträge verschoben.

In Bezug auf die zweite Leitfrage („Metakog. Akt. und Begründungen") kommt nur die dritte Antwortmöglichkeit in Frage: Die Schüler geben durchaus Begründungen, auch ohne dass es einer Aufforderung durch den Lehrer dazu bedarf. Dabei treten die Begründungen allerdings hauptsächlich zusammen mit metakognitiven Aktivitäten auf der Ebene 1 auf.

Die Betrachtung der diskursiven Aktivitäten und ihrer Einbettung in den Unterrichtsprozess offenbarte insgesamt gesehen weder für den Lehrer noch für die Schüler Herausragendes. In Bezug auf wenige Stellen besteht Grund zu der Vermutung, dass der Lehrer gezielt diskursive Aktivitäten einsetzt, um in ihrer Bezugsgrundlage problematische Beiträge zu festigen. Die Schüler nennen vor allem Bezugspunkte, häufig in Kombination mit Reflexionsaktivitäten auf der Ebene 1 und Begründungen. Damit schwankt K1 in Bezug auf die Beantwortung der dritten Leitfrage („Diskursivität") wohl zwischen der ersten und der dritten Antwortmöglichkeit. Da es allerdings völlig überzogen erscheint, den Schülern zu unterstellen, sie bemühten sich intensiv um den Einsatz diskursiver Aktivitäten, wird nicht die dritte, sondern die erste Antwortmöglichkeit gewählt. Dabei wird in Kauf genommen, dass sie beinhaltet, dass das Unterrichtsgespräch für den Einsatz diskursiver Aktivitäten nicht genutzt wird.

Den Verankerungsaktivitäten der Schüler in Verbindung mit Reflexionsaktivitäten und Begründungen wird schließlich über die Beantwortung der vierten Leitfrage („Debatten") Rechnung getragen. Debatten unter Schülern sind trotz des Auftretens von Phasen gemäß Muster D nicht erkennbar, schon aber die wenigstens vereinzelt auftretenden genannten Schülerbeiträge, die den abgeschwächten Kriterien zur Beantwortung dieser Frage entsprechen. In Bezug auf die vierte Leitfrage wird also die dritte Antwortmöglichkeit gewählt. Damit hat das diskursive Verhalten des Lehrers insgesamt keinen Niederschlag in den bisher gegebenen Antworten gefunden. Dies ist aber nicht bedenklich, da diejenigen Lehrerbeiträge, die in diesem Zusammenhang genannt worden sind, ihre Nennung nur aufgrund von Vermutungen verdient haben. Inwiefern sich die diskutierten diskursiven Lehreraktivitäten wirklich auf eine Korrektur von Nachvollziehbarkeitsproblemen anderer Beiträge konzentrieren, kann abschließend nur anhand des Videos geklärt werden.

In Bezug auf die fünfte Leitfrage („Negative Diskursivität") scheint die erste Antwortmöglichkeit am geeignetsten, die aussagt, dass negativ diskursive Aktivitäten den Diskurs auf Lehrer- und Schülerseite in nennenswerter Form stören. Die nun schon des Öfteren angesprochenen Vermutungen bzgl. Interventionen des Lehrers gegen diskursive Verstöße der Schüler können hier nicht zweifelsfrei als Argument für die Wahl einer anderen Antwortmöglichkeit herangezogen werden. Kategorien, die auf Erziehungsaktivitäten zum Diskurs hinweisen, wären hier deutlich verlässlicher.

In Bezug auf die letzte Leitfrage („Ausprägung metakog. Akt.") wird die vierte Antwortmöglichkeit gewählt. Bedingt durch die in Bezug auf die Qualität ihrer Einbettung allein durch den Selbstständigkeitsaspekt herausragenden Monitoringaktivitäten, liegen die meisten metakognitiven Aktivitäten der Schüler auf den Ebenen 2 und 3.

Insgesamt ergibt sich damit für K1 das Sechs-Tupel (4,3,1,3,1,4).

Da die beiden analysierten Szenen sich in Bezug auf die auf Lehrer- und Schülerbeiträge entfallende Unterrichtszeit und das Ergebnis der Musteranalyse recht deutlich voneinander unterscheiden, scheint es nützlich, weitere Passagen dieses Unterrichts zu analysieren, um einen umfassenden Eindruck zu bekommen. Dabei ist allerdings an dieser Stelle zu betonen, dass die entsprechenden Balkendiagramme für das Lehrerverhalten keine hervorstechenden Unterschiede aufweisen. Auf der Seite der Schüler fällt auf, dass in Szene K1(2) deutlich weniger Monitoring betrieben wird und das Auftreten inadäquater Wortwahl zunimmt (vgl. in Anhang D.1 die Balkendiagramme zu K1(1) und K1(2)).

5.4.2.3 Auswertung der Kodierungsdaten von K2

Betrachtung der auf Schüler- und Lehrerbeiträge entfallenden prozentualen Anteile an Unterrichtszeit

Wie Tabelle 5.4 zeigt, sind die prozentualen Anteile an Unterrichtszeit in K2 zu Gunsten

Szene	Anteil L	Anteil S	Beiträge L	Beiträge S
K2(gesamt)	38,77%	32,85%	75	61
K2(1)	41,03%	31,32%	29	20
K2(2)	37,42%	33,77%	46	41

Tabelle 5.4: Anteile an auf Lehrer- und Schülerbeiträge entfallender Unterrichtszeit sowie die absolute Anzahl an Lehrer- und Schülerbeiträgen.

der Lehrerbeiträge verschoben. Dies gilt sowohl für die Szene K2(1) als auch für die Szene K2(2) und dementsprechend auch für beide Szenen zusammen.

Betrachtung der Abfolge, in der metakognitive Aktivitäten auftreten

In Bezug auf die Muster, in denen metakognitive und diskursive Aktivitäten in K2 auftreten, liegt insgesamt schwerpunktmäßig Muster C vor (vgl. Tabelle 5.5). Vor allem in Szene K2(1) treten allerdings auch einige Muster der Sorte B auf. Die Phase, die mit Muster D gekennzeichnet wurde, ist bei den folgenden Analysen ebenfalls im Auge zu behalten. Ihr Auftreten fügt sich bisher noch nicht schlüssig in das entstehende Bild ein, das auch aufgrund der Ergebnisse des vorangehenden Abschnitts eher von einer deutlichen Lenkung des Unterrichts durch den Lehrer ausgeht.

Szene	A	B1	B2	C	D
K2(gesamt)	0	2	8	15	1
K2(1)	0	2	5	6	0
K2(2)	0	0	3	9	1

Tabelle 5.5: Auftretenshäufigkeit verschiedener Muster in absoluten Zahlen

Betrachtung der Lehrerrolle und verschiedener Dimensionen, die zur Beurteilung von Qualität herangezogen werden

In Bezug auf die Rolle des Lehrers zeigen die Balkendiagramme in Anhang D.2, dass es für K2 keinen Unterschied gibt zwischen dem prozentualen Anteil an allen Beiträgen, in dem der Lehrer auffordert, und jenem, in dem er sich selbst metakognitiv aktiv zeigt. Verglichen mit den diesbezüglichen Werten anderer Datensätze bewegt sich der Lehrer von K2 in Bezug auf beide Aspekte im Mittelfeld. Von einem für die hier im Fokus stehenden Aktivitäten zurückhaltenden Verhalten im Diskurs kann eher nicht die Rede sein, was die Musteranalyse und die auf die Lehrerbeiträge entfallende Unterrichtszeit auch nicht erwarten ließen. Die Ergebnisse der Musteranalyse wiesen auf ein beachtliches Aufforderungsverhalten des Lehrers hin, dadurch, dass das Muster C häufig auftritt. Das ebenfalls nennenswert oft auftretende Muster B2 geht einher mit metakognitiven Aktivitäten des Lehrers mit Bezug auf Schülerbeiträge. Dass der Lehrer zusätzlich noch einige Aktivitäten auf der Ebene 2 zeigt, geht aus den Ergebnissen der Musteranalyse nicht hervor.

In Bezug auf die verschiedenen Dimensionen, die zur Beurteilung der Qualität der metakognitiven Aktivitäten des Lehrers und der Qualität ihrer Einbettung in den Unterrichtsdiskurs herangezogen werden, ist anhand von Abbildung 5.2 zunächst einmal festzustellen, dass seine metakognitiven Aktivitäten selten zusammen mit Begründungen auftreten. Über Monitoring- und Reflexionsaktivitäten, die sich ausschließlich auf den Ebenen 2 und 3 befinden, nimmt der Lehrer zwar des Öfteren Stellung zu Schülerideen, führt damit einhergehend aber in der Regel keine Begründungen an. Aufforderungen zu Begründungen sind vorhanden (vgl. Anhang D.2), sodass dem Lehrer insgesamt ein Interesse an Begründungen nicht abgesprochen werden kann.

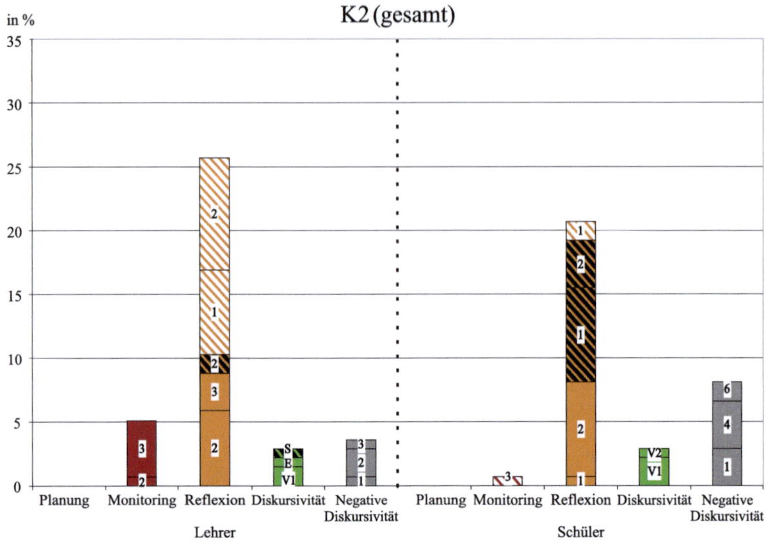

Abbildung 5.2: Balkendiagramm zum Datensatz K2(gesamt)

Die Ebene 4 steuert er in den analysierten Szenen nicht an.

In Bezug auf das diskursive Verhalten fallen anhand von Abbildung 5.2 zwei Aspekte ins Auge: Erstens ist der Anteil an Beiträgen, in dem der Lehrer diskursive Aktivitäten zeigt, sehr klein. Zweitens tritt aber dennoch die Kategorie E auf. Ein Blick in das graphische Profil zu Szene K2(1) (siehe unten) verrät, dass die Erziehungsmaßnahme in Kombination mit einer Kontrolle eines Schülerbeitrags (M3) und der Wiederholung von bereits Gesagtem (V3) kodiert worden ist (vgl. Z. 2). Unmittelbar vorher hatte der Lehrer eine Begründung eingefordert (*fb*R2), die sich aber in der Kategorisierung des sich anschließenden Schülerbeitrags (R2, ND6) nicht zeigt. Weitere auffällige Stellen bzgl. eines Bemühens um Diskursivität zeigen sich kaum. Evtl. zu nennen ist noch eine Strukturierungsmaßnahme, die zusammen mit einer Begründung auftritt (vgl. das Profil zu K2(1), Z. 1, *b*S). Am graphischen Profil lassen sich aber keine Folgen oder Ursachen dieser Maßnahme ausmachen.

Insgesamt zeigt der Lehrer wenige negativ diskursive Aktivitäten (vgl. Abbildung 5.2). Ein Großteil der vergebenen grauen Kategorien konzentriert sich auf die Wiederholung von bereits Gesagtem, ohne dass ein neuer Aspekt hinzukommt (ND2), was auf das Vorliegen von Lehrerechos schließen lässt. Dies passt wiederum zu dem Eindruck, der bereits in vorangehenden Auswertungsschritten gewonnen wurde: Der Lehrer reagiert des Öfteren metakognitiv auf Schülerbeiträge (vgl. Muster der Sorte B). Dies geschieht allerdings mit wenig erkennbarer Elaboriertheit in Form von Begründungen und diskursiven Aktivitäten, sodass auch Lehrerechos in dieses Bild passen.

Graphisches Profil zu Szene K2(1)

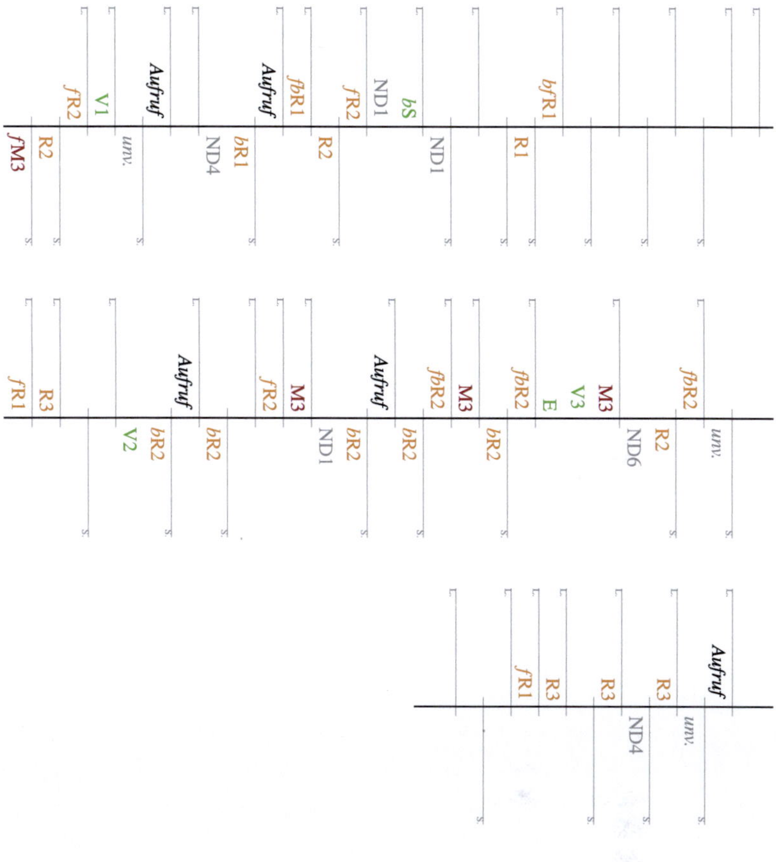

Graphisches Profil zu Szene K2(2)

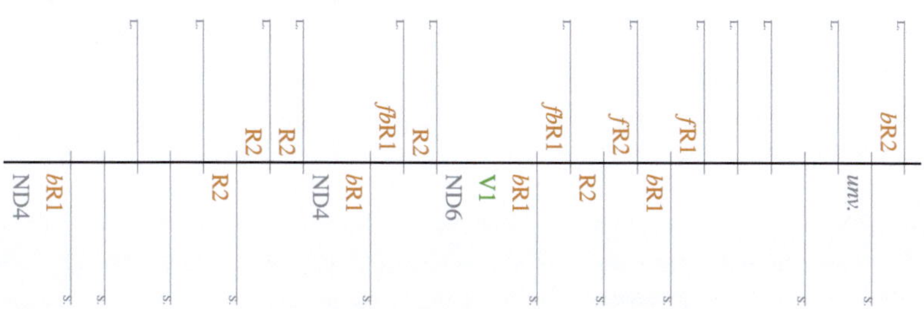

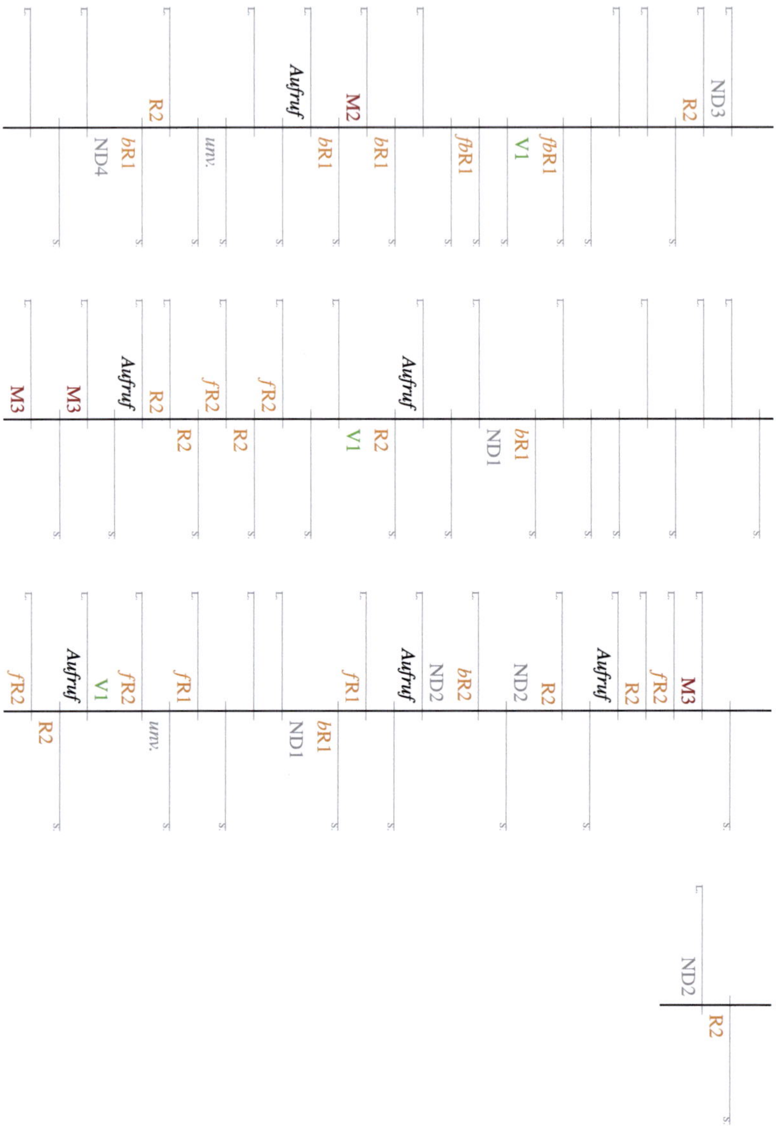

Betrachtung der Schülerrolle und verschiedener Dimensionen, die zur Beurteilung von Qualität herangezogen werden

Aus Abbildung 5.2 geht hervor, dass sich die Schüler in einem größeren prozentualen Anteil an allen Beiträgen metakognitiv aktiv zeigen als der Lehrer. Im Vergleich zu den anderen vorliegenden Datensätzen liegen sie damit aber im unteren Bereich (vgl. Anhang D.2). Außergewöhnlich ist hier, dass sich das Spektrum der gezeigten Aktivitäten ausschließlich auf Reflexionsaktivitäten auf den Ebenen 1 und 2 beschränkt. Gleiches gilt im Übrigen für das Aufforderungsverhalten des Lehrers. Da kein großer Unterschied erkennbar ist zwischen dem Anteil an allen Beiträgen, in dem der Lehrer auffordert, und jenem, in dem die Schüler reflektieren, scheint kein hoher Grad an Selbstständigkeit vorzuliegen, was die Durchführung der Reflexionsaktivitäten angeht. Ein Blick in die graphischen Profile bestätigt diesen Eindruck. Allein in der zweiten analysierten Szene finden sich wenige Reflexionskategorien auf der Seite der Schüler, denen nicht unmittelbar eine passende Aufforderung auf der Seite des Lehrers vorangeht (vgl. z. B. das Profil zu K2(2), Z. 3, die ersten beiden Reflexionskategorien von rechts). Das im Rahmen der Musteranalyse entdeckte Muster der Sorte D scheint also überhaupt nicht charakteristisch für das analysierte Unterrichtsgespräch.

Des Weiteren fällt bzgl. der Reflexionsaktivitäten anhand von Abbildung 5.2 auf, dass mehr als die Hälfte von ihnen zusammen mit einer Begründung auftritt. Erinnert sei diesbezüglich an die bereits angesprochenen Aufforderungen des Lehrers zur Begründung. Das Balkendiagramm zu K2 in Anhang D.2 lässt vermuten und die graphischen Profile bestätigen, dass ein bemerkenswerter Anteil an Begründungen der Schüler, auf eine entsprechende Aufforderung des Lehrers folgt. Einige Begründungen scheinen aber doch auch selbstständig erbracht (vgl. z. B. in Profil zu K2(2), Z. 3f.). Schwerpunktmäßig treten Begründungen zusammen mit metakognitiven Aktivitäten auf der Ebene 1 auf.

Metakognitive Aktivitäten auf der Ebene 4 zeigen die Schüler nicht. Zudem weist Abbildung 5.2 darauf hin, dass kaum diskursive Aktivitäten der Schüler vorliegen.

In Bezug auf die Negative Diskursivität treten schwerpunktmäßig die Kategorien ND1 und ND4 auf. Ihre Betrachtung in den graphischen Profilen bringt keine nennenswerten Erkenntnisse. Die Phase, in der sich auf der Seite des Lehrers die Kategorie E zeigt, wobei der vorhergehende Schülerbeitrag die Kategorie ND6 erhalten hat (vgl. das Profil zu K2(1), Z. 2), ist in Zusammenhang mit der Betrachtung der Lehreraktivitäten bereits erwähnt worden.

Abschließend bleibt noch die Phase zu betrachten, die Muster D aufweist (vgl. das Profil zu K2(2), Z. 2). Die bisherigen Ausführungen zu den Qualitätsdimensionen der metakognitiven Aktivitäten der Schüler deuten schon an, dass hier wohl keine Debatte unter Schülern geführt wird. Am graphischen Profil zeigen sich in dieser Phase zwei Aufforderungen zu Begründungen. Ob diesen nachgekommen wird, kann allerdings nicht gesagt werden. Es folgen zwar zwei Schülerbeiträge, versehen mit der Kategorie *b*R1, allerdings erst mit etwas Abstand.

Beantwortung der die Auswertung der Kodierungsdaten leitenden Fragen

Vor dem Hintergrund der gerade herausgearbeiteten Informationen ergibt sich für K2 bzgl. der Beantwortung der die Auswertung der Kodierungsdaten leitenden Fragen Folgendes: Zu der ersten Leitfrage („Grundlegende Merkmale“) ist festzuhalten, dass metakognitive Aktivitäten sowohl vom Lehrer als auch von den Schülern ausgeübt werden. Dabei beansprucht der Lehrer einen größeren Anteil an Unterrichtszeit für seine Beiträge als die Schüler für ihre. Einen nennenswerten Anteil aller Beiträge nutzt der Lehrer, um sich metakognitiv zu Schülerideen, sowohl mündlich als auch schriftlich vorliegend, zu äußern. In einem ungefähr gleich großen Anteil fordert er die Schüler zu metakognitiven Aktivitäten (hier allein zu Reflexionsaktivitäten) auf. Die Schüler zeigen ihre metakognitiven Aktionen fast ausschließlich in der Folge dieser Aufforderungen. Dementsprechend scheinen sie diesbezüglich kaum selbstständig aktiv zu werden. Diese Aspekte bündelt die zweite Antwortmöglichkeit auf die erste Leitfrage am besten.

Für die zweite Leitfrage („Metakog. Akt. und Begründungen") ist die dritte Antwortmöglichkeit passend. Trotz des Aufforderungsverhaltens des Lehrers zur Begründung besteht doch bei genügend vielen auftretenden Begründungen die Vermutung, dass sie selbstständig erbracht werden. Dabei konzentrieren sich die metakognitiven Aktivitäten, die zusammen mit Begründungen auftreten, insgesamt auf der Ebene 1.

Zur Beantwortung der dritten Leitfrage („Diskursivität") ist von Bedeutung, dass sowohl Lehrer als auch Schüler nur sehr wenige Aktivitäten zeigen. Dadurch, dass der Lehrer jedoch eine Strukturierungs- und eine Erziehungsmaßnahme durchführt, ist die zweite Antwortmöglichkeit zu wählen, durch die hier wenigstens dem Lehrer ein Bemühen um Diskursivität zugesprochen wird.

Vor allem mangels in den Kodierungsdaten auftretender Verankerungsaktivitäten ist auf die vierte Leitfrage („Debatten") die erste zur Verfügung stehende Antwort zu geben. Sie weist auf das Fehlen von jeglichen Debatten und Debattenähnlichem hin. Dass das Unterrichtsgespräch wohl insgesamt weit davon entfernt ist, debattenähnliche Passagen zu enthalten, wird schon daran deutlich, dass keine einzige Monitoringaktivität auf der Seite der Schüler verzeichnet ist, auch nicht in der Phase, deren Aufbau dem Muster D entspricht.

In Bezug auf die fünfte Leitfrage („Negative Diskursivität") sind mehrere Antwortmöglichkeiten denkbar. Die vierte Möglichkeit verlangt, dass diskursiven Verstößen vermutlich in *mehreren* Situationen entgegengewirkt wird. Da Derartiges hier jedoch nur für eine Situation wahrscheinlich ist, wird von dieser Antwortmöglichkeit Abstand genommen. Die erste Möglichkeit verlangt, dass sowohl Lehrer- als auch Schülerbeiträge in nennenswerter Form gestört werden. In Bezug auf den Lehrer scheint dieses Urteil jedoch zu hart. Insgesamt macht das graphische Profil nämlich deutlich, dass die negativ diskursiven Aktionen des Lehrers sehr vereinzelt auftreten und auch insgesamt keine große Anzahl erreichen. So wird letztendlich die dritte Antwortmöglichkeit gewählt, die das Vorkommen von negativ Diskursivem allein auf der Seite der Schüler betont.

Für die letzte zu beantwortende Leitfrage („Ausprägung metakog. Akt.") muss die vierte Antwortmöglichkeit gewählt werden, denn die von den Schülern gezeigten metakognitiven Aktivitäten konzentrieren sich schwerpunktmäßig auf Schülerideen.

Insgesamt ergibt sich damit für K2 das Sechs-Tupel: (2,3,2,1,3,4).

Anders als bei K1 weisen die beiden einzelnen von K2 analysierten Unterrichtsszenen keine deutlichen Unterschiede auf.

5.4.2.4 Auswertung der Kodierungsdaten von K3

Betrachtung der auf Schüler- und Lehrerbeiträge entfallenden prozentualen Anteile an Unterrichtszeit

Wie Tabelle 5.6 zeigt, sind die prozentualen Anteile an Unterrichtszeit, die auf Lehrerbeiträge einerseits und Schülerbeiträge andererseits entfallen, in beiden analysierten Szenen deutlich zu Gunsten des Lehrers verschoben. Dementsprechend gilt dies auch für die Werte, die sich auf beide Szenen zusammen beziehen. Zu beachten ist hier, dass die erste

Szene	Anteil L	Anteil S	Beiträge L	Beiträge S
K3(gesamt)	55,9%	22,05%	84	64
K3(1)	54,33%	24,01%	74	59
K3(2)	63,74%	12,28%	10	5

Tabelle 5.6: Anteile an auf Lehrer- und Schülerbeiträge entfallender Unterrichtszeit sowie die absolute Anzahl an Lehrer- und Schülerbeiträgen.

Szene sehr viel länger ist als die zweite und dementsprechend auch bei sämtlichen folgenden Auswertungen viel stärker ins Gewicht fallen wird. K3(2) ist im Prinzip gar zu kurz, um sie separat zu betrachten. In diesem Fall fügen sich ihre Werte jedoch problemlos in das entstehende Bild.

Betrachtung der Abfolge, in der metakognitive Aktivitäten auftreten

Tabelle 5.7 weist als schwerpunktmäßig in dem analysierten Unterrichtsgespräch in K3 auftretende Muster jene des Bereichs B aus. Auf die eine gemäß Muster D aufgebaute Phase ist bei den weiteren Analysen zu achten. Auch vor dem Hintergrund der Art, wie sich die Unterrichtszeit auf Schüler- und Lehrerbeiträge verteilt, fügt sich ihr Auftreten nicht problemlos in das entstehende Bild der Unterrichtskommunikation in K3 ein.

Szene	A	B1	B2	C	D
K3(gesamt)	0	10	15	10	1
K3(1)	0	9	13	9	1
K3(2)	0	1	2	1	0

Tabelle 5.7: Auftretenshäufigkeit verschiedener Muster in absoluten Zahlen

Betrachtung der Lehrerrolle und verschiedener Dimensionen, die zur Beurteilung von Qualität herangezogen werden

Bisher wurde für den Lehrer festgestellt, dass er einen sehr hohen Anteil an Unterrichtszeit für seine Beiträge beansprucht. Das häufige Auftreten der Muster der Sorte B zeigt zudem, dass er metakognitive Aktivitäten immer wieder selbst durchführt, und zwar Monitoring- oder Reflexionsaktivitäten auf der Ebene 3. Abbildung 5.3 zeigt nun gar, dass der prozentuale Anteil an allen Beiträgen, in dem sich der Lehrer selbst metakognitiv aktiv zeigt, höher ist als der Anteil, in dem er zu metakognitiven Aktivitäten auffordert. Im

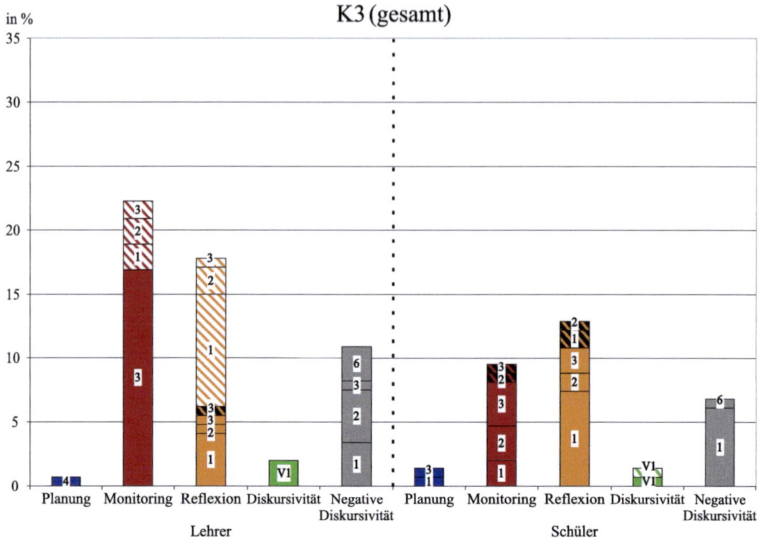

Abbildung 5.3: Balkendiagramm zum Datensatz K3(gesamt)

Vergleich zu den anderen vorliegenden Datensätzen liegt der Lehrer bezogen auf seine selbst durchgeführten metakognitiven Aktivitäten im oberen, bezogen auf seine Aufforderungsaktivitäten im mittleren Bereich (vgl. Anhang D.2). Bisher deuten alle Ergebnisse der Kodierungsdatenanalyse darauf hin, dass der Lehrer sich im Unterrichtsdiskurs eher nicht zurückhaltend zeigt.

Wie aus Abbildung 5.3 ebenfalls hervorgeht, treten kaum metakognitive Aktivitäten zusammen mit Begründungen auf. Gleiches gilt für Aufforderungen zur Begründung (vgl. Anhang D.2).

Metakognitive Aktivitäten auf der Ebene 4 sind ausschließlich in Form von einer Planungsaktivität vertreten. Die Betrachtung dieser Kategorie und ihrer Umgebung im graphischen Profil zu Szene K3(2) (siehe unten) bringt keine nennenswerten weiteren Erkenntnisse.

Diskursive Aktivitäten zeigt der Lehrer in einem beunruhigend kleinen Anteil aller Beiträge.

Kategorien aus dem Bereich der Negativen Diskursivität sind hingegen in einem beachtlichen Maße vergeben worden. Schwerpunktmäßig fallen hier die Kategorien ND1, ND2 und ND6 ins Auge.

Anhand der graphischen Profile lassen sich bei dieser Konstellation an Vorkommen von Kategorien kaum mehr neue Erkenntnisse gewinnen. Markant für den Lehrer sind die häufig auftretenden Monitoringaktivitäten auf der Ebene 3, die ohne Begründung oder diskursive Aktivitäten für kurze Kontrollbemerkungen stehen. Teilweise zeigt der Lehrer nach einem Schülerbeitrag auch ein Lehrerecho (vgl. z. B. im Profil zu K3(1), Z. 5f.).

Die Kategorie ND6 tritt sowohl in Verbindung mit Aufforderungen zur Metakognition auf (vgl. im Profil zu K3(1), Z. 2f.) als auch in Verbindung mit der Kategorie M3 (vgl. z. B. im Profil zu K3(1), Z. 4). Hier wird der Verlauf des Diskurses immer wieder gestört. Das Auftreten der Kategorie ND1 demonstriert zusätzlich kein besonderes Bemühen um die Wortwahl. Hinzu kommt, dass erzieherische Maßnahmen bezogen auf das Verhalten im Diskurs nicht erkennbar sind.

Graphisches Profil zu Szene K3(1)

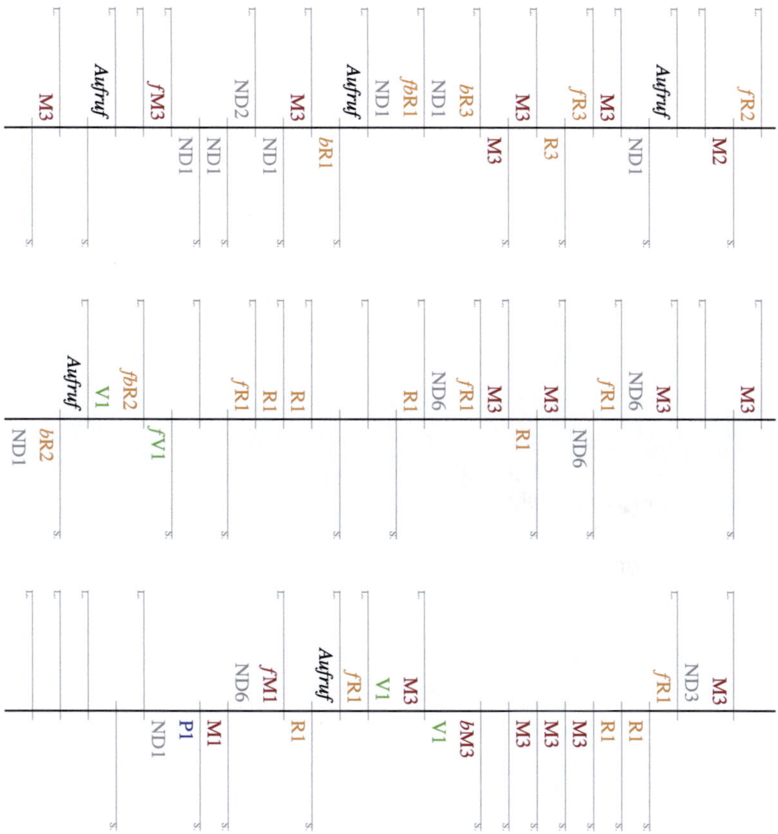

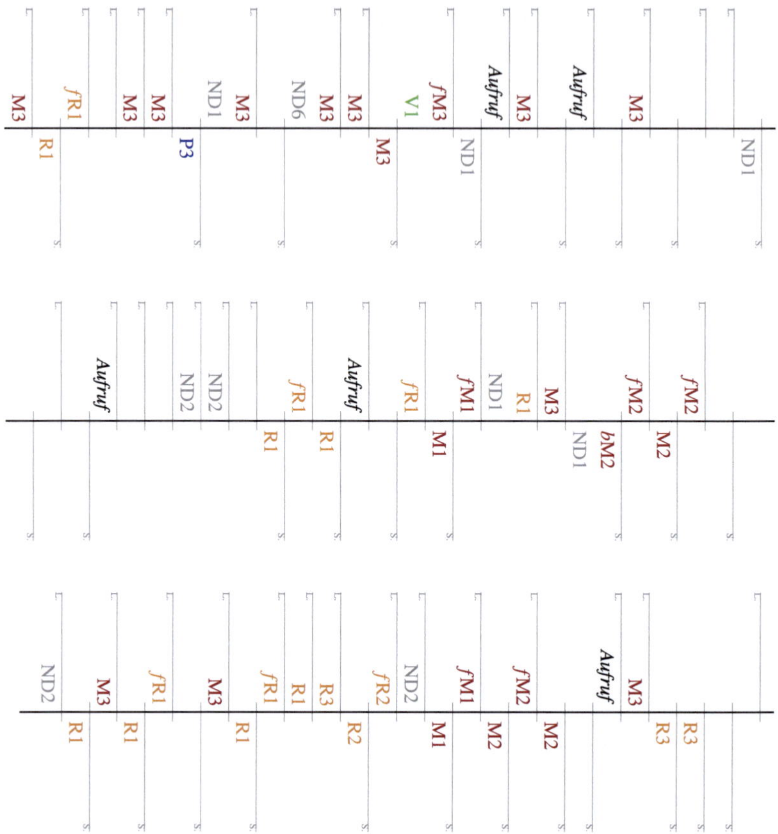

Graphisches Profil zu Szene K3(2)

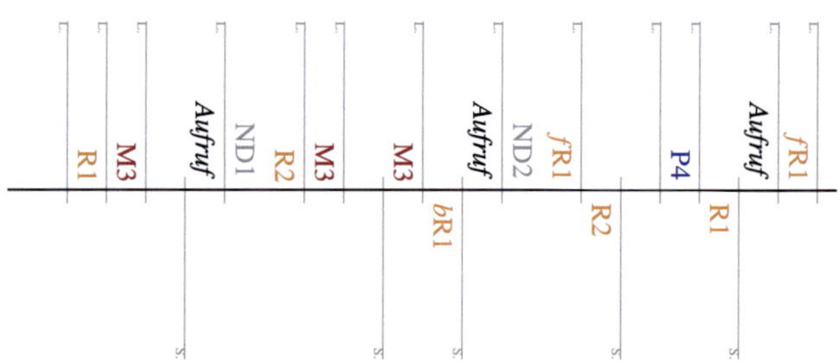

Betrachtung der Schülerrolle und verschiedener Dimensionen, die zur Beurteilung von Qualität herangezogen werden

Für die Schüler ist bisher festgestellt worden, dass sie nur einen vergleichsweise geringen Anteil an Unterrichtszeit mit ihren Beiträgen füllen. Die Muster der Sorte B weisen zusätzlich darauf hin, dass die Schüler sich durchaus metakognitiv aktiv zeigen, in einer Phase gar im Gespräch allein unter Schülern (Muster D). Das Balkendiagramm in Abbildung 5.3 bestätigt die metakognitive Aktivität der Schüler. Die prozentualen Anteile an allen Beiträgen, in denen der Lehrer einerseits und die Schüler andererseits metakognitiv aktiv sind, sind ungefähr gleich groß. Im Vergleich zu den anderen Datensätzen liegen die Schüler im Mittelfeld (vgl. Anhang D.2).

Ein Vergleich des Anteils aller Beiträge, in dem der Lehrer zu metakognitiven Aktivitäten auffordert, mit jenem, in dem sich die Schüler metakognitiv aktiv zeigen, lässt das Vorurteil zu, dass die Schüler hin und wieder auch einmal selbstständig aktiv werden. Die graphischen Profile offenbaren diesbezüglich, dass es einige vermutlich selbstständig erbrachte Aktivitäten gibt (vgl. z. B. die Kategorien M3 im Profil zu K3(1), Z. 3), wenn dies auch im Verhältnis zu jenen, die auf Aufforderungen folgen, wenige sind. Auffällig ist, dass die vermutlich selbstständig geäußerten Aktivitäten vor allem auf der Ebene 3 liegen. Hier wird also in verschiedener Weise Bezug auf Schülerbeiträge genommen.

Ähnlich wie auch zuvor für den Lehrer festgestellt, fällt die Analyse der weiteren zu betrachtenden Aspekte marger aus. Nur ein Schülerbeitrag tritt dadurch hervor, dass eine metakognitive Aktivität zusammen mit einer Begründung (*b*M3) und dem Nennen eines Bezugspunkts (V1) kenntlich gemacht wurde (vgl. im Profil zu K3(1), Z. 3). Hier lässt sich also wegen der Begründung wohl von einer Argumentation sprechen. Die anderen kategorisierten Aktivitäten sind dagegen in der Regel Behauptungen, in denen ohne Angabe von Gründen und ohne explizite Verankerung in dem bisherigen Gespräch Aspekte genannt oder Urteile gefällt werden. Dementsprechend entpuppt sich auch die gemäß Muster D aufgebaute Phase der ersten Szene (vgl. Z. 3) nicht als Debatte unter Schülern. Ebenfalls erreichen die Schüler die Ebene 4 mit ihren metakognitiven Aktivitäten nicht. Sehr wohl treten jedoch Kategorien aus dem Bereich der Negativen Diskursivität auf, und zwar schwerpunktmäßig die Kategorie ND1: Des Öfteren wählen die Schüler inadäquate Wörter (vgl. z. B. in Profil zu K3(1), Z. 1), was vor dem Hintergrund, dass sie zu einem eher geringen Anteil am Gespräch beteiligt sind, noch an Bedeutung gewinnt. An den graphischen Profilen ist nicht zu erkennen, dass dies vom Lehrer oder den Schülern auf diskursiver Ebene bemerkt und korrigiert wird.

Beantwortung der die Auswertung der Kodierungsdaten leitenden Fragen

Vor dem Hintergrund des nun Herausgearbeiteten ergibt sich für K3 in Bezug auf die Beantwortung der leitenden Fragen Folgendes:

Mit Bezug auf die erste Leitfrage („Grundlegende Merkmale“) ist zu beachten, dass metakognitive Aktivitäten sowohl vom Lehrer als auch von den Schülern gezeigt werden. In dem Unterrichtsdiskurs beansprucht der Lehrer allerdings einen deutlich überwiegenden Anteil an Unterrichtszeit für seine Beiträge. Zudem nutzt er viele Gelegenheiten, selbst metakognitive Aktivitäten auszuüben, anstatt dies den Schülern zu überlassen. Der prozentuale Anteil an allen Beiträgen, in dem der Lehrer selbst metakognitive Aktivitäten zeigt, ist gar größer als jener, in dem er zu metakognitiven Aktivitäten auffordert. Schwerpunktmäßig zeigen die Schüler sich in der Folge von Aufforderungen metakognitiv aktiv.

Diese Aspekte spiegeln sich in der zweiten Antwortmöglichkeit am besten wider, auch wenn es in Bezug auf die Unterrichtszeit, die der Lehrer für seine Beiträge nutzt, eine wenn auch wenig gravierende Abweichung zu den geforderten Aspekten gibt.
Für die Beantwortung der zweiten Leitfrage („Metakog. Akt. und Begründungen") ist maßgebend, dass sowohl für die Schüler als auch für den Lehrer kaum metakognitive Aktivitäten zusammen mit Begründungen kodiert worden sind. Dies wird durch die erste Antwortmöglichkeit ausgedrückt.
Zur Beantwortung der dritten Leitfrage („Diskursivität") muss festgehalten werden, dass sowohl auf der Seite des Lehrers als auch auf der Seite der Schüler kaum diskursive Aktivitäten kategorisiert worden sind. Damit scheint das Unterrichtsgespräch nicht genutzt zu werden, um den Einsatz von Diskursivität zu fordern und zu fördern, was durch die erste Antwortmöglichkeit ausgesagt wird.
Aus dem seltenen Auftreten von Begründungen und den kaum vorhandenen diskursiven Aktivitäten geht sofort hervor, dass keine Debatten unter Schülern vorhanden sind. Auch den abgeschwächten Kriterien entsprechende Beiträge liegen kaum vor. Dies drückt die erste Antwortmöglichkeit für die vierte Leitfrage („Debatten") aus.
In Bezug auf die fünfte Leitfrage („Negative Diskursivität") kommt ebenfalls nur die erste Antwortmöglichkeit in Frage. Anhand der Kodierungsdaten ist nämlich überhaupt kein Bemühen dahingehend zu erkennen, negativ diskursive Aktivitäten zu unterbinden. Auch konzentrieren sich diese Aktivitäten nicht nur beim Lehrer, sondern ebenfalls bei den Schülern.
Da sich die metakognitiven Aktivitäten, die die Schüler zeigen, zu fast gleichen Teilen auf die Ebene 1 einerseits und die Ebenen 2 und 3 andererseits verteilen, kommen zur Beantwortung der sechsten Leitfrage („Ausprägung metakog. Akt.") schließlich die dritte und die vierte Antwortmöglichkeit in Frage. An dieser Stelle wird die vierte Möglichkeit gewählt, weil sie besagt, dass Aktivitäten auf den Ebenen 2 und 3 häufiger auftreten als solche auf der Ebene 1, was hier bei ganz genauer Betrachtung der Fall ist.
Insgesamt ergibt sich damit für K3 das Sechs-Tupel: (2,1,1,1,1,4).
In Kapitel 5.4.1 ist zur Auswahl der zu analysierenden Szenen aus K3 angemerkt worden, dass die Phasen der Besprechung von zuvor bearbeiteten Aufgaben hier nur sehr kurz waren. Es sind Phasen des Unterrichtsgesprächs hinzugezogen worden, in denen weniger Aufgaben besprochen werden, als dass der Unterricht weitergeführt wird. Nur so war es möglich, Gesprächsszenen ausreichender Länge zu erhalten. Der Hauptteil dieser hinzugezogenen Phasen ist am graphischen Profil zu Szene K3(1) in den Zeilen 2 bis 4 repräsentiert. Es ist nun zu betrachten, ob sich dieser Teil in der Kategorisierung deutlich von den anderen Teilen unterscheidet. Dies ist jedoch zu verneinen. Allein das oben bereits diskutierte Auftreten des Musters D in Zeile 3 ist auffällig. Es scheint insgesamt aber auch für die in den Zeilen 2 bis 4 auftretenden Muster überhaupt nicht typisch.

5.4.2.5 Auswertung der Kodierungsdaten von K4

Betrachtung der auf Schüler- und Lehrerbeiträge entfallenden prozentualen Anteile an Unterrichtszeit

Wie Tabelle 5.8 zeigt, sind die prozentualen Anteile an Unterrichtszeit, in denen der Lehrer einerseits und die Schüler andererseits sprechen, in beiden analysierten Szenen deutlich zu Gunsten der Schüler verschoben. Dementsprechend gilt dies auch für die Werte, die sich auf beide Szenen zusammen beziehen.

Szene	Anteil L	Anteil S	Beiträge L	Beiträge S
K4(gesamt)	15,8%	59,02%	44	68
K4(1)	14,6%	60,89%	27	39
K4(2)	17,78%	55,93%	17	29

Tabelle 5.8: Anteile an auf Lehrer- und Schülerbeiträge entfallender Unterrichtszeit sowie die absolute Anzahl an Lehrer- und Schülerbeiträgen.

Betrachtung der Abfolge, in der metakognitive Aktivitäten auftreten

Der Unterricht in K4 zeichnet sich, was das Auftreten verschiedener Muster angeht, besonders durch das Muster D aus. Es zeigt sich in beiden analysierten Szenen. Ein verstärktes Auftreten von Muster D lässt erwarten, dass der Anteil an Unterrichtszeit, der auf Schülerbeiträge entfällt, ansteigt. Dementsprechend ergeben die Analyseergebnisse des vorangehenden Schritts und diese bisher ein rundes Bild.

Szene	A	B1	B2	C	D
K4(gesamt)	0	1	5	8	5
K4(1)	0	1	4	6	3
K4(2)	0	0	1	2	2

Tabelle 5.9: Auftretenshäufigkeit verschiedener Muster in absoluten Zahlen

Betrachtung der Lehrerrolle und verschiedener Dimensionen, die zur Beurteilung von Qualität herangezogen werden

Unter Einbezug der Tatsache, dass Aktivitäten gemäß der Kategorie P4 von ihrer Wirkung, nicht jedoch von den Formulierungen der mit ihr belegten Beiträge her, mit Aufforderungen vergleichbar sind, ist aus Abbildung 5.4 ablesbar, dass der Lehrer in einem größeren prozentualen Anteil an allen Beiträgen zu metakognitiven Aktivitäten auffordert, als dass er sie selbst durchführt. Im Vergleich zu den anderen vorliegenden Datensätzen liegen dabei beide Prozentwerte im unteren Bereich (vgl. Anhang D.2). Wie die Ergebnisse der ersten beiden Analyseschritte schon erwarten ließen, zeigt dieser Lehrer sich also auch in Bezug auf den eigenen Einsatz metakognitiver Aktivitäten und Aufforderungen dazu eher zurückhaltend im Gespräch.

Es bleiben die Dimensionen zu betrachten, die zur Beurteilung der Qualität der metakognitiven Aktivitäten und der Qualität ihrer Einbettung in den Diskurs herangezogen

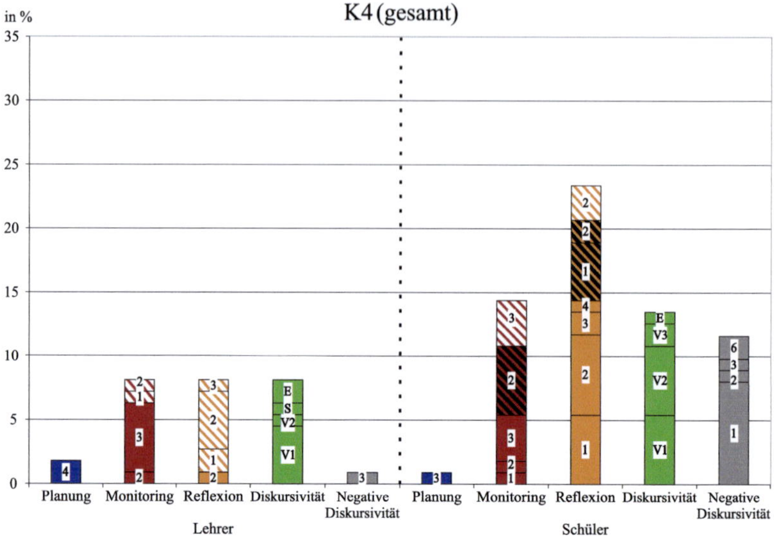

Abbildung 5.4: Balkendiagramm zum Datensatz K4(gesamt)

werden. Abbildung 5.4 lässt erkennen, dass der Lehrer in seinen Beiträgen keine metakognitiven Aktivitäten zusammen mit Begründungen zeigt.

Die Ebene 4 steuert er in den Bereichen Reflexion und Monitoring nicht an, schon aber im Bereich der Planung. Das graphische Profil zu Szene K4(1) (siehe unten) zeigt, dass nach den Lehrerbeiträgen, die mit der Kategorie P4 versehen worden sind, jeweils Phasen folgen, die gemäß dem Muster D aufgebaut sind (vgl. Z. 1f., Z. 3). Zu behaupten, dass diese Phasen durch den Beitrag eingeleitet wurden, der mit P4 gekennzeichnet ist, ist aber wohl zu waghalsig. Für eine zuverlässige Aussage hierzu müsste das Video betrachtet werden. Die meisten der insgesamt wenigen metakognitiven Aktivitäten, die der Lehrer selbst durchführt, sind Monitoringaktivitäten auf der Ebene 3. Die graphischen Profile zeigen, dass sie in der Regel gemäß dem Muster B2 in den Kommunikationsprozess integriert sind (vgl. z. B. das Profil zu K4(1), Z. 2). In Zeile 1 des Profils zu K4(1) und in Zeile 2 des Profils zu K4(2) liegt die Vermutung nahe, dass der Lehrer mit einer solchen Aktivität auf eine entsprechende Aufforderung eines Schülers reagiert.

In Bezug auf die diskursiven Aktivitäten zeigt Abbildung 5.4, dass in den Lehrerbeiträgen neben Verankerungsaktivitäten sowohl Erziehungs- als auch Strukturierungsmaßnahmen erkannt worden sind. Eine Hinzuziehung der graphischen Profile offenbart diesbezüglich, dass ein Lehrerbeitrag mit der Kategorie E versehen worden ist, dem ein Schülerbeitrag mit der Kategorie ND1 vorangeht (vgl. das Profil zu K4(1), Z. 2). Eine weitere Erziehungsmaßnahme schließt sich mit etwas Abstand an einen Schülerbeitrag an, der mit der Kategorie ND2 versehen wurde (vgl. das Profil zu K4(2), Z. 1). Auch wenn es sich am graphischen Profil nicht absolut zuverlässig rekonstruieren lässt, besteht die Möglichkeit, dass der Lehrer die jeweiligen diskursiven Vergehen der Schüler kritisiert. In jedem Fall aber greift er erzieherisch in den Diskursverlauf ein. Dadurch und aufgrund der Strukturierungsmaßnahme lässt sich ein gewisses Bemühen erkennen, dem Gesprächsverlauf ein angemessenes Niveau geben zu wollen. Natürlich wird auch offensichtlich, dass der Lehrer nicht bei allen auftretenden diskursiven Vergehen korrigierend reagiert, vermutlich weil es kaum möglich ist, sie bei dem Interaktionstempo, das im Unterricht vorliegt, alle zu entdecken.

In Bezug auf die Negative Diskursivität fällt der sehr geringe Anteil aller Beiträge auf, in dem der Lehrer auf irgendeine Art gegen Regeln eines qualitativ hochwertigen Diskursablaufs verstößt. Dabei ist zu beachten, dass der geringe Anteil an Unterrichtszeit, der auf die Beiträge des Lehrers entfällt, eine positive Wirkung auf seine Bilanz bzgl. der Negativen Diskursivität haben könnte.

Graphisches Profil zu Szene K4(1)

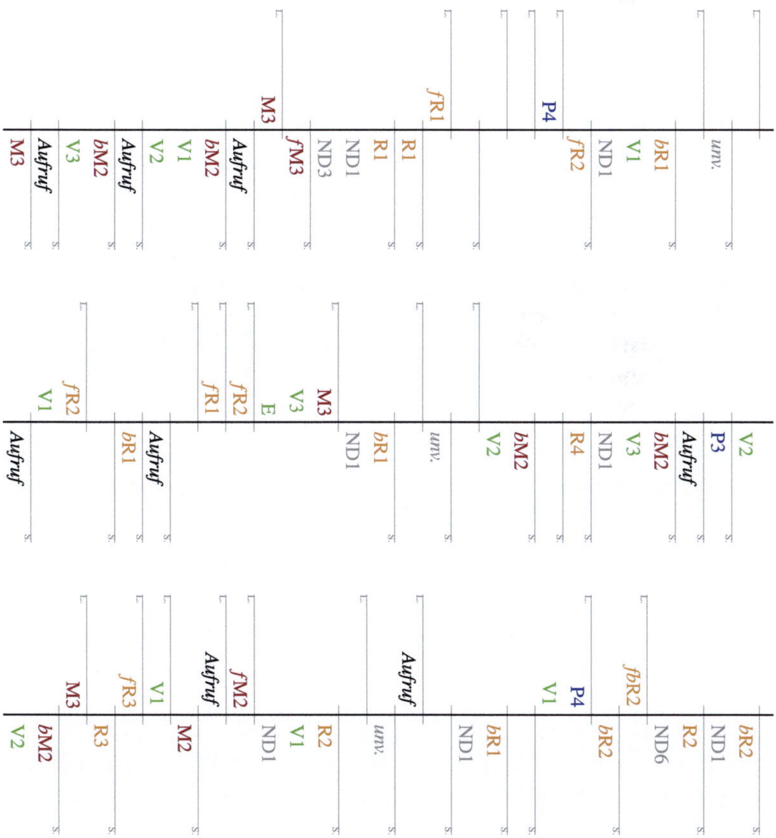

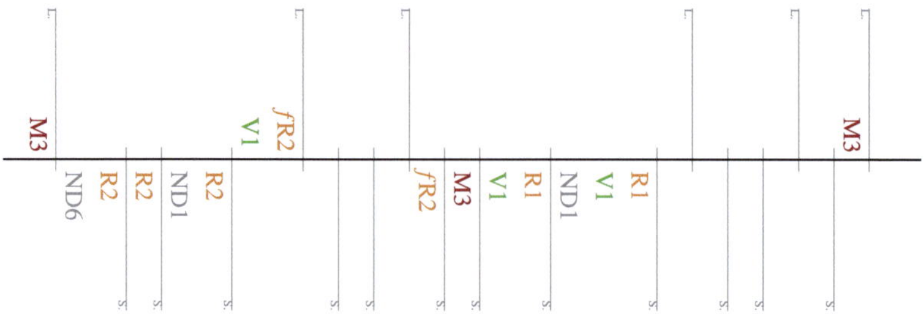

Graphisches Profil zu Szene K4(2)

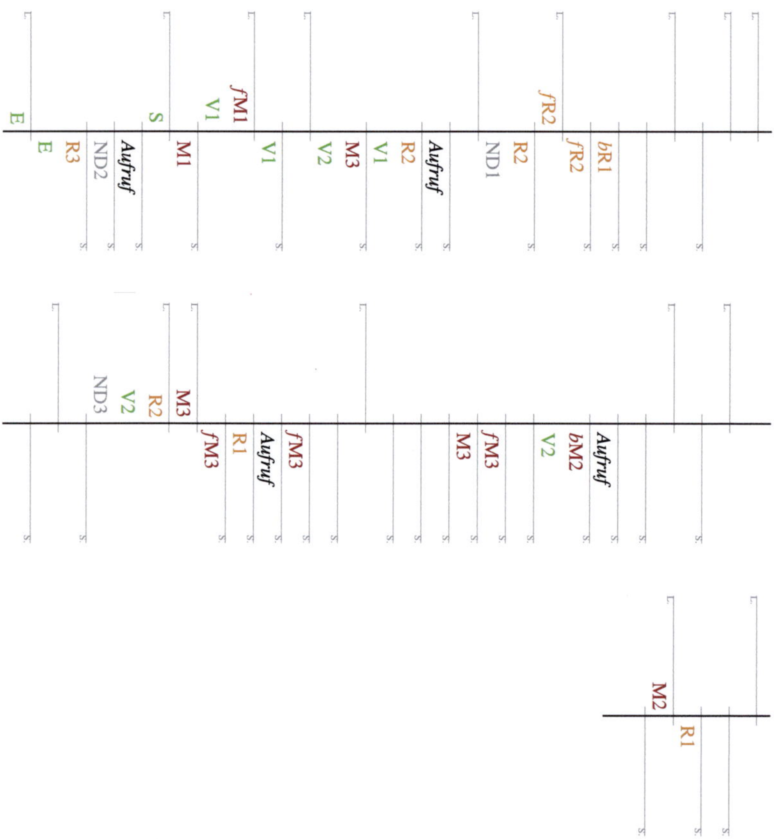

Betrachtung der Schülerrolle und verschiedener Dimensionen, die zur Beurteilung von Qualität herangezogen werden

Abbildung 5.4 zeigt zunächst einmal, dass die Lernenden sich im Vergleich zu ihrem Lehrer in einem sehr hohen prozentualen Anteil an allen Beiträgen metakognitiv aktiv zeigen. Auch im Vergleich zu den Werten, die die anderen Datensätze diesbezüglich aufweisen, ist der Anteil hoch (vgl. Anhang D.2). Ein Vergleich dieses Anteils mit jenem, in dem der Lehrer zu metakognitiven Aktivitäten auffordert, lässt schließlich die Vermutung zu, dass ein beachtlicher Teil der metakognitiven Aktivitäten von den Schülern selbstständig erbracht wird. Selbst für Reflexionsaktivitäten kann diese Vermutung aufrechterhalten werden. Dieser über die Balkendiagramme gewonnene Eindruck steht in Einklang mit den Ergebnissen der Musteranalyse der graphischen Profile. Sie wiesen schon darauf hin, dass es Phasen gibt, in denen sich der Lehrer zurücknimmt und die Schüler das Gespräch unter Einbezug metakognitiver Aktivitäten untereinander führen.

In Bezug auf weitere Dimensionen zur Beurteilung der Qualität der metakognitiven Aktivitäten und der Qualität ihrer Einbettung in das Unterrichtsgespräch zeigt Abbildung 5.4 Vielversprechendes: Sowohl Monitoring- als auch Reflexionsaktiviäten treten in einem nennenswerten Anteil an allen Beiträgen zusammen mit Begründungen auf. Dies geschieht, obwohl der Lehrer sie kaum einfordert (vgl. Anhang D.2). In der Regel scheinen die Begründungen also selbstständig erbracht zu werden. Sie treten dabei immer wieder in Beiträgen auf, in denen der sprechende Schüler sich kontrollierend oder analysierend mit Schülerideen auseinandersetzt.

In Bezug auf die Ebenen, auf denen sich metakognitive Aktivitäten der Schüler zeigen, liegt der Schwerpunkt gemäß Abbildung 5.4 auf den Ebenen 2 und 3. Auch mindestens eine Reflexionsaktivität auf der Ebene 4 ist in dem Unterrichtsgespräch erkennbar geworden.

Diskursive Aktivitäten erstrecken sich über die drei verschiedenen Arten des Verankerns bis hin zur Erziehung zum Diskurs.

Bei einer Betrachtung des graphischen Profils zu K4(1) vor dem Hintergrund bisher herausgearbeiteter Informationen fällt schnell die erste Phase ins Auge, die gemäß dem Muster D aufgebaut ist (vgl. Z. 1f.). Ohne dass der Lehrer hier explizit dazu aufgefordert hat, beginnen die Schüler, sich kontrollierend schwerpunktmäßig mit schriftlich vorliegenden Schülerideen auseinanderzusetzen (M2). Sie erledigen dies häufig begründet und unterlegen ihre Argumentationen mit Verankerungen verschiedener Sorten. Zwischendurch zeigt sich ebenfalls eine Kontrollaktivität bezogen auf einen Schülerbeitrag (M3). Diese Aktion ist zusätzlich unterlegt mit der Kategorie V2. Es tritt zudem eine Planungsaktion, aufsetzend auf Schülerbeiträgen, auf (P3). Vor allem aber zeigt sich in dieser Phase auch die Kategorie R4. Diese Beschreibung zeigt bereits, dass die Schüler hier in der Lage sind, eigenständig elaborierte Beiträge zu erbringen, in denen sich auch metakognitive Aktivitäten zeigen, und dies in Auseinandersetzung miteinander. Eine solche Szene zeigt sich zugegebenermaßen in dieser Qualität nur ein Mal innerhalb der zwei analysierten Szenen. Dies genügt aber wohl, um festzuhalten, dass die Schüler sich derartig verhalten können und der Lehrer ihnen den Raum dazu gibt. Die anderen von den Schülern eher eigenständig gestalteten Szenen sind in der Regel kürzer (vgl. das Profil zu K4(1), Z. 3f.). Eine von ihnen fällt vor allem dadurch auf, dass Schüler selbst zu Monitoringaktivitäten auffordern (vgl. das Profil zu K4(2), Z. 2). Allein sie kann in der Länge mit der zuerst diskutierten Phase mithalten. Allerdings scheinen die Beiträge, die dort auftreten, weniger elaboriert zu sein. Es gibt allein eine Ausnahme, nämlich den Beitrag, der mit einer Kombination aus den Kategorien *b*M2 und V2 gekennzeichnet ist.

In Bezug auf das diskursive Verhalten verdient neben dem regelmäßigen Auftreten von Verankerungen vor allem noch das Auftreten der Kategorie E auf Schülerseite Beachtung. Der mit dieser Kategorie versehene Beitrag folgt einem Schülerbeitrag, der mit der Kategorie ND2 gekennzeichnet wurde (vgl. das Profil zu K4(2), Z. 1). Dementsprechend ist denkbar, dass hier gerade die Wiederholung von bereits Gesagtem, ohne dass ein neuer Aspekt hinzukommt, angeprangert wird. Für einen Schüler ist das Verbalisieren einer Maßnahme zur Erziehung zum Diskurs sicher bemerkenswert.

Neben den vielen diskursiven Aktivitäten weist Abbildung 5.4 allerdings auch auf negativ Diskursives hin. Ein Großteil davon entfällt auf inadäquat gewählte Wörter. Die graphischen Profile zeigen, dass die Kategorie ND1 in der Regel zusammen mit Reflexionsaktivitäten auftritt. Dadurch, dass die Schüler in K4 einen großen Anteil der Unterrichtszeit mit ihren Beiträgen füllen, also auch ausreichend Gelegenheit haben, sich unkorrekt auszudrücken, verwundert das Auftreten der Kategorie ND1 nicht. Dennoch muss an einer Verbesserung der Wortwahl im Gespräch gearbeitet werden. Dass es möglich ist, dass der Lehrer dieser Forderung bereits nachkommt, ist schon in Zusammenhang mit den Kodierungsdaten der Lehrerbeiträge diskutiert worden, kann aber nur unter Rückgriff auf das Video sicher behauptet werden.

Zwei Schülerbeiträgen ist zudem die Kategorie ND6 zugeordnet worden. Sie haben gemeinsam, dass ihnen jeweils eine Aufforderung zur Reflexion des Lehrers vorangeht und es scheint, als würden sie die zweite bzw. dritte Reaktion auf diese Aufforderung leisten (vgl. das Profil zu K4(1), Z. 2f., Z. 4). Damit fällt hier auf, dass es möglicherweise in zwei Fällen passiert, dass die Schüler vom Thema abkommen, wenn sie sich als Zweiter oder Dritter zu einer Lehrerfrage äußern.

Beantwortung der die Auswertung der Kodierungsdaten leitenden Fragen

Vor dem Hintergrund der gerade herausgearbeiteten Informationen ergibt sich für K4 unter dem Blickwinkel der die Auswertung der Kodierungsdaten leitenden Fragen Folgendes:

Zur Beantwortung der ersten Leitfrage („Grundlegende Merkmale") ist zu beachten, dass metakognitive Aktivitäten sowohl auf der Seite des Lehrers als auch auf der Seite der Schüler auftreten. Insgesamt zeigen sich die Schüler aber wesentlich aktiver als der Lehrer, und zwar nicht nur in Bezug auf metakognitive Aktivitäten, sondern auch deutlich durch den Anteil an Unterrichtszeit, den sie mit Beiträgen füllen. Der Lehrer zeigt sich in Bezug auf den von ihm beanspruchten Anteil an Unterrichtszeit, seine selbst durchgeführten Aktivitäten und auch in Bezug auf sein Aufforderungsverhalten zurückhaltend.

Die Schüler werden dementsprechend häufig auch ohne vorangehende, passende Aufforderung des Lehrers metakognitiv aktiv. Dies geschieht dabei auch immer wieder in Phasen, in denen der Lehrer sich kaum in das Gespräch einmischt. Diese Aspekte bündelt die vierte Antwortmöglichkeit auf die erste Leitfrage treffend.

Mit Bezug auf für die zweite Leitfrage („Metakog. Akt. und Begründungen") interessanten Aspekten ist zu betonen, dass sich metakognitive Aktivitäten in Kombination mit Begründungen auf der Seite der Schüler zeigen, und zwar in der Regel ohne dass eine entsprechende Aufforderung zur Begründung des Lehrers vorangeht. Des Weiteren konzentrieren sich die angesprochenen metakognitiven Aktivitäten schwerpunktmäßig auf den Ebenen 2 und 3. Damit ist die vierte Antwortmöglichkeit zu wählen.

Für die dritte Leitfrage („Diskursivität") ist die dritte Antwortmöglichkeit zu wählen. Anhand der zahlreich auftretenden diskursiven Aktivitäten bis hin zum Vorliegen von Erziehungsmaßnahmen zum Diskurs, ausgeübt durch einen Schüler, ist beiden am Diskurs beteiligten Seiten ein diskursives Bemühen zu attestieren.

Für die vierte Leitfrage („Debatten") scheint die vierte Antwortmöglichkeit passend. Vor allem in der im vorangehenden Abschnitt ausführlich vorgestellten ersten Phase, die gemäß Muster D aufgebaut ist, sind die Kriterien für das Vorliegen einer Debatte erfüllt.

Negativ diskursive Aktivitäten stören das Unterrichtsgespräch durchaus, allerdings zeigen sich die Aktivitäten fast ausschließlich auf der Seite der Schüler, was in dieser Konstellation evtl. mit der unterschiedlichen Beteiligung beider Seiten am Gespräch zusammenhängen kann. Dies würde zunächst für die dritte Antwortmöglichkeit auf die fünfte Leitfrage („Negative Diskursivität") sprechen. Da die Kategorie E allerdings drei Mal in oben genannten Kontexten auftritt, lässt sich durchaus auch die Vermutung begründen, dass gegen nicht gewünschtes diskursives Verhalten interveniert wird. Dies berücksichtigt die vierte Antwortmöglichkeit, weshalb sie der dritten hier vorgezogen wird.

Zur Beantwortung der sechsten Leitfrage („Ausprägung metakog. Akt.") ist entscheidend, dass es einen Schülerbeitrag gibt, der mit der Kategorie R4 gekennzeichnet worden ist. Die fünfte Antwortmöglichkeit berücksichtigt diesen Aspekt und ist hier die geeignetste.

Insgesamt ergibt sich damit für K4 das Sechs-Tupel: (4,4,3,4,4,5).

Besonders zu beachtende Unterschiede weisen die beiden von K4 analysierten Unterrichtsszenen dabei nicht auf. In K4(2) sind negativ diskursive Aktivitäten zwar weniger stark vertreten, insgesamt führt dieser Unterschied aber wohl nicht dazu, dass sich beide Szenen stark voneinander unterscheiden.

5.4.2.6 Auswertung der Kodierungsdaten von K5

Betrachtung der auf Schüler- und Lehrerbeiträge entfallenden prozentualen Anteile an Unterrichtszeit

Wie Tabelle 5.10 zeigt, sind die prozentualen Anteile an Unterrichtszeit der ersten Szene zu Gunsten der Lehrerbeiträge verschoben. In der zweiten Szene herrscht hingegen ein ausgeglichenes Verhältnis vor. Da die erste Szene länger ist als die zweite, findet ihr Ergebnis deutlicheren Niederschlag in den Angaben für beide Szenen zusammen.

Szene	Anteil L	Anteil S	Beiträge L	Beiträge S
K5(gesamt)	52,99%	37,97%	69	51
K5(1)	57,54%	33,14%	41	33
K5(2)	45,20%	46,21%	28	18

Tabelle 5.10: Anteile an auf Lehrer- und Schülerbeiträge entfallender Unterrichtszeit sowie die absolute Anzahl an Lehrer- und Schülerbeiträgen.

Betrachtung der Abfolge, in der metakognitive Aktivitäten auftreten
Trotz der Unterschiede zwischen K5(1) und K5(2) bzgl. der Anteile an Unterrichtszeit, die je auf Lehrer- und Schülerbeiträge entfallen, zeigt sich bezogen auf die auftretenden Abfolgen von Kategorien ein durchaus einheitliches Bild (vgl. Tabelle 5.11). In beiden Szenen dominiert das Muster C. Bei den weiteren Analysen ist zusätzlich die Phase im Auge zu behalten, die gemäß Muster A verläuft.

Szene	A	B1	B2	C	D
K5(gesamt)	1	4	2	16	0
K5(1)	1	2	1	10	0
K5(2)	0	2	1	6	0

Tabelle 5.11: Auftretenshäufigkeit verschiedener Muster in absoluten Zahlen

Betrachtung der Lehrerrolle und verschiedener Dimensionen, die zur Beurteilung von Qualität herangezogen werden
In Bezug auf den Lehrer zeigen Abbildung 5.5 und die Balkendiagramme in Anhang D.2, dass er in einem auch im Vergleich zu den Werten der anderen Datensätze großen prozentualen Anteil an allen Beiträgen zu metakognitiven Aktivitäten auffordert. Der Anteil an von ihm selbst durchgeführten Aktivitäten ist deutlich kleiner. Erneut sei hier daran erinnert, dass die Kategorie P4 im Bereich der Aufforderungen auch mitbedacht werden muss. Diese Ergebnisse passen dazu, dass als vorrangig auftretendes Muster das Muster C identifiziert wurde. Dieses Muster fordert das Vorliegen einer Aufforderungsaktivität, umfasst aber keine von dem Lehrer selbst durchgeführte metakognitive Aktivität.
In Bezug auf die Dimensionen zur Beurteilung der Qualität metakognitiver Aktivitäten und der Qualität ihrer Einbettung in den Diskurs zeigt Abbildung 5.5, dass kaum metakognitive Aktivitäten zusammen mit Begründungen auftreten. Der Lehrer fordert in einem größeren Anteil aller Beiträge Begründungen ein (vgl. das Balkendiagramm in Anhang D.2).
Die Ebene 4 steuert er im Bereich der Planung an, nicht jedoch in den Bereichen Reflexion und Monitoring. Eine Betrachtung der Einbettung der Kategorien P4 an den unten stehenden graphischen Profilen (vgl. jeweils Z. 2) bringt keine bemerkenswerten Erkenntnisse.
Für den diskursiven Bereich fällt anhand von Abbildung 5.5 auf, dass der Lehrer entspre-

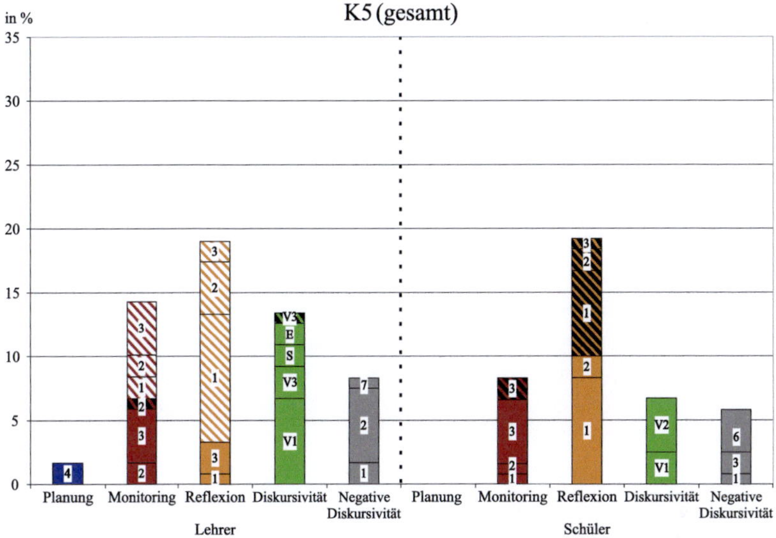

Abbildung 5.5: Balkendiagramm zum Datensatz K5(gesamt)

chende Aktivitäten in einem bemerkenswerten prozentualen Anteil an allen Beiträgen zeigt, wobei dieser Gesamteindruck vor allem geprägt ist durch Szene K5(1) (vgl. hierzu Anhang D.1). Da aber auch in Szene K5(2) bedeutende diskursive Aktivitäten vom Lehrer gezeigt werden (siehe das Auftreten der Kategorien E und *b*V3), besteht kein Grund dazu, für die Szene K5(1) das Vorliegen eines Sonderfalls anzunehmen. Anhand des graphischen Profils zu Szene K5(1) zeigt sich für die Einbettung der diskursiven Aktivitäten in den Gesprächsverlauf Interessantes: In Zeile 2 gibt es zwei Stellen, an denen Schüler, die einer Aufforderung nachkommen sollten, die Kategorie ND6 erhalten. Es ist am Profil nicht zu erkennen, dass der Lehrer erzieherisch oder korrigierend eingreift, was zunächst dafür spricht, dass die Lehrperson auf solche Verstöße nicht sensibel reagiert. In Zeile 4 zeigt sich eine derartige Situation noch einmal. Wieder folgt auf eine Aufforderung des Lehrers zur Reflexion ein Schülerbeitrag, der u. a. mit der Kategorie ND6 versehen ist. Zunächst fordert der Lehrer hierauf zweifach Kontrollaktionen von Schülerbeiträgen ein (*f*M3), denen die Schüler auch nachzukommen scheinen (M3). Zudem zeigt sich schließlich auch bei dem Lehrer die Kategorie M3. Dieser Beitrag ist dabei ebenfalls mit der Kategorie ND7 versehen. Diskursiv läuft das gesamte Gespräch damit aus dem Ruder. Nachdem der darauf folgende Schülerbeitrag wieder die Kategorie ND6 erhalten hat, greift der Lehrer zu starken diskursiven Maßnahmen: Am graphischen Profil werden eine Kontrollaktion eines Schülerbeitrags (M3), eine erneute Verankerung durch das Nennen eines Bezugspunkts (V1), eine Maßnahme zur Strukturierung des weiteren Diskursverlaufs (S) und eine Erziehungsmaßnahme (E) in einem Lehrerbeitrag sichtbar. Darauf folgt dann eine metakognitive Aktivität eines Schülers, die nicht mehr mit einer grauen Kategorie versehen ist. Im graphischen Profil zu Szene K5(2) zeigt sich zudem in der Folge eines Beitrags, der mit der Kategorie ND3 versehen ist, eine Erziehungsmaßnahme seitens des Lehrers (vgl. Z. 2). Insgesamt verläuft das hier analysierte Unterrichtsgespräch aus diskursiver Sicht also überhaupt nicht makellos, bspw. weil die Schüler an mehreren Stellen einen Aspekt, eine Frage o. Ä. ignorieren. Allerdings lassen nun doch einige für Lehrerbeiträge vergebene Kategorien den Eindruck entstehen, dass der Lehrer hierfür sensibilisiert ist. Es scheint ihm hin und wieder zu gelingen, den Diskursverlauf zu korrigieren und wieder in geordnete Bahnen zu lenken. Für solch eine Sensibilisierung sprechen ebenfalls die stetig vorhandenen verschiedenen Verankerungsaktivitäten.

Neben dem Auftreten der bereits angesprochenen Kategorie ND7 fällt in dem Bereich der Negativen Diskursivität vor allem die Kategorie ND2 ins Auge. Lehrerechos treten zwischendurch immer wieder auf. Trotz der angesprochenen zu vermutenden Sensibilisierung des Lehrers für diskursive Verstöße kann nicht behauptet werden, dass ihm selbst keine unterlaufen.

Abschließend sei noch einmal auf den Beginn von Szene K5(1) verwiesen. Am graphischen Profil wurde hier Muster A identifiziert (vgl. Z. 1). Auf der Seite des Lehrers zeigen sich einige metakognitive, diskursive und negativ diskursive Aktivitäten. Nichts Derartiges liegt jedoch auf der Schülerseite vor. Im weiteren Verlauf der ersten Szene und in der zweiten Szene zeigt sich dieses Muster nicht ansatzweise wieder. In der Regel werden durchzuführende metakognitive Aktivitäten durch eine Aufforderung an die Schüler herangetragen. So ist das Verhalten des Lehrers zu Beginn von Szene K5(1) nicht charakteristisch für den hier analysierten Teil seiner Gesprächsführung.

Graphisches Profil zu Szene K5(1)

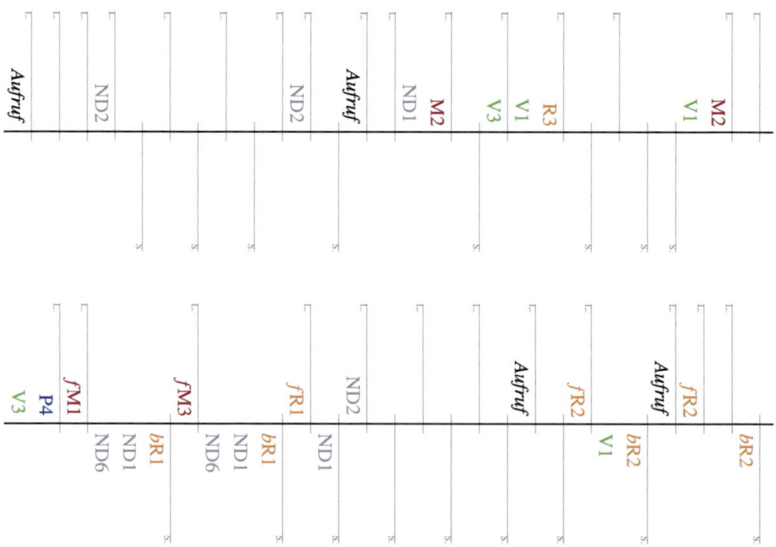

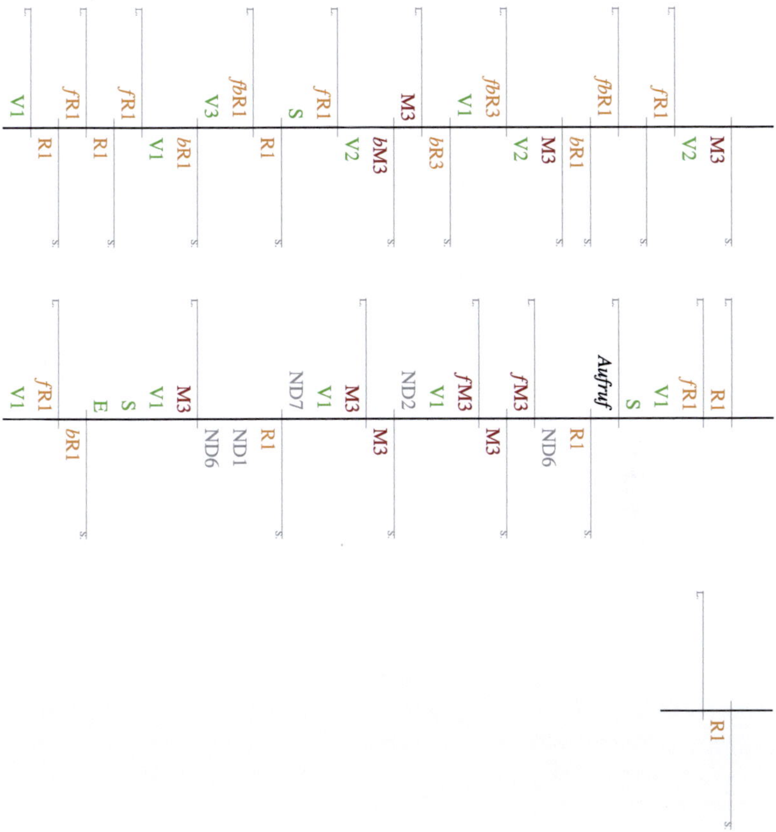

Graphisches Profil zu Szene K5(2)

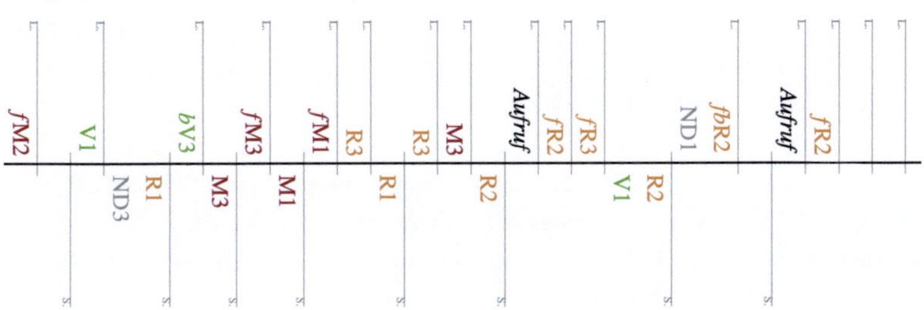

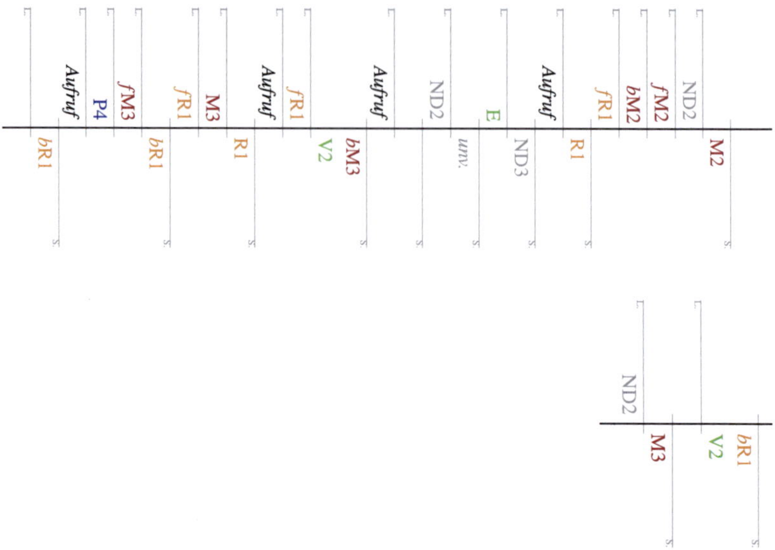

Betrachtung der Schülerrolle und verschiedener Dimensionen, die zur Beurteilung von Qualität herangezogen werden

In Bezug auf die metakognitiven Aktivitäten der Schüler lässt Abbildung 5.5 die Vermutung entstehen, dass die Schüler insgesamt eher wenig selbstständig erbrachte Aktivitäten zeigen. Sowohl zu Monitoring- als auch zu Reflexionsaktivitäten wird nämlich in einem Ausmaß seitens des Lehrers aufgefordert, wie es sich auch ungefähr bei den Schülern in Form von Monitoringaktionen und Reflexionen zeigt. Anhand der graphischen Profile bestätigt sich dieser Eindruck. Nur vereinzelt treten metakognitive Aktivitäten auf der Seite der Schüler auf, bei denen vermutet werden kann, dass sie selbstständig erbracht werden (vgl. z. B die letzten beiden Monitoringaktivitäten im Profil zu K5(1), Z. 3). Insgesamt zeigen sich die Schüler in einem deutlich höheren prozentualen Anteil an allen Beiträgen metakognitiv aktiv als der Lehrer. Im Vergleich zu den anderen vorliegenden Datensätzen liegen sie im mittleren Bereich (vgl. Anhang D.2).

Des Weiteren fällt anhand von Abbildung 5.5 auf, dass lediglich ein kleiner Teil der Monitoringaktivitäten begründet auftritt. Dafür zeigt sich aber die Hälfte der Reflexionsaktivitäten zusammen mit der Kategorie, die das Vorliegen einer Begründung kennzeichnet. Zu beachten ist hier, dass einige der Begründungen vom Lehrer eingefordert werden, der größte Teil aber wahrscheinlich selbstständig erbracht wird.

Auf der Ebene 4 zeigen die Schüler keine metakognitiven Aktivitäten. Schwerpunktmäßig liegt diesbezüglich die Ebene 1 vor. Auf dieser Ebene liegen auch die meisten der metakognitiven Aktivitäten, die zusammen mit einer Begründung auftreten.

Im diskursiven Bereich fällt anhand von Abbildung 5.5 der Unterschied auf zwischen dem Anteil an allen Beiträgen, in dem der Lehrer sich diskursiv aktiv zeigt, und jenem, in dem die Schüler dies tun. Der Lehrer scheint hier deutlich bemühter, formuliert aber keine Aufforderungen für seine Schüler, derartige Aktivitäten ebenfalls zu zeigen. Dennoch sind die Schüler in der Lage, Beiträge zu formulieren, anhand derer eine metakognitive Aktivität, eine Begründung und eine diskursive Aktivität erkennbar werden. Allerdings zeigen sie dieses Können recht selten.

Die im Bereich der Negativen Diskursivität auffallenden Szenen sind bereits in Zusammenhang mit der Betrachtung des Lehrers erläutert worden.

Beantwortung der die Auswertung der Kodierungsdaten leitenden Fragen

Vor dem Hintergrund der gerade herausgearbeiteten Informationen ergibt sich für K5 zur Beantwortung der leitenden Fragen Folgendes:

Bezogen auf die erste Frage („Grundlegende Merkmale") ist festzuhalten, dass sich metakognitive Aktivitäten sowohl auf der Seite des Lehrers als auch auf der Seite der Schüler zeigen. Der Lehrer konzentriert sich aber deutlich auf das Auffordern zu metakognitiven Aktivitäten und übt sie im Vergleich dazu eher selten selbst aus. Die Schüler zeigen sich schwerpunktmäßig in der Folge der Aufforderungen metakognitiv aktiv. Sie üben diese Aktivitäten selten selbstständig aus. All dies deutet bisher darauf hin, dass die dritte Antwortmöglichkeit auf die erste Leitfrage passend ist. Problematisch ist allerdings, dass diese Antwortmöglichkeit davon ausgeht, dass die Schüler einen überwiegenden Anteil an Unterrichtszeit für ihre Beiträge nutzen. Dies ist hier nicht der Fall. Da es bei der Wahl einer der anderen Antwortmöglichkeiten jedoch mehr als nur einen nicht passenden Aspekt geben würde, wird die dritte Antwortmöglichkeit dennoch gewählt.

Für die zweite Leitfrage („Metakog. Akt. und Begründungen") bleibt aufgrund des Verhaltens der Schüler lediglich die dritte Antwortmöglichkeit zu wählen. Es sind immer wieder Begründungen erkennbar, die selbstständig erbracht worden zu sein scheinen. Insgesamt konzentrieren sich die metakognitiven Aktivitäten, mit denen Begründungen einhergehen, auf der Ebene 1.

In Bezug auf die dritte Leitfrage („Diskursivität") ist die zweite Antwortmöglichkeit zu wählen, denn, wie oben herausgearbeitet, zeigt der Lehrer durchaus Ambitionen, den Einsatz des kognitiven Werkzeugs Diskursivität zu trainieren. Die Schüler haben diese Ambition aber noch nicht in auffallender Weise übernommen.

Debatten unter Schülern sind in dem vorliegenden Datensatz sicher nicht erkennbar. Die Frage ist, ob die zwar nicht zahlreichen, aber dennoch vorhandenen Schülerbeiträge, die die abgeschwächten Kriterien erfüllen, ausreichen, um für die vierte Leitfrage („Debatten") die dritte statt der ersten Antwortmöglichkeit zu wählen. Unter Rückbezug darauf, wie für K1 entschieden worden ist, wird hier die dritte Antwortmöglichkeit gewählt.

Die sich auf der Seite des Lehrers zeigenden Kategorien E rechtfertigen, wie oben weiter ausgeführt, für die fünfte Leitfrage („Negative Diskursivität") die vierte Antwortmöglichkeit zu wählen. Diese Möglichkeit fordert, dass Maßnahmen zur Steigerung der Diskursqualität erkennbar sind.

Da sich die meisten metakognitiven Aktivitäten der Schüler auf der Ebene 1 konzentrieren, ist für die sechste Frage („Ausprägung metakog. Akt.") die dritte Antwortmöglichkeit zu wählen.

Damit ergibt sich für K5 folgendes Sechs-Tupel: (3,3,2,3,4,3).
Gravierende Unterschiede zwischen beiden analysierten Szenen treten nicht auf und müssen daher auch keine weitere Beachtung finden.

5.4.2.7 Auswertung der Kodierungsdaten von K6

Betrachtung der auf Schüler- und Lehrerbeiträge entfallenden prozentualen Anteile an Unterrichtszeit

In beiden analysierten Unterrichtsszenen von K6 sind die Anteile an Unterrichtszeit, in denen entweder der Lehrer spricht oder die Schüler sich äußern, zu Gunsten der Schüler verschoben (vgl. Tabelle 5.12). Dementsprechend gilt dies auch für beide Szenen zusammen.

Szene	Anteil L	Anteil S	Beiträge L	Beiträge S
K6(gesamt)	33,16%	50,87%	70	76
K6(1)	30,58%	54,22%	30	33
K6(2)	35,40%	47,96%	40	43

Tabelle 5.12: Anteile an auf Lehrer- und Schülerbeiträge entfallender Unterrichtszeit sowie die absolute Anzahl an Lehrer- und Schülerbeiträgen.

Betrachtung der Abfolge, in der metakognitive Aktivitäten auftreten

Wie Tabelle 5.13 zeigt, tritt in beiden analysierten Szenen je ein Mal das Muster D auf. Des Weiteren liegt in K6(1) schwerpunktmäßig Muster C vor, während sich in K6(2) zwischen Mustern der Sorte B und Muster C kein Schwerpunkt ausmachen lässt.

Szene	A	B1	B2	C	D
K6(gesamt)	0	5	8	15	2
K6(1)	0	2	1	8	1
K6(2)	0	3	7	7	1

Tabelle 5.13: Auftretenshäufigkeit verschiedener Muster in absoluten Zahlen

Betrachtung der Lehrerrolle und verschiedener Dimensionen, die zur Beurteilung von Qualität herangezogen werden

Abbildung 5.6 lässt erkennen, dass sich der Lehrer stärker auf das Auffordern zu metakognitiven Aktivitäten konzentriert als darauf, sie selbst durchzuführen. Wie die Analyse der Muster anhand der graphischen Profile erwarten lässt, liegt in Szene K6(2) allerdings ein erhöhtes Vorkommen von Metakognitionskategorien auf der Ebene 3 vor (vgl. hierzu die entsprechenden Balkendiagramme in Anhang D.1). Dies beeinflusst den prozentualen Anteil an allen Beiträgen, in dem der Lehrer metakognitive Aktivitäten selbst zeigt, deutlich mit. Im Vergleich zu den anderen Datensätzen liegen sowohl der Wert zum Aufforderungsverhalten als auch der Wert zu den selbst durchgeführten metakognitiven Aktivitäten im mittleren Bereich (vgl. Anhang D.2).

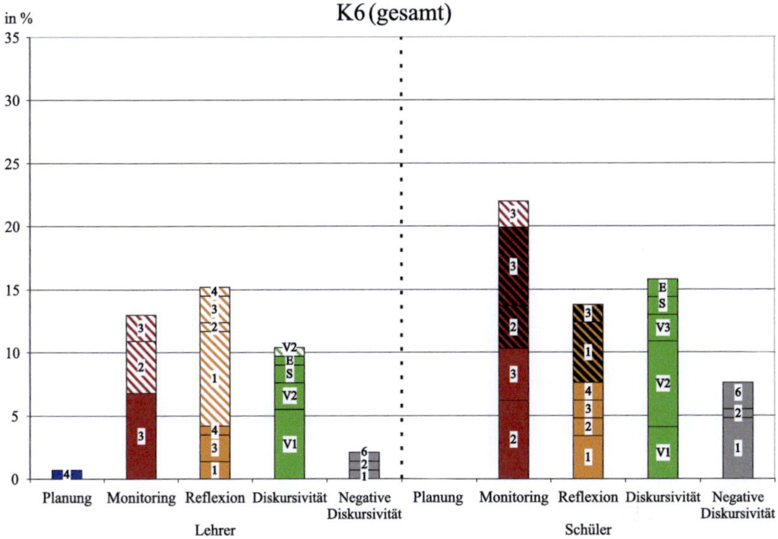

Abbildung 5.6: Balkendiagramm zum Datensatz K6(gesamt)

In Bezug auf die verschiedenen Dimensionen, die zur Beurteilung von Qualität herangezogen werden, ist anhand von Abbildung 5.6 zunächst festzustellen, dass sich keine einzige metakognitive Aktion zusammen mit einer Begründung zeigt.

Allerdings sind metakognitive Aktivitäten auf der Ebene 4 erkennbar. Diesbezüglich fallen sowohl eine Planungs- als auch eine Reflexionsaktivität auf. Des Weiteren wird zu einer Reflexionsaktion auf der Ebene 4 aufgefordert. An dem unten stehenden graphischen Profil zu Szene K6(1) zeigt sich, dass auf diese Aufforderung auch ein Schülerbeitrag folgt, der mit der Kategorie R4 versehen ist (vgl. Z. 3). Dementsprechend scheint es dem Lehrer hier also zu gelingen, die Schüler die Ebene der Vorstellungen ansteuern zu lassen. In der Folge des Lehrerbeitrags, der mit der Kategorie P4 versehen worden ist (vgl. das Profil zu K6(1), Z. 2), schließt sich eine Phase an, deren Erscheinungsbild Muster D entspricht. Es ist also denkbar, dass es dem Lehrer hier gelingt durch eine Aktivität gemäß der Kategorie P4 ein Gespräch unter Schülern anzustoßen. Da sich diese Vermutung jedoch nur anhand des Videos überprüfen lässt und ohne diese Überprüfung zu gewagt ist, bleibt sie im Folgenden unberücksichtigt.

Diskursive Aktivitäten zeigt der Lehrer in einem durchaus nennenswerten prozentualen Anteil aller Beiträge. Das Spektrum erstreckt sich dabei von zwei verschiedenen Verankerungsaktivitäten bis hin zu Strukturierungs- und Erziehungsmaßnahmen. Wie das graphische Profil zu K6(2) zeigt, folgt die Erziehungsmaßnahme auf einen Schülerbeitrag, der die Kategorie ND6 erhalten hat (vgl. Z. 1f.). Möglicherweise wird also Bezug genommen auf dieses diskursive Vergehen. Zudem sind in dieser Szene zwei Strukturierungsmaßnahmen erkennbar (vgl. Z. 1, Z. 4), was bedeutet, dass die Lehrkraft eine Situation zu

gestalten versucht, die einem geordneten Diskurs förderlich ist. Das Auffordern zum Zustimmen zu oder Absetzen von einem Aspekt (*f*V2), welches sich beim Lehrer in K6(1) zeigt (vgl. Z. 1), tritt insgesamt sehr selten auf. Dementsprechend kann es hier als Besonderheit des diskursiven Verhaltens genannt werden. Insgesamt scheint der Lehrer damit an einer diskursiven Unterrichtskultur nicht uninteressiert. Gründe für diesen Eindruck lassen sich über beide Szenen verteilt finden.
Auffallend sind schließlich noch die erfreulich wenigen negativ diskursiven Aktivitäten, die sich auf der Seite des Lehrers zeigen.

Graphisches Profil zu Szene K6(1)

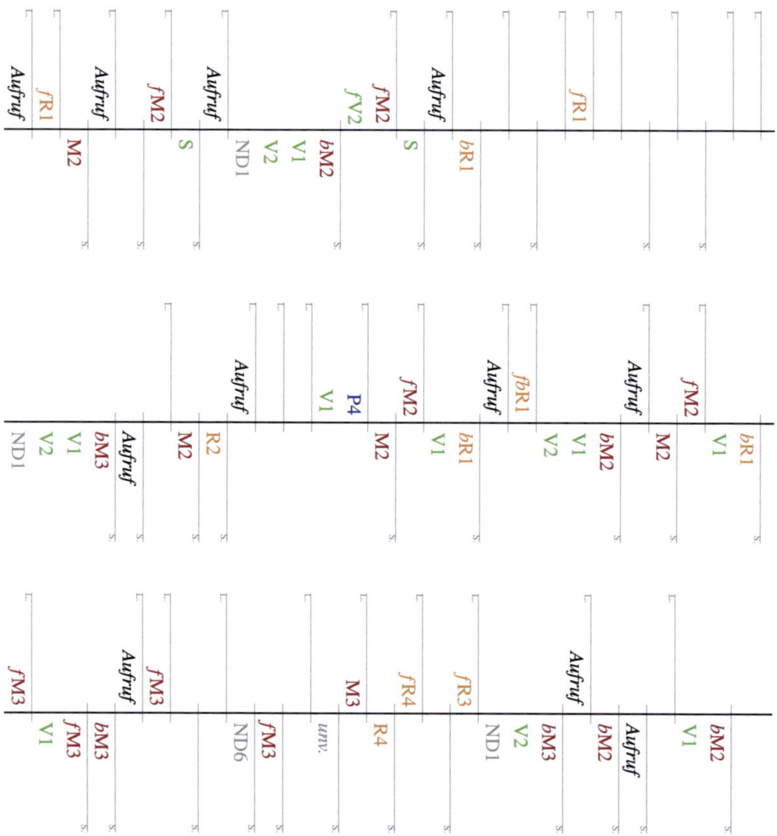

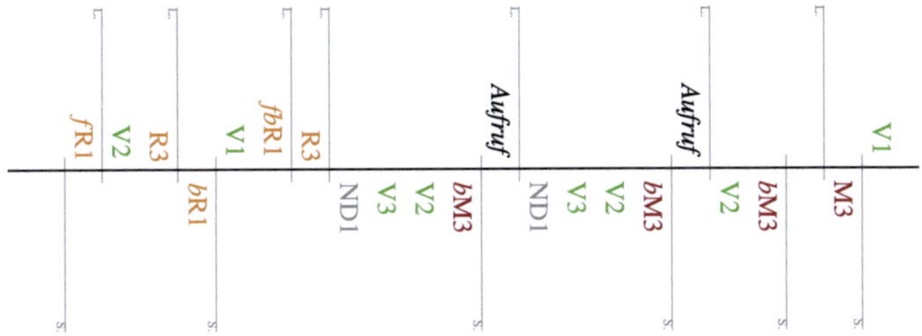

Graphisches Profil zu Szene K6(2)

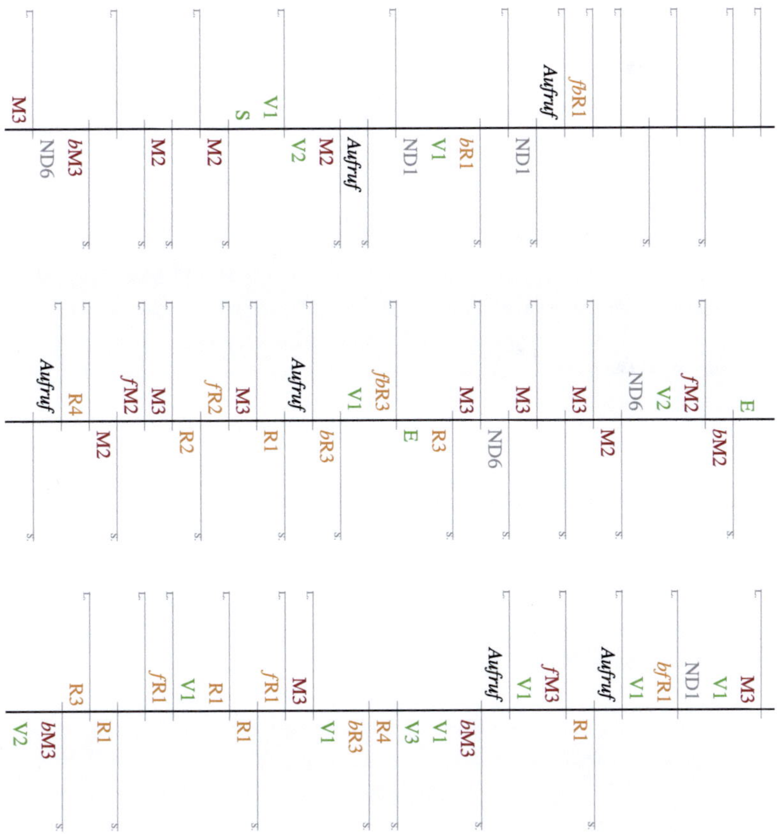

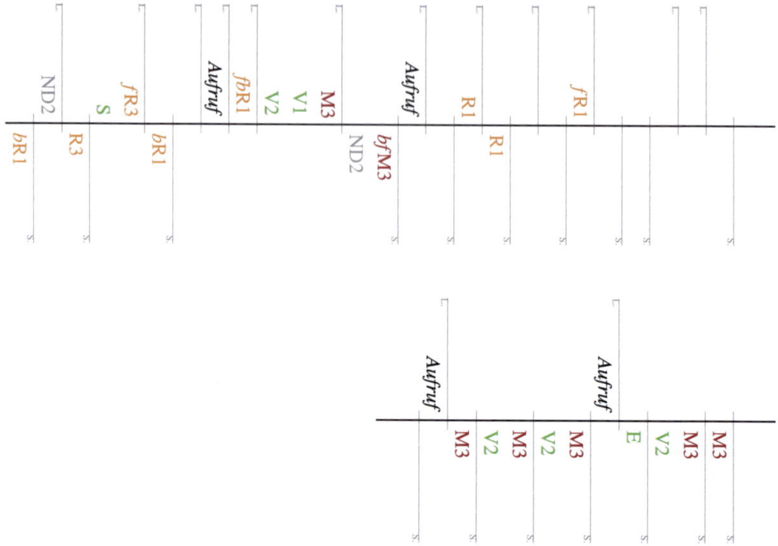

Betrachtung der Schülerrolle und verschiedener Dimensionen, die zur Beurteilung von Qualität herangezogen werden

Zunächst einmal zeigt Abbildung 5.6, dass der prozentuale Anteil an allen Beiträgen, in dem die Schüler metakognitiv aktiv werden, verglichen mit dem, was sich an metakognitiven Aktivitäten auf der Seite des Lehrers zeigt, sehr hoch ist. In Bezug auf die anderen hier analysierten Datensätze liegen die Schüler damit im oberen Bereich (vgl. Anhang D.2). Zudem ist der Anteil aller Beiträge, in dem der Lehrer zum Monitoring auffordert, deutlich kleiner als jener, in dem die Schüler diese Aktivitäten zeigen. Dementsprechend kann hier ein nennenswerter Grad an Selbstständigkeit vermutet werden. In Bezug auf die Reflexionsaktivitäten ist der Anlass für solch eine Vermutung nicht gegeben.

Abbildung 5.6 zeigt des Weiteren einen hohen Anteil an Monitoring- und Reflexionsaktivitäten, die zusammen mit einer Begründung auftreten. Zu den Reflexionskategorien, die zusammen mit der Begründungskategorie gesetzt wurden, ist dabei zu bemerken, dass sich auf der Seite des Lehrers nicht viel weniger Aufforderungen zu Begründungen und Reflexionen ausmachen lassen (vgl. Anhang D.2). Die graphischen Profile bestätigen den Eindruck, dass Reflexionskategorien zusammen mit Begründungen des Öfteren einer Aufforderung zur Begründung und Reflexion des Lehrers folgen. Begründete Monitoringaktivitäten werden demgegenüber anscheinend selbstständig erbracht. Abbildung 5.6 offenbart zudem, dass die metakognitiven Aktivitäten, die zusammen mit einer Begründung auftreten, sich auf den Ebenen 2 und 3 konzentrieren.

Bemerkenswert ist des Weiteren, dass die metakognitiven Aktivitäten der Schüler in zwei Beiträgen die Ebene 4 erreichen. Wie im vorangehenden Abschnitt bereits erwähnt, wird eine dieser Aktivitäten konkret vom Lehrer eingefordert (vgl. das Profil zu K6(1), Z. 3), eine weitere scheint selbstständig erbracht worden zu sein (vgl. das Profil zu K6(2), Z. 3).

Die meisten metakognitiven Aktivitäten der Schüler konzentrieren sich auf den Ebenen 2 und 3, beziehen sich also auf schriftlich oder mündlich vorliegende Schülerideen. Aktivitäten auf der Ebene 1 fallen deutlich dahinter zurück.

Zum diskursiven Verhalten der Schüler ist zu sagen, dass sich viele diskursive Aktivitäten, unter denen sich auch Strukturierungs- und Erziehungsmaßnahmen befinden, zeigen. In Szene K6(1) treten zwei Schülerbeiträge versehen mit der Kategorie S auf (vgl. Z. 1). Ihre Einbettung in den Diskurs lässt jedoch keine weiteren interessanten Schlüsse bzgl. des Kontexts ihres Auftretens zu. In Szene K6(2) treten zwei Schülerbeiträge versehen mit der Kategorie E auf (vgl. Z. 2, Z. 5). Im ersten Fall geht diesem Beitrag ein Schülerbeitrag voran, der mit der Kategorie ND6 versehen ist. Da allerdings ein Lehrerbeitrag zwischen diesen beiden Schülerbeiträgen liegt, ist die Vermutung, dass die Erziehungsmaßnahme eine Reaktion auf das diskursive Vergehen ist, hier sehr gewagt. Im zweiten Fall ist in der näheren Umgebung der Kategorie E kein Beitrag mit einer Kategorie aus dem Bereich der Negativen Diskursivität zu sehen. Hier kann also überhaupt keine Vermutung geäußert werden, worauf sich die Erziehungsmaßnahme beziehen könnte. Beide Szenen geben insgesamt Grund zu der Annahme, dass die Schüler diskursives Verhalten auf einem bemerkenswerten Niveau praktizieren.

Nachdem nun das Vorliegen von Begründungen und diskursiven Aktivitäten angesprochen worden ist, kann eine weitere Verdichtung vorgenommen werden: In beiden Szenen von K6 fallen immer wieder Monitoringaktivitäten auf, die in Kombination mit einer Begründung und teilweise mehreren Verankerungsaktivitäten auftreten. Die Monitoringaktivitäten liegen dabei auf den Ebenen 2 und 3 und scheinen selbstständig erbracht. Beispielhaft sei hier verwiesen auf die Phase in der Szene K6(1), die gemäß Muster D verläuft (vgl. Z. 2f.). Zwei Mal nehmen Schüler hier begründet Stellung zu dem Beitrag eines Schülers (*b*M3) und setzen sich zudem explizit von ihm ab oder stimmen zu (V2). Einer der Beiträge ist zudem mit der Kategorie V1 versehen worden. Ebenfalls zwei Mal zeigt sich eine begründete Kontrolle einer schriftlich vorliegenden Schüleridee (*b*M2), die in einem Fall auch im Diskurs verankert wird (V1). Zu all diesen Aktivitäten gibt es keine explizite Aufforderung des Lehrers. Wie im vorangehenden Abschnitt schon erwähnt, geht dieser Phase allerdings ein Lehrerbeitrag voran, der mit der Kategorie P4 versehen ist. Dass in beschriebener Kombination auftretende Monitoringaktivitäten in der Szene K6(1) keine Seltenheit sind, zeigt auch Zeile 4 des graphischen Profils zu dieser Szene. Da zu Beginn dieser Phase Muster C vorliegt (vgl. Z. 3f.) und zum Ende Muster B2 (vgl. Z. 4) ist hier nicht Muster D vergeben worden. Es zeigen sich aber dennoch ähnlich kategorisierte Beiträge wie in der Phase des Musters D zuvor. Die zweite dem Muster D entsprechende Phase zeigt sich am Ende von Szene K6(2) (vgl. Z. 4f.). Auch hier treten mehrere Monitoringaktivitäten mit Bezug auf Schülerbeiträge auf, die zusätzlich mit der Kategorie V2 versehen sind. Allerdings fehlen hier Begründungen. Dennoch bleibt für das Verhalten der Schüler im Unterrichtsgespräch von K6 festzuhalten, dass sie sich nach Aufforderung oder auch selbstständig immer wieder in durchaus auch elaborierter Weise zu den Ideen anderer Schüler äußern.

Gestört wird dieser Diskurs dabei schwerpunktmäßig durch die Wahl inadäquater Wörter. Gerade schon beschriebene Argumentationen treten immer wieder auch in Kombination mit der Kategorie ND1 auf. Bei dem hohen Gesprächsanteil der Schüler verwundert dies nicht, soll dadurch aber ebenfalls nicht entschuldigt werden.

Beantwortung der die Auswertung der Kodierungsdaten leitenden Fragen
Vor dem Hintergrund des nun Herausgearbeiteten ergibt sich für K6 zur Beantwortung der die Auswertung der Kodierungsdaten leitenden Fragen Folgendes:
Für die erste Leitfrage („Grundlegende Merkmale") ist zunächst festzuhalten, dass sich metakognitive Aktivitäten sowohl auf der Seite der Schüler als auch auf der Seite des Lehrers zeigen. Letzterer konzentriert sich allerdings nicht auf das Durchführen von, sondern auf das Auffordern zu metakognitiven Aktivitäten. Auch die Aufforderungen kommen aber im Vergleich zum Auftreten von metakognitiven Aktivitäten der Schüler nicht häufig vor. Regelmäßig zeigen sich die Schüler dementsprechend selbstständig metakognitiv aktiv. Dabei liegen zwei längere Phasen vor, in denen sie sich auch ohne Einmischung des Lehrers äußern. Insgesamt deuten diese Aspekte darauf hin, dass die vierte Antwortmöglichkeit auf die erste Leitfrage passend ist. Dabei erfüllt K6 das Kriterium nicht, das fordert, dass die auf Schülerbeiträge entfallende Unterrichtszeit jene, die auf Lehrerbeiträge entfällt, deutlich überwiegt. Auch treten vor allem in der zweiten analysierten Szene vom Lehrer selbst durchgeführte metakognitive Aktivitäten nicht unbedingt selten auf. Vor allem der Selbstständigkeitsgrad, mit dem die Schüler immer wieder operieren, spricht aber gegen die dritte Antwortmöglichkeit.
Zur Beantwortung der zweiten Leitfrage („Metakog. Akt. und Begründungen") ist entscheidend, dass die Schüler immer wieder metakognitive Aktivitäten zusammen mit Begründungen zeigen. Dies geschieht durchaus auch ohne vorhergehende Aufforderung des Lehrers zur Begründung. Die zugehörigen metakognitiven Aktivitäten konzentrieren sich dabei auf den Ebenen 2 und 3. Dies alles bündelt die vierte Antwortmöglichkeit.
In Bezug auf das diskursive Verhalten fällt nicht nur der Lehrer, sondern fallen auch die Schüler durch ein besonderes Bemühen auf. Dies drückt die dritte Antwortmöglichkeit für die dritte Leitfrage („Diskursivität") aus.
Wie oben ausgeführt, liegen Beitragsabfolgen vor, die den Kriterien einer Debatte unter Schülern entsprechen. Dementsprechend ist die vierte Antwortmöglichkeit für die vierte Leitfrage („Debatten") passend.
Für die Beantwortung der fünften Leitfrage („Negative Diskursivität") ist das ungewöhnlich zahlreiche Auftreten der Kategorie E entscheidend. So ist ein Bemühen um einen störungsfreien Gesprächsverlauf erkennbar, auch wenn nicht für jede der Erziehungsmaßnahmen eine Vermutung dafür aufgestellt werden kann, worauf sie sich bezieht. Für die fünfte Leitfrage scheint damit die vierte Antwortmöglichkeit passend.
In Bezug auf die sechste Leitfrage („Ausprägung metakog. Akt.") kommt schließlich allein die fünfte Antwortmöglichkeit in Frage, da metakognitive Aktivitäten auf der Ebene 4 auftreten.
Damit ergibt sich für K6 folgendes Sechs-Tupel: (4,4,3,4,4,5).

Trotz der genannten, in den Kodierungsdaten erkennbaren Abweichungen zwischen den beiden von K6 analysierten Szenen kann wohl nicht behauptet werden, dass das Gesamtergebnis der Analyse der Kodierungsdaten eine Szene nicht trifft.

5.4.2.8 Auswertung der Kodierungsdaten von K7

Betrachtung der auf Schüler- und Lehrerbeiträge entfallenden prozentualen Anteile an Unterrichtszeit

Beide analysierten Unterrichtsszenen von K7 zeichnen sich dadurch aus, dass die prozentualen Anteile an Unterrichtszeit, in denen entweder der Lehrer spricht oder die Schüler sich äußern, zu Gunsten der Schüler verschoben sind (vgl. Tabelle 5.14). Dementsprechend gilt dies auch für beide Szenen zusammen.

Szene	Anteil L	Anteil S	Beiträge L	Beiträge S
K7(gesamt)	33,94%	51,30%	79	65
K7(1)	32,83%	53,43%	47	43
K7(2)	35,41%	48,44%	32	22

Tabelle 5.14: Anteile an auf Lehrer- und Schülerbeiträge entfallender Unterrichtszeit sowie die absolute Anzahl an Lehrer- und Schülerbeiträgen.

Betrachtung der Abfolge, in der metakognitive Aktivitäten auftreten

Wie Tabelle 5.15 zeigt, liegen insgesamt betrachtet in den analysierten Szenen aus K7 sowohl zahlreiche Kategorienabfolgen gemäß Muster C vor als auch solche gemäß Mustern des Bereichs B. Diese Verteilung gilt ebenfalls für beide Einzelszenen. Für die weiteren Analysen sollte auch die als Muster D identifizierte Phase nicht aus dem Auge verloren werden. Sie fügt sich bisher noch nicht schlüssig in das Gesamtbild ein, das eher von einer starken Beeinflussung des Gesprächs durch den Lehrer ausgeht, wenn dies auch nicht über besonders lange, dafür aber recht zahlreiche Beiträge seinerseits geschieht.

Szene	A	B1	B2	C	D
K7(gesamt)	0	9	8	18	1
K7(1)	0	6	5	14	1
K7(2)	0	3	3	4	0

Tabelle 5.15: Auftretenshäufigkeit verschiedener Muster in absoluten Zahlen

Betrachtung der Lehrerrolle und verschiedener Dimensionen, die zur Beurteilung von Qualität herangezogen werden

Aus Abbildung 5.7 geht hervor, dass der prozentuale Anteil an allen Beiträgen, in dem der Lehrer zu metakognitiven Aktivitäten auffordert, enorm hoch ist. Dies gilt sowohl im Vergleich zu dem Anteil, in dem er sich selbst metakognitiv aktiv zeigt, als auch im Vergleich zu jenen Aufforderungsanteilen, die sich in den anderen Datensätzen zeigen (vgl.

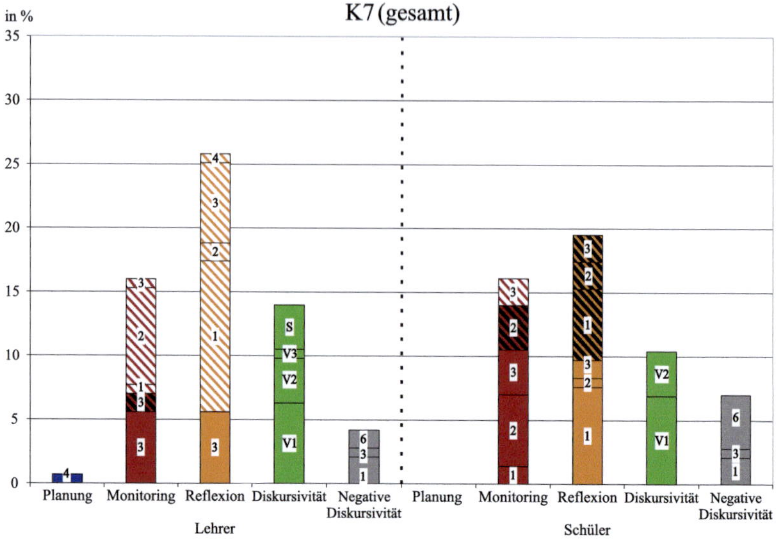

Abbildung 5.7: Balkendiagramm zum Datensatz K7(gesamt)

Anhang D.2). Der Schwerpunkt der Aktivitäten der Lehrkraft liegt also klar im Bereich der Aufforderungen. Der Anteil aller Beiträge, in dem der Lehrer sich selbst metakognitiv aktiv zeigt, liegt im Vergleich zu den anderen Datensätzen im mittleren Bereich. Die gezeigten Aktivitäten konzentrieren sich auf Monitoring- und Reflexionsaktivitäten auf der Ebene 3. Damit passen die bisherigen Ergebnisse der Betrachtung der Balkendiagramme zu den Ergebnissen der Musteranalyse, schließlich sind sowohl das Muster C als auch Muster der Sorte B mit dem Auftreten von Aufforderungen verbunden. Metakognitive Aktivitäten der Ebene 3 treten wiederum in Mustern der Sorte B auf.

Mit Blick auf die verschiedenen Dimensionen, die zur Beurteilung von Qualität herangezogen werden, ist zu bemerken, dass es wenige begründete Monitoringaktivitäten des Lehrers gibt (vgl. Abbildung 5.7). Der Lehrer fordert in einem größeren prozentualen Anteil an allen Beiträgen Begründungen ein (vgl. Anhang D.2).

Ebenfalls bemerkenswert ist, dass der Lehrer metakognitive Aktivitäten auf der Ebene 4 in das Unterrichtsgespräch integriert. Er selbst führt eine Planungsaktion auf dieser Ebene aus. Zudem fordert er von den Schülern eine Reflexionsaktivität mit Bezug auf Vorstellungen. Schon Abbildung 5.7 lässt allerdings erahnen und das unten stehende graphische Profil zu Szene K7(1) bestätigt schließlich, dass diese Aufforderung des Lehrers auf der Seite der Schüler nicht von Erfolg gekrönt ist (vgl. Z. 5). Auch in der Folge des Auftretens der Kategorie P4 (vgl. Z. 4) ist im graphischen Profil zu Szene K7(1) nichts besonders Bemerkenswertes erkennbar.

Diskursive Aktivitäten treten in den Beiträgen des Lehrers immer wieder auf. Dabei zeigen sich mehrere Strukturierungsmaßnahmen (vgl. das Profil zu K7(1), Z. 1, Z. 3; das

Profil zu K7(2), Z. 1f.). Erziehungsaktivitäten übt der Lehrer allerdings nicht aus. Anhand der graphischen Profile lassen sich bzgl. der Strukturierungsmaßnahmen keine weiteren aussagekräftigen Informationen gewinnen. Allerdings tritt zumindest vereinzelt die Situation auf, die darauf hindeutet, dass ein Schülerbeitrag etwas elaborierter kontrolliert wird, d. h. es ist nicht nur eine der Kategorien M3 oder R3 gesetzt worden, sondern zusätzlich auch die Kategorie V1 oder V2 (vgl. z. B. das Profil zu K7(1), Z. 3f.). In zwei Fällen kommt zudem eine Begründung hinzu (vgl. das Profil zu K7(1), Z. 5f.).
Der prozentuale Anteil an allen Beiträgen, in dem der Lehrer negativ diskursiv aktiv ist, hält sich in Grenzen. Insgesamt scheint das Unterrichtsgespräch in der zweiten Hälfte der zweiten Szene etwas undurchsichtiger zu werden. Hier häufen sich Kategorien aus dem Bereich der Negativen Diskursivität, wozu auch der Lehrer beiträgt (vgl. Z. 2f.; ND6, ND3, ND1). Näher wird diese Phase im folgenden Abschnitt analysiert.

Graphisches Profil zu Szene K7(1)

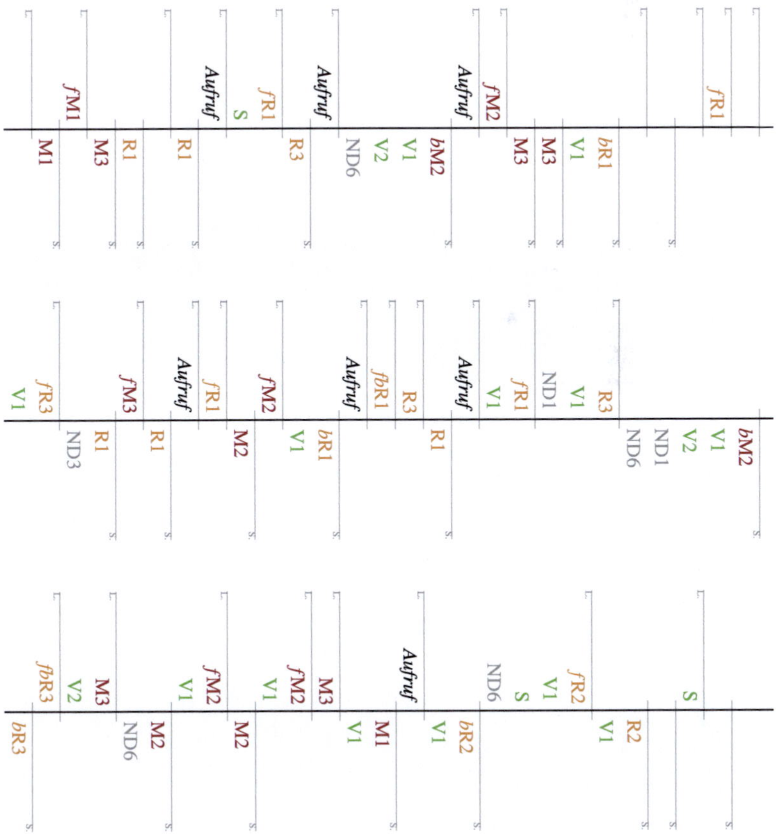

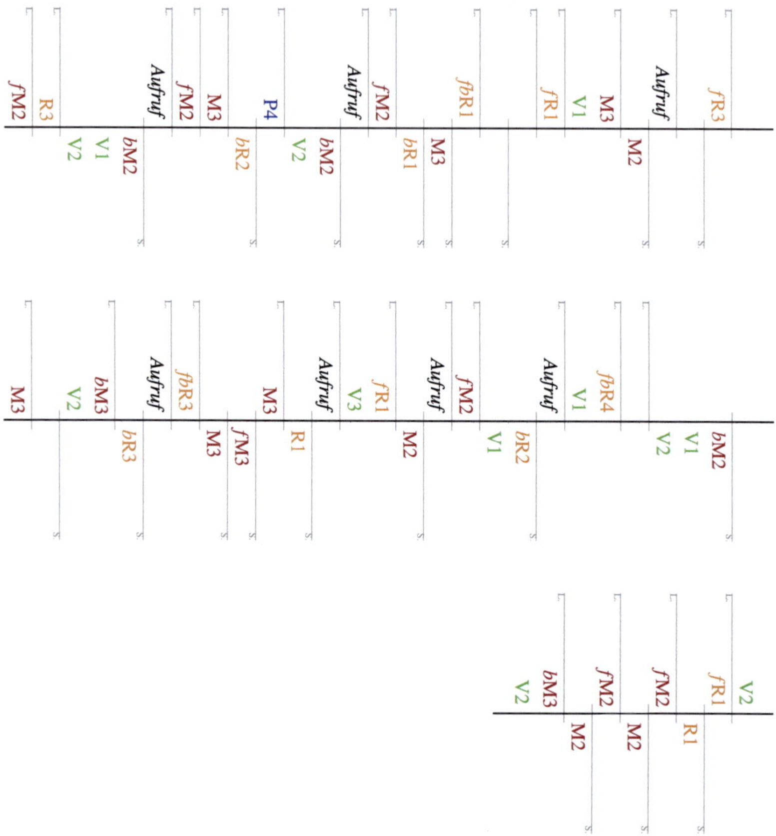

Graphisches Profil zu Szene K7(2)

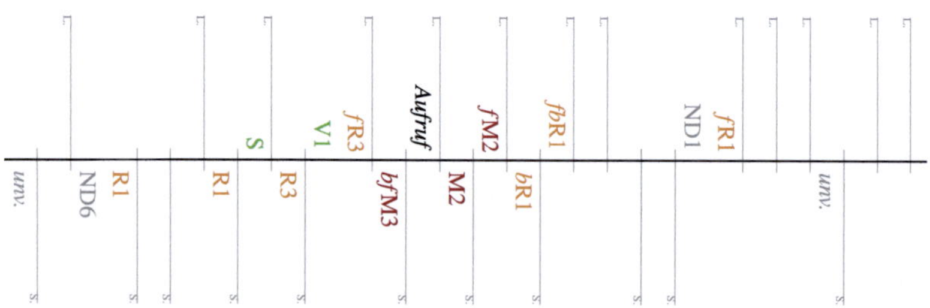

Betrachtung der Schülerrolle und verschiedener Dimensionen, die zur Beurteilung von Qualität herangezogen werden

Aus den Balkendiagrammen in Anhang D.2 geht hervor, dass die Schüler sich auch im Vergleich zu den entsprechenden Werten der anderen Datensätze in einem sehr hohen prozentualen Anteil an allen Beiträgen metakognitiv aktiv zeigen. Da allerdings auch das Aufforderungsverhalten des Lehrers sehr intensiv ausgeprägt ist, entsteht der Verdacht, dass die Aktivitäten eher nicht selbstständig erbracht werden, sondern auf Aufforderungen des Lehrers folgen. Eine Analyse der graphischen Profile zeigt diesbezüglich, dass es vor allem zu Beginn von Szene K7(1) noch mehrere Aktivitäten gibt, die selbstständig erbracht scheinen. Darunter sind vor allem Kontrollen von und Reflexionen über Schülerideen (vgl. Z. 1; M3, R3). So kommt auch die im Endeffekt recht kurze Phase zustande, die gemäß dem Muster D aufgebaut ist (vgl. ebenfalls Z. 1). Allerdings setzt sich im weiteren Verlauf eher der Eindruck durch, dass Beiträge, die mit Metakognitionskategorien versehen sind, auf Lehrerbeiträge folgen, deren Kategorisierung zeigt, dass entsprechende Aktivitäten eingefordert werden.

In Bezug auf weitere Dimensionen, die zur Beurteilung von Qualität herangezogen werden, fällt in Abbildung 5.7 auf, dass ein beachtlicher Anteil an metakognitiven Aktivitäten begründet auftritt, und zwar sowohl Monitoring- als auch Reflexionsaktivitäten. Das zu K7 gehörige Balkendiagramm in Anhang D.2 lässt vermuten und die graphischen Profile bestätigen, dass diese Begründungen auch selbstständig erbracht werden (vgl. z. B das Profil zu K7(1), Z. 1; jenes zu K7(2), Z. 2). Die Aufforderungen des Lehrers zur Begründung sind hier allerdings nicht aus dem Auge zu verlieren. Schwerpunktmäßig treten die Begründungen zusammen mit metakognitiven Aktivitäten auf den Ebenen 2 und 3 auf. Weiter offenbart Abbildung 5.7, dass die Schüler keine Aktivitäten auf der Ebene 4 zeigen. Sie bewegen sich in Szene K7(1) schwerpunktmäßig auf den Ebenen 2 und 3, in Szene K7(2) hingegen stärker auf der Ebene 1.
Diskursiv sind die Schüler durchaus aktiv, beschränken sich in ihren Aktivitäten allerdings auf Verankerungen vom Typ V1 und vom Typ V2. In der Folge von Aufforderungen des Lehrers treten in der Szene K7(1) immer wieder bemerkenswerte Beiträge auf (vgl. z. B. Z. 4f.). Sie beinhalten Monitoring- und Reflexionsaktivitäten, die sich auf schriftlich vorliegende Schülerideen konzentrieren und begründet auftreten (*b*M2, *b*R2). Zudem setzt der Sprechende sich explizit von bestimmten Aspekten ab oder stimmt ihnen zu (V2), mindestens jedoch setzt er einen Bezugspunkt (V1). Dies zeigt, dass die Schüler durchaus in der Lage sind, recht elaborierte Beiträge zu leisten, nur geschieht dies nicht ohne regelmäßige Einmischung des Lehrers in das Gespräch.
In Bezug auf negativ diskursive Aktivitäten ist das immer wiederkehrende Auftreten der Kategorie ND6 auffällig. Im graphischen Profil zur Szene K7(2) zeigen sich in der Folge des Schülerbeitrags, der mit der Kategorie *bf*M3 versehen ist (vgl. Z. 1), immer wieder Schülerbeiträge, markiert mit der Kategorie ND6, d. h. hier werden Einwände, Fragen, wichtige Aspekte o. Ä. nicht berücksichtigt. Ein Schülerbeitrag, bei dem die Kategorie M3 auftritt, zeigt sich hingegen nicht, obwohl die entsprechende Aktivität zuvor begründet eingefordert worden ist. Monitoringaktivitäten der Schüler sind in Szene K7(2) insgesamt kaum vertreten, was auch für das Ausbleiben der Kategorie V2 verantwortlich sein könnte. Nach dem Auftreten der Kategorie *bf*M3 bewegt sich der Diskurs schwerpunktmäßig auf der Ebene 1, was bedeutet, dass Schülerideen bzw. -fragen trotz genannter Aufforderung hier keine große Rolle spielen. In dieser Szene scheint die Gesprächsführung also durchaus problembehaftet. Wie bereits erwähnt, zeigen sich hier auch auf der Seite des Lehrers negativ diskursive Aktivitäten. Erziehungsmaßnahmen bleiben allerdings aus.
Auch zu Beginn von Szene K7(1) wird die Qualität zweier eigentlich vielversprechend kategorisierter Beiträge durch das Auftreten der Kategorien ND6 und ND1 beeinträchtigt (vgl. Z. 1f.). Begründete und gemäß der Kategorien V1 und V2 verankerte Monitoringaktivitäten mit Bezug auf schriftlich vorliegende Schülerideen fügen sich nicht ordentlich in den Gesprächsverlauf ein.

Beantwortung der die Auswertung der Kodierungsdaten leitenden Fragen

Vor dem Hintergrund der gerade herausgearbeiteten Informationen ergibt sich für K7 un-

ter dem Blickwinkel der die Auswertung der Kodierungsdaten leitenden Fragen Folgendes:
Für die Beantwortung der ersten Leitfrage („Grundlegende Merkmale") ist festzuhalten, dass sich metakognitive Aktivitäten sowohl auf der Seite des Lehrers als auch auf der Seite der Schüler zeigen. Dabei beanspruchen die Schüler einen überwiegenden Anteil an Unterrichtszeit für ihre Beiträge. Während der Lehrer sich auf das Auffordern zu metakognitiven Aktivitäten konzentriert, zeigen sich die Schüler hauptsächlich in der Folge dieser Aufforderungen metakognitiv aktiv. Anscheinend selbstständig erbrachte metakognitive Aktivitäten treten zwar auf, bleiben aber die Ausnahme. Wenige Aufforderungen zu metakognitiven Aktivitäten werden auch von den Schülern formuliert. Insgesamt bündelt die dritte Antwortmöglichkeit auf die erste Leitfrage dies am geeignetsten. Problematisch ist nur, dass der Lehrer nicht nur selten eigene Beiträge nutzt, um Stellung zu Schülerideen zu nehmen. Derartiges tritt immer wieder auf. Dennoch bleibt aber das Verhältnis zwischen den Daten bzgl. seines Aufforderungsverhaltens und bzgl. seiner selbst durchgeführten Aktivitäten deutlich zu Gunsten der Aufforderungen verschoben.
In Bezug auf die zweite Leitfrage („Metakog. Akt. und Begründungen") ist die vierte Antwortmöglichkeit zu wählen. Wie herausgearbeitet, zeigen die Schüler immer wieder metakognitive Aktivitäten zusammen mit Begründungen und formulieren die Begründungen dabei durchaus auch ohne explizite Aufforderung dazu. Insgesamt konzentrieren sich die mit Begründungen auftretenden metakognitiven Aktivitäten auf den Ebenen 2 und 3.
Für die dritte Leitfrage („Diskursivität") ist wohl die dritte Antwortmöglichkeit zu wählen, die neben dem Lehrer auch den Schülern ein Bemühen um Diskursivität zuspricht. Aufgrund des Auftretens der Kategorie S kommt die erste Antwortmöglichkeit nämlich nicht in Frage. Auch wäre es wohl unzutreffend, zu behaupten, es träten insgesamt nur wenige diskursive Aktivitäten auf oder sie würden sich deutlich auf der Seite des Lehrers konzentrieren.
Debatten unter Schülern sind in den analysierten Unterrichtsgesprächen von K7 nicht zu erkennen, schon aber einige Schülerbeiträge, deren Kategorisierung den abgeschwächten Kriterien entspricht. Dementsprechend wird die dritte Antwortmöglichkeit auf die vierte Leitfrage („Debatten") gewählt.
Für die fünfte Leitfrage („Negative Diskursivität") muss wohl die erste Antwortmöglichkeit gesetzt werden. Sowohl Lehrer- als auch Schülerbeiträge werden nämlich durch negativ Diskursives gestört. Wie oben herausgearbeitet, fällt in Bezug auf den Lehrer vor allem eine Phase negativ auf. Sie ist hier maßgeblich für das gefällte Urteil mitverantwortlich, denn insgesamt kann wohl nicht davon gesprochen werden, dass der Lehrer dauerhaft negativ diskursiv in Erscheinung tritt. Maßnahmen zur Erziehung zum Diskurs sind nicht erkennbar. Das Auftreten der Strukturierungsmaßnahmen kann ohne Betrachtung des Videos nicht als Hinweis darauf gewertet werden, dass negativ diskursiven Aktivitäten entgegengewirkt wird.
Die sechste Leitfrage („Ausprägung metakog. Akt.") wird schließlich mit der vierten Möglichkeit beantwortet. Auch wenn in Szene K7(2) schwerpunktmäßig metakogniti-

ve Aktivitäten auf der Ebene 1 auftreten, überwiegen insgesamt jene Aktivitäten auf den Ebene 2 und 3.
Damit ergibt sich für K7 folgendes Sechs-Tupel: (3,4,3,3,1,4).
Gravierende Unterschiede konnten zwischen der ersten und der zweiten von K7 analysierten Szene nicht festgestellt werden.

5.4.2.9 Auswertung der Kodierungsdaten von K8

Betrachtung der auf Schüler- und Lehrerbeiträge entfallenden prozentualen Anteile an Unterrichtszeit
Wie Tabelle 5.16 zeigt, sind die prozentualen Anteile an Unterrichtszeit, die auf Lehrerbeiträge einerseits und Schülerbeiträge andererseits entfallen, in beiden analysierten Szenen recht deutlich zu Gunsten des Lehrers verschoben. Dementsprechend gilt dies auch bei einer Betrachtung beider Szenen zusammen.

Szene	Anteil L	Anteil S	Beiträge L	Beiträge S
K8(gesamt)	53,87%	23,32%	84	62
K8(1)	58,87%	19,31%	46	29
K8(2)	49,52%	26,81%	38	33

Tabelle 5.16: Anteile an auf Lehrer- und Schülerbeiträge entfallender Unterrichtszeit sowie die absolute Anzahl an Lehrer- und Schülerbeiträgen.

Betrachtung der Abfolge, in der metakognitive Aktivitäten auftreten
In beiden analysierten Szenen von K8 treten schwerpunktmäßig Muster des Bereichs B und das Muster C auf (vgl. Tabelle 5.17). In Szene K8(1) geht die Tendenz dabei deutlich in Richtung Mustern der Sorte B, in K8(2) ist keine solche Tendenz zu erkennen. Allerdings tritt hier zusätzlich ein Mal das Muster A auf. Dies ist im Folgenden weiter im Auge zu behalten. Grundsätzlich zeichnet sich durch die Ergebnisse der Musteranalyse und jene des vorangehenden Analyseschritts ein rundes Bild dahingehend ab, dass das Unterrichtsgespräch sehr stark durch Aktivitäten des Lehrers beeinflusst ist.

Szene	A	B1	B2	C	D
K8(gesamt)	1	9	12	11	0
K8(1)	0	7	6	5	0
K8(2)	1	2	6	6	0

Tabelle 5.17: Auftretenshäufigkeit verschiedener Muster in absoluten Zahlen

Betrachtung der Lehrerrolle und verschiedener Dimensionen, die zur Beurteilung von Qualität herangezogen werden
Das zu K8 gehörende Balkendiagramm in Anhang D.2 zeigt, dass sich der prozentuale Anteil an allen Beiträgen, in dem der Lehrer auffordert, nicht unterscheidet von jenem, der seine selbst durchgeführten metakognitiven Aktivitäten anzeigt. In Bezug auf die

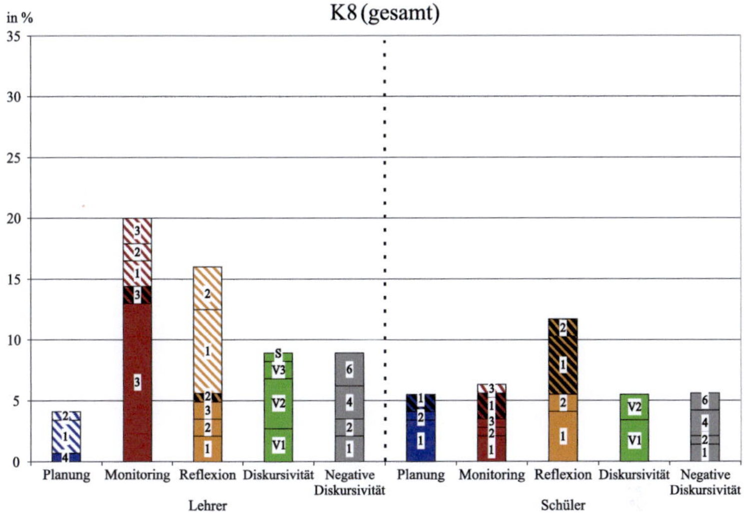

Abbildung 5.8: Balkendiagramm zum Datensatz K8(gesamt)

selbst durchgeführten metakognitiven Aktivitäten sticht in Abbildung 5.8 das Auftreten der Kategorie M3 hervor. Dies passt zu dem recht zahlreichen Auftreten der Muster B1 und B2, die einen Lehrerbeitrag versehen mit der Kategorie M3 einschließen können. Im Vergleich zu den anderen Datensätzen erweist sich der Anteil aller Beiträge, in dem der Lehrer sich selbst metakognitiv aktiv zeigt, als hoch, jener, in dem er zu metakognitiven Aktivitäten auffordert, als im mittleren Bereich liegend (vgl. Anhang D.2).

Wie aus Abbildung 5.8 hervorgeht, formuliert der Lehrer in K8 kaum Begründungen. Auf seine Aufforderungen zu Begründungen (vgl. Anhang D.2) ist auch vor dem Hintergrund der später noch zu diskutierenden, auf Schülerseite erkennbaren Begründungen allerdings aufmerksam zu machen.

Des Weiteren zeigen sich auf der Seite des Lehrers keine Aktivitäten auf der Ebene 4 im Bereich von Monitoring und Reflexion. Es tritt aber schon eine solche Planungsaktivität auf (vgl. Abbildung 5.8). In der Folge des Auftretens dieser Aktivität ist anhand des unten stehenden graphischen Profils zu Szene K8(1) allerdings nichts Besonderes festzustellen (vgl. Z. 1).

Insgesamt sind die metakognitiven Aktivitäten des Lehrers vor allem schülerorientiert. Selbst in der gemäß dem Muster A aufgebauten Szene (vgl. das Profil zu K8(2), Z. 2f.) äußert sich der Lehrer immer noch zu Schülerbeiträgen und beginnt nicht, schwerpunktmäßig selbst bspw. über die vorliegende Aufgabe zu reflektieren.

Diskursive Aktivitäten treten, wie Abbildung 5.8 zeigt, in Form von verschiedenen Verankerungsaktivitäten und einer Strukturierungsmaßnahme auf. So sind am graphischen Profil zu K8(1) zwei Lehrerbeiträge zu erkennen, die mit einer Kombination der Kategorien *b*M3 und V2 versehen sind (vgl. Z. 2f.). Hier wird also in etwas elaborierterer Form kontrolliert. Es wird nicht nur eine Aussage bzgl. richtig oder falsch getroffen. Letzteres ist allerdings die Regel. Im graphischen Profil zu K8(1) folgt in Zeile 1 auf den Schülerbeitrag, der mit ND6 kategorisiert wurde, ein Lehrerbeitrag, der die Kategorien V1 und S aufweist. An dieser Stelle mag es ein Bemühen seitens des Lehrers geben, den Diskurs in geordnete Bahnen zurückzuführen. Die Vermutung bleibt aber vage, denn eine Erziehungsmaßnahme zum Diskurs ergreift der Lehrer nicht.

Zudem unterlaufen ihm auch selbst immer wieder diskursive Fehltritte. Vor allem in Kombination mit Monitoring- oder Reflexionsaktivitäten, die sich auf Schülerideen beziehen, werden in beiden Profilen Kategorien der Sorten ND6, ND4 und ND1 sichtbar (vgl. z. B. das Profil zu K8(1), Z. 3; jenes zu K8(2), Z. 1f.).

Graphisches Profil zu Szene K8(1)

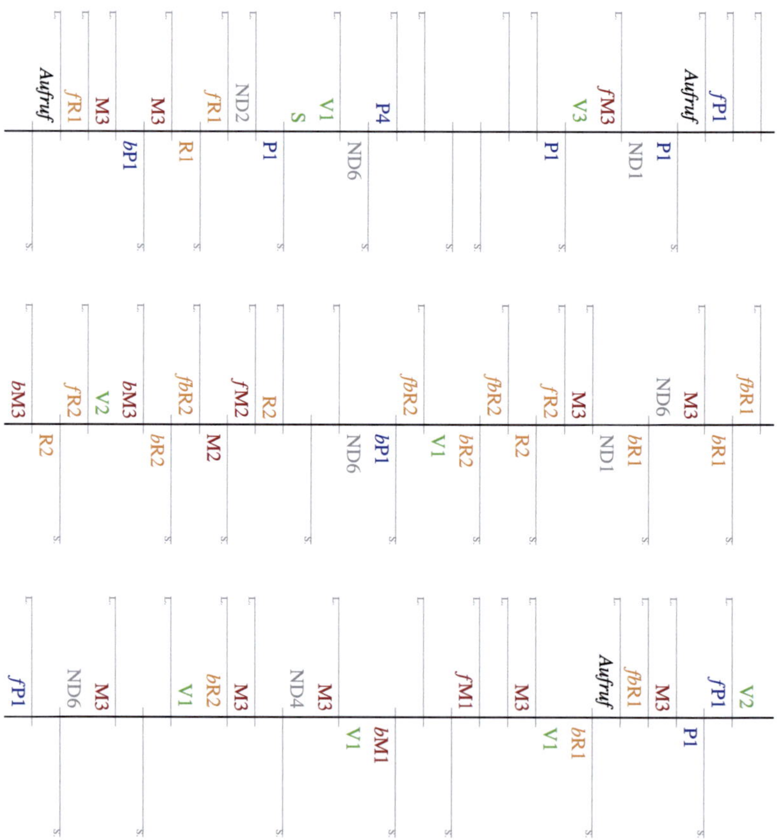

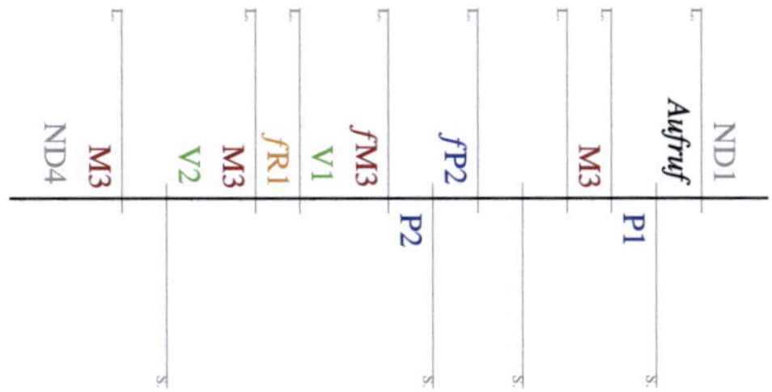

Graphisches Profil zu Szene K8(2)

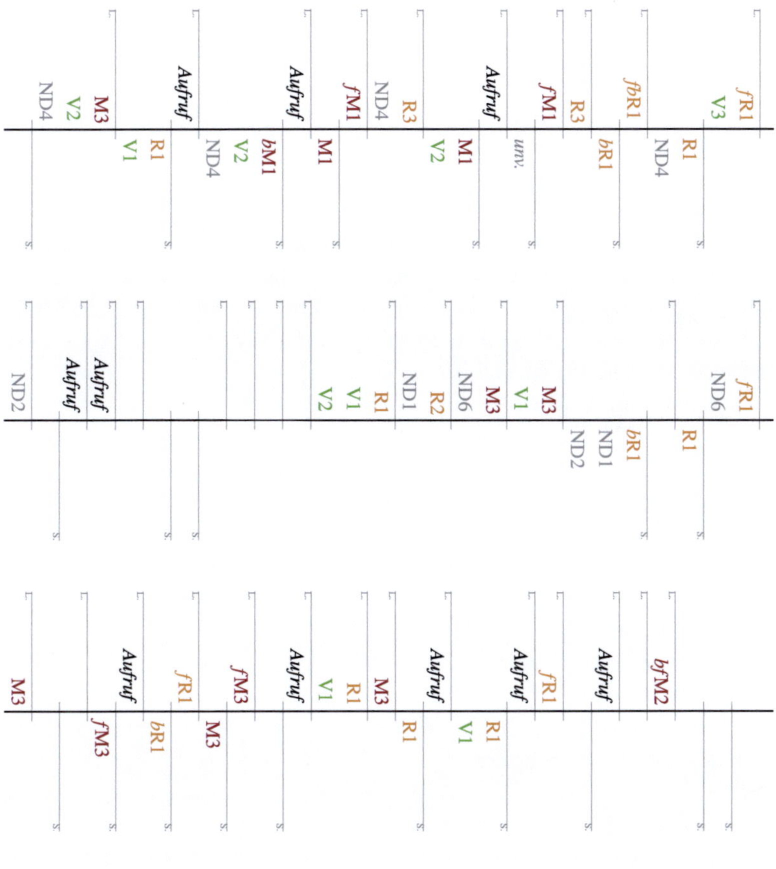

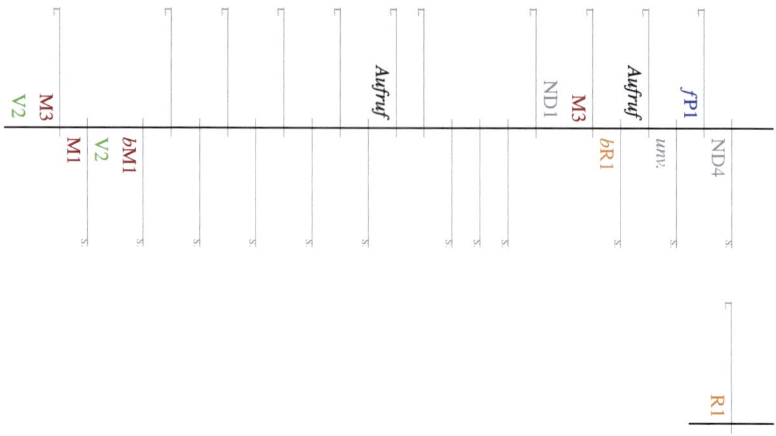

Betrachtung der Schülerrolle und verschiedener Dimensionen, die zur Beurteilung von Qualität herangezogen werden

Wie aus dem zugehörigen Balkendiagramm in Anhang D.2 hervorgeht, ist der prozentuale Anteil an allen Beiträgen, in dem die Schüler sich metakognitiv aktiv zeigen, fast genauso groß wie jener, in dem der Lehrer sich aktiv zeigt, und jener, in dem er zu metakognitiven Aktionen auffordert. Dementsprechend ist zunächst zu vermuten, dass die Schüler nicht sehr selbstständig agieren. Ein Blick in die graphischen Profile bestätigt diesen Eindruck. Nur höchst selten treten Kategorisierungen auf, die es wahrscheinlich werden lassen, dass die entsprechenden Aktivitäten selbstständig von den Schülern erbracht worden sind (vgl. das Profil zu K8(2), Z. 4). Im Vergleich zu den anderen Datensätzen liegen die Schüler mit ihrem prozentualen Anteil an selbst durchgeführten metakognitiven Aktivitäten im mittleren bis unteren Bereich (vgl. Anhang D.2).

Zu weiteren Dimensionen zur Beurteilung von Qualität ist Folgendes anzumerken: Das zu K8 gehörende Balkendiagramm in Anhang D.2 zeigt, dass nicht ganz die Hälfte der metakognitiven Aktivitäten der Schüler zusammen mit einer Begründung auftritt. Damit ist dieser Anteil an allen Beiträgen größer als jener, der die Aufforderungen zur Begründung des Lehrers angibt. Das graphische Profil bestätigt, dass die Schüler durchaus auch unaufgefordert begründen (vgl. z. B. das Profil zu K8(1), Z. 1; jenes zu K8(2), Z. 2-4). Insgesamt treten die Begründungen schwerpunktmäßig mit metakognitiven Aktivitäten auf der Ebene 1 auf.

Die Ebene 4 erreichen die Schüler mit ihren metakognitiven Aktivitäten nicht. Wie Abbildung 5.8 zeigt, konzentrieren sich ihre Aktivitäten auch nicht auf den Ebenen 2 und 3 und damit auf Ideen anderer Schüler. Sie beziehen sich vielmehr auf vom Lehrer bereitgestellte Materialien, also die Ebene 1.

Diskursiv zeigen die Schüler sich nicht besonders aktiv. Ganz vereinzelt nennen sie mal einen Bezugspunkt (V1), noch seltener setzen sie sich von einem Aspekt ab oder stimmen zu (V2). Dabei kann aber nicht geleugnet werden, dass es wenigstens einige Beiträge gibt, in denen das Auftreten von metakognitiven Aktivitäten zusammen mit Begründungen und diskursiven Aktivitäten kodiert worden ist (vgl. z. B. das Profil zu K8(2), Z. 1, Z. 4). Abbildung 5.8 zeigt, dass die Schüler durchaus auch negativ diskursiv aktiv werden. Anhand der graphischen Profile fällt diesbezüglich der Beginn der Szene K8(2) ins Auge. Sowohl auf der Seite des Lehrers als auch bei den Schülern treten hier verschiedene Vergehen in gehäufter Form auf. Zunächst bleiben in mehreren Beiträgen Bezugspunkte unklar (ND4), dann werden durch weitere Beiträge Einwände, Fragen, wichtige Aspekte o. Ä. (ND6) ignoriert, es zeigt sich inadäquate Wortwahl (ND1) und ein Schüler wiederholt etwas bereits Gesagtes, ohne dass ein neuer Aspekt hinzukommt (ND2). Diesen problematischen Aktionen entgegenwirkende Maßnahmen sind nicht erkennbar. Zugutegehalten werden kann den analysierten Unterrichtsszenen dabei, dass sich diese hohe Frequenz des Auftretens negativ diskursiver Aktivitäten nicht durch das gesamte Gespräch hindurch zeigt. Ein spezielles Bewusstsein für einen geordneten Diskursablauf lässt sich aber für die Schüler kaum ausmachen. So leisten sie auch in der ersten analysierten Szene zwei Beiträge, die mit der Kategorie ND6 versehen sind und den Gesprächsverlauf damit empfindlich stören können (vgl. Z. 1f).

Beantwortung der die Auswertung der Kodierungsdaten leitenden Fragen

Vor dem Hintergrund der im Vorangegangenen herausgearbeiteten Informationen ergibt sich für die Beantwortung der die Auswertung der Kodierungsdaten leitenden Fragen Folgendes:

Für die erste Leitfrage („Grundlegende Merkmale“) ist festzuhalten, dass metakognitive Aktivitäten sowohl von dem Lehrer als auch von den Schülern gezeigt werden. Dabei beansprucht der Lehrer allerdings einen deutlich überwiegenden Anteil an der Unterrichtszeit für seine Beiträge. Er nutzt sehr häufig metakognitive Aktivitäten, um Stellung zu Schülerbeiträgen zu beziehen. Auch fordert er die Schüler zu metakognitiven Aktivitäten auf. Dies geschieht in einem ungefähr gleich großen Anteil an allen Beiträgen wie das Durchführen metakognitiver Aktivitäten durch den Lehrer. Die Schüler zeigen sich schwerpunktmäßig in der Folge von Aufforderungen des Lehrers metakognitiv aktiv. Insgesamt kommt damit wohl nur die zweite Antwortmöglichkeit in Betracht, auch wenn der Lehrer in K8 einen größeren Anteil an Unterrichtszeit für sich beansprucht, als die Antwortmöglichkeit es vorsieht.

In Bezug auf das Verbalisieren von Begründungen zusammen mit metakognitiven Aktivitäten zeigen sich die Schüler durchaus aktiv, und zwar auch ohne dass sie explizit zum Begründen aufgefordert werden. Vor dem Hintergrund, dass Begründungen zudem gehäuft zusammen mit metakognitiven Aktivitäten auf der Ebene 1 auftreten, erweist sich die dritte Antwortmöglichkeit auf die zweite Leitfrage („Metakog. Akt und Begründungen“) als passend.

In Bezug auf die dritte Leitfrage („Diskursivität“) scheidet die erste Antwortmöglichkeit aus. Den Unterrichtsgesprächen jede erkennbare Ambition abzusprechen, den Einsatz des kognitiven Werkzeugs Diskursivität trainieren zu wollen, wäre wohl unangemessen, vor allem vor dem Hintergrund, dass der Lehrer wenigstens eine Strukturierungsmaßnahme zeigt. Auch die dritte Antwortmöglichkeit kommt nicht in Frage. Den Schülern zu unterstellen, besonders sie fielen durch ihre diskursiven Aktivitäten auf, wäre unzutreffend. Damit bleibt die zweite Antwortmöglichkeit zu wählen, was angesichts der Tatsache, dass der Lehrer insgesamt diskursiv ambitionierter erscheint als die Schüler, passend ist. Die Lernenden haben die Integration diskursiver Aktivitäten in ihre Beiträge aber sicher noch nicht richtig für sich entdeckt.

Debatten unter Schülern liegen in den von K8 analysierten Unterrichtsgesprächen sicher nicht vor. Schon aber treten einige Schülerbeiträge auf, deren Kodierung den abgeschwächten Kriterien entspricht. Fraglich ist nur, ob die Häufigkeit dieses Auftretens als nennenswert bezeichnet werden kann, was die dritte Antwortmöglichkeit nach sich ziehen würde. Vor dem Hintergrund der Tatsache, dass sich in Bezug auf K1 und K5 eine ähnliche Frage stellte, wird auch hier analog zu diesen beiden Fällen geantwortet. Die Datenlage scheint durchaus vergleichbar. Auf die vierte Leitfrage („Debatten") wird also die dritte Antwortmöglichkeit gewählt.

Negativ diskursive Aktivitäten stören sowohl Lehrer- als auch Schülerbeiträge in nennenswerter Form, was die erste Antwortmöglichkeit auf die fünfte Leitfrage („Negative Diskursivität") betont. Anhand der Kodierungsdaten ist zwar eine Stelle auffällig geworden, mit der sich die Vermutung begründen lässt, dass es Versuche gibt, gegen solche Verstöße zu intervenieren. Da die vierte Antwortmöglichkeit aber mehrere solcher Situationen verlangt, wird die erste Antwortmöglichkeit gewählt.

Die sechste Leitfrage („Ausprägung metakog. Akt.") ist schließlich mit der dritten Antwortmöglichkeit zu beantworten. In beiden analysierten Szenen zeigen sich nämlich mehr metakognitive Aktivitäten der Schüler auf der Ebene 1 als auf den Ebenen 2 und 3.

Damit ergibt sich für K8 folgendes Sechs-Tupel: (2,3,2,3,1,3).

Dabei sind zwischen der ersten und der zweiten analysierten Szene keine Unterschiede aufgefallen, die beide Szenen in völlig unterschiedlichem Licht erscheinen lassen. Dies ist auch unter Rückbezug auf in Kapitel 5.4.1 gemachte Anmerkungen wichtig zu nennen. Hier wurde nämlich ausgeführt, dass die analysierte Szene K8(2) inhaltlich schwerpunktmäßig in Richtung weiterführender Überlegungen ausgerichtet ist und sich dementsprechend nicht so stark auf die Besprechung von Aufgaben konzentriert, die die Schüler zuvor in Gruppen-, Partner- oder Einzelarbeit vorbereitet haben. Dieser Unterschied spiegelt sich also in der Art der Gesprächsführung, zumindest für die hier dokumentierten Szenen, nicht deutlich erkennbar wider. Allein ist erkennbar, dass das graphische Profil zu Szene K8(2) zwei Phasen aufweist, in denen sich weder der Lehrer noch die Schüler metakognitiv aktiv zeigen (vgl. Z. 2, Z. 4), was in Szene K8(1) nicht vorkommt. Durch Analysen weiterer Szenen und ggf. unter Hinzuziehung des Videos müsste nun überprüft werden, ob diese Auffälligkeit tatsächlich auf die Art der Gesprächsphase zurückzuführen ist.

5.4.3 Vergleich der Auswertungsergebnisse

5.4.3.1 Vorbemerkungen

In Kapitel 5.4.2 sind die Kodierungsdaten für jede untersuchte Klasse einzeln ausgewertet worden. Das Vorgehen orientierte sich dabei an der in Kapitel 4.4 vorgestellten regelgeleiteten Auswertung, die schließlich darin mündet, dass sechs die Auswertung leitende Fragen beantwortet werden müssen. Nun soll die Auswertung der Daten der einzelnen Klassen ergänzt werden durch eine vergleichende Auswertung über alle Klassen hinweg. Diese vergleichende Betrachtung wird aufsetzen auf den für jede einzelne Klasse notierten Antworten auf die sechs Fragen. Es wird also das für jede Klasse entwickelte Sechs-Tupel herangezogen.
Ein Vergleich der Auswertungsergebnisse könnte nun so aussehen, dass die acht vorliegenden Sechs-Tupel auf übereinstimmende Tupeleinträge untersucht werden. Die Ähnlichkeit von verschiedenen Tupeln würde sich dann danach bemessen, inwiefern die Tupeleinträge an möglichst vielen Stellen übereinstimmen. Von genau diesem Vorgehen wird hier abgesehen. Der Grund hierfür liegt darin, dass es für verschiedene verfolgte Zwecke nicht vernünftig scheint, die Leitfragen und dementsprechend auch die zugehörigen Antworten alle gleich zu gewichten. Die Antwort auf die erste Leitfrage konzentriert sich bspw. auf grundlegende Fragen des Gesprächsaufbaus und damit auf grundlegende Fragen bzgl. der Art des Auftretens von metakognitiven Aktivitäten. Soll also schließlich eine Aussage bzgl. des Typs des Unterrichtsgesprächs gemacht werden, so legt diese Antwort einen maßgebenden Rahmen fest, in dem die anderen Tupeleinträge dann betrachtet werden können. Unterschiedliche Antworten auf die erste Leitfrage eröffnen auch unterschiedliche Rahmen. Steht am Ende nicht der Typ des Unterrichtsgesprächs im Fokus, sondern vor allem der Einsatz von Diskursivität, so muss der Eintrag an dritter Stelle des Tupels mit einer Präferenz gegenüber den anderen Einträgen bedacht werden. Er steckt in diesem Fall den Rahmen ab.
Hier wird das Ziel verfolgt, verschiedene Typen von Unterrichtsgesprächen identifizieren zu können, und zwar vor dem Hintergrund der Frage, auf welche Art und Weise welche Arten von metakognitiven Aktivitäten in dem Unterrichtsgespräch auftreten. Da die Antwort auf die erste Leitfrage diesbezüglich Richtungsweisendes vorgibt, wird sie, d. h. die Ziffer an erster Stelle des Sechs-Tupels, mit mehr Gewicht belegt. Konkret geschieht dies dahingehend, dass die vorliegenden acht Sechs-Tupel zunächst gemäß ihrem Eintrag an erster Stelle in Gruppen eingeteilt werden. Anschließend werden die Elemente der so entstandenen Gruppen dann mit Blick auf die anderen Einträge im Tupel diskutiert.
Auf diese Art und Weise wird das Ziel verfolgt, das Datenmaterial entlang der für diese Arbeit zentralen Aspekte zu strukturieren und so einen besseren Überblick über das Vorliegen einer metakognitiv-diskursiven Unterrichtskultur in den Unterrichtsgesprächen der einzelnen Klassen zu erhalten.

5.4.3.2 Gruppe 1: K2, K3 und K8

Ergebnis der Auswertung der Kodierungsdaten von K2, K3 und K8 sind folgende Tupel:

K2: (**2**,3,2,1,3,4)
K3: (**2**,1,1,1,1,4)
K8: (**2**,3,2,3,1,3)

Abbildung 5.9 stellt diese Ergebnisse graphisch dar. Die sechs Arme des Netzes symbolisieren die sechs Leitfragen. Die Knotenpunkte an den einzelnen Armen stehen schließlich für die verschiedenen Antwortmöglichkeiten auf die Fragen. Je weiter außen der Knotenpunkt liegt, desto höher ist die Nummer der Antwort[8].

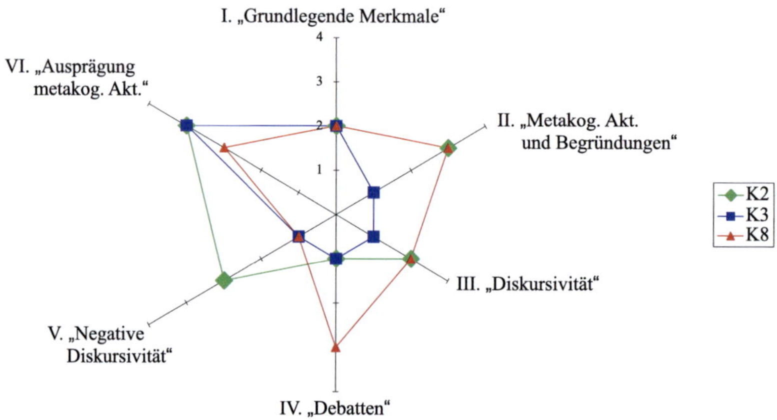

Abbildung 5.9: Graphische Darstellung der Tupel aus Gruppe 1

K2, K3 und K8 sind in eine Gruppe geordnet worden, weil zu der ersten Leitfrage für sie jeweils die zweite Antwortmöglichkeit gewählt wurde. Dies besagt, dass der Lehrer einen überwiegenden Anteil der Gesprächszeit mit seinen Beiträgen füllt. In seinen Äußerungen sind Aufforderungen zu metakognitiven Aktivitäten erkennbar. Ähnlich zahlreich übt er Letztere allerdings auch selbst aus, häufig um eine Stellungnahme zu einem Schülerbeitrag abzugeben. Die Schüler zeigen sich in der Regel nur in der Folge von Aufforderungen

[8]Diese Darstellung ist dahingehend problematisch, dass sie einheitliche Abstände zwischen je zwei Antwortmöglichkeiten auf eine Frage suggeriert. Natürlich sind die Daten, die in die Darstellung eingeflossen sind, nicht intervallskaliert. Sie darf also nur dahingehend interpretiert werden, dass verschiedene Knotenpunkte verschiedene Antwortmöglichkeiten symbolisieren, nicht jedoch dahingehend, dass größere Abstände zwischen zwei Knotenpunkten auch auf eine größere Diskrepanz in der Sache hinweisen. Zur Einschätzung dieser Diskrepanz ist jeweils die inhaltliche Information hinzuzuziehen, die sich hinter einem Knotenpunkt verbirgt. Es ist allein versucht worden, die verschiedenen Antwortmöglichkeiten so zu nummerieren, dass eine höhere Nummer für eine bessere Ausprägung des jeweiligen Merkmals steht.
Diese Darstellungsart ist gewählt worden, da sich so unterschiedliche Ausprägungen über verschiedene Dimensionen hinweg übersichtlicher abbilden lassen als lediglich über einen Vektor oder ein Tupel.

des Lehrers metakognitiv aktiv.
Ausgehend von diesen gemeinsamen Rahmenbedingungen entwickelt sich das Unterrichtsgespräch in K3 abweichend von jenen in K2 und K8, was anhand von Abbildung 5.9 dadurch deutlich wird, dass die zugehörige Linie sich fast konstant weit innen im Netz bewegt. Während für K2 und K8 übereinstimmend ein eher positives Begründungsverhalten der Schüler festgestellt worden ist, treten in K3 sowohl auf Lehrer- als auch auf Schülerseite keine oder nur vereinzelt Begründungen auf. Während für K2 und K8 übereinstimmend wenigstens ein Bemühen um Diskursivität festgestellt worden ist, wenn dies auch noch nicht in zufriedenstellender Weise in Aktivitäten umgesetzt wird, so scheint in K3 selbst dieses Bemühen zu fehlen. Ließ sich auch nicht auf das Vorliegen von Debatten schließen, so treten in K8 immerhin noch Situationen auf, in denen Schülerbeiträge die abgeschwächten Kriterien erfüllen. In K3 ist davon nichts zu erkennen, weder auf der Lehrer- noch auf der Schülerseite. Dies trifft hier auch auf K2 zu. Dafür konzentrieren sich in K2 negativ diskursive Aktivitäten allerdings nur bei den Schülern, während sie in K3 sowohl auf Lehrer- als auch auf Schülerseite negativ auffallen. Letzteres betrifft nun auch K8. Schließlich bleibt zu sagen, dass sich die metakognitiven Aktivitäten der Schüler in K2 und K3 übereinstimmend auf den Ebenen 2 und 3 konzentrieren. In Bezug auf K8 liegt der Schwerpunkt diesbezüglich auf der Ebene 1.
Insgesamt bleibt damit festzuhalten, dass das Unterrichtsgespräch in K3 zwar von der Grobstruktur her mindestens ähnlich aufgebaut ist wie jene in K2 und K8, K3 in Bezug auf fast alle Dimensionen von Qualität, die hier betrachtet werden, aber abfällt. K2 und K8 zeigen sich diesbezüglich insgesamt positiver. Verbesserungsbedarf besteht für beide im diskursiven und negativ diskursiven Bereich. Vor allem in K8 könnte es zudem nützlich sein, wenn sich mehr metakognitive Aktivitäten der Schüler auf Schülerideen beziehen würden.

5.4.3.3 Gruppe 2: K5 und K7

Für die Klassen 5 und 7 hat die Auswertung der Kodierungsdaten zu folgenden Tupeln geführt:

K5: (**3**,3,2,3,4,3)
K7: (**3**,4,3,3,1,4)

Abbildung 5.10 stellt diese Ergebnisse dar.
Die Rahmenbedingungen des Unterrichtsgesprächs, die in diesen beiden Klassen erfüllt werden, deuten auf einen Diskurs hin, in dem der Lehrer zwar immer wieder mit Beiträgen vertreten ist, dennoch aber ein größerer Anteil der Gesprächszeit auf die Schülerbeiträge entfällt. Sehr häufig fordert der Lehrer hier zu metakognitiven Aktivitäten auf. Schwerpunktmäßig in der Folge dieser Aufforderungen zeigen dann die Schüler metakognitive Aktivitäten. Der Lehrer hält sich mit selbst durchgeführten Aktivitäten zurück.
Vor dem Hintergrund dieser Rahmenbedingungen sind die weiteren Dimensionen von Qualität, die hier von Interesse sind, teils übereinstimmend, teils voneinander abweichend

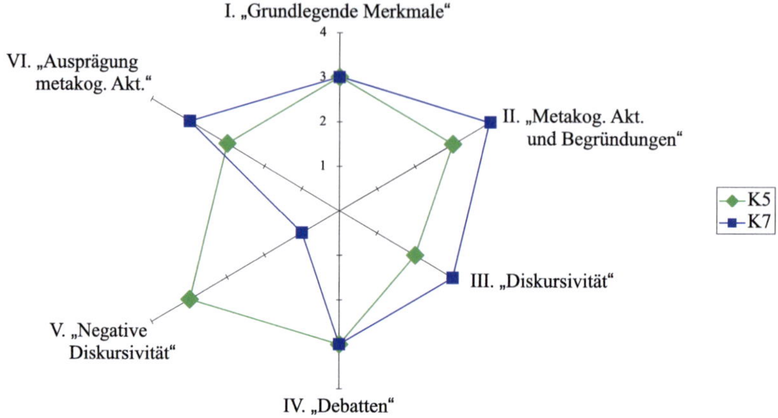

Abbildung 5.10: Graphische Darstellung der Tupel aus Gruppe 2

beurteilt worden. Zunächst einmal fallen die Schüler beider Klassen positiv auf durch ihr Begründungsverhalten. Dass in K7 insgesamt mehr metakognitive Aktivitäten zusammen mit Begründungen mit Bezug auf Schülerbeeinflusstes auftreten und dies in K5 anders ist, steht in Einklang mit den Ergebnissen, die sich für die sechste Frage zeigen: In K5 überwiegen metakognitive Aktivitäten auf der Ebene 1, in K7 solche auf den Ebenen 2 und 3. In beiden Klassen zeigen sich zwar anscheinend keine Debatten, schon aber werden Beiträge geleistet, die den abgeschwächten Kriterien entsprechen. Ein Unterschied zwischen beiden Klassen zeigt sich in Bezug auf das diskursive Verhalten. In K5 konnten die Schüler im Gegensatz zur Situation bei K7 nicht als bemerkenswert diskursiv aktiv bezeichnet werden. Dennoch wird den am Diskurs Beteiligten in K5 aber nicht jegliches Bemühen um Diskursivität abgesprochen. Dieses Ergebnis wird dadurch unterstützt, dass in K5 auch ein Bemühen erkennbar ist, gegen negativ Diskursives vorzugehen, was für K7 nicht gilt, obwohl diese Aktivitäten auch hier auftreten.

Insgesamt bleibt damit festzuhalten, dass die analysierten Unterrichtsgespräche sich bei mindestens ähnlichen Rahmenbedingungen vor allem die Diskursivität und die Bezugspunkte der metakognitiven Aktivitäten betreffend unterschiedlich entwickeln. In Abgrenzung zu den oben diskutierten Klassen 2, 3 und 8 fällt auf, dass sich in dem Netz nun eine Tendenz zu weiter außen liegenden Punkten zeigt. Inhaltlich ist wohl vor allem die Rolle des Lehrers im Diskurs zu betonen, der in den Klassen der Gruppe 1 eine starke Präsenz im Unterrichtsgespräch zeigt, auch über das eigene Ausüben metakognitiver Aktivitäten. In der Gruppe 2 nimmt er sich diesbezüglich etwas zurück.

5.4.3.4 Gruppe 3: K1, K4 und K6

Für die Klassen 1, 4 und 6 hat die Auswertung der Kodierungsdaten folgende Tupel ergeben:

K1: (**4**,3,1,3,1,4)
K4: (**4**,4,3,4,4,5)
K6: (**4**,4,3,4,4,5)

Diese sind in Abbildung 5.11 graphisch dargestellt.

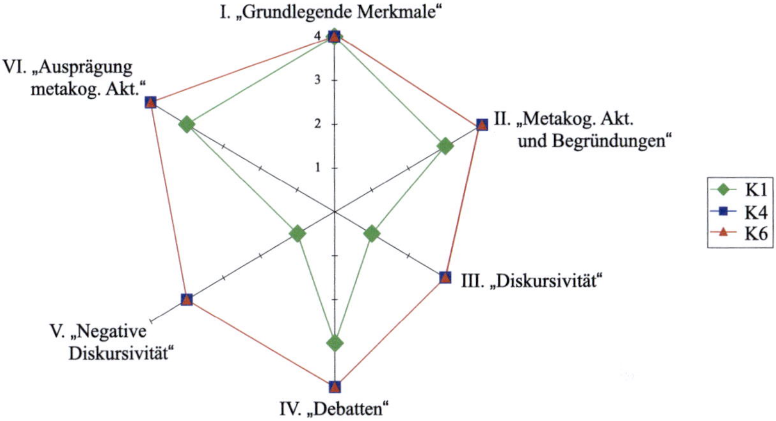

Abbildung 5.11: Graphische Darstellung der Tupel aus Gruppe 3

K1, K4 und K6 sind in eine Gruppe geordnet worden, weil die erste Leitfrage für sie jeweils mit der vierten Antwortmöglichkeit beantwortet wurde. Dies besagt, dass sich die analysierten Unterrichtsgespräche dadurch auszeichnen, dass die Schüler einen sehr großen Anteil der Gesprächszeit mit ihren Beiträgen füllen. Zudem äußern die Schüler sich auch über längere Phasen hinweg ohne Einmischung des Lehrers. Dabei werden mindestens in einigen ihrer Beiträge metakognitive Aktivitäten erkennbar, die sie dann vermutlich selbstständig erbracht haben. Der Lehrer verhält sich insgesamt eher zurückhaltend.

Auch alle weiteren Leitfragen wurden für K4 und K6 übereinstimmend beantwortet. K1 reiht sich hier nicht ein. Diese Klasse scheint das Niveau der anderen beiden Klassen nicht zu erreichen. Das Auftreten von Begründungen konzentriert sich im Gegensatz zu K4 und K6 auf Beiträge, in denen metakognitive Aktivitäten mit Bezug auf nicht Schülerbeeinflusstes auftreten. Während K4 und K6 durch ein bemerkenswertes diskursives Bemühen auf der Seite der Schüler auffallen, Letztere sogar Debatten untereinander zu führen scheinen, zeigen sich in K1 keine oder kaum diskursive Aktivitäten, weder auf Lehrer- noch auf Schülerseite, und die Lernenden erfüllen lediglich die abgeschwächten Kriterien in Bezug auf die Debattenfrage. Während sich in allen drei Klassen negativ diskursive Aktivitäten bemerkbar machen, kann nur für die Unterrichtsgespräche in K4 und K6 zuverlässig vermutet werden, dass es Bemühungen gibt, diesen Aktivitäten entgegenzutreten. Schließlich erreichen nur die Schüler aus K4 und K6 die Ebene 4 mit ihren metakognitiven Aktivitäten.

Insgesamt ist damit also festzustellen, dass die Unterrichtsgespräche in K1 zwar ähnliche Rahmenbedingungen erfüllen wie jene in K4 und K6, dass sich bei genauerer Betrachtung bestimmter Dimensionen von Qualität allerdings deutliche Unterschiede zeigen. Dabei ist jedoch auch zu betonen, dass gerade diese Dimensionen von Qualität für K4 und K6 insgesamt sehr gute Ergebnisse aufweisen. Es scheint allein ein Problem mit negativ diskursiven Aktivitäten zu bestehen, denen die am Gespräch Beteiligten noch nicht Herr werden konnten. In Abgrenzung zu den oben diskutierten Klassen 5 und 7 kommt vor allem die Selbstständigkeit beim Zeigen metakognitiver Aktivitäten hinzu und, schwerpunktmäßig in Abgrenzung zu K5, der diskursiv geprägte Umgang mit den Ideen anderer Schüler.

5.4.4 Vorstellung einzelner Typen der Unterrichtsgesprächsführung unter dem Gesichtspunkt von Merkmalen einer metakognitiv-diskursiven Unterrichtskultur

5.4.4.1 Vorbemerkungen

Basierend auf der in dem Kapitel 5.4.2 dargestellten klassenweisen Auswertung der Kodierungsdaten ist im Kapitel 5.4.3 eine Gruppierung der Klassen vorgenommen worden. Diese Gruppierung orientierte sich an bestimmten Gemeinsamkeiten, die alle der Gruppe zugesprochenen Datensätze aufweisen. Vergleiche innerhalb der Gruppen wiesen jedoch auf Unterschiede vor allem im Bereich der hier thematisierten Dimensionen von Qualität hin, die teilweise so deutlich waren, dass die Gruppierung nicht mit einer Typologie gleichgesetzt werden kann.

Um nun doch noch verschiedene Typen vorstellen zu können, wird in diesem Kapitel folgender Weg beschritten: Aus jeder der drei in Kapitel 5.4.3 vorgestellten Gruppen wird ein Datensatz einer Klasse ausgewählt, und zwar so, dass über die drei dann vorhandenen Datensätze ein möglichst breites Spektrum an verschiedenen Arten der Gesprächsführung abgedeckt wird. Diese Datensätze sollen nun aber nicht noch einmal anhand ihrer Kodierungsdaten vorgestellt werden. Dafür sei der Leser auf die entsprechenden Kapitel in den Abschnitten 5.4.2 und 5.4.3 verwiesen. An dieser Stelle soll vielmehr das konkrete Unterrichtsgespräch im Vordergrund stehen. Ziel ist es, dem Leser unter Rückgriff auf Transkripte einen Eindruck davon zu vermitteln, wie ein Unterrichtsgespräch, das nach Auswertung der Kodierungsdaten ein bestimmtes Tupel zugewiesen bekommen hat, gestaltet sein kann. Dabei soll es dem Leser zudem ermöglicht werden, einen Einblick dahinein zu bekommen, welche Unterschiede zwischen den analysierten Unterrichtsgesprächen bei der Arbeit mit dem vAMeDU auffallen.

In diesem Kapitel werden also zunächst drei Typen vorgestellt (vgl. Kapitel 5.4.4.2 bis 5.4.4.4). Diese drei Typen können zumindest für die hier vorliegenden Datensätze als Orientierungspunkte angesehen werden, anhand derer sich die anderen Arten von Unterrichtsgesprächen, die in der Erprobungsphase aufgetreten sind, ausrichten lassen. Genau dies wird im folgenden Kapitel 5.4.4.5 thematisiert, indem weitere kurze Transkriptausschnitte aus bis zu diesem Zeitpunkt noch nicht thematisierten Unterrichtsgesprächen vorgestellt und vor dem Hintergrund der drei als Orientierungspunkte geltenden Szenen verortet werden.

Die Transkripte werden im Folgenden, mit Decknamen versehen, kategorisiert und kommentiert angegeben. Wie auch schon in vorangehenden Kapiteln wird dazu ein Tabellenlayout genutzt. Im linken Teil der Tabelle wird sich das Transkript befinden, in der mittleren Spalte die für den jeweiligen Beitrag vergebenen Kategorien und in der rechten Spalte ein Kommentar zu dem Beitrag und seiner Kategorisierung. Der Kommentartext wird dabei immer in der Farbe der Kategorie gedruckt, auf die er sich bezieht.

5.4.4.2 Typ „keine metakognitiv-diskursive Unterrichtskultur"

Die folgende Szene ist einem Klassengespräch in K3 entnommen und spiegelt die hier für K3 festgestellte typische Gesprächsführung wider. Die Auswertung der Kodierungsdaten für diese Klasse ergab das Tupel (2,1,1,1,1,4).

Der Transkriptausschnitt schließt sich inhaltlich direkt an eine Stillarbeitsphase an. In dieser Phase sollten die Schüler ein Dreieck konstruieren. Dazu waren die Länge der Seite a, die Länge der Seite b (je in Zentimeter) und die Größe des Winkels γ (in Grad) gegeben. Die Namen von Seiten, Eckpunkten und Winkeln orientieren sich dabei an der standardmäßigen Beschriftung eines Dreiecks. Die Seiten a und b schließen also den Winkel γ ein usw. Eingeleitet wurde die gesamte Phase durch eine Geschichte des Lehrers. Er berichtete, dass beim Fussballspielen ein Kirchenfenster zu Bruch gegangen sei. Eine dreieckige Fläche müsse nun ersetzt werden. Die Frage sei, welche Maße dem Glaser mitgeteilt werden müssten, damit er das passende Stück Glas anfertigen könne.

L.	Ich glaube, die meisten sind fertig. Ist das richtig? *[Gemurmel im Hintergrund.]* Wer hat Schwierigkeiten gehabt bei der Konstruktion?	*f*R2	Hier leitet der Lehrer von der Einzelarbeitsphase über zu einer Phase der öffentlichen Aufgabenbesprechung. Seine ersten beiden Sätze beziehen sich noch auf Unterrichtsorganisatorisches. Der Lehrer äußert sich nicht zu mathematischen Inhalten. Seine letzte Frage hingegen wurde unter der Annahme, dass die Schüler ihre ggf. vorhandenen Schwierigkeiten auch tatsächlich spezifizieren sollen, als Aufforderung zur Reflexion gewertet. Bezugspunkt der geforderten Reflexionsaktivitäten ist die je eigene Lösung.
S.1	*[aus dem Hintergrund:]* Ich hab' irgendwas falsch gezeichnet.	M2	Dieser Beitrag lässt darauf schließen, dass der Schüler seine Lösung kontrolliert hat und ihm dabei ein Fehler aufgefallen ist.

L.	Alles glatt durchgegangen? Wer würde mir dann bitte einmal seinen Weg beschreiben, wie er denn konstruiert hat? Womit seid ihr angefangen und womit habt ihr geendet?		Da der Schüler S.1 (siehe vorheriger Beitrag) im Video lediglich im Hintergrund zu hören ist, ist nicht davon auszugehen, dass der Lehrer seinen Beitrag wahrgenommen hat. Daher ist hier keine Kategorie aus dem Bereich der Negativen Diskursivität gesetzt worden, obwohl der Lehrer nicht auf den Beitrag von S.1 eingeht. Die Frage „Alles glatt durchgegangen?" scheint eine rückversichernde Reaktion darauf zu sein, dass sich auf die Frage nach Schwierigkeiten bei der Konstruktion niemand gemeldet hat. Der Lehrer erwartet auf diese Frage keine Antwort, was daran deutlich wird, dass er recht schnell weiterspricht. Dementsprechend ist die Frage nicht als erneute Aufforderung zur Reflexion gewertet worden. Kern dieses Lehrerbeitrags ist die an die Schüler gerichtete Aufforderung zur Vorstellung ihres Lösungswegs. Auch dies ist nicht im Sinne einer Aufforderung zur Reflexion gewertet worden, da der Lehrer lediglich eine Beschreibung des Konstruktionswegs einfordert. Er verlangt nichts Weiterführendes oder Vertiefendes, wie bspw. eine Begründung. Auch die Aufgabenstellung der in der Einzelarbeitsphase bearbeiteten Aufgabe selbst zielt nicht speziell auf Reflexionsprozesse ab.
L.	Markus.		
Markus	Ich hab' als erstes, ähm, (unverständlich) also a gezeichnet. *[L.: Mhm.]* Und dann hab' ich davon, ähm, den Winkel sechzig Grad, ähm, Gamma, ähm,	ND1	Markus kommt der Aufforderung des Lehrers nach und beschreibt sein Vorgehen, ohne dass metakognitive Aktivitäten erkennbar werden. Eine Begründung für genau diese Art des Vorgehens bleibt z. B. aus. Auffällig ist aber die mangelhafte

	ja gemessen. *[L.: Ja.]* Und dann da die Gerade b gezeichnet. *[L.: Ja.]* Fünf Zentimeter. Und dann musste man ja nur noch die letzte ...		Wortwahl des Schülers. Die Formulierung „davon [...] den Winkel [...] gemessen“ ist völlig unpräzise und von der Geraden b zu sprechen ist falsch. Der letzte Satz wird schließlich nicht beendet. Der Hörer muss hier erahnen, was Markus meint. Ebenfalls ist zu bedenken, dass in Bezug auf das „a“ die Information fehlt, ob von dem Eckpunkt A oder der Seite a die Rede ist. Da aber die Vermutung nahe liegt, dass der Schüler sich auf die Seite a bezieht, da zu ihr auch eine Information an der Tafel steht, ist entschieden worden, die Kategorie ND1 nicht auch auf diese Formulierung zu beziehen.
L.	Richtig, ganz genau. Hat es jemand anders angefangen? Petra.	M3 /R3	Die vielen inadäquaten Formulierungen des Schülers thematisiert der Lehrer nicht. Im Gegenteil: Die Konstruktionsbeschreibung wird als „richtig“ und „ganz genau“ bezeichnet. Dies deutet darauf hin, dass der Lehrer eine Monitoringaktivität durchgeführt hat, im Rahmen derer er aber an Markus’ Ausdrucksweise nichts auszusetzen findet. Die anschließende Frage des Lehrers wird hier dahingehend gedeutet, dass eine vergleichende Analyse zweier Lösungswege verlangt ist. Dies erfordert eine Reflexionsaktivität. Es ist an dieser Stelle nicht auszumachen, ob der Schwerpunkt der dafür notwendigen Reflexionsaktivität auf der Analyse der eigenen Lösung oder der gerade vorgestellten liegen wird. Die Kodierregeln sehen für diesen Fall vor, bevorzugt die Ebene 3 zu wählen.
Petra	Ähm, also, ich hab’s eigentlich genauso gemacht, nur dass ich mit a angefangen hab’ und dann danach b gemacht	R3	Petra kommt der Aufforderung des Lehrers nach. Dabei legt auch sie keinen Wert darauf, a und b mit der passenden Sortenkennung zu versehen, was aber wie auch bei Markus gewertet worden ist. Die Tat-

		hab'.		sache, dass die Schülerin a und b vertauscht, wird hier als Versehen betrachtet und in Form von Kategorien nicht weiter beachtet.
39	L.	Du bist mit ... Hat er aber doch auch ...	M3	An der unpräzisen Ausdrucksweise stört der Lehrer sich auch bei Petra nicht. Die Tatsache, dass sie sich versprochen hat, ist ihm allerdings aufgefallen und er deckt diesen Fehler auf. Die Worte „Du bist mit" könnten auf eine Verankerungsaktivität hinweisen. Da der Lehrer diesen Satz jedoch abbricht, ist keine Kategorie aus dem Bereich der Diskursivität vergeben worden.
41	Petra	Ach mit b! *[Die Schülerin schüttelt den Kopf.]*	M3	Petra korrigiert ihre vorherige Aussage.
43	L.	Du bist mit b angefangen, genau. Wenn man jetzt mit a oder b anfängt, muss man sich natürlich entscheiden, wo liegt der Winkel Gamma. Da muss man den richtigen Punkt schon wählen irgendwo, näh, damit man das irgendwo auch hinkriegt. Aber, ich glaube, letztendlich kommt man zu, zu ähnlichen Dreiecken. *[Ein Schüler äußert Unverständliches im Hintergrund.]* Äh, wenn wir ... Ach so, halt, Moment, **ihr solltet die Seite c messen. Warum?**	*b*R3 ND1 ***fb*R1** **ND1**	Der erste Satz deutet erneut auf eine Monitoringaktivität des Lehrers hin. Da den Kern dieses Beitrags jedoch zwei andere Aktivitäten ausmachen, ist die Kategorie M3, den Kodierregeln gemäß, nicht gesetzt worden. Der weitere Teil des Beitrags weist auf eine Reflexionsaktivität über die beiden vorgestellten Lösungswege hin. Der Lehrer benennt eine Stelle, die besondere Aufmerksamkeit erfordert. Begründend fügt er hinzu, dass der Konstruktionsprozess andernfalls zu scheitern drohe. Die Formulierung des Lehrers hierfür ist allerdings sehr umgangssprachlich und hätte wesentlich adäquater gewählt werden können. **Im letzten Teil des Beitrags fordert der Lehrer schließlich noch eine Begründung für einen von ihm erteilten Arbeitsauftrag ein. Dieser Arbeitsauftrag beinhaltete wohl, *die Länge* der Seite c zu messen, was aber so nicht formuliert wird.** Für den Verweis auf die Aufgabenstellung ist

			keine Kategorie aus dem Bereich der Diskursivität vergeben worden. Dieser Verweis dient nicht dazu, einen bestimmten Aspekt detailliert zu besprechen, sondern lenkt das Gespräch lediglich auf einen weiteren zu thematisierenden Aufgabenteil.
L.	Maria.		
Maria	Weil damit wir dann vergleichen können.	*b*R1	Maria kommt der Aufforderung des Lehrers nach.
L.	Richtig. So, Maria.	M3	Der Lehrer scheint Marias Antwort kontrolliert zu haben.
Maria	Ich hatte fünf Komma fünf, fünf Komma sechs so.	ND1	Das Nennen eines Ergebnisses lässt nicht auf das Vorliegen metakognitiver Aktivitäten schließen. Da die Schülerin ihr Ergebnis jedoch ohne Einheit angibt, obwohl alle anderen Maße immer mit Einheit genannt worden sind, ist die Kategorie ND1 gesetzt worden.
L.	Zwischen fünf Komma fünf und fünf Komma sechs. Erik.	ND2	Der Lehrer wiederholt Marias Ergebnis zwar auch inhaltlich nicht genau so, wie sie es gesagt hat, aber doch in starker Anlehnung daran. Dementsprechend ist dies als Lehrerecho gewertet worden.
Erik	Fünf Komma fünf.	ND1	Auch Erik nennt sein Ergebnis ohne Einheit.
S.2	Fünf Komma sieben.	ND1	Dieser Schüler verhält sich analog zu Erik und Maria.
L.	Mhm. Weicht jemand extrem von diesen Werten ab? *[Niemand meldet sich.]*	*f*M3	Diese Frage wird dahingehend interpretiert, dass der Lehrer die Schüler zum Kontrollieren ihrer Ergebnisse unter Rückgriff auf die genannten Ergebnisse auffordert.

L.	Super. Wenn wir jetzt unsere Dreiecke ausschneiden würden, was könnten wir dann mit den ausgeschnittenen Dreiecken machen?		Das Wort „Super" weist hier nicht auf eine Monitoringaktivität hin, da der Lehrer damit nichts bzgl. (Nicht-)Korrektheit bewertet. Ebenfalls werden derartige Einschätzungen nicht als Reflexionen gewertet. Auch die nachfolgende Frage ist nicht kategorisiert worden. Um im Sinne einer Aufforderung zur Reflexion gewertet zu werden, zielt sie zu wenig auf ein konkretes Nachdenken über mathematische Inhalte, in diesem Fall Eigenschaften der Dreiecke, ab.
L.	Fred.		
Fred	Den Schwerpunkt suchen.		Entsprechend dem Umgang mit der vorherigen Frage des Lehrers, wird auch hier keine Metakognitionskategorie gesetzt.
L.	Natürlich, klar! Das könnten wir machen. Jorik.	M3	Der Lehrer scheint Freds Beitrag kontrolliert zu haben.
Jorik	Sie anmalen und wieder ins Kirchenfenster setzen.		Dieser Beitrag wird analog zu Freds Beitrag gewertet.
L.	Auch das könnten wir machen. Äh, Alfred.	M3	Der Lehrer scheint auch Joriks Beitrag kontrolliert zu haben.
Alfred	Vielleicht kann man die zusammensetzen, also dass man ...		Dieser Beitrag wird analog zu Freds und Joriks Beitrag gewertet.
L.	Mhm, wir könnten die vielleicht so zusammensetzen. *[Der Lehrer deutet durch Handbewegungen an, dass er mit „so" ein Nebeneinanderlegen der Dreiecke meint.]*		Der Lehrer scheint durch das „so" in Verbindung mit seiner Handbewegung die Art der Zusammensetzung der Dreiecke präzisieren zu wollen, was ihm aber kaum gelingt.

Alfred	... wie Pflastersteine.		Mit dieser Ergänzung wird deutlich, wie Alfred sich das Zusammensetzen der Dreiecke vorstellt. Eine Reflexionsaktivität über die Eigenschaften der Dreiecke kann ihm aber noch nicht unterstellt werden.
L.	Das weiß ich nicht, ob das genau passgenau wird. Bestimmt nicht. Aber wir könnten sie nicht in der Fläche zusammensetzen *[Der Lehrer deutet mit den Händen einen Kreis auf dem Pult an.]*, wir könnten sie auch stapeln *[Der Lehrer führt eine Hand vom Pult aus hoch.]*. Was würden wir feststellen?	M3 ND6 *f*R1	Zunächst äußert der Lehrer Zweifel an der Idee von Alfred Die Formulierung, die er dazu wählt, ist seltsam: Durch die Worte „Das weiß ich nicht" gibt er zunächst an, etwas nicht zu wissen. Durch die Worte „Bestimmt nicht" behauptet er direkt im Anschluss jedoch genau das Gegenteil. Dementsprechend widerspricht der Lehrer sich hier selbst. Anschließend formuliert er eine Antwort auf seine zuvor selbst gestellte Frage. Da die Frage, was beim Stapeln der Dreiecke festzustellen sei, nun viel konkreter auf die Analyse der Eigenschaften der Dreiecke zugeschnitten ist, ist die Kategorie *f*R1 gesetzt worden.
S.3	Wir könnten sie auch zerschneiden.	ND6	Mit diesem Beitrag ignoriert der Schüler die gerade gestellte Frage des Lehrers.
L.	Das, die (unverständlich). Das machen wir nicht. Schnipsel machen wir nicht.	M3	Der Lehrer akzeptiert den Beitrag von S.3, ohne zu thematisieren, dass dieser nicht auf die aktuell im Raum stehende Frage geantwortet hat. Er bewertet die Idee des Schülers ohne Begründung als unpassend.

Bei der hier vorliegenden Art der Unterrichtsgesprächsführung ist nicht erkennbar, dass der Lehrer gezielt die Absicht verfolgt, metakognitive Aktivitäten bei den Schülern zu provozieren. Dies zeigt sich vor allem daran, dass er immer wieder selbst zeitnah und wenig elaboriert Rückmeldung gibt, ob eine Antwort richtig oder falsch ist (siehe z. B. die zahlreich auftretenden Kategorien M3). Dies gibt er nicht über ein entsprechendes

Aufforderungsverhalten an die Schüler ab. Auch auf deren Eigeninitiative zu kritischen Stellungnahmen o. Ä. wird kein Wert gelegt. Die Schüler konzentrieren sich vielmehr darauf, die recht kleinschrittig zusammengestellten Fragen des Lehrers zu beantworten. Diese Fragen sind dabei hin und wieder darauf ausgerichtet, metakognitive Aktivitäten zu evozieren.

Dass Fragen auffällig werden, deren Beantwortung metakognitive Aktivitäten erfordert, bzw. dass diese Aktivitäten überhaupt Eingang in diesen Unterricht finden können, was hier zweifellos auf Lehrer- und Schülerseite der Fall ist, liegt an dem in dieser Arbeit recht niedrig angesetzten „Schwellenwert" für das Auftreten metakognitiver Aktivitäten (vgl. hierzu Kapitel 4.3.5.5). Dieser zieht es nach sich, dass sie auch vom Lehrer unbeabsichtigt auftreten können. In diesem Fall sind sie jedoch in der Regel qualitativ wenig hochwertig eingebettet. Dies bedeutet, dass Begründungen nur sehr selten formuliert werden und auch auf diskursive Aktivitäten in solch einer Unterrichtskultur kein Wert gelegt wird.

Das Ausüben diskursiver Aktivitäten ist bei dieser Art von Unterricht auch nicht in der Form nötig, wie bei einer später noch mit einem Beispiel zu belegenden metakognitiv-diskursiven Form der Gesprächsführung. Wie z. B. der Umgang mit Markus' Konstruktionsbeschreibung (vgl. Z. 18ff.) zeigt, wird nämlich kein Wert auf die Beschäftigung mit Detailfragen gelegt. Die Aspekte werden vielmehr oberflächlich abgehandelt, d. h. ohne regelmäßige Erhöhung des Präzisionsgrades. Wenn ungefähr deutlich wird, was gemeint ist, genügt dem Lehrer dies. Dementsprechend können die einzelnen Beiträge auch ohne explizite Verankerungen nachvollziehbar sein, die Überlegungen dringen aber eben nicht besonders tief in die aktuell thematisierten Inhalte ein. Im Gegensatz zu der Situation bzgl. der metakognitiven Aktivitäten werden Kategorien der Diskursivität für solch einen Unterricht auch tatsächlich nur höchst selten vergeben.

Für negativ diskursive Aktivitäten bieten sich im Rahmen eines solchen Unterrichtsgesprächs zahlreiche Gelegenheiten, was vor allem das häufige Auftreten der Kategorie ND1 im obigen Transkript verdeutlicht. Dies liegt nicht unbedingt auf der Hand, denn bei dieser Form von Unterricht ist es wahrscheinlich, dass die Schüler, die der Leser intuitiv als hauptverantwortlich für negativ Diskursives im Gespräch betrachten könnte, zu einem eher geringen Teil am Unterrichtsgespräch beteiligt sind. Dementsprechend bieten sich nicht so viele Gelegenheiten bspw. inadäquate Wörter zu wählen. Auch eine gerade erst gestellte Frage lässt sich nicht so leicht ignorieren wie eine, die schon vor mehreren Minuten gestellt wurde und zu der schon mehrere Schüler Stellung bezogen haben. Da inadäquat gewählte Wörter, das Ignorieren von Fragen oder, allgemein, durch Negative Diskursivität gekennzeichnete Beiträge in diesem Unterricht aber niemanden stören, d. h. niemand darauf trainiert ist, auf diese Dinge zu achten, werden sie auch nicht kritisiert. Es wird kein Bewusstsein für diese Vergehen geweckt, dementsprechend fallen sie auch nicht auf. Dass insbesondere der Lehrer kein Bewusstsein für diese Verstöße zeigt, trägt zudem dazu bei, dass auch er seine Beiträge nicht hinsichtlich sprachlicher oder den Gesprächsverlauf störender Mängel untersucht. Damit ist auch seinerseits mit einem hohen

Anteil an Beiträgen zu rechnen, die unter dem Blickwinkel der Diskursivität problematisch sind.

Werden diese Charakteristika in der Summe betrachtet, so bietet sich für diesen Typ der Gesprächsführung wohl vor allem ein Name an: Es liegt der Typ „keine metakognitiv-diskursive Unterrichtskultur“ vor.

5.4.4.3 Typ „lehrerzentrierte metakognitiv-diskursive Unterrichtskultur“

Der nachfolgende Transkriptausschnitt ist einem Unterrichtsgespräch in K5 entnommen. Die Auswertung der Kodierungsdaten ergab für diese Klasse das Tupel (3,3,2,3,4,3). Inhaltlich geht es in der Szene um die Diskussion verschiedener Angebote für Mobiltelefonverträge. Für jedes Angebot ist eine passende Funktionsgleichung aufgestellt und der Graph der Funktion gezeichnet worden. Es handelt sich um lineare Funktionen.

Ein Schüler hat nun sein Vorgehen zum Zeichnen eines Graphen beschrieben. Diesem Beitrag entnimmt der Lehrer die Information, dass der Schüler meint, er brauche dafür den ersten und den letzten Punkt des Graphen.

L.	Er sagt, er braucht den ersten und den letzten Punkt. Lars.	P4 V3	Der Lehrer wiederholt hier einen Teil des Beitrags desjenigen Schülers, der sich zuvor geäußert hatte. Mit dieser Wiederholung scheint er dabei das Ziel zu verfolgen, die Schüler zu einer Stellungnahme zu dieser Aussage zu bewegen. Da für die Schülerreaktionen auf diesen offenen Impuls sowohl Reflexions- als auch Monitoringaktivitäten denkbar sind, ist die Kategorie P4 gesetzt worden.
Lars	Er braucht nur zwei Punkte, aber nicht den Letzten unbedingt.	M3 V2	Lars nimmt kritisch Stellung zu dem vom Lehrer wiederholten Teil eines Schülerbeitrags, was gemäß den Kodierregeln als Aktivität auf der Ebene 3 gewertet wird. Dabei setzt er sich explizit von der Idee dieses Schülers ab.

7 L.	Geht's denn mit dem Letzten auch?	*f*R1	Mit dieser Frage fordert der Lehrer zunächst einmal ein vertieftes Nachdenken über „den letzten Punkt“ ein. Wahrscheinlich leitet ihn dabei der Hintergedanke, dass die Schüler erkennen sollen, dass ein Reden über den letzten Punkt eines Graphen problematisch ist, genauso wie ein Reden über den ersten Punkt ebenfalls nicht unkommentiert stehengelassen werden kann. Dementsprechend wäre hier auch das Setzen der Kategorie P4 denkbar, die den vermuteten Hintergedanken stärker betonen würde. Da die Frage des Lehrers aber in jedem Fall, d. h. unabhängig von der genauen Absicht des Lehrers, auf eine Reflexionsaktivität bezogen auf „den letzten Punkt“ eines Graphen hinausläuft, ist hier dementsprechend kategorisiert worden. Anders als für den vorhergehenden Beitrag von Lars ist hier die Ebene 1 gewählt worden. Dies ist vor dem Hintergrund geschehen, dass der Lehrer sich zwar immer noch an dem Beitrag des Schülers, der von „dem letzten Punkt“ gesprochen hatte, orientiert, nun aber doch verstärkt eigene Fragen aufwirft, um das Problem zu klären. Die Lernenden müssen sich nicht mehr explizit auf den Beitrag jenes Schülers, der für diesen Wortwechsel grundlegend ist, beziehen.
9 Lars	Ja.		Allein anhand dieses einen Wortes kann nicht zuverlässig darauf geschlossen werden, dass der Schüler die geforderte Reflexionsaktivität tatsächlich ausgeübt hat. Dementsprechend ist hier keine Kategorie gesetzt worden.

L.	Kannst du erklären, wieso?	*fb*R1	Dem Lehrer reicht das „Ja“ von Lars als Antwort auf seine Frage anscheinend nicht. Er fordert deshalb eine Begründung ein. Dazu muss Lars noch einmal über die Frage des Lehrers nachdenken, weshalb die Ebene 1 gewählt wurde.
Lars	Weiß ich nicht, weil er nur zwei Punkte braucht, weil dann kann man die so verbinden und dann ... Aber eigentlich gibt's ja keinen letzten Punkt.	*b*R1 M3 V2	Dieser Beitrag ist inhaltlich zweigeteilt. Zunächst bemüht Lars sich, die von dem Lehrer zuvor geforderte Begründung zu formulieren. Seine einleitenden Worte „Weiß ich nicht“ wirken dabei zunächst unpassend. Die Kategorie ND1 ist aber nicht vergeben worden, weil die Worte in dem Sinne gedeutet werden können, dass sie Lars' Unsicherheit in Bezug auf die Begründung ausdrücken, d. h. zu verstehen sind im Sinne von „Ich weiß nicht genau. Vielleicht weil ...“. Der zweite Teil seines Beitrags zeigt, dass Lars sich hier selbst überwacht, indem er die Existenz eines letzten Punkts in Frage stellt. Dabei setzt er sich vor allem durch die Worte „Aber eigentlich“ von dem zuvor Gesagten ab.
L.	Oh, warum gibt's keinen letzten Punkt deiner Meinung nach?	*fb*R3 V1	Der Lehrer fordert hier eine Begründung zu Lars' vorangegangener Monitoringaktion. Dabei nimmt der Lehrer schlagwortartig Bezug auf einen bestimmten Teil des Beitrags des Schülers.
Lars	Weil der kann ja un-, also der kann ja jetzt irgendwie, keine Ahnung, wenn er jetzt so'n Dauertelefonierer ist, dann kann der ja irgendwie 'ne Million da bezahlen und, ja.	*b*R3	Lars bemüht sich, die geforderte Begründung zu liefern. Die Worte „keine Ahnung“ sind analog zu „Weiß ich nicht“ in seinem vorhergehenden Beitrag gewertet und deshalb nicht mit der Kategorie ND1 belegt worden.

L.	Da müsste man, glaube ich, ganz schön viel telefonieren, wenn wir jetzt von 'ner Million ausgehen. Ich glaube hier, die ganzen Graphen sind alle noch unter fünfzig Euro, aber vom Prinzip her ...	M3	Der Lehrer deutet hier Zweifel an der Adäquatheit der von Lars vorgebrachten Begründung an, was aus fachlicher Sicht nicht bewertet werden soll. Es wäre denkbar, das Nennen des Wortes „Million" als Verankerungsaktivität zu kategorisieren. Dies ist hier nicht geschehen, da der Lehrer keine Anstrengungen unternimmt, dieses Wort explizit als Verankerungspunkt herauszuarbeiten. Es wird vielmehr in seinem Kommentar genannt, weil es notwendig ist. Dabei fällt es in dem Satz nicht mehr besonders auf, was bspw. in den Zeilen 18f. weniger der Fall ist.
Lars	Ja, nee doch nicht. Der kann ja nur für 'nen Monat telefonieren, also weil dann ist ja schon wieder neu.	*b*M3 V2	Unabhängig vom vorangehenden Kommentar des Lehrers setzt Lars sich hier von seiner eigenen vorgetragenen Begründung ab. Vermutlich wollte er durch das Nennen der Million zuvor andeuten, dass der zu zahlende Betrag immer größer würde. Dies korrigiert er nun unter dem Hinweis darauf, dass die zum Telefonieren zur Verfügung stehende Zeit begrenzt ist auf einen Monat.
L.	So, das heißt könnte man 'ne maximale Telefongebühr berechnen, für den Monat? Jetzt sind wir grad bei 'nem anderen Thema, aber ich finde das grad ganz interessant, was du da sagst. Gibt es 'ne maximale Telefongebühr, Carola?	*f*R1 S	Vor dem Hintergrund der Tatsache, dass zur Beantwortung dieser Frage lediglich ein geeigneter Term angegeben werden könnte, ist es fraglich, ob von einer Aufforderung zur Reflexion gesprochen werden sollte. Da aber gefragt wird „könnte man 'ne maximale Telefongebühr berechnen" und nicht „Wie lautet ein geeigneter Term zur Berechnung der maximalen Gebühr?", ist doch entsprechend einer Aufforderung zur Reflexion kategorisiert worden. Die vorliegende Situation muss nun bzgl. eines die Gebühr limitierenden Faktors untersucht werden. Obwohl der Lehrer mit dieser Frage an Lars' Beitrag

			anschließt, ist nicht die Ebene 3, sondern die Ebene 1 gewählt worden. Dies ist vor dem Hintergrund geschehen, dass die Idee der Berechnung einer maximalen Telefongebühr hier maßgeblich vom Lehrer geprägt ist. Inmitten der Aufforderungsaktivitäten formuliert der Lehrer noch einen den Diskurs strukturierenden Satz. Er macht deutlich, dass nun ein wohl nicht geplanter Exkurs folgen wird.
Carola	Eigentlich schon. Da könnt' man, ähm, eins mal sechzig und dann das mal vierundzwanzig und dann ja wie viel Tage der Monat hat.	R1	Die Worte „Eigentlich schon" sind hier allein vor dem Hintergrund mit der Kategorie R1 belegt worden, dass die weiteren Ausführungen der Schülerin in diesem Beitrag zeigen, dass sie sich tatsächlich Gedanken gemacht hat.
L.	Ja, jetzt sagst du eins mal sechzig mal vierundzwanzig. Das hätte ich gern noch mal 'ne Erklärung dafür. Das verstehe ich noch nicht.	*fb*R1 V3	Der Lehrer wiederholt hier den Teil der Äußerung von Carola, in dem schon ein Term erkennbar ist und verlangt eine Begründung für das Zustandekommen dieses Terms. Auch wenn Carola ihre Aufmerksamkeit dafür vorrangig auf den von ihr selbst genannten Term richten wird, ist gemäß der Kodierregeln doch die Ebene 1 kodiert worden. Es geht letztendlich immer noch um die Beantwortung der Frage des Lehrers nach einer maximalen Telefongebühr. Diese Frage ist für den Lehrer bisher unzureichend beantwortet.
Carola	Eins sind ja die Minuten und sechzig ist dann eine Stunde. Der Tag hat ja vierundzwanzig Stunden, also mal vierundzwanzig. Und dann noch, ähm ja, meistens mal dreißig oder mal einunddreißig, wegen den Tagen im Monat.	*b*R1 V1	Carola kommt der Aufforderung des Lehrers nach und erläutert Schritt für Schritt das Zustandekommen ihres Terms. Dabei bezieht sie sich jeweils explizit auf die Teilterme, über die sie gerade spricht. Auch den vom Lehrer nicht wiederholten Hinweis Carolas auf die Anzahl der Tage eines Monats setzt die Schülerin nun in ihrem Term um.

L.	Okay, und dann, was erhältst du als Ergebnis dann?	*f*R1	Zur Beantwortung dieser Frage muss Carola weitere Interpretationsaktivitäten durchführen. Dementsprechend ist auch diese Frage als Aufforderung zur Reflexion gewertet worden. Es wird die Ebene 1 gewählt, da die zentrale im Raum stehende Frage immer noch jene nach der Möglichkeit der Berechnung einer maximalen Telefongebühr ist. Die Beantwortung dieser Frage wird hier vom Lehrer zerstückelt. Die Schüler müssen immer wieder wenig komplexe Fragen beantworten, was schließlich zu der Beantwortung der komplexeren, übergeordneten Frage führt.
Carola	Dann, ähm, erhalte ich das Ergebnis, wie viel Minuten es im Monat gibt.	R1	Carola kommt der Aufforderung des Lehrers nach.
L.	Und was machst du mit diesem Ergebnis?	*f*R1	Der Lehrer setzt seine Fragenkaskade fort. Da zur Beantwortung dieser Frage wiederum eine Reflexionsaktivität notwendig ist, wird weiterhin *f*R1 kategorisiert.
Carola	Das muss ich dann noch mal die Funktionsgleichung, also da muss ich dann null Komma zw-, äh	R1	Dieser Beitrag Carolas wird vom Lehrer unterbrochen und nach dem folgenden Lehrerbeitrag weitergeführt. Während das reine Vortragen einer Rechnung eine Aktivität auf der Sachebene ist, ist der Hinweis, dass nun die entsprechende, an der Tafel stehende Funktionsgleichung herangezogen werden müsse, stärker ein Reden über die Sachebene. Die Worte „dann noch mal die Funktionsgleichung“ sind missverständlich formuliert. Da die Schülerin aber noch einmal neu ansetzt („also da muss ich ...“), scheint sie dies bemerkt zu haben. Die Kategorie ND1 ist daher nicht gesetzt worden.

L.	*[unterbricht]* Bei dem waren wir jetzt hier, bei null Komma fünf, aber das ist egal. Das ist ja übertragbar. *[Der Lehrer deutet auf eine der an der Tafel stehenden Funktionsgleichungen, die zu je einem Vertragsangebot aufgestellt worden sind.]*	V1	Dieser Beitrag des Lehrers konzentriert sich in der Hauptsache darauf, Carola den passenden Bezugspunkt für ihren Beitrag zu sagen.
Carola	Null Komma fünf mal die Minutenanzahl und dann plus fünf.		
L.	Gut. So, war jetzt grad gar nicht Auf-, die Aufgabe. Also, 'ne maximale Gebühr gibt es schon, brauchen wir jetzt aber im Moment gerade nicht. Ich weiß nicht, ob es jemanden gibt, der wirklich vierundzwanzig Stunden am Tag und das den ganzen Monat telefoniert. Vielleicht gibt es da 'nen Contest irgendwo, das mag, ein Contest im Langtelefonieren. Aber das halte ich doch für ausgeschlossen, ein Monat ohne Schlaf und nur mit Telefonieren.	R1	Vermutlich um diese Gesprächsphase abzuschließen, demonstriert der Lehrer nun selbst noch einmal ein Nachdenken über die maximale Telefongebühr. Schwerpunktmäßig betrachtet er die Realitätsferne des Erreichens der maximalen Gebühr im Monat. Dabei betont er an zwei Stellen noch einmal, dass mit der Betrachtung der maximalen Telefongebühr ein Exkurs vorgenommen worden sei. Da es sich hier, wenn auch nicht wörtlich, so doch inhaltlich um eine Wiederholung der zuvor schon als Strukturierungsmaßnahme gekennzeichneten Aktivität handelt, ist die Kategorien S nicht erneut gesetzt worden.

Im Unterschied zu dem Lehrerverhalten im Rahmen eines Gesprächs vom Typ „keine metakognitiv-diskursive Unterrichtskultur“ zeigt sich der Lehrer im Rahmen der gerade dokumentierten Unterrichtsszene durchaus bemüht, metakognitive Aktivitäten bei den Schülern zu evozieren. Dies ist hier zunächst an dem mit der Kategorie P4 gekennzeichneten Impuls erkennbar (vgl. Z. 1ff.). Dieser verlangt deutlich nach Reflexions- oder Monitoringaktivitäten. Gleichzeitig ist er auch ein Beispiel dafür, dass der Lehrer hier tendenziell Abstand davon nimmt, selbst Stellung zu Schülerideen zu beziehen. Natürlich hätte dieser Lehrer nämlich auch, ganz in der Manier des Lehrers aus dem Gespräch vom Typ „keine metakognitiv-diskursive Unterrichtskultur", behaupten können, dass die Antwort inadäquat sei. Ein mit der Kategorie M3 versehener Beitrag ist hier jedoch nur ein Mal (vgl. Z. 28ff.) zu finden. Versucht der Lehrer nun also häufig, metakognitive Aktivitäten zu evozieren, so kommt es in dem Gespräch doch nicht so weit, dass die Schüler phasenweise auch weitgehend ohne Einmischung des Lehrers miteinander debattieren. Die Kommunikation läuft konstant über den Lehrer, d. h. er stellt die Fragen, die beantwortet werden müssen, und er nimmt auch die Antworten entgegen, auf deren Basis er den Unterricht dann vorantreibt. Dies führt zu einem hohen Aufkommen von Aufforderungen des Lehrers zu metakognitiven Aktivitäten. Auch die Anzahl der von ihm selbst durchgeführten metakognitiven Aktivitäten bleibt dahinter zurück.

Die Schüler konzentrieren sich darauf, die Fragen des Lehrers zu beantworten. Sie kommen den Aufforderungen also in der Regel nach, was zu einem höheren Aufkommen von metakognitiven Aktivitäten auf Schülerseite führt als bei Vorliegen eines Gesprächs vom Typ „keine metakognitiv-diskursive Unterrichtskultur". Über das Verlangte hinaus zeigen sich die Schüler allerdings nur selten aktiv. Allein durch die Äußerungen von Lars in den Zeilen 15ff. und 36ff. liegen Beispiele für nicht konkret vom Lehrer evozierte metakognitive Aktivitäten vor. Selbst Begründungen muss der Lehrer häufig einfordern, da sie selten selbstständig geäußert werden. Immerhin legt der Lehrer aber Wert auf Derartiges. Insgesamt entsteht jedoch der Eindruck, dass ohne die entsprechenden Aufforderungen des Lehrers kaum kritische, analysierende oder planende Aktivitäten zustande kämen.

Ebenfalls im Unterschied zur Situation bei einem Gespräch vom Typ „keine metakognitiv-diskursive Unterrichtskultur" zeigen sich hier durchaus auch diskursive Aktivitäten. So kommt ein erhöhter Präzisionsgrad im Gespräch zustande, durch den es überhaupt erst möglich wird, die Adäquatheit eines Redens über „den letzten Punkt eines Graphen" zu thematisieren. In der Regel wird dieser Grad dabei erneut maßgeblich durch den Lehrer verursacht, der das Gespräch strukturiert und es immer wieder auf ausgesuchte Bezugspunkte oder -beiträge konzentriert.

Die Voraussetzungen dafür, dass sich das Auftreten negativ diskursiver Aktivitäten in einem Unterricht vom hier thematisierten Typ vermeiden lässt, sind unter folgendem Gesichtspunkt günstiger als bei Vorliegen eines Gesprächs vom Typ „keine metakognitiv-diskursive Unterrichtskultur": Da wenigstens bei einem Teil der am Gespräch Beteiligten ein diskursives Bemühen vorliegt, werden Verstöße gegen eine adäquate Wortwahl oder einen geordneten Gesprächsverlauf auch eher auffallen. Dass jedoch sämtliche Verstöße vermieden werden können, wie es das Beispiel oben nahelegt, ist sicher nicht die Regel.

Vor dem Hintergrund der herausgearbeiteten Auffälligkeiten dieser Art von Unterrichtsgespräch, scheint es passend, es als dem Typ „lehrerzentrierte metakognitiv-diskursive Unterrichtskultur" angehörend zu bezeichnen.

5.4.4.4 Typ „schülerzentrierte metakognitiv-diskursive Unterrichtskultur“

Der folgende Transkriptausschnitt ist einem Unterrichtsgespräch in K6 entnommen. Die Auswertung der Kodierungsdaten für diese Klasse ergab das Tupel (4,4,3,4,4,5). Inhaltlich geht es in der folgenden Szene um die Aufgabe, eine Funktionsgleichung zu folgender Geschichte aufzuschreiben.

> „Aus einer Wasserleitung plätschert Wasser in ein zylinderförmiges Gefäß, in dem das Wasser zu Beginn schon 2 Zentimeter hoch steht. Pro Minute erhöht sich der Wasserstand in dem Gefäß um 6 cm.“

Als erster Lösungsvorschlag liegt die Gleichung $h(x) = 2 + 6x$ vor. Der Lehrer bringt im Folgenden einen weiteren Vorschlag ein.

L.	Jetzt gab's eine Gruppe, die hat diskutiert, da meinten einige, da muss der die Gleichung nicht so lauten, sondern so. *[Unter der Gleichung $h(x) = 2 + 6x$ notiert der Lehrer die Gleichung $h(x) = 6x + 2$. Im Hintergrund herrscht Gemurmel.]*	P4 V1	Mit diesen Worten gibt der Lehrer den Schülern den Impuls, kritisch über eine alternative Lösung nachzudenken. Da verschiedene metakognitive Aktivitäten als Reaktion denkbar sind, ist die Kategorie P4 gesetzt worden. Zudem verankert der Lehrer seinen Impuls im Diskurs, indem er sagt, woher die Lösung stammt. Da nicht gezielt ein Beitrag wiederholt wird, ist die Kategorie V3 nicht gesetzt worden.
L.	Sechs x plus zwei. Soll'n Plus sein.		Der Lehrer reagiert hier wohl auf eine im Video nicht zu hörende Rückfrage.
L.	Die wurden sich nicht ganz einig in der Gruppe.		Dieser Satz ist ein Nachtrag zum ersten Beitrag des Lehrers und wird deshalb nicht noch einmal kategorisiert.
L.	Alfred.		
Alfred	Ähm, ist im Prinzip dasselbe, das ist nur umgedreht. (unverständlich) (5 sec) Macht eigentlich auch Sinn.	R2	Alfred hat die Struktur der beiden vorliegenden Funktionsterme analysiert, was dadurch deutlich wird, dass er der Behauptung „ist im Prinzip dasselbe“ hinzufügt „nur umgedreht“. Worauf sich sein letzter Satz bezieht, ist nicht zu sagen. Vermutlich kann nur der Teil des Beitrags, der im Video nicht verständlich ist, hier Abhilfe schaffen.

Sprecher	Äußerung	Kategorie	Kommentar
Lasse	Ich glaube, die sagen, dass der Wasserstand, ähm, schon sechs Zentimeter ist und dass es sich um zwei Zentimeter immer erhöht. Aber es ist ja andersrum.	M2	Lasse meint einen Fehler entdeckt zu haben, den er auch herausarbeitet. Die Frage, ob dieser herausgearbeitete Fehler auch tatsächlich ein Fehler ist, ist für die Vergabe von Kategorien unerheblich. Zu überlegen bleibt, ob sein „Aber“ mit der Kategorie V2 zu belegen und damit als Absetzen von dem zweiten Lösungsvorschlag zu werten ist. An dieser Stelle ist dagegen entschieden worden, weil die Absetzung nur über ein einziges Wort und erst am Ende des Beitrags geschieht. Für den Hörer wäre es wohl vorteilhafter, wenn die Absetzung klarer herausgestellt würde.
L.	Gibst du mal weiter?		
Lasse	Julian.		
Julian	Nein, ich würd' sagen, das tun sie eigentlich nicht, weil es steht ja nicht hinter dem zwei x das, hinter dem zwei das x, weil das x steht ja für die Erhöhung des Wasserstandes. **Aber laut der, aus Nummer drei müsste man es so aufschreiben, wie es oben steht, weil das wäre genau übernommen. Weil als erstes kommen die zwei, die schon drin sind, und dann plus die sechs x. Und wenn da stehen würde, es wird immer um sechs Zentimeter pro Minute erhört, erhöht und zum Anfang sind**	*b*M3 V2 V1 ND1 ***b*M2** **V1**	Dieser Beitrag ist inhaltlich zweigeteilt und wurde auch dementsprechend kategorisiert. Zunächst nimmt Julian begründet Stellung zu dem Beitrag von Lasse. Dabei setzt er sich erst von Lasses Äußerung ab. Dann bezieht er sich recht genau auf die Stelle, nämlich die Position des x', an der er den Fehler von Lasse verortet. Dass das x für die Erhöhung des Wasserstands steht, ist falsch. Der Rest von Julians Beitrag zeigt allerdings, dass der Schüler die Teilterme des gesamten Funktionsterms durchaus richtig zu interpretieren vermag. Dementsprechend ist zu vermuten, dass hinter der grau unterpunkteten Aussage keine falsche Vorstellung steckt, sondern der Schüler voreilig und ohne genau nachzudenken formuliert hat. Deshalb ist die Kategorie ND1 gesetzt worden. **Im zweiten Teil des Beitrags konzentriert sich Julian dann auf**

	zwei Zentimeter schon drin, dann könnt' man das Untere nehmen. Ich würd' sagen, aus der Aufgabe her, müsste man das Obere nehmen.		**eine eigene begründete Einschätzung der beiden an der Tafel stehenden Lösungsvorschläge.** Dabei gleicht er die Reihenfolge, in der die Teilterme der beiden Funktionsterme auftreten, ab mit der Reihenfolge, in der die zughörigen Informationen im Aufgabentext auftreten. **Während des Abgleichs für den ersten Funktionsterm bezieht er sich nacheinander auf die jeweils relevanten Stellen im Term. Daher ist die Kategorie V1 gesetzt worden.**
L.	Gibst du weiter?		
Julian	Josef.		
Josef	Ja, also ich würd' sagen, es ist ja im Prinzip kann man ja die zwei Sachen bei einem Plus kann man ja immer austauschen. Das heißt vom Prinzip müsste es dasselbe sein. Nur, dass äh bei ei-, vielleicht ist das Erste etwas sinnvoller, weil davor sind, ähm, sind schon zwei Grad und dann wird's jeden, jedesmal sechs Grad mehr und nicht am Anfang sind null Grad, es wird immer sechs Grad mehr und irgendwie, äh sechs Zentimeter, und wenn man den Wasserhahn ausmacht, dann steigt's noch mal automatisch um zwei Zentimeter. Es ist vielleicht nicht ganz so sinnvoll, aber es geht ge-	*b*M2	Auch Josef nimmt kritisch und begründet Stellung zu den beiden Lösungsvorschlägen. Er stellt dabei keinen expliziten Bezug zu bereits Gesagtem her. Die Kategorie ND3 ist hier jedoch nicht gesetzt worden, da zumindest der Anfang des Beitrags die anfängliche Behauptung von Alfred weiter ausführt. Dementsprechend wird hier kein ganz neuer Punkt eingebracht, wenn eine explizite Verankerung auch fehlt. Unter Rückgriff auf das Kommutativgesetz der Addition begründet Josef zunächst, dass beide Lösungen korrekt sind, und argumentiert dann dafür, dass die erste Lösung unter inhaltlichen Aspekten sinnvoller ist. Die Vokabel „Kommutativgesetz" hat er offensichtlich nicht im Kopf, weshalb er eine umgangssprachliche Umschreibung versucht. Diese ist sicher auch nicht adäquat, weil auch hierfür Fachvokabular fehlt. Die Kategorie ND1 wurde aufgrund des erkennbaren Bemühens aber nicht gesetzt. Auch dafür, dass der Schüler zunächst ständig von „Grad" spricht, ist keine negativ dis-

	nauso, mein' ich.		kursive Kategorie vergeben worden, schließlich korrigiert er sich gegen Ende selbst und spricht dann von „Zentimeter".
L.	Alfred als Letzter.		
Alfred	Ja, also es stimmt schon, es ist natürlich eigentlich egal. Aber es ist natürlich auch logischer, wenn man das Obere nimmt. Das wird dann halt eben auch (weniger), weil ja eben auch schon am Anfang was drin ist. Aber eigentlich ist es egal (unverständlich).	*b*M3 V2 ND1	Alfred hat die Kernaussage von Josefs Beitrag kontrolliert und stimmt ihr zu. Da er von dieser Zustimmung auch im Weiteren nicht abrückt, ist das Wort „aber" unpassend gewählt. Der Schüler hätte „und" wählen sollen. Mit dem Wort „logischer" benutzt er, bei genauer Betrachtung, einen diskussionswürdigen Begriff. Im Kontext der Mathematik hat er eine andere Bedeutung als ihm umgangssprachlich oft zugeschrieben wird. Das in Klammern aufgeführte Wort „weniger" und der Schluss des Beitrags sind im Video nicht klar zu verstehen. Dementsprechend ist das Ende des Beitrags nicht ganz nachvollziehbar.
L.	Lasse, hast du eingesehen, was dir die anderen sagen wollten?	*f*R3	Dieser Beitrag wird als Aufforderung an Lasse interpretiert, noch einmal über das Gesagte nachzudenken.
Lasse	Ja.		Allein anhand von diesem „Ja" kann nicht zuverlässig auf einen Reflexionsprozess rückgeschlossen werden.
L.	Wo war denn dein Fehler?	*f*R4	Im Zusammenhang mit der vorangehend gestellten Frage des Lehrers erweckt diese Frage den Eindruck, auf die Denkprozesse von Lasse abzuzielen. Er soll darüber reflektieren, was er sich falsch zurechtgelegt hatte. Die Reaktion von Lasse bestätigt diesen Eindruck.
Lasse	Ähm, ich hab' gedacht, dass ist, ähm, dass das x vertauscht wurde, aber das ist ja gleich geblieben.	R4	Lasse reagiert auf die Aufforderung des Lehrers, indem er seine, wie er nun eingesehen hat, falsche Denkweise offenlegt.

105	L.	Mhm. *[Der Lehrer nickt zustimmend.]*	M3	Da der Lehrer hier zustimmend nickt, ist die Kategorie M3 gesetzt worden. Der Lehrer zeigt sich so deutlich einverstanden mit der Antwort von Lasse.
107	Julian	(unverständlich)		
	L.	Was denn?		Diese Nachfrage scheint akustische Gründe zu haben.
109 111	Julian	Aber, jetzt in ’ner Arbeit müsste man doch das Obere nehmen, oder?	*f*M3	Das angehängte „oder“ ist hier maßgeblich für die Kategorisierung verantwortlich. Julian stellt eine Behauptung auf, die er aber von dem Lehrer oder seinen Mitschülern geprüft wissen möchte.
	S.1	Das ist doch jetzt egal.	ND6	Dieser Schüler möchte die Frage von Julian ignorieren, sich nicht weiter damit beschäftigen. Dies ist kein adäquates Diskursverhalten.
113	L.	Nur weil ihr keine Klassenarbeit mehr schreibt?		Dieser Beitrag könnte im Sinne einer Erziehung zu einem adäquaten Verhalten im Diskurs interpretiert werden, weil er aufzeigt, wie unpassend der Einwand des Schülers war. Da der Erziehungsaspekt aber nicht explizit genug hervortritt, ist die Kategorie nicht gesetzt worden.
115	S.2	*[aus dem Hintergrund:]* Ja.		
117 119 121 123	L.	Was würdet ihr mir denn vorschlagen, wenn ich in der Arbeit die untere Lösung finde? Punkte abziehen, ja oder nein? *[Gemurmel in der Klasse.]*	*f*M3	In diesem Beitrag nimmt der Lehrer die Frage von Julian auf. Er nutzt zwar eine andere Formulierung, inhaltlich läuft diese Frage aber auf denselben Aspekt hinaus. Um also kenntlich zu machen, dass hier eine Schüleridee zu kontrollieren ist, ist mit *f*M3 kategorisiert worden.
	L.	Maria.		

Maria	Ich würd' sagen nein, weil im Prinzip ist es ja fast das Gleiche, nur dass man die Zahlen vertauscht hat. Es ändert sich nichts daran, wenn man zwei plus x, zwei x, zwei plus sechs x rechnet oder wenn man sechs plus zwei x rechnet. Ist ja, ist ja eigentlich genau das Gleiche.	*b*M3	Die Schülerin kommt der Aufforderung des Lehrers nach und nimmt kritisch und begründet Stellung zu der Behauptung von Julian. Dass sie am Ende ihres Beitrags „sechs plus zwei x" formuliert anstatt „sechs x plus zwei" wird als Versehen gewertet und damit nicht als negativ diskursiv gekennzeichnet.
S.3	*[aus dem Hintergrund:]* Sechs plus zwei x?	*f*M3 V1	Dieser Schüler hat bemerkt, dass Maria sich versprochen hat. Er fordert sofort eine Kontrollaktivität ein. Dabei benennt er sehr genau die Stelle des Beitrags von Maria, die kontrolliert werden muss. Zu überlegen ist, ob hier auch die Kategorie V3 passend gewesen wäre. Sie ist nicht gesetzt worden, da hier eher ein Stichwort angegeben wird als ein komplexerer Teil des Beitrags.
L.	Sechs plus zwei x meintest du glaub' ich nicht, ne?	*f*M3 V1	Sehr zeitnah zu der vorangehenden Äußerung des Schülers äußert sich der Lehrer noch einmal zu dem gleichen Aspekt. Die Kategorie ND2 ist nicht vergeben worden, da dem Video nicht sicher zu entnehmen ist, dass der Lehrer den vorangehenden Beitrag des Schülers verstehen konnte. Der Lehrer stellt hier die Vermutung an, dass Maria nicht das gesagt hat, was sie meinte. Dementsprechend stellt sich die Frage, ob der erste Teil des Beitrags mit der Kategorie R4 belegt werden müsste. Da der Kern des Problems hier aber wohl darin liegt, dass Maria sich lediglich versprochen hat und dies nun verbessern soll, ist diese Kategorie nicht zusätzlich vergeben worden.

Maria	Nee, sechs x plus zwei.	M3	Maria nimmt eine Korrektur vor und zeigt damit, dass sie der Aufforderung zur Kontrolle ihres Beitrags nachgekommen ist.
L.	Okay, Emil.		Das Wort „Okay“ scheint an dieser Stelle lediglich auszudrücken, dass der Lehrer den Beitrag von Maria so für die weitere Diskussion akzeptiert. Es wird dadurch aber nicht deutlich, dass er der Aussage zustimmt. Dementsprechend ist hier keine Kategorie gesetzt worden.
Emil	Ich würd' auch sagen, dass ist, äh dass da kein Punkt abgezogen wird, weil eigentlich kommt man dann ja später, wenn man das jetzt in Graphen eingeben würde, zum gleichen Ergebnis.	*b*M3 V2	Auch Emil reagiert auf die Aufforderung des Lehrers, die Behauptung von Julian zu kontrollieren. Er stimmt Marias Einschätzung in Bezug auf die Vergabe von Punkten zu und greift in seiner Begründung auf die zu den Funktionsgleichungen gehörigen Graphen zurück.
L.	Julian.		
Julian	Ja, aber ähm, Josef hat ja glaub' ich auch gesagt, das würde ja bedeuten, dass man pro Minute sechs erhöht und dann zum Schluss, wenn der Wasserhahn sozusagen aus ist, zwei dazukommen. Das ist doch eigentlich unlogisch.	*b*M3 V2 V3 ND1	Unter Berufung auf den Beitrag von Josef setzt Julian sich von Marias und Emils Meinung ab. Josefs Beitrag, den er glaubt verstanden zu habe, liefert für ihn ein Argument, der Position der anderen beiden Schüler zu widersprechen. Dabei benutzt er das Wort „unlogisch“, was, wie bereits ausgeführt (vgl. Z. 88), kritisch zu betrachten ist.
L.	Josef.		
Josef	Ja, also ich würd' sagen, ähm, es, ich würde eigentlich trotzdem sagen, obwohl es nicht ganz so sinnvoll ist, dass man keine Punkte abzieht, auch	*b*M3 V2	Josef selbst setzt sich nun von Julians Position ab und nimmt erneut Stellung zu der im Raum stehenden Frage nach Punktabzug. In seiner Begründung beruft er sich auf eine schon länger zurückliegende Äußerung des Lehrers. Auch Josef,

	weil wir am Anfang, hatten wir es auch so, dass wir, ähm, es eigentlich auch sozusagen nicht ganz so logisch aufgeschrieben hatten. Und da haben Sie gemeint, oh vielleicht verstehen sie's andersrum besser. Und da haben Sie's sozusagen so vorgemacht. Und deswegen würde ich sagen, kann man's auch so machen.	ND1 V3	der zuvor immer von „sinnvoll" gesprochen hatte, nutzt nun das Wort „logisch".
L.	Mhm. Ihr habt im Prinzip alles an Argumenten genannt. Ich dürfte nichts abziehen.	R3	Der Lehrer schätzt hier die Beiträge der Schüler dahingehend ein, dass er meint, alle Argumente seien genannt. Damit beendet er den von den Schülern getragenen Austausch von Argumenten und wird den Unterricht im Folgenden dahingehend weiterführen, dass das Kommutativgesetz der Addition thematisiert wird.

Im Unterschied zu den beiden bisher vorgestellten Typen zeichnet sich dieses Unterrichtsgespräch zunächst einmal durch ein vergleichsweise zurückhaltendes Verhalten des Lehrers aus. Er konzentriert seine Aktivitäten weitgehend auf die Organisation des Gesprächs. So beziehen sich viele seiner Beiträge allein auf die Weitergabe des Rederechts.

Trotz dieses zurückhaltenden Verhaltens des Lehrers zeigen die Schüler sich dennoch häufig metakognitiv aktiv. Sie sind es, die sich kritisch und zu den Ideen ihrer Mitschüler äußern sowie Reflexionsaktivitäten ausüben. Ihr Lehrer zeigt Derartiges nur selten. Die Schüler zeigen diese Aktivitäten sowohl nach Aufforderung des Lehrers, durchaus aber auch eigenständig. Dies unterscheidet das Schülerverhalten hier von dem Schülerverhalten beider zuvor vorgestellter Typen. Das eigenständige Ausüben metakognitiver Aktivitäten beschränkt sich dabei nicht immer nur auf einzelne Beiträge. Über ganze Gesprächsphasen hinweg diskutieren, d. h. auch argumentieren die Schüler, ohne dass sich der Lehrer maßgeblich einbringt. Dabei wäre es falsch, zu behaupten, der Lehrer täte gar nichts, um solche Phasen zu provozieren. Das Entstehen dieser Phasen kann durch Maßnahmen, wie bspw. das Vorstellenlassen gezielt ausgesuchter Lösungen und Aufforderungen zur Metakognition bzw. Aktivitäten gemäß der Kategorie P4, begünstigt werden. Letzteres liegt hier vor. In den Zeilen 1ff. ist ein Impuls gemäß der Kategorie P4 zu finden. In den Zeilen 109ff. formuliert ein Schüler zudem eine Frage, die der Lehrer in den Zeilen 117ff. zur Grundlage einer zweiten Diskussionsrunde macht. Im Unterschied zur lehrerzentrierten metakognitiv-diskursiven Unterrichtskultur sind die Schüler hier zudem trainiert, derartige Aktionen des Lehrers als Anstöße zu metakognitivem Denken und Wortwechseln unter Schülern wahrzunehmen sowie entsprechend zu reagieren. Auch dieses Training der Schüler muss durch den Lehrer vorangetrieben worden sein.

Eine weitere Aufgabe kommt dem Lehrer in dieser Art von Unterrichtsgesprächsführung zu: Er hat nicht nur kritische Stellungnahmen der Schüler u. Ä. zu provozieren, sondern auch dafür zu sorgen, dass die Schüler, deren Ideen angegriffen werden, etwas aus dieser Kritik lernen. Ein typisches Lehrerverhalten besteht hier im abschließenden Stellen von Rückfragen, wie „Hast du verstanden, welchen Punkt deiner Lösung die anderen kritisieren?“, „Was hast du falsch gemacht?“, „Wie hast du dir die Dinge zurechtgelegt, sodass es zu dem Fehler gekommen ist?“. Etwas Derartiges formuliert der Lehrer hier in den Zeilen 96ff.

Teilweise gehen die Schüler in den Phasen, in denen sie miteinander diskutieren, auch dazu über, sich gegenseitig aufzurufen. Dies unterstützt den Eindruck des selbstständigen Arbeitens, darf aber sicher nicht überbewertet werden. Bei dem Aufrufen durch Schüler handelt es sich nicht um eine besondere kognitive Leistung der Schüler, sondern lediglich um ein vom Lehrer etabliertes Ritual. Durch dieses Ritual gibt der Lehrer das Klassengespräch noch weiter aus der Hand.

Das Verhalten sowohl des Lehrers als auch der Schüler erfordert viele diskursive Aktivitäten. In obigem Transkriptausschnitt zeigen sich diese auch durchaus. Ohne sie würde das Gespräch sehr schnell an Nachvollziehbarkeit einbüßen. Da die Schüler in obigem Transkriptausschnitt sehr selbstständig agieren, ist es grundsätzlich durchaus auch denkbar, dass Lehrer und Schüler mit ihren Aktivitäten die Ebene von Strukturierungs- und Erziehungsmaßnahmen erreichen, auch wenn dies hier nicht geschieht.

Wünschenswert ist es, wie bei dem Typ einer lehrerzentrierten metakognitiv-diskursiven Unterrichtskultur auch, negativ Diskursives so weit wie möglich aus dem Gespräch zu verbannen. In Bezug auf den Lehrer wird dies schon allein dadurch begünstigt, dass er sich im Gespräch sehr zurückhält, vor allem auch, was das fachbezogene Gespräch (in Abgrenzung zu Unterrichtsorganisatorischem) angeht. Die Schüler sind hingegen sehr intensiv am Gespräch beteiligt und haben recht viele Freiheiten. Dies verlangt, wie bereits gesagt, ein ausgeprägtes diskursives Verhalten von ihnen, damit ihre Beiträge verstanden werden können. Zudem laufen sie Gefahr, negativ diskursiv aufzufallen, da sie bspw. mehr Möglichkeiten haben, sich inadäquat auszudrücken oder an etwas bereits Gesagtem vorbeizureden. In obigem Transkript hält sich derartiges wohl eher noch in Grenzen.

Vor dem Hintergrund dieser nun genannten Charakteristika passt diese Art von Unterrichtsgespräch zu einem Typ mit dem Namen „schülerzentrierte metakognitiv-diskursive Unterrichtskultur“.

5.4.4.5 Kommentar zu weiteren Typen

In den Kapiteln 5.4.4.2, 5.4.4.3 und 5.4.4.4 sind drei Typen von Unterrichtsgesprächen vorgestellt worden, die sich auf der Basis der Kodierungsdaten, die durch die Anwendung des vAMeDU entstehen, identifizieren lassen. Die drei Typen sind, die jeweils markanten Punkte in ihrer Idealform betonend, beschrieben worden.
In Kapitel 5.4.3 wurden K3, K2 und K8 in Gruppe 1 gebündelt. Wie gerade herausgearbeitet, entspricht das Unterrichtsgespräch in K3 dem Typ „keine metakognitiv-diskursive Unterrichtskultur“. Die Kodierungsdaten von K2 und K8 wiesen jedoch deutliche Unterschiede zu jenen von K3 auf. Im Folgenden wird exemplarisch anhand eines Transkriptausschnitts zu einer Szene in K8 verdeutlicht, wie sich diese Unterschiede im konkreten Unterrichtsgespräch widerspiegeln.
Inhaltlich geht es in der Unterrichtsstunde, aus der das folgende Transkript stammt, um diese Aufgabe[9]:

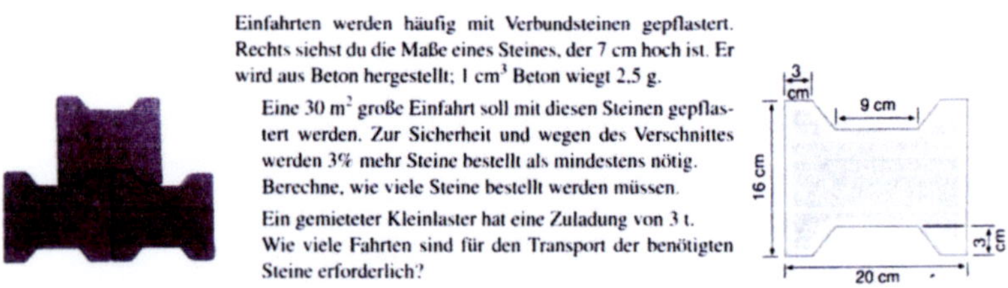

Die Schüler haben zunächst den Auftrag bekommen, sich im Rahmen einer Stillarbeitsphase eine Strategie zu überlegen, mit der sie an diese Aufgabe herangehen würden. Als erster Schüler stellt Marlon während der Besprechungsphase seinen angedachten ersten Schritt vor. Er würde zunächst einmal eine Einteilung der Grundfläche eines Verbundsteins in verschiedene Teilflächen vornehmen. Marlon verdeutlicht dies an der Tafel, wie es die roten Striche in folgendem Tafelbild zeigen.

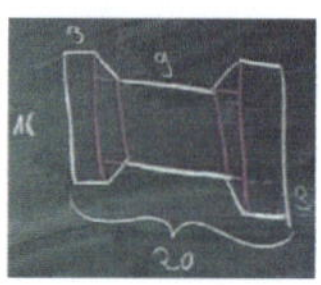

Nachdem Marlon sich wieder gesetzt hat, äußert der Lehrer den folgenden Beitrag.

[9] Die Aufgabenstellung enthält einen Fehler. Die in der Skizze rechts eingetragenen Maße können so nicht stimmen: Die vermerkten 9 *cm* passen nicht zu den links daneben vermerkten 3 *cm*. In der hier diskutierten Szene wird dies allerdings noch keine Rolle spielen.

L.	Ich sag' da mal nichts zu. Äußert euch! Andrea.	P4	Mit dieser Äußerung verlangt der Lehrer weitere Stellungnahmen. Es steht den Schülern dabei sowohl offen, sich zu dem ersten, an der Tafel vermerkten Strategievorschlag zu äußern, als evtl. auch weitere Strategievorschläge zu nennen. Genau spezifiziert der Lehrer dies hier nicht. Dementsprechend sind auch verschiedene Arten metakognitiver Aktivitäten denkbar, die die Schüler in Reaktion auf diese Äußerung zeigen könnten. Daher ist die Kategorie P4 gesetzt worden.
Andrea	Ich hab' das, ähm, also erst mal sechzehn mal zwanzig ...	ND6	Andrea nutzt keine der oben vorgestellten Reaktionsmöglichkeiten auf den Impuls des Lehrers. Sie beginnt damit, eine Rechnung vorzustellen. Einen so gearteten Arbeitsauftrag haben die Schüler bisher jedoch nicht bekommen. Dementsprechend ignoriert Andrea mit dem, was sie in ihrem Beitrag anspricht, die eigentlich gerade aktuellen Arbeitsaufträge.
L.	Noch keine Rechnung. Erst mal nur zur Strategie.	S V1	Der Lehrer hat bemerkt, dass Andreas Beitrag gerade zu diskutierende Aspekte verfehlt und korrigiert dies. Dafür ist die Kategorie S vergeben worden, weil der Lehrer das Gespräch durch seinen Beitrag wieder auf die Diskussion verschiedener Strategien zu fokussieren versucht. Es wäre ebenfalls denkbar, die Kategorie E zu vergeben. Dies ist hier nicht geschehen, da das Gesagte und auch sein Unterton nicht erzieherisch ausgerichtet sind. Das Nennen des Wortes „Strategie" als Nennen eines Bezugspunkts zu werten, liegt sicherlich an der unteren Grenze dessen, was mit dieser Kategorie zu belegen ist. Da es hier aber deutlich auf den zugrunde liegenden Arbeitsauftrag verweist, ist V1 doch gesetzt worden.

Andrea	Ja also das erst mal ergänzen, würde ich das.	P1	Andrea richtet ihren Beitrag nun gemäß den Vorgaben des Lehrers aus und benennt ihre Strategie.
L.	Du hättest es ergänzt. Dann komm mal nach vorne. Mit ’ner anderen Farbe. *[Andrea geht zur Tafel und ergänzt das Tafelbild wie folgt:]* 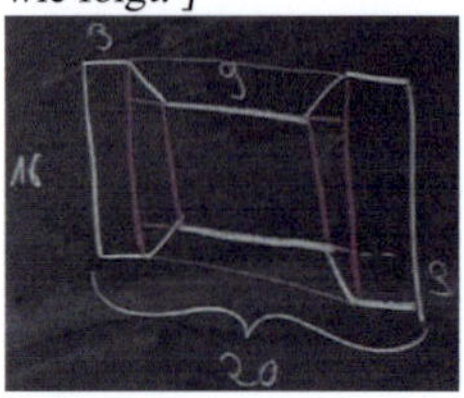 (20 sec)	ND2	Der Lehrer wiederholt den Kernpunkt der Aussage von Andrea, ohne ihm etwas hinzuzufügen. Um die Schülerin an die Tafel zu rufen, wäre die Wiederholung nicht nötig gewesen.
L.	Okay. So, das schauen wir uns jetzt beides mal ein bisschen genauer an. Ihr habt in rot die, ähm, Lösungsstrategie von Marlon. Vielleicht erst mal, was bezweckt ihr überhaupt damit, das Ganze einzuteilen? Ihr müsst euch ja vorher erst mal überlegt haben, was wollt ihr überhaupt. Scheint schon so klar zu sein, dann kann die Arbeit ja nur gut werden, aber was ist euer Ziel erst mal? Carsten.	*f*R1	In diesem Beitrag fordert der Lehrer Reflexionsaktivitäten ein. Die Schüler sollen über die mit ihren Strategien verfolgten Ziele nachdenken. Mit dem Wort „einteilen“ nutzt er dabei einen Begriff, unter den sich beide bisher vorliegenden Strategievorschläge subsummieren lassen. Anhand des Videos wird aber deutlich, dass der Lehrer letztendlich nicht nur Andrea und Marlon bzw. deren Strategievorschläge anspricht, wie der erste Teil des Beitrags es nahelegt, sondern alle Schüler. Vermutlich richtet der Lehrer sich mit dem Begriff „einteilen“ also letztendlich an die Strategieüberlegungen aller. Gemäß der Kodierregeln ist die Ebene 1 gesetzt worden, da so nicht bestimmte Schülerideen im Fokus stehen, sondern letztendlich erneut über in der Aufgabenstellung Verlangtes nachzudenken ist.

Carsten	Ich würd' sagen, den Flächeninhalt zu berechnen.	R1	Carsten benennt ein Ziel und kommt der Aufforderung des Lehrers damit nach.
L.	Genau, also, das erste, ne, Berechnung ... *[Der Lehrer ergänzt „1) Berechnung des Flächeninhalts" an der Tafel. Währenddessen setzt Carsten seinen Beitrag wie folgt fort.]*	M3	Der Lehrer stimmt Carsten zu.
Carsten	Weil, wenn man das dann hat, dann kann man ja gucken, wie oft, ähm, dann hat man ja raus, wie groß so'n Stein ist. Und nachher kann man ja gucken, wie oft dieser auf dreißig Quadratmeter passt.	*b*P1	Carsten ergänzt seinen vorherigen Beitrag hier. Er begründet die Nützlichkeit der Bestimmung des Flächeninhalts damit, dass sie die Voraussetzung für die Durchführung weiterer zielführender Schritte ist. Problematisch an diesem Beitrag sind die Worte „wie groß so'n Stein ist". Carsten hätte den Begriff „Stein" durch etwas spezifischer auf die thematisierte Fläche Verweisendes ersetzen sollen. Da seine Wortwahl im Kontext des Beitrags gesehen jedoch nicht völlig inadäquat ist, ist die Kategorie ND1 nicht gesetzt worden.
L.	Genau. Also erstes Ziel, Flächeninhalt berechnen. Ähm, kurze Rückfrage, Volumen, brauch' ich das an dieser Stelle?	M3 *f*R1	Der Lehrer stimmt Carsten zu und liest danach noch einmal vor, was mittlerweile an der Tafel steht. Anschließend fordert er die Schüler zu einer Reflexionsaktivität auf. Nun soll die Nützlichkeit der Berechnung des Volumens Gegenstand des Nachdenkens werden.
L.	Marie.		
Marie	Nein.		Anhand dieses Beitrags kann nicht zuverlässig auf eine ggf. vorliegende Reflexionsaktivität geschlossen werden.
L.	Warum nicht?	*fb*R1	Der Lehrer fordert eine Begründung ein.

Marie	Ähm, weil es soll ja, äh, berechnet werden, wie viele Steine bestellt werden müssen.	*b*R1	Zunächst einmal kommt Marie der Aufforderung des Lehrers nach. Dennoch ist ihre Begründung lückenhaft. Es fehlt ein Satz, in dem sie ausführt, dass die Anzahl der Steine, die bestellt werden muss, nicht von dem Volumen der Steine abhängt.
L.	Genau. Carsten.	M3 ND6	Dadurch, dass der Lehrer die stark lückenhafte Begründung von Marie mit dem Wort „genau" bewertet, ignoriert er zu einem gewissen Teil seine eigene Frage, die bisher sicher nicht befriedigend beantwortet wurde.
Carsten	Man braucht ja nur die obere Seite, um zu wissen, wie oft das auf dreißig Quadratmeter passt. Man braucht ja nicht das Innere.	*b*R1 ND1	Carsten ergänzt die Lücke, die Maries Beitrag hinterlassen hat. Dabei drückt er sich an zwei Stellen inadäquat aus, was nun doch entsprechend kategorisiert werden muss. Benötigt wird der Flächeninhalt besagter Seitenfläche und keine Angabe zum Volumen eines Steins.
L.	Genau, also völlig richtig. Erstes Ziel, wir brauchen nur die Fläche. So jetzt zur Strategie. Schaut euch mal bitte, ähm, Marlons Lösung an und schaut euch mal bitte die von Andrea an. Andrea ist immer so unser Experte für Ergänzungen. Ähm, Marlon zerstückelt gerne die Sachen. Was ist hier jetzt wirklich, denkt mal an eine Klassenarbeit, die wir ja bald schreiben. Was wäre hier vielleicht, ähm, strategisch besser? Wenn ihr mal so'n bisschen den Zeitaspekt, den Schwie-	M3 *f*R2	Zunächst lässt der Lehrer erkennen, dass er Carstens Beitrag kontrolliert hat. Dann folgt erneut eine Aufforderung zu Reflexionsaktivitäten, die in diesem Fall auf die Bewertung der beiden vorliegenden Strategievorschläge abzielt. Zu überlegen bleibt, ob die Kategorie V1 für den Verweis auf Andreas und Marlons Lösungen gesetzt werden sollte. Da diese Situation wohl analog zu jener zu betrachten ist, bei der der Lehrer ankündigt, um welche Aufgabe es im Folgenden gehen soll, ist dagegen entschieden worden. Für den anfänglichen Verweis auf die Strategie stellt sich die Frage, ob die Kategorie S hätte vergeben werden sollen. Dies ist nicht geschehen, weil sich der entsprechende Satz zu wenig darauf konzentriert, eine *präzise Debatte* durch Strukturieren-

	rigkeitsgrad berücksichtigt. Lorenz.		des zu ermöglichen. Eigentlich geht es lediglich darum, das Gespräch weiter voranzutreiben.
Lorenz	Ich würde sagen ergänzen.	R2	Für diesen Satz die Kategorie R2 zu vergeben, ist sicherlich grenzwertig. Es kommt bisher nur recht wenig darüber zum Ausdruck, welche Gedanken sich der Schüler tatsächlich gemacht hat. Dies wird vor allem in seinem folgenden Beitrag deutlich.
L.	Warum?	*fb*R2	Der Lehrer fordert eine Begründung ein.
Lorenz	Weil, also ich hab' das schon so'n bisschen versucht mit dem Zerlegen und ich hab' das genauso wie Marlon zerteilt. Und dann, ähm, fehlt hier aber eine Angabe. Und dann musst du erst mal die neun von den zwanzig abziehen und dann das dauert eigentlich. Deswegen würd' ich ergänzen, ähm, bevorzugen.	*b*R2 V1	Lorenz begründet seine Entscheidung für das Ergänzen damit, dass er die Methode des Zerlegens für zu zeitintensiv hält. Um seine Argumentation nachvollziehbar zu machen, verweist er auf Marlons Strategie. Das einzelne Wort „aber" ist nicht im Sinne eines expliziten Absetzens kategorisiert worden. Es erscheint wenig betont erst in der Mitte des Beitrags.
L.	Warum? Was muss man hier nämlich eigentlich dann nur noch tun? Oder warum ist das wirklich der strategisch günstige Weg? Alex.	*fb*R2	Der Lehrer fordert das Nennen eines weiteren Grunds ein. Nun sollen die Überlegungen direkt von der Methode des Ergänzens ausgehen und diese nicht indirekt dadurch befürworten, dass eine Alternative abgelehnt wird.
Alex	Also, ich würde ja eher die Ecken, die da unten sind, die da weg machen und dann oben einfügen. Dann hat man das doch gleich.	*b*P1 ND6	Alex ignoriert mit seiner Äußerung die zuvor gestellte Frage des Lehrers. Er bringt einen neuen Vorschlag für eine Strategie zum Lösen der Aufgabe ein, weil er diesen wohl für besonders schnell und leicht durchführbar hält.

L.	Willst du's mal zeigen? *[In der Folge steht Alex auf und skizziert seine Idee ebenfalls an der Tafel.]*	Dies fällt in den Bereich des Unterrichtsorganisatorischen. Der Lehrer ist hier nicht bemüht, den Diskurs wieder auf seine eigentlich gestellte Frage zu lenken.

Anhand dieses Transkripts zu einer Szene aus K8 mag deutlich werden, warum K3 und K8 in Kapitel 5.4.3 zunächst in eine Gruppe geordnet worden sind. Gemeinsamkeiten sind dahingehend erkennbar, dass der Lehrer einen recht großen Anteil an der Unterrichtszeit mit seinen Beiträgen füllt. Dabei fordert er die Schüler immer wieder zu metakognitiven Aktivitäten auf, gibt ihnen aber auch immer wieder selbst Rückmeldung zu dem, was sie unmittelbar zuvor gesagt haben. Typisch sind auch hier die kurzen, nicht ausführlichen Kontrollaktivitäten des Lehrers, die er zeitnah zu den Schülerbeiträgen, auf die sie sich beziehen, äußert.

Anders als in dem Transkript zu einer Szene aus K3 erkennbar, fordert der Lehrer hier aber immer wieder Begründungen von seinen Schülern ein. So sind zumindest einige der metakognitiven Aktivitäten der Schüler qualitativ etwas hochwertiger in den Diskurs eingebettet. Zudem ist ein Bemühen um Diskursivität wenigstens in Ansätzen auf der Seite des Lehrers erkennbar, wenn es auch nicht konstant über die ganze Szene hinweg auffällt. Während der Lehrer in Bezug auf Andreas Verstoß gegen die Regeln eines Diskurses noch interveniert (vgl. Z. 3ff.), wird der Diskursverlauf nach Alex' Verstoß nicht in analoger Weise korrigiert (vgl. Z. 115ff.).

Ebenfalls anders als in dem Transkript zu einer Szene aus K3 scheint der Lehrer doch gezielt zu versuchen, metakognitive Aktivitäten zu provozieren. Dies wird zunächst einmal an der Aufgabenstellung deutlich, die die Schüler erhalten haben. Es sollte eine Strategie entworfen werden, was auf jeden Fall mit Planungsaktivitäten verbunden ist. Des Weiteren fällt der Beitrag des Lehrers in den Zeilen 1f. auf. Hier wird keine konkrete Frage formuliert, den Schülern wird viel Raum gelassen. Es liegt nahe, zu vermuten, dass der Lehrer mit diesem Beitrag eigentlich beabsichtigte, eine kritische Betrachtung von Marlons Strategievorschlag bei den Schülern zu evozieren, schließlich versucht er auch später noch einmal, das Gespräch in diese Richtung zu lenken (vgl. Z. 75ff.). Allerdings wird recht schnell deutlich, dass die Schüler sich nur sehr zögerlich zu einer intensiven Auseinandersetzung mit den vorliegenden Strategievorschlägen bewegen lassen. Direkt im Anschluss an den Lehrerbeitrag in den Zeilen 1f. gelingt dies gar nicht. Auch in der Folge der Lehreräußerung in den Zeilen 75ff. wird ein derartiger, durch den Schüler Lorenz in Gang gebrachter Prozess durch den Beitrag von Alex in den Zeilen 115ff. zumindest vorerst wieder beendet.

In dem Transkript zu einer Szene aus K5 verläuft das Gespräch hingegen nach der indirekt formulierten Aufforderung des Lehrers an die Schüler, kritisch zu einem Schülerbeitrag

Stellung zu nehmen, anders (vgl. Z. 1ff.). Die Schüler kommen dieser Aufforderung nach. Allerdings verfolgt der Lehrer durch seine Fragetechnik auch nachdrücklicher sein Ziel. Neben den Unterschieden in Bezug auf grundlegende Merkmale des Gesprächsaufbaus eröffnet sich damit ein weiterer Bereich, durch den sich die hier dokumentierte Szene aus K8 von dem Typ „lehrerzentrierte metakognitiv-diskursive Unterrichtskultur“ absetzt. Insgesamt bleibt also festzuhalten, dass diese Szene des Unterrichtsgesprächs in K8 zwischen den Typen „keine metakognitiv-diskursive Unterrichtskultur“ und „lehrerzentrierte metakognitiv-diskursive Unterrichtskultur“ zu verorten ist.

Ebenfalls innerhalb der in Kapitel 5.4.3 vorgestellten Gruppe 3 zeigten sich deutliche Unterschiede zwischen den Bildern, die die Kodierungsdaten von K4 und K6 einerseits und von K1 andererseits zeichneten. In Kapitel 5.4.4.4 ist eine Szene aus K6 vorgestellt und dem Typ „schülerzentrierte metakognitiv-diskursive Unterrichtskultur“ zugeordnet worden. Im Folgenden soll nun anhand eines Transkriptausschnitts zu einer Szene aus K1 verdeutlicht werden, wie sich diese Unterschiede im konkreten Unterrichtsgespräch widerspiegeln.
Inhaltlich geht es in der Szene darum, drei verschiedene Mobiltelefon-Tarife zu vergleichen. Dazu muss zunächst eine Wertetabelle ausgefüllt werden, indem für verschiedene, die Telefondauer betreffende Minutenangaben die je Tarif entstehenden Kosten berechnet werden. Das Arbeitsblatt samt unausgefüllter Wertetabelle liegt auf eine Folie kopiert auf dem Overheadprojektor. Nachdem der Schüler Andre die Tabelle für den ersten Tarif auf der Folie ausgefüllt und seinen Rechenweg erläutert hat, äußert der Lehrer den folgenden Beitrag. Andre bleibt vorne am Overheadprojektor stehen.

L.	Okay. Fragen! Bemerkungen! *[Gemurmel in der Klasse.]*	fR2	Mit diesen Worten fordert der Lehrer die Schüler dazu auf, Andre Fragen zu stellen oder Bemerkungen zu dem von ihm Vorgestellten zu machen, was wohl mit Reflexionsaktivitäten über den Beitrag von Andre einhergehen würde. Da wichtige Teile des Vorgestellten, nämlich die Ergebnisse, schriftlich vorliegen, ist die Ebene 2 gewählt worden.
L.	Das machen wir gleich mündlich.		Dieser Beitrag des Lehrers bezieht sich wohl auf einen Schülerbeitrag, der im Video nicht verständlich ist, sondern in dem oben genannten Gemurmel untergeht.
Andre	*[zu Phil gewandt:]* Ja.		Mit diesem Wort ruft Andre einen Mitschüler auf.

Phil	Ach so, äh, äh, wie berechnet man das jetzt, also äh so? *[Andre: Wie, wie ...]* Also wie kommt man auf diese Ergebnisse?	*f*R1 ND6	Phil stellt eine Frage zu dem von Andre Vorgestellten. Diese Frage ist derart, dass zu ihrer Beantwortung ein Lösungsweg beschrieben werden muss. Wie in einem vorherigen Beitrag von Andre ersichtlich wurde, geht dies mit Reflexionsaktivitäten bezogen auf die Aufgabenstellung einher. Es ist zusätzlich die Kategorie ND6 vergeben worden, da Andre die Antwort auf diese Frage zuvor schon gegeben hatte. Phil ignoriert hier also bereits ausführlich Erklärtes. Hätte er Andre zugehört und dabei einen bestimmten Aspekt der Erklärung nicht verstanden, könnte er hier genauer nachfragen und müsste nicht die gesamte Erklärung noch einmal einfordern. Wie in dem Kommentar vermerkt, setzt Andre zu einer Zwischenfrage an, wird aber von Phil unterbrochen. Da zu wenig von der Zwischenfrage verbalisiert wird, sind dafür auch keine Kategorien vergeben worden.
Andre	Also indem man ...		Andre will Phils Frage beantworten, wird aber vom Lehrer unterbrochen.
L.	Du kannst auch drannehmen, wenn du möchtest. Du musst das nicht immer alles selbst erklären.		Dieser Beitrag fällt in den Bereich des Unterrichtsorganisatorischen und wird daher nicht mit Kategorien belegt.
Andre	Okay, dann nehm' ich wen dran. Tobi.		Dieser Beitrag bezieht sich ebenfalls auf Unterrichtsorganisatorisches.
L.	Nee, 'tschuldigung, nicht Tobi. 'tschuldigung Tobi, aber du warst heut' schon. Also nimm mal jemanden dran, der noch nicht ganz so häufig dran war. 'tschuldigung Tobi.		Dieser Beitrag wird gewertet wie der vorhergehende Lehrerbeitrag auch.

Andre	Fina.		
Fina	Ähm, man muss einfach, ähm weil sie telefoniert ja nur äh in der Hauptzeit, das steht ja oben in der Aufgabe drinne. Und dann musst du die Hauptzeit von dem Tarif mal hundert, zweihundert, dreihundert, vierhundert, fünfhundert, sechshundert oder sechshundert nehmen und dann plus dreiundzwanzig, weil die einzelnen Tarife haben halt noch Grundpreise. Und dann kriegst du halt die Preise raus.	*b*R1 V1 ND1	Fina kommt der Aufforderung von Phil nach. Da sie nicht nur einen Rechenweg angibt, sondern diesen auch dadurch erläutert, dass sie bestimmte Teilterme vor dem Hintergrund der Rahmengeschichte interpretiert, ist die Kategorie *b*R1 gesetzt worden. An einer Stelle nutzt Fina einen Verweis auf die Aufgabenstellung, um deutlich zu machen, woher sie ihre Informationen bezieht. Die Vorstellung des Terms, mit dem die Ergebnisse letztendlich erzielt werden, ist schließlich mangelhaft formuliert. Multipliziert werden müssen nicht „die Hauptzeit von dem Tarif" und bspw. hundert (bei einer Gesprächsdauer von hundert Minuten), sondern der Betrag, der für jede Gesprächsminute während der Hauptzeit anfällt, und die Zahl an Gesprächsminuten.
Phil	Ach so, okay.		Mit diesen Worten reagiert Phil auf die Erklärung von Fina. Es ist überhaupt nicht erkennbar, ob seine Mitschülerin ihm bei der Behebung seines Verständnisdefizits tatsächlich helfen konnte.
Andre	Rieke.		
Rieke	Äh, bei vierhundert, ist da die Zahl hundertdreiundzwanzig Euro?	*f*M3 V1	Rieke hat anscheinend Schwierigkeiten, eine von Andre geschriebene Zahl zu lesen. Sie fordert ihn deshalb auf, eine von ihr gemachte Behauptung zu kontrollieren. Damit Andre schnell und zuverlässig weiß, über welche Zahl sie spricht, nennt sie als Bezugspunkt die Spalte der Wertetabelle, in der die Telefondauer von 400 Minuten thematisiert wird. Die Kategorisierung des Beitrags als Aufforderung zu

			einer Monitoringaktivität ist sicherlich grenzwertig, da es sich hauptsächlich um eine Rückversicherung handelt. Hätte Rieke ihre Frage im Sinne von „Was steht da?“ formuliert, wäre dies nicht kategorisiert worden. Ausschlaggebend war hier, dass die Schülerin einen Vorschlag macht, nämlich „hundertdreiundzwanzig Euro“, den Andre dann zu kontrollieren hat. Zudem ist der Wortwechsel inhaltsbezogen und nicht bspw. unterrichtsorganisatorisch.
Andre	Ja.	M3	Andre kommt der Aufforderung von Rieke nach.
Rieke	Okay.		Anhand dieser Äußerung Riekes werden keine metakognitiven oder diskursiven Aktivitäten erkennbar.
Andre	Steht ja da. *[Der Schüler weist mit der Hand auf das Bild des Overheadprojektors an der Wand.]*		Dieser Beitrag ist wohl als Ergänzung zu Andres vorherigem Beitrag zu lesen.
Rieke	(unverständlich)		Rieke geht hier vermutlich auf Andres vorherige Bemerkung ein. Ihr Beitrag ist im Video allerdings nicht zu verstehen.
Andre	Ja, das sieht auch so ein bisschen komisch aus.		Es ist durchaus denkbar, dass dieser Beitrag mit Kategorien belegt würde, wenn Riekes vorherige Bemerkung verständlich gewesen wäre. Da dies jedoch nicht der Fall ist, fällt es schwer, diesen Beitrag zuverlässig in den Kontext des Gesprächs einzuordnen und zu kategorisieren.
L.	Okay, gut. Danke schön, Andre. *[Hiermit beendet der Lehrer die aktuelle Besprechungsphase. Andre setzt sich wieder hin.]*		

Sprecher	Beitrag	Kodierung	Kommentar
	[Anschließend nennt ein anderer Schüler seine Ergebnisse zu dem zweiten Vertragsangebot. Danach nennt die Schülerin Merle ihre Ergebnisse zu dem dritten Vertragsangebot. Hieran schließen sich nun die folgenden Beiträge an.]		
L.	Bemerkung, Tobi.		Das Wort „Bemerkung" betont der Lehrer hier nicht so, dass es auffordernd zu verstehen ist. Dies hätte eine Kategorisierung analog zu jener in den Zeilen 1f. nach sich gezogen. Das Wort wird vielmehr wie eine Ankündigung für die Schüler, dass nun eine Bemerkung folgen wird, ausgesprochen. Dementsprechend ist keine Kategorisierung vorgenommen worden. Für diese Entscheidung spricht auch, dass Tobi sich schon gemeldet hat, bevor der Lehrer diesen Beitrag leistet.
Tobi	Ähm, ich weiß nicht, ob ich mich da nur verhört hab', aber ich hatte gehört, bei zweihundertzweiundsieb-, also bei zweihundert Stunden zweiundsiebzig Euro. Es sind aber hundertzweiundsiebzig.	M3 V2 V3	Unter dem Vorbehalt, dass er sich eventuell verhört haben könnte, verbessert Tobi hier ein von Merle zuvor genanntes Ergebnis. Dabei setzt er sich erstens von dem genannten Ergebnis ab und wiederholt es zweitens so, wie Merle es seiner Meinung nach genannt hat.
Moni	Hat sie doch gesagt!	M3	Moni reagiert hier recht unwirsch auf die Bemerkung von Tobi. Anhand ihres Beitrags wird deutlich, dass sie Tobis Einwand kontrolliert hat und ihn dahingehend bewertet, dass Tobi sich wohl verhört haben muss. Merle hatte bereits das korrekte Ergebnis genannt.

Zeile	Sprecher	Äußerung	Kodierung	Kommentar
87	Tobi	Ja gut, dann hab' ich mich verhört.		Anhand dieses Beitrags von Tobi lassen sich weder metakognitive noch diskursive Aktivitäten erkennen.
89 91	Merle	Außerdem sind das nicht zweihundert Stunden, sondern zweihundert Minuten.	M3 V1	Merle äußert sich ebenfalls zu Tobis Beitrag. Sie hat bemerkt, dass er fälschlicherweise von Stunden anstatt von Minuten gesprochen hat, was sie hier unter genauer Bezugnahme auf das unpassende Wort kritisch anmerkt. Zu überlegen bleibt, ob die Kategorie V2 hier passender gewesen wäre als die Kategorie V1, schließlich setzt Merle sich auch von Tobis Beitrag ab. Vor dem Hintergrund, dass das Absetzen bspw. im Vergleich zu Tobis Bemühungen wenig explizit geschieht, ist hier die die Kategorie V1 gewählt worden.

Anhand dieser Szene aus K1 mag erstens nachvollziehbar werden, warum K1 und K6 in Kapitel 5.4.3 in eine Gruppe geordnet worden sind: Die Schüler füllen einen großen Anteil der Gesprächszeit mit ihren Beiträgen. Dabei unterhalten sie sich miteinander, wobei hin und wieder metakognitive Aktivitäten und Aufforderungen dazu erkennbar werden. Der Lehrer hält sich weitgehend aus dem Gespräch zurück, kümmert sich vorrangig um Unterrichtsorganisatorisches.

Gleichzeitig wird aber auch offensichtlich, dass diese Szene aus K1, die mindestens für die analysierte Gesprächsphase K1(1) kennzeichnend ist[10], nicht dem Typ „schülerzentrierte metakognitiv diskursive Unterrichtskultur“ entspricht und deshalb in einer Typologie gesondert eingeordnet werden muss. Zunächst einmal fallen hier deutlich weniger Schülerbeiträge auf, in denen metakognitive Aktivitäten erkennbar sind. Die Dichte ist diesbezüglich in der oben aus K6 vorgestellten Szene sehr viel höher. Dies mag durch ein anderes Lehrerverhalten mitverursacht sein: Der Lehrer setzt keine gezielten Impulse, um die Schüler in argumentative Auseinandersetzungen die Unterrichtsinhalte betreffend miteinander zu verwickeln. Die oben transkribierten Szenen schließen sich jeweils an Präsentationen von Schülerlösungen an. Diese Schülerlösungen scheinen nicht gezielt

[10] Es sei hier noch einmal daran erinnert, dass in Kapitel 5.4.2.2 herausgearbeitet worden ist, dass sich die Kodierungsergebnisse der beiden von K1 analysierten Szenen bemerkenswert voneinander unterscheiden. Auf die Szene K1(1) entfiel während der Analyse der Kodierungsdaten mehr Gewicht, da sie länger ist als Szene K1(2).

von dem Lehrer ausgesucht. Sie bieten nicht offensichtlich Diskussionspotenzial, wie es der Fall wäre, wenn bspw. ein Fehler aufgedeckt werden müsste oder zu erklären wäre, warum verschiedene Lösungen korrekt sind. Der Lehrer in K6 setzt gerade so einen Impuls, wie das Transkript in Kapitel 5.4.4.4 zeigt.
Die Schüler aus K1 stellen zwar schon Rückfragen, setzen sich also mit dem Präsentierten auseinander. All dies bleibt aber, vielleicht weil kein passender Anlass zu etwas anderem vorliegt, auf recht banalem Niveau: Ein Missverständnis akustischer Art wird geklärt, bei Unleserlichem wird nachgehakt und eine Erklärung wird eingefordert, obwohl sie zuvor schon formuliert worden ist.
Inwiefern die Schüler trainiert sind, auf einen Impuls, wie ihn der Lehrer in K6 zeigt, metakognitiv-diskursiv zu reagieren, kann hier nicht beantwortet werden. Allerdings lassen die Beiträge von Tobi (vgl. Z. 76ff.) und Merle (vgl. Z. 88ff.) diesbezüglich hoffen. Sie liegen vor allem diskursiv sicher auf einem sehr guten Niveau. Insgesamt liegen also sicher Ansätze einer metakognitiv-diskursiven Unterrichtskultur vor.

5.5 Ergebnisse der Fragebogenerhebung vor dem Hintergrund von Validitätsfragen

In Kapitel 5.3.3 ist bereits angemerkt worden, dass die Schüler, deren Unterricht für die Erprobung des vAMeDU aufgezeichnet worden ist, zeitnah zu den Aufnahmen einen Fragebogen (vgl. Anhang E) ausgefüllt haben. An dieser Stelle soll nun über die Zusammenhänge berichtet werden, die sich zwischen den Ergebnissen der Fragebogenerhebung und jenen der Videoanalyse zeigen. So werden die Resultate der Fragebogenerhebung als Vergleichsmaßstab herangezogen, um Fragen nach der Validität der Ergebnisse der Videoanalyse unter Hinzuziehung eines Außenkriteriums angehen zu können.
Zunächst muss nun allerdings auf einige die Rahmenbedingungen der Fragebogenerhebung betreffende Aspekte hingewiesen werden:
Wird die Schülerbefragung hier als Außenkriterium eingesetzt, um Validitätsfragen anzugehen, so ist von vornherein zu betonen, dass dieses Kriterium nur begrenzte Aussagekraft hat. So stellt Clausen (2002, S. 185) im Rahmen seiner Untersuchungen zu der Übereinstimmung von Urteilen zur Unterrichtsqualität aus verschiedenen Perspektiven fest, dass Schüler, Lehrer und Videobeurteiler nur in geringem Maße übereinstimmend urteilen. Für die Schülersicht arbeitet er (2002, S. 188) heraus, dass vor allem die Tendenzen zur affektiven Prägung der Urteile und zur Generalisierung eine Rolle spielen. Für den externen Videobeobachter hält Clausen (2002, S. 48f.) fest, dass er in der Regel nur die Chance hat, eine Beurteilung anhand einzelner Unterrichtsstunden oder -szenen vorzunehmen. Es fehlt der Überblick über lange Zeiträume hinweg. Für die Schüler kommt schließlich noch hinzu, dass sie keine Experten für didaktische Kategorien sind, Videobeurteiler dies aber durchaus sein können.
Als zweiter die Rahmenbedingungen betreffender Aspekt ist zu nennen, dass die Schüler

beim Ausfüllen des Fragebogens nicht aufgefordert waren, genau die Unterrichtsphasen zu beurteilen, die im Nachhinein im Rahmen der Erprobung des vAMeDU auch ausgewertet worden sind. Diese Phasen sind erst später, nach Sichtung des gesamten vorliegenden Videomaterials ausgewählt worden. Die Schüler haben ihren Unterricht bei dem entsprechenden Lehrer generell eingeschätzt.
Als dritter die Rahmenbedingungen betreffender Aspekt ist im Folgenden zu beachten, dass der Fragebogen zu einem Zeitpunkt entwickelt und eingesetzt werden musste, als noch die Überlegung bestand, nicht nur das Unterrichtsgespräch in den Fokus zu nehmen, sondern das gesamte Unterrichtsgefüge. Dies hat zur Folge, dass der Fragebogen insgesamt nicht exakt auf die hier verfolgten Absichten zugeschnitten ist. So gibt es einige Items, die sich auf den Einsatz von und den Umgang mit bestimmten Aufgaben im Unterricht beziehen[11], andere thematisieren den Schwierigkeitsgrad der Fragen des Lehrers[12] und wieder andere konzentrieren sich speziell auf die Einstellung der Schüler zum Unterricht[13]. Diese Items finden im Folgenden keine weitere Beachtung, da sie auch im Rahmen der Videoanalyse der Unterrichtsgespräche unberücksichtigt bleiben.
Schließlich bleibt als vierter Aspekt zu nennen, dass der Fragebogen an sich eine Fassung darstellt, die vor ihrem Einsatz nicht umfassend pilotiert werden konnte. Es bot sich lediglich eine Gelegenheit, um zu prüfen, ob Schüler der Jahrgangsstufe 7 mit dem benutzten Vokabular umgehen können. Hier zeigten sich in der Testklasse (Jahrgangsstufe 5) keine größeren Probleme. Dennoch ist aber zusätzlich das Item „8a) Ich habe alle Aussagen in diesem Fragebogen verstanden“ in dem Bogen belassen worden. Mit diesem Item zusammenhängende Befunde werden an geeigneter Stelle in diesem Kapitel berichtet.
Die fehlende umfassende Pilotierung zieht des Weiteren nach sich, dass für die Auswertung der Fragebogendaten zunächst zu überprüfen ist, welche der (nach obigem Ausschluss) verbleibenden Items zu Skalen zusammengefasst werden können. Eine Möglichkeit hierzu besteht darin, Faktorenanalysen durchzuführen, und so zu überprüfen, was für Dimensionen den Antworten der Schüler auf die Items zugrunde liegen. Davon wird hier allerdings abgesehen, da folgender Grund eher für ein interpretatives Vorgehen zur Findung dieser Dimensionen spricht: Im Fragebogen sind die einzelnen Items jeweils zu Blöcken zusammengefasst notiert worden. Jeder Block wird dabei mit einer den zugehörigen Items übergeordneten Frage überschrieben. Da nun davon auszugehen ist, dass die Schüler ihre Antworten zu den einzelnen Items unter dem Eindruck der übergeordneten Frage gegeben haben, scheint es sinnvoll, für die Skalenbildung die Blöcke weitgehend so bestehen zu lassen. Hinzu kommt, dass eine Lösung, die eher interpretativ bzw. theoriegeleitet gefunden wurde, wohl die gegenüber einer faktorenanalytischen Lösung konservativere sein dürfte.
Mit Ausnahme des siebten Blocks („Was denkst du über euren Mathematikunterricht?“) und des achten Blocks („Hast du diesen Fragebogen verstanden?“), die hier eine Sonder-

[11] Konkret handelt es sich um die Items 1c), 1d), 1e), 1f), 1g), 2a), 2d), 4f) und 4g).
[12] Konkret handelt es sich um die Items 1a) und 1b).
[13] Konkret handelt es sich um die Items 7a), 7b), 7c), 7d) und 7e).

stellung einnehmen, wird über den Fragebogen versucht, wichtige Facetten einer metakognitiv-diskursiven Unterrichtskultur abzufragen. Dazu gehört der Einsatz von Metakognition, auf den sich hauptsächlich der zweite Block („Wird im Mathematikunterricht besprochen, was Schüler sich denken?") konzentriert. Der Fokus liegt auf Monitoring- und Reflexionsaktivitäten. Planungsaktivitäten werden nicht angesprochen. Einige der Items zielen dabei auf Aktivitäten, die Bezug nehmen auf eigene Vorstellungen oder jene anderer. Damit konzentrieren sich diese Items also verstärkt auf die „klassische" Metakognition im Sinne des Denkens über das Denken, die bei der Anwendung des vAMeDU mit Kodes auf der Ebene 4 gekennzeichnet wird.
Gelegenheiten zur Ausübung metakognitiver Aktivitäten können durch den Lehrer gezielt geschaffen werden. Die Items des dritten Blocks („Wie reagiert der Lehrer auf eure Antworten?") fragen dies ab. Es geschieht bspw. über die Aussage „3b) Unser Mathematiklehrer verbessert Fehler oft nicht sofort, sondern lässt uns kommentarlos weitermachen, bis wir die Fehler selbst bemerken". Auch wird berücksichtigt, inwiefern der Lehrer ggf. Gelegenheiten zum Einsatz von Metakognition nicht an die Schüler weitergibt. Dies geschieht bspw. über die Aussage „3a) Im Mathematikunterricht gibt der Lehrer oft sofort Rückmeldung, ob eine Antwort falsch oder richtig ist".
Allein das Zurverfügungstellen von Gelegenheiten zu metakognitiven Aktivitäten reicht oft nicht aus. Es ist zusätzlich darauf zu achten, dass diese Gelegenheiten auch qualitativ angemessen genutzt werden. Der vierte Block („Mit welchen Antworten ist der Lehrer einverstanden?") nimmt dies in den Fokus. So kann es einerseits zutreffend sein, dass der Lehrer viel Wert auf exakte Erklärungen und Begründungen legt. Andererseits ist auch denkbar, dass der Lehrer für fast alle Antworten lobende Worte findet, gewisse Ansprüche, wenn er sie denn hat, also nicht unbedingt durchsetzt. Das Item „4b) Unser Mathematiklehrer lässt uns häufig unsere Gedankengänge genau erklären" zielt dabei noch einmal explizit auf die Ebene von Vorstellungen ab und liegt damit nahe an den Items des zweiten Blocks, der den Einsatz von Metakognition thematisiert.
Besteht das Ziel darin, das Ausüben metakognitiver Aktivitäten in dem „intellektuellen Habitus" der Schüler zu verankern, so liegt es nahe, sie zu der selbstständigen Ausübung dieser Aktivitäten anzuhalten. Der fünfte Block („Gibt es im Mathematikunterricht Gelegenheit zu Diskussionen?") spricht dies an. Diskussionen sind erfahrungsgemäß stark durch metakognitive Aktivitäten geprägt. Speziell das Item „5e) Bei unserem Mathematiklehrer merken wir sofort, ob wir eine richtige oder eine falsche Antwort gegeben haben" fokussiert die Möglichkeit, dass es eher nicht zu Diskussionen kommt, weil die entsprechenden Gelegenheiten fehlen. Dieses Item passt so, wie es formuliert ist, dabei auch in den dritten Block („Wie reagiert der Lehrer auf eure Antworten?"). Andersherum fügen sich die Items „3d) Im Mathematikunterricht fragt der Lehrer auch bei richtigen Schülerantworten häufig nach, ob alle mit der Antwort einverstanden sind" und „3e) Unser Mathematiklehrer lässt Fehler häufig so lange in der Klasse diskutieren, bis wir die Sache besser verstanden haben" des dritten Blocks auch in den fünften problemlos ein.
Da in Diskussionen dafür gesorgt werden muss, dass sie fokussiert bleiben und nicht zu

Gerede verkommen, konzentriert sich der sechste Block („Wie laufen Diskussionen im Mathematikunterricht ab?") schließlich auf das von den Schülern geforderte Verhalten während Diskussionen. Diskursive Aktivitäten, die auf eine nachvollziehbare und auch ins Detail gehende Diskussion abzielen, stehen dabei im Vordergrund. Das Item „6c) Unser Mathematiklehrer lässt uns häufig in der Klasse untereinander diskutieren, ohne sich einzuschalten" fokussiert zudem die Selbstständigkeit der Schüler während Diskussionen. Insgesamt besteht zwischen den Items des sechsten und des vierten Blocks („Mit welchen Antworten ist der Lehrer einverstanden?") ein Zusammenhang. So ist es bspw. denkbar, die Items „4c) Wir müssen häufig erklären, wie wir etwas gemacht haben", „4d) Wir müssen häufig begründen, warum wir etwas so und nicht anders gemacht haben" und „4e) Auch wenn unser Mathematiklehrer es nicht jedes Mal sagt, ist uns klar, dass wir unsere Aussagen begründen müssen" des vierten Blocks ebenfalls in den sechsten einzuordnen. So würden dort die Aspekte des genauen Erklärens und (selbstständigen) Begründens noch ergänzt. Es ergäbe sich ein Bild vom erwünschten Verhalten im Diskurs allgemein.

Diese Erläuterungen zum Aufbau des Fragebogens zeigen schon, dass es einige Items gibt, die sich mehreren Blöcken zuordnen lassen. Oben ist bereits formuliert worden, warum die bestehenden Blöcke für die Auswertung der Fragebogendaten weitestgehend erhalten bleiben sollen. Da einzelne Fragen jedoch aufgrund dessen, was sie thematisieren, von vornherein von weiteren Analysen ausgeschlossen worden sind, wodurch einzelne Blöcke dezimiert wurden, muss schon über eine Neuordnung nachgedacht werden. Den oben bereits angekündigten Umordnungsmöglichkeiten folgend, sind die in den Tabellen 5.23 bis 5.28 mit wichtigen Kennwerten dokumentierten Skalen gebildet worden. Dabei wurde eine Menge von Items zunächst einmal dann als Skala akzeptiert, wenn die Trennschärfe in Form der korrigierten Item-Skala-Korrelation für jedes Item mindestens 0,3 betrug.

Die vierstufige Antwortskala ist wie folgt kodiert worden: „trifft überhaupt nicht zu": 1; „trifft eher nicht zu": 2; „trifft eher zu": 3; „trifft voll und ganz zu": 4[14].

Eine weitere angedachte Skala, die als Kern den dritten Block („Wie reagiert der Lehrer auf eure Antworten?") enthalten hätte, musste von weiteren Analysen ausgeschlossen werden, da sich für drei der fünf Items eine zu geringe Trennschärfe ($r_{it} < 0,3$) zeigte[15].

[14]Negativ formulierte Items sind entsprechend umkodiert worden: „trifft überhaupt nicht zu": 4 usw. Sie spielen allerdings für die im Folgenden dokumentierten Auswertungen keine Rolle, da sie in den betrachteten Skalen nicht enhalten sind.

[15]Konkret sollten die Items 3a), 3b), 3c), 4a) und 5e) zusammengefasst werden. Für 3c), 4a) und 5e) lag die Trennschärfe jedoch unter 0,29.

Kürzel	Item	M	SD	r_{it}
2b)	Wenn einer unserer Mitschüler im Unterricht eine falsche Antwort gibt, dann wird die Antwort oft nicht sofort von unserem Mathematiklehrer korrigiert, sondern er wartet, bis wir Schüler den Fehler entdecken.	3,20	0,76	0,33
2c)	Nachdem wir einen Fehler besprochen haben, müssen wir häufig erklären, was wir uns im Kopf falsch überlegt hatten, sodass der Fehler passieren konnte.	2,60	0,99	0,56
2e)	Wenn einer unserer Mitschüler etwas noch nicht verstanden hat, dann ist es im Mathematikunterricht oft unsere Aufgabe, diesem Schüler diese Sache genau zu erklären. Es reicht nicht, ihm zu sagen, was er machen soll.	3,20	0,78	0,38
2f)	Wir müssen häufig erklären, was einem anderen Schüler beim Lösen einer Aufgabe oder beim Geben einer Antwort durch seinen Kopf gegangen sein kann.	2,33	0,84	0,45
4b)	Unser Mathematiklehrer lässt uns häufig unsere Gedankengänge genau erklären.	2,97	0,76	0,47

Tabelle 5.23: Items zur Erfassung des durch die Schüler wahrgenommenen Einsatzes von Metakognition im Unterrichtsgespräch

Skala	N	Anzahl Items	α	M	SD
Metakognition	205	5	0,68	2,86	0,55

Tabelle 5.24: Kennwerte der Skala „Metakognition“

Für die Items 3d), 4c) und 6b) zeigen sich in den Tabellen 5.25 und 5.27 sehr hohe Mittelwerte bei recht geringen Standardabweichungen. Diese Items sind also grundsätzlich sehr hoch angekreuzt worden und weisen eine dementsprechend schiefe Verteilung im Histogramm auf. Es ist geprüft worden, ob sie die im Folgenden vorgestellten Ergebnisse verzerren. Da dies nicht der Fall ist, sind sie nicht ausgeschlossen worden. Unter Ökonomiegesichtspunkten sollten sie allerdings bei möglichen weiteren Einsätzen des Fragebogens ausgeschlossen werden, da sie anscheinend nicht genügend differenzieren.
Die Skalen sind schließlich über die Berechnung von Mittelwerten über die zugeordneten Items gebildet worden. Dabei wurde der Mittelwert nur für die Fälle berechnet, in denen für alle Items der Skala eine gültige Antwort vorlag. Obwohl die Skalen grundsätzlich verschiedene Merkmale des Unterrichtsdiskurses thematisieren, korrelieren sie hoch miteinander. Die Korrelationen sind jeweils größer als 0,8[16] und damit signifikant.

[16]Gerechnet wurde dabei auf der Klassenebene, d. h. die Datengrundlage setzt sich zusammen aus den Mittelwerten, die sich für jede Skala und Klasse zeigen.

Kürzel	Item	M	SD	r_{it}
5a)	Unser Mathematiklehrer fragt häufig, ob jemand noch eine andere Meinung zu dem hat, was gerade besprochen wird.	3,29	0,73	0,61
5b)	Im Mathematikunterricht diskutieren wir häufig über eine Idee, die jemand von uns hatte.	3,06	0,80	0,60
5c)	Im Mathematikunterricht diskutieren wir häufig über verschiedene Lösungswege, die wir gefunden haben.	3,25	0,65	0,52
5d)	Im Mathematikunterricht diskutieren wir häufig über Antworten unserer Mitschüler, auch wenn unser Lehrer uns nicht extra dazu aufgefordert hat.	2,64	0,83	0,41
3d)	Im Mathematikunterricht fragt der Lehrer auch bei richtigen Schülerantworten häufig nach, ob alle mit der Antwort einverstanden sind.	3,54	0,62	0,43
3e)	Unser Mathematiklehrer lässt Fehler häufig so lange in der Klasse diskutieren, bis wir die Sache besser verstanden haben.	2,97	0,85	0,39

Tabelle 5.25: Items zur Erfassung der durch die Schüler wahrgenommenen Gelegenheiten zur Diskussion im Unterrichtsgespräch

Skala	N	Anzahl Items	α	M	SD
Diskussionen	201	6	0,75	3,13	0,50

Tabelle 5.26: Kennwerte der Skala „Diskussionen“

Oben ist angekündigt worden, dass die Ausführungen in diesem Kapitel schließlich darauf hinauslaufen sollen, Zusammenhänge zu berichten zwischen den Ergebnissen der Fragebogenerhebung und jenen der Videoanalysen. Damit ist nun zu klären, wie die gebildeten Skalen genau mit den Ergebnissen der Videoanalyse in Verbindung gebracht werden können. Die Skalen entsprechen nämlich nicht den sechs Leitfragen, die zur Auswertung der Videodaten herangezogen worden sind, sodass z. B. ein Rangvergleich angestrebt werden könnte. Dies liegt daran, dass der Fragebogen, zeitlich gesehen, entwickelt und eingesetzt werden musste, bevor das Auswertungsverfahren der Kodierungsdaten, wie es in dieser Arbeit vorgestellt wird, vollständig entwickelt war. Zusätzlich verursacht durch das oben beschriebene Verfahren zur Identifizierung von Skalen können die Ergebnisse der Videoanalyse und der Schülerbefragung also erst nach weiteren Überlegungen aufeinander bezogen werden. Es ist folgender Weg gewählt worden: Auf der Basis der Ergebnisse der Videoanalysen lässt sich die vergleichsweise grobe Einschätzung rechtfertigen, dass der Unterricht in K1, K4, K5, K6 und K7 stärker metakognitiv-diskursiv ausgerichtet ist als in K2, K3 und K8. In Kapitel 5.4.4 ist beschrieben worden, dass in K3 wohl keine metakognitiv-diskursive Unterrichtskultur vorliegt. In K2 und K8 ist dies

Kürzel	Item	M	SD	r_{it}
6a)	Wenn wir im Mathematikunterricht etwas erklären, müssen wir darauf achten, dass uns nicht nur der Lehrer versteht, sondern auch unsere Mitschüler.	3,47	0,65	0,47
6b)	Im Mathematikunterricht fordert der Lehrer von uns, dass wir den anderen Schülern genau zuhören.	3,67	0,55	0,32
6c)	Unser Mathematiklehrer lässt uns häufig in der Klasse untereinander diskutieren, ohne sich einzuschalten.	2,52	0,88	0,45
6d)	Unser Mathematiklehrer erwartet, dass wir in unseren Beiträgen auf das eingehen, was unser Vorredner gesagt hat.	3,01	0,74	0,40
6e)	Unser Mathematiklehrer erwartet, dass wir Fehler auch dann finden, wenn man sehr genau aufpassen muss, um sie zu entdecken.	2,92	0,71	0,50
6f)	Unser Mathematiklehrer erwartet, dass wir Rückfragen stellen, wenn wir nicht sicher sind, wie unser Mitschüler etwas gemeint hat.	3,31	0,77	0,42
6g)	Unser Mathematiklehrer stellt häufig Rückfragen, mit denen er erreichen will, dass wir genauer beschreiben, was wir meinen.	3,13	0,74	0,44
4c)	Wir müssen häufig erklären, wie wir etwas gemacht haben.	3,49	0,59	0,39
4d)	Wir müssen häufig begründen, warum wir etwas so und nicht anders gemacht haben.	3,22	0,73	0,42
4e)	Auch wenn unser Mathematiklehrer es nicht jedes Mal sagt, ist uns klar, dass wir unsere Aussagen begründen müssen.	3,08	0,84	0,45

Tabelle 5.27: Items zur Erfassung der durch die Schüler wahrgenommenen Anforderungen an ihr Verhalten im Diskurs

Skala	N	Anzahl Items	α	M	SD
Anforderungen	193	10	0,76	3,18	0,41

Tabelle 5.28: Kennwerte der Skala „Verhalten im Diskurs“

schon eher der Fall, allerdings sind auch hier noch Unterschiede zu einer lehrerzentrierten metakognitiv-diskursiven Unterrichtskultur herausgestellt worden, die wohl in K5 und K7 vorliegt. K1 ist, wie ausgeführt, von dem Unterricht in K4 und K6, der als schülerorientiert metakognitiv-diskursiv bezeichnet werden kann, abzugrenzen. Er ist hier dennoch in die Riege der stärker metakognitiv-diskursiv ausgerichteten Unterrichtsgespräche eingeordnet worden, da es auf der Seite des Lehrers und auch im Verhalten der Schüler deutliche

Hinweise in diese Richtung gibt.
Im Folgenden wird also untersucht, ob die Schüler der Gruppen „eher metakognitiv-diskursive Unterrichtskultur“ (Gruppe 1) und „eher keine metakognitiv-diskursive Unterrichtskultur“ (Gruppe 2) ihren Unterricht bzgl. der drei Skalen verschieden beurteilen. Sollten die Ergebnisse erwartungsgemäß sein, so müssten die Schüler der Gruppe 1 die Fragen höher beantworten als die Schüler der Gruppe 2.
Da das Unterrichtsgespräch während der Videoanalysen nicht bezogen auf einzelne Schüler, sondern immer bezogen auf die gesamte Klasse ausgewertet worden ist, scheint es vernünftig, die Analyse der Daten auf der Klassenebene durchzuführen. Tabelle 5.29 gibt einen Überblick über Mittelwerte und Standardabweichungen, wie sie unter Rückgriff auf die Mittelwerte der einzelnen Klassen berechnet wurden.
Für alle drei Skalen zeigt sich, dass die Schüler der Gruppe 1 im Mittel höher geantwortet haben als die Schüler der Gruppe 2. Die Ergebnisse zusätzlich durchgeführter

	Gruppe	N	M	SD
Skala „Metakognition“	1	5	3,05	0,13
	2	3	2,57	0,09
Skala „Diskussionen“	1	5	3,29	0,10
	2	3	2,89	0,19
Skala „Verhalten im Diskurs“	1	5	3,35	0,11
	2	3	2,96	0,07

Tabelle 5.29: Kennwerte der Gruppen 1 und 2 für die drei Skalen auf Klassenebene

T-Tests für unabhängige Stichproben zeigen, dass diese Unterschiede signifikant sind. Für die Skala „Metakognition“ ist der Mittelwert in Gruppe 1 also signifikant höher als in Gruppe 2 ($t(6) = 5,60; p < 0,01; d = 4,35$)[17]. Gleiches gilt auch für die Skalen „Diskussionen“ ($t(6) = 4,11; p < 0,01; d = 2,70$) und „Verhalten im Diskurs“ ($t(6) = 5,42; p < 0,01; d = 4,19$).
Damit sind die Ergebnisse zunächst einmal erwartungskonform. Es sei aber darauf hingewiesen, dass den Berechnungen nur insgesamt acht Klassen zugrunde liegen, die Stichprobe also sehr klein ist. Dementsprechend darf die Aussagekraft der Ergebnisse nicht überbewertet werden.
Oben ist bereits darauf hingewiesen worden, dass die Aufteilung der acht Klassen in die Gruppen 1 und 2 eine recht grobe Aufteilung darstellt. Um dem Leser etwas mehr Einsicht in die Datenstruktur zu gewähren als bisher geschehen, werden in Tabelle 5.30 die Mittelwerte und Standardabweichungen auf Klassenebene offengelegt. Erneut unter der Perspektive der Gruppen 1 und 2 betrachtet, spiegeln sich hier die Ergebnisse der berichteten T-Tests insofern wider, als dass die unteren drei Ränge in allen drei Fällen von

[17]Hier und auch in den noch folgenden zwei Fällen für die beiden weiteren Skalen ist die Effektstärke d jeweils mit Vorsicht zu interpretieren. Wenn in Betracht gezogen wird, dass allgemein schon ein Wert $d > 0,8$ einen starken Effekt kennzeichnet, so nimmt sie hier sehr hohe Werte an. Dies ist aber maßgeblich dadurch bedingt, dass die mittlerweile dreimalige Mittelwertbildung die Varianz vermindert.

Metakognition			Diskussionen			Verhalten im Diskurs		
M	SD	Klasse	M	SD	Klasse	M	SD	Klasse
3,27	0,44	7	3,41	0,38	7	3,47	0,37	7
3,04	0,28	5	3,40	0,37	4	3,41	0,38	1
3,04	0,51	6	3,23	0,31	5	3,37	0,29	4
2,99	0,55	4	3,23	0,53	1	3,24	0,36	5
2,92	0,62	1	3,21	0,35	6	3,23	0,30	6
2,63	0,61	2	3,01	0,46	8	3,03	0,31	3
2,61	0,47	8	2,98	0,38	3	2,96	0,40	8
2,48	0,38	3	2,67	0,66	2	2,89	0,41	2

Tabelle 5.30: Die Mittelwerte und Standardabweichungen für jede Skala und Klasse, geordnet nach der Höhe der Mittelwerte

K2, K3 und K8 belegt werden. Von dem vierten Rang von unten auf den dritten Rang von unten ist dabei jeweils ein verhältnismäßig großer Sprung zu verzeichnen. Nur für die Skala „Verhalten im Diskurs“ ist der Unterschied von K6 zu K3 allerdings signifikant ($t(47) = 2,29; p < 0,05; d = 0,66$).

Das Ergebnis der Auswertung der Kodierungsdaten lässt nun allerdings eine wesentlich genauere Differenzierung zwischen den einzelnen Klassen zu, als die Einteilung in Gruppe 1 und Gruppe 2 sie vornimmt. Nach dieser genaueren Differenzierung müssten sich bspw. Unterschiede ausmachen lassen zwischen K2 und K8 einerseits und K3 andererseits. So fiel K3 z. B. dadurch auf, dass sich kaum diskursive Aktivitäten und metakognitive Aktionen zusammen mit Begründungen zeigten. Dies sollte sich anhand der Mittelwerte zur Skala „Verhalten im Diskurs“ bemerkbar machen, was jedoch nicht der Fall ist. Ähnliches liegt auch umgekehrt vor: K4 und K6 schnitten bzgl. des Kriteriums der Diskursivität und des selbstständigen Ausübens metakognitiver Aktivitäten auch im Rahmen von Debatten sehr gut ab, weisen aber in Tabelle 5.30 nicht die höchsten Mittelwerte auf. Auch bei der Betrachtung der Skala „Metakognition“ zeigt sich ein solches Phänomen: Wie oben bereits ausgeführt, konzentriert sich diese Skala vor allem auf Monitoring- und Reflexionsaktivitäten, die bei Anwendung des Kategoriensystems auf Ebene 4 liegen würden. In K7, K6, K4 und K1, zu denen die höheren Mittelwerte in der Skala gehören, gab es auch durchaus Hinweise auf das Vorliegen solcher Aktivitäten. Entweder sind sie von den Schülern ausgeübt worden, wenigstens jedoch forderte der Lehrer sie das ein oder andere Mal ein. Nur in K5 konnte Derartiges nicht beobachtet werden. Dennoch liegt der Mittelwert dieser Klasse vergleichsweise hoch.

Für diese Unstimmigkeiten bei der Einnahme eines differenzierteren Blickwinkels sind verschiedene Gründe denkbar: Ggf. ist die Menge an betrachteten Klassen zu klein. Möglicherweise würden sich bei einer größeren Menge auch auf einer differenzierteren Ebene Unterschiede klarer herausstellen lassen. Plausibler erscheint es aber wohl, zunächst nicht die Anzahl der Klassen zu erhöhen, sondern die Anzahl der analysierten Szenen pro Klasse. Die Schüler haben schließlich ihren Unterricht als solchen beurteilt, es sind aber nur sehr kleine Teile dieses Unterrichts von einem Videobeobachter analysiert worden. Dementsprechend sind die bisher bei der Videoanalyse gemachten Beobachtungen eventuell dahingehend zu ungenau, dass einfach zu wenig beobachtet wurde, um auf der hier angestrebten Genauigkeitsebene mit Aussagen über den Unterricht generell Schritt halten zu können. Greift dieses Argument die aus der Beobachterperspektive gewonnenen Erkenntnisse an, so ist umgekehrt natürlich ebenfalls in Betracht zu ziehen, dass aus der Schülerperspektive gewonnene Informationen beeinträchtigt sein könnten. Sind die Schüler bspw. ein wenig in Richtung einer metakognitiv-diskursiven Unterrichtskultur erzogen, so ist es möglich, dass sie ahnen können, welche Antwortmöglichkeiten wohl erwünscht sind[18]. Vielleicht wählen sie dann, aufgrund positiver Affekte ihrem Lehrer gegenüber, andere Antwortmöglichkeiten.

Zu berichten ist an dieser Stelle zusätzlich von folgendem Phänomen: Item 8a) erfragt, inwiefern die Schüler die Aussagen des Fragebogens verstanden haben. Dieses Item wird von den Schülern der Gruppe 1, die also gemäß dem Ergebnis der Videoanalyse stärker metakognitiv-diskursiv unterrichtet werden, mit einem Mittelwert von 3,65 bei einer Standardabweichung von 0,04 beantwortet, während der Mittelwert für die Schüler der Gruppe 2 nur bei 3,22 und die Standardabweichung bei 0,38 liegen. Gerechnet wurde hier erneut auf Klassenebene. Zweifelsohne sind beide Mittelwerte hoch, es besteht allerdings schon ein Unterschied, wenn dieser auch nicht signifikant ist. Es ist denkbar, dass die Schüler, die stärker metakognitiv-diskursiv unterrichtet werden, die Aussagen des Fragebogens besser verstehen, weil sie sie vor einem fundierteren Hintergrund einordnen können. Ein Schüler, der nie dahingehend erzogen wurde, sich mit seinem Beitrag auf seinen Vorredner zu beziehen, wird für ein Item, das hierauf verweist, vielleicht nicht so viel Verständnis aufbringen können. Auf die oben dokumentierten Ergebnisse der T-Tests für die Gruppen 1 und 2 hat dieser Befund allerdings dahingehend keine Auswirkung, dass sich die Ergebnisse nicht entscheidend ändern, wenn nur diejenigen Datensätze Beachtung finden, in denen das Item 8a) mit „trifft eher zu“ oder „trifft voll und ganz zu“ bewertet worden ist.

Neben der Problematik, dass die Einschätzungen des Videobeobachters und der Schüler weiter auseinanderdriften, wenn feinere Unterschiede erfragt werden, ist als weiterer Punkt kritisch anzusprechen, dass durch den Fragebogen nicht alle Bereiche erfasst werden, auf die sich die Videoanalyse bezieht. Über Zusammenhänge oder Differenzen im Urteil von Videobeobachter und Schülern bzgl. der Negativen Diskursivität kann bspw. keine Aussage getroffen werden. Des Weiteren ist die metakognitive Aktivität des Planens an keiner Stelle abgefragt worden.

Zusammenfassend ist also festzuhalten, dass die Befragungsdaten der Schüler bei einem verhältnismäßig groben Blick auf die Ergebnisse der Videoanalyse jene Tendenzen auf-

[18] Dieser Fall ist hier nicht auszuschließen, da drei der sieben betrachteten Lehrkräfte schon an einem Projekt beteiligt waren, in dem die Analyse des eigenen Unterrichts unter dem Gesichtspunkt metakognitiver und diskursiver Aktivitäten im Vordergrund stand. Hierauf ist in Kapitel 5.2 bereits hingewiesen worden.

weisen, die auch die Kodierungsdaten spiegeln. Dies stößt allerdings dann an Grenzen, wenn verschiedene Typen einer metakognitiv-diskursiven Unterrichtskultur differenziert betrachtet werden. Für die Validität des Kategoriensystems bedeutet dies, dass es Hinweise darauf gibt, dass das System in seiner in dieser Arbeit vorgeschlagenen Anwendung zumindest die im Fragebogen thematisierten Facetten einer metakognitiv-diskursiven Unterrichtskultur so herausstellt, wie es auch aus Schülerperspektive bestätigt wird. Dabei ist allerdings erneut zu betonen, dass der Vergleich der Ergebnisse der Fragebogenerhebung einerseits und der Videoanalyse andererseits auf einem wenig detailorientierten Niveau durchgeführt worden ist. Zudem konnten nur wenige Klassen in die Auswertung einbezogen werden. Auch vor dem Hintergrund, dass das hier herangezogene Außenkriterium, also die Schülermeinung, problembehaftet ist, scheint es nützlich, weitere Formen der Validitätsüberprüfung anzudenken. In Frage kommt hier bspw. der Abgleich der Ergebnisse des Analyseprozesses mit einer unabhängigen Expertenmeinung zu dem Unterrichtsgespräch.

5.6 Kritische Betrachtung des vAMeDU

5.6.1 Vorbemerkungen

Nachdem das vAMeDU nun auch in seiner Anwendung vorgestellt worden ist, muss an dieser Stelle seine kritische Betrachtung folgen. Dies geschieht nach drei Punkten gegliedert. Zunächst werden Aspekte betrachtet, die das Kategoriensystem selbst und das Vorgehen bei seiner Anwendung betreffen. Anschließend wird der Prozess des Auswertens der Kodierungsdaten in den Blick genommen. Zu guter Letzt folgen verschiedene Punkte die Nutzung des Kategoriensystems zur Auswertung größerer Datenmengen betreffend.

5.6.2 Das Kategoriensystem und seine Anwendung

Erstes zentrales Merkmal der Arbeit mit dem vAMeDU ist, wie sein Name schon sagt, die Tatsache, dass direkt am Video analysiert wird. Dies hat sich als zunächst gewöhnungsbedürftig erwiesen, da die bei diesem Kategoriensystem zu vergebenden Kategorien ein durchaus genaues Hinhören fordern. Wie in Kapitel 4.2.2 schon angesprochen, ist das schriftliche Vorliegen der geäußerten Beiträge da hilfreich, weil es die Konzentration auf einzelne Wörter fördert. Dadurch, dass die Beiträge aber wiederholt gehört werden können, ist die Analyse am Video möglich. Als kaum möglich hat es sich im Rahmen einiger Tests allerdings erwiesen, ein Video mit Bezug auf Metakognition, Diskursivität und Negative Diskursivität in Echtzeit zu kategorisieren, auch wenn die Kategorienzahl weiter reduziert würde. Besteht keine Möglichkeit, das Video zwischendurch zu stoppen und ggf. auch Beiträge wiederholt zu hören, ist der Kodierer schnell kognitiv überfordert. Die auf ihn einströmenden Informationen können in der Geschwindigkeit, in der ein Gespräch verläuft, für einen Kodierprozess nicht adäquat bewältigt werden.

Eine akzeptable Tonqualität des Videos vorausgesetzt, bleibt also festzuhalten, dass die hier vorgeschlagene Analyse direkt am Video mit den Möglichkeiten des Stoppens und Spulens durchführbar ist. Damit kann bei der Arbeit mit dem vAMeDU ein enormer Teil des hohen Zeitaufwands eingespart werden, der bei Anwendung des KATMeDU in die Anfertigung von Transkripten investiert werden muss. Des Weiteren ist zu beachten, dass die Kategorien bei dem videobasierten Verfahren auf Knopfdruck vergeben werden. Das Zuordnen der Kodes zum Transkripttext erfordert bei dem derzeitigen Entwicklungsstand der Technik des KATMeDU wesentlich mehr Aufwand. Die zusätzliche Zeitersparnis, die sich hier abzuzeichnen scheint, ist effektiv allerdings wohl keine: Die Aufbereitung der Kodierungsdaten in Form von graphischen Profilen und Balkendiagrammen, wie sie zur weiteren Auswertung benötigt wird, ist bei der Arbeit mit dem KATMeDU derzeit technisch besser entwickelt und somit etwas weniger zeitaufwändig als bei dem videobasierten Analyseinstrument. Bei Letzterem werden Funktionen verschiedener Software genutzt, wobei die Funktionen zur Erstellung der Balkendiagramme nicht alle direkt miteinander verknüpft werden.

Der erste Schritt zur Kodierung eines videographiert vorliegenden Unterrichtsgesprächs besteht darin, die Sprecherkodes zu setzen. Es ist also zu markieren, wann je Lehrer und Schüler sprechen sowie wann Gesprächspausen vorliegen. Dieser Schritt hat sich in dreierlei Hinsicht als überaus nützlich erwiesen: Erstens bieten die gesetzten Sprecherkategorien dem Kodierer die Möglichkeit, sich im Rahmen weiterer Kodierschritte zielsicher im Video bewegen zu können, d. h. einzelne Beiträge sekundengenau anzusteuern. Zweitens werden über diesen Kodierschritt die Anteile an dem Unterrichtsgespräch erhoben, die auf Schülerbeiträge, Lehrerbeiträge und Sprechpausen entfallen. Diese Information hat im Rahmen der Auswertung der Kodierungsdaten eine bedeutende Rolle gespielt. Drittens gehen die über die Kategorie „Sprecher“ erhobenen Informationen maßgebend in das graphische Profil mit ein, das ebenfalls in der Auswertung eine zentrale Rolle spielt. Auch die erhobenen Informationen bzgl. des Vorliegens von Beiträgen, die sich rein auf Aufrufe konzentrieren, werden im Profil verwertet und tragen dazu bei, das Unterrichtsgespräch in den hier interessierenden Aspekten detailliert abzubilden.

Insgesamt scheint die Zeit, die die Sprecherkodierung in Anspruch nimmt, also vernünftig investiert. Trotz genannter Vorteile muss jedoch auch betont werden, dass die relativ zentrale Information, welcher Schüler gerade spricht, nicht erhoben wird. Dafür ist die Kategorie „Sprecher“ nicht passend angelegt. Für die Auswertung der Kodierungsdaten bringt dies Nachteile mit sich. Auf diese wird in Kapitel 5.6.3 weiter eingegangen, da sie sich vor allem bei der Arbeit mit den graphischen Profilen zeigen.

Obwohl die Kategorien des vAMeDU in ihren Grundzügen stark an jenen des KATMeDU orientiert sind, liegen im Bereich der Unterkategorien von Planung, Monitoring und Reflexion doch tiefgreifende Veränderungen vor. Es sind deutlich weniger Unterkategorien gewählt worden, sie sprechen teilweise andere Merkmale an und stehen für jede Oberkategorie in gleicher Weise zur Verfügung. Während nun allerdings durch die detaillierte Ausgestaltung der Kategorien des KATMeDU eine Präzisierung dessen vorliegt, was jeweils unter Planungs-, Monitoring- und Reflexionsaktivitäten zu verstehen ist, bieten die Kategorien des vAMeDU diese Präzisierung gerade nicht. Vor allem im Bereich der Reflexion bereitet dies Probleme. Der Grund dafür ist in Folgendem zu suchen: Im KATMeDU werden viele verschiedene Wörter und Wendungen benutzt, um die Aktivitäten, die unter die Reflexionskategorie fallen, zu erfassen (vgl. Anhang A). Die Rede ist von Strukturanalysen, Einschätzungen, Angaben von Werkzeugen, Evaluationen und Thematisierungen des Zusammenspiels zwischen zwei Aspekten. Die Aktivitäten, die unter die Kategorie Monitoring fallen, lassen sich demgegenüber fast alle als Kontrollen bezeichnen. Fällt im Rahmen des vAMeDU nun also plötzlich die im KATMeDU noch vorhandene Präzisierung dessen weg, was als Reflexionsaktivität gilt, so kann dies zu Irritationen führen. Es ist versucht worden, solchen Irritationen durch die ausführliche Angabe von Kodierregeln entgegenzuwirken. Diese sind auf jeden Fall zu studieren. Grundsätzlich scheint es zudem nützlich, sich anzuschauen, welche Aktivitäten im KATMeDU unter dem Oberbegriff Reflexion subsumiert werden, und mit diesem Wissen im Hinterkopf an die videobasierte Analyse heranzutreten.

Eine Diskussion dessen, inwiefern sich die neu entwickelten Kategorien letztendlich bewährt haben, wird im folgenden Kapitel durchgeführt. Dies lässt sich wohl vor allem anhand der Ergebnisse der Auswertung der Kodierungsdaten festmachen.

5.6.3 Die Auswertung der Kodierungsdaten

In den Kapiteln 5.4.2 und 5.4.3 ist ein mögliches Vorgehen zur Auswertung der Kodierungsdaten demonstriert worden. Ein zentrales Hilfsmittel bildeten dabei die graphischen Profile. Sie stellen eine Form der Aufarbeitung der Kodierungsdaten dar, die prozessbezogen ausgerichtet ist. Damit sind sie grundsätzlich sehr hilfreich, wenn es darum geht, den analysierten Unterricht in seinem Verlauf unter den Gesichtspunkten von Metakognition und (Negativer) Diskursivität zu betrachten. Dennoch gibt es Grenzen, die bei der Arbeit mit dieser Darstellungsart beachtet werden müssen. Sie werden im Folgenden diskutiert:

Dadurch, dass im Rahmen der Sprecherkodierung darauf verzichtet wird, die Namen der sprechenden Schüler mitzuerheben, können diese auch im zugehörigen graphischen Profil nicht eingetragen werden. Dies schränkt die Möglichkeiten der Rekonstruktion des Unterrichtsgesprächs anhand des graphischen Profils ein. So kann z. B. nicht entschieden werden, ob mehrere hintereinanderfolgende Schülerbeiträge auch von mehreren Schülern geleistet werden. Auch bei Wortwechseln zwischen dem Lehrer und den Schülern gibt es keine Information dazu, ob sich der Lehrer vielleicht dauerhaft mit nur einem Schüler auseinandersetzt.

Als Grund dafür, warum dennoch auf die Unterscheidung verschiedener sich beteiligender Schüler verzichtet wird, ist in Kapitel 4.3.4 bereits der zeitliche Aufwand genannt worden. Es müssten nämlich die Unterkategorien der Kategorie „Sprecher" an die Klasse, deren Unterrichtsgespräch analysiert wird, angepasst werden. (Deck-)Namen für die einzelnen Schüler wären zu ergänzen. Natürlich ist es denkbar, immer mit identischen Decknamen (bspw. Zahlen oder einzelne Buchstaben) zu arbeiten. Sie müssten nicht immer wieder neu notiert werden. Zu beachten bliebe aber auch dann, dass erstens das Kategoriensystem durch die vielen verschiedenen Unterkategorien sehr unübersichtlich würde. Zweitens müsste während des Kodierens immer genau darauf geachtet werden, welcher Schüler gerade spricht, was bei dem Videographieren mit einer Kamera und schnellen Sprecherwechseln nicht einfach ist. Die passende Unterkategorie wäre zu wählen, wobei natürlich darauf geachtet werden müsste, dass einem Schüler in allen Fällen, in denen er spricht, der passende Name zugeordnet wird. Diese Überlegungen zeigen, dass es nicht unmöglich ist, die einzelnen beteiligten Sprecher voneinander zu unterscheiden. Um die Komplexität des Verfahrens jedoch in einem gewissen Rahmen zu halten, ist hier dagegen entschieden worden. In der Konsequenz kann deshalb die Möglichkeit grundsätzlich nicht ausgeschlossen werden, dass ein Unterrichtsgespräch ggf. nur von zwei oder drei Schülern getragen wird.

Als weitere Grenze der Arbeit mit graphischen Profilen ist anzumerken, dass diese Darstellungsart dazu verleitet, Schlussfolgerungen bzgl. Interaktionen zu ziehen, die eigentlich Vermutungen bleiben müssen. Die Interaktion wird nämlich nicht kodiert. In Kapitel 4.4.4 ist dieser Aspekt bereits angesprochen worden. Dabei wurden auch Maßnahmen vorgestellt, die zuverlässige Interpretationen der graphischen Profile absichern. Sie sind in dem Zuschnitt erstens der Muster, nach denen im Zuge der Auswertung der Kodierungsdaten gesucht werden muss, und zweitens der Kategorien selbst verankert. Es ist jedoch deutlich geworden, dass diese Maßnahmen an einigen wenigen Stellen nicht greifen. Solche Stellen werden im Folgenden benannt:

In den Fällen, in denen die Kategorie E im graphischen Profil sichtbar wurde, ist im Rahmen der Auswertung der Kodierungsdaten darauf geachtet worden, ob dem zugehörigen Beitrag eventuell ein anderer Beitrag vorausgeht, der mit einer Kategorie aus dem Bereich der Negativen Diskursivität versehen ist. Falls dies der Fall war, wurde die Vemutung geäußert, dass die Erziehungsmaßnahme im Sinne einer Intervention auf die zuvor als negativ diskursiv gekennzeichnete Aktion gerichtet gewesen sein könnte. Gestützt wurde solch eine Vermutung aber lediglich durch die Nähe, mit der die beiden diskutierten Aktionen zueinander auftraten. Sie konnte daher auch tatsächlich nie mehr als eine Vermutung bleiben, die sich auf die gesamte Szene gesehen ggf. noch dadurch erhärten ließ, dass entsprechende Kategorienfolgen des Öfteren auftraten. Gerade in Bezug auf die Kategorie E ist das Problem, den Kontext ihres Auftretens zuverlässig zu rekonstruieren, allerdings nicht besonders gravierend. Allein die Tatsache, dass solch eine Aktivität auftritt, unabhängig davon, in welchem Kontext dies geschieht, hat nämlich ausreichende Aussagekraft. Allein ihr Auftreten lässt auf ein Bemühen des Sprechers um einen geordneten Diskursverlauf schließen. Hinzu kommt, dass es in keiner der in der Erprobungsphase aufgetretenen Situationen falsch gewesen wäre, die Erziehungsaktivität auf eine ggf. direkt vorangehende negativ diskursive Aktivität zu beziehen. Dies zeigt ein Abgleich mit dem Video.

In Bezug auf die Kategorie P4 sieht die Situation etwas anders aus. Im Rahmen der Auswertung der Kodierungsdaten ist durchaus auch darauf geachtet worden, in welchem Kontext sich diese Kategorie zeigt. Besonders interessant wäre es gewesen, zu überprüfen, welchen Lehrern es gelingt, durch mit der Kategorie P4 versehene Beiträge, viele Beiträge der Schüler zu evozieren, in denen sich metakognitive Aktivitäten zeigen. Es läge ein recht offen gehaltener Impuls vor und die Schüler wären trainiert, damit unter Einsatz metakognitiver Aktivitäten umzugehen. Das Erscheinungsbild derartiger Situationen am graphischen Profil lässt solche Schlüsse aber ohne Rückgriff auf das Video häufig nicht zu. Dies wird an folgendem Beispiel deutlich:

In einer Szene aus K4 ist die Kategorie P4 für einen Lehrerbeitrag vergeben worden, in dem ganz gezielt eine Schülergruppe mit fehlerhafter Lösung aufgerufen wird. Sie soll ihre Ergebnisse vorstellen. Die Thematisierung des Fehlers in der Klasse erfolgt natürlich erst nach der Vorstellung der Lösung der Aufgabe. Wie das graphische Profil zu dieser Szene aussieht, zeigt Abbildung 5.12. Erst mit dem fünften Schülerbeitrag, d. h. mit dem ersten Aufruf durch einen Schüler, beginnt die Auseinandersetzung, die durch den Impuls des Lehrers zuvor wohl beabsichtigt war. Dieser Zusammenhang ist anhand des graphischen Profils nicht zuverlässig rekonstruierbar. Anders als für die Kategorie E beschrieben, kann in Bezug auf die Kategorie P4 auch kein hochgradig aussagekräftiger Schluss allein aus dem Auftreten dieses Kodes gezogen werden. Dies liegt wohl vor allem an der Festlegung, dass diese Kategorie gesetzt wird, wenn ein offener Impuls vorliegt, in dessen Folge mehrere Arten metakognitiver Aktivitäten denkbar sind. Solch offene Impulse traten unerwartet häufig auf, wenn die zugehörigen Videosequenzen auch zeigten, dass die Schüler unterschiedlich damit umzugehen vermochten. Aufgrund des oben dargestellten Problems kann anhand der graphischen Profile schließlich allein der Fall festgestellt werden, bei dem sich die Schüler als Reaktion nicht selbstständig mit dem Problem auseinandersetzen.

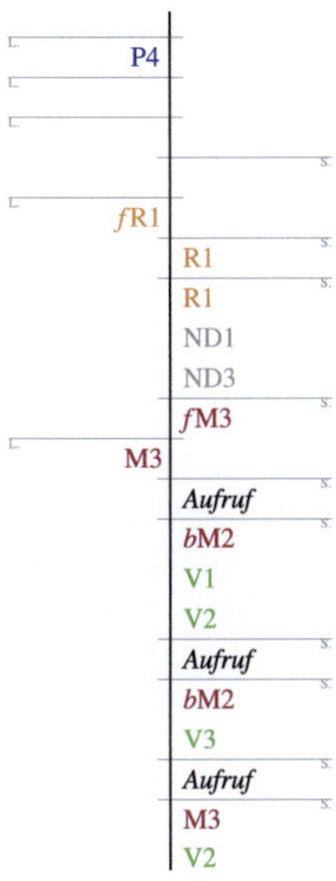

Abbildung 5.12: Auszug aus dem graphischen Profil von K4

Durch die beiden bisher diskutierten Punkte sind zwei Grenzen angesprochen worden, an die die Darstellungsart des graphischen Profils stößt, wenn der Anspruch erhoben wird, die Kodierungsdaten ohne Rückgriff auf das Video auswerten zu wollen. Im Folgenden sind zudem noch die gewählten Kategorien zu Metakognition, Diskursivität und Negativer Diskursivität und die festgelegten Regeln für ihre Vergabe zu betrachten. Mit Blick auf die Resultate der Analyse, d. h. die Gruppierung der einzelnen Datensätze nach der Art der jeweils vorliegenden Gesprächsführung, kann für die Wahl der Kategorien an dieser Stelle festgehalten werden, dass Unterschiede zwischen den Unterrichtsdiskursen

identifiziert werden konnten. Die Ausdifferenzierung der Kategorien ist also nicht so weit eingeschränkt worden, dass keine Unterschiede mehr auffallen. In Kapitel 5.4.4 konnten unter Rückgriff auf die Tupel, zu denen die Auswertung der Kodierungsdaten geführt hat, verschiedene Typen der Gesprächsführung vorgestellt werden. Inwiefern sich die dabei aufgeworfenen Unterschiede nicht nur in den Kodierungsdaten zeigen, sondern auch tatsächlich in dem zugrunde liegenden Unterricht vorliegen, ist durch die Angabe der Transkripte in Kapitel 5.4.4 auszugsweise offengelegt worden.
Bedeutenden Einfluss auf diese erzielten Resultate haben die niedrigen Schwellenwerte, die für die Vergabe von Planungs-, Monitoring- und Reflexionskategorien der Ebenen 1, 2 und 3 angesetzt worden sind. Weil bspw. häufig zustimmende oder ablehnende Bemerkungen des Lehrers zu Schülerbeiträgen („Richtig!“, „Völlig korrekt.“, „Nein!“) mit der Kategorie M3 belegt worden sind, konnte die Musteranalyse (vgl. Kapitel 4.4.4) in dieser Weise durchgeführt werden. Dies hat sich als lohnenswert erwiesen, da sich in den verschiedenen Datensätzen durchaus unterschiedliche Schwerpunktsetzungen für das Auftreten der Muster gezeigt haben. Dass die Musteranalyse in dieser Form möglich ist, liegt dabei zusätzlich zu den niedrigen Schwellenwerten an der Wahl der Unterkategorien der metakognitiven Aktivitäten. Hier ist der interaktionale Aspekt des Beziehens auf andere eingeflossen. Kritisch ist anzumerken, dass durch die niedrigen Schwellenwerte Unterschiede im Auftreten metakognitiver Aktivitäten auf der Seite der Schüler nicht besonders deutlich hervortreten. Die zugehörigen Balken in den entsprechenden Diagrammen (siehe Anhang D.2) weisen wohl geringere Höhenunterschiede auf, als es zu erwarten war. So weicht kein Datensatz extrem nach unten ab. Aufgefangen werden konnte dies letztendlich dadurch, dass verstärkt auf Qualitätsmerkmale, wie das Vorliegen von Begründungen und diskursiven Aktivitäten, geachtet worden ist. Diesbezüglich weisen die Datensätze durchaus Unterschiede auf. Sollte sich einmal die Gelegenheit ergeben, untersuchen zu können, ob sich Zusammenhänge zeigen zwischen dem Vorliegen einer metakognitiv-diskursiven Unterrichtskultur und der Leistung der Schüler, so ist wichtig, dass die niedrig angesetzten Schwellenwerte im Auge behalten werden, d. h. Unterricht nicht voreilig als besonders metakognitiv ausgerichtet bezeichnet wird.
Zu diskutieren ist des Weiteren gerade für die Kategorien zur Diskursivität, inwiefern sich ihre für das vAMeDU auffallend weite Ausdifferenzierung bewährt hat. Zunächst einmal spricht nichts Gravierendes gegen die Beibehaltung der Kategorien S und E. Ihre Aufnahme in das Kategoriensystem hat sich eher bewährt. Für die drei verschiedenen Arten der Verankerung eines Beitrags im Diskurs (V1, V2 und V3) ist jedoch anzumerken, dass von den hier erhobenen Unterschieden im Zuge der Auswertung der Kodierungsdaten kein reger Gebrauch gemacht wurde. Während der Erprobung des Analyseverfahrens ließen sich auch ohne diese Differenzierung deutliche Unterschiede zwischen den verschiedenen vorliegenden Datensätzen aufzeigen. Verankerungsaktivitäten scheinen durchaus nicht in jedem Unterrichtsgespräch üblich zu sein. Dementsprechend deuten die Erfahrungen aus der Erprobungsphase darauf hin, dass die Ausdifferenzierung von Verankerungsaktivitäten in drei Merkmale nicht unbedingt nötig ist.

Auch die Negative Diskursivität ist für das vAMeDU ungewöhnlich weitläufig in Unterkategorien dekomponiert worden und auch hier fällt auf, dass im Rahmen der Beantwortung der sechs Leitfragen kein Nutzen aus dieser weiten Ausdifferenzierung gezogen worden ist. Es kam mehr auf Quantität als auf Qualität an. Trotzdem hat sich hier, anders als in Bezug auf die Kategorien V1, V2 und V3, jedoch die Ausdifferenzierung bei der Betrachtung der graphischen Profile als enorm nützlich erwiesen. Der Betrachter hatte die Gelegenheit, sich ein differenziertes Bild zu machen von den Verstößen und damit auch ihren Auswirkungen. Es wäre bspw. kaum denkbar, auf eine Unterscheidung der Kategorien ND1 und ND6 zu verzichten. Tritt ND1 auf, so wurden inadäquate Wörter gewählt, was nicht gelungen, aber in der Regel auch nicht gravierend ist. Tritt ND6 auf, passt der entsprechende Beitrag überhaupt nicht in den Gesprächsverlauf.

Abschließend bleibt in Bezug auf die Wahl der Kategorien und die für ihre Vergabe angesetzten Schwellenwerte noch festzuhalten, dass nur wenige Situationen aufgefallen sind, in denen bemerkenswerte Szenen durch die Kategorisierung nicht so herausgearbeitet werden konnten, wie es wünschenswert gewesen wäre. Auf folgende Szene trifft dies zu: Nachdem ein Schüler ein Verständnisdefizit bezogen auf den gesamten, zuvor von zwei Mitschülern vorgestellten Lösungsweg geäußert hat, fordert der Lehrer: „Kannst du genauer deine Nachfrage sagen?". Er verlangt hier also von dem Schüler, sein global für den gesamten Lösungsweg formuliertes Verständnisdefizit lokal zuzuschneiden. Eine explizite Aufforderung zur Verankerung (bspw. zum Nennen eines Bezugspunkts) ist dabei nicht erkennbar. Abbildung 5.13 zeigt das graphische Profil zu dieser Szene. Nachdem der Schüler aufgerufen worden ist, äußert er sein Verständnisdefizit (R2, V1). Es folgt eine Rückfrage des Lehrers, die evtl. akustisch bedingt ist. Nach der zugehörigen Antwort des Schülers folgt dann die Aufforderung zur Präzisierung der Nachfrage (*f*R2). Diese Szene fällt bei der Auswertung der Kodierungsdaten am graphischen Profil nicht besonders auf. Dies ist schade: Die Forderung des Lehrers ist hier sicher nicht alltäglich und zielt auf eine präzise, stark an den Bedürfnissen der Schüler orientierte Besprechung mathematischer Inhalte ab.

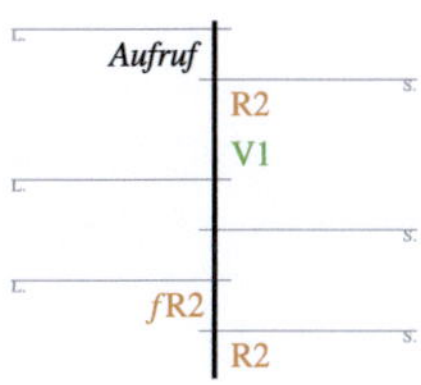

Abbildung 5.13: Auszug aus dem graphischen Profil von K2

Wie oben bereits gesagt, sind Situationen, die aufgrund ihres Erscheinungsbilds am graphischen Profil unterschätzt werden, jedoch nicht in großer Zahl aufgefallen. Dies hätte dazu führen müssen, das Kategoriensystem zu überarbeiten.

Zu guter Letzt sollen noch wenige Ausführungen zu der Art der Auswertung der Kodierungsdaten gemacht werden: In Kapitel 4.4.7 ist bereits ausgeführt worden, dass dadurch, dass die Auswertung letztlich auf ein Tupel hinausläuft, eine starke Reduzierung der Informationsfülle vorgenommen wird. Dies ist einerseits sehr gewagt, da für den Lernerfolg der Schüler Wichtiges keine Beachtung mehr finden könnte. Andererseits ist es aber auch notwendig, denn ohne diese Reduzierung wäre das Datenmaterial zu unübersichtlich. Gruppierungen könnten kaum vorgenommen werden. Zentrales Problem ist hier, dass die Überlegungen, die zu der Auswahl der Kategorien und der Art der oben genannten Informationsreduzierung geführt haben, zwar ausgehend von Einzelfallanalysen und theoretischen Überlegungen entwickelt worden sind, ein auf eine breite Datenbasis gestützter, systematisch geführter Nachweis ihrer Nützlichkeit aber fehlt. Ein solcher wird als Beleg für oder gegen die Nützlichkeit der hier vorgenommenen Art der Informationserhebung und -reduzierung benötigt.

5.6.4 Die Nutzung des vAMeDU zur Auswertung größerer Datenmengen

Soll das vAMeDU genutzt werden, um größere Mengen von Daten zu analysieren, so ist es nützlich, vorher abschätzen zu können, welcher Zeitaufwand für die Analyse eingeplant werden muss. Grundsätzlich ist es schwierig, hierfür einen konkreten Richtwert anzugeben. Im Rahmen einiger Tests hat sich diesbezüglich gezeigt, dass der Kategorisierungsvorgang bei sehr guter Tonqualität durch einen geübten Kodierer ungefähr zehn Mal so lange dauert wie das zu analysierende Gespräch selbst. Natürlich kann sich dieser Wert verändern, auch in Abhängigkeit der Konzentrationsfähigkeit des Kodierers. Um diese nicht zu überfordern, hat es sich als nützlich erwiesen, den Hauptdurchgang des Kodierens in zwei Teile zu teilen: Während des ersten Durchgangs konzentriert sich der Kodierer allein auf die Vergabe von Metakognitionskategorien und zugehörigen Zusätzen. Erst während des zweiten Durchgangs werden dann die Kategorien zur Diskursivität sowie zugehörige Zusätze und zur Negativen Diskursivität vergeben.

Weitere Aspekte, die interessant werden, wenn größere Datenmengen zu bearbeiten sind, beziehen sich auf die Einhaltung von Gütekriterien. In dieser Arbeit sind Anmerkungen zur Beurteilerübereinstimmung und zur Validität gemacht worden. Da es sich anbot, die hier berichteten Ergebnisse in den Kapiteln 5.3 und 5.5 direkt auch kritisch zu beleuchten, soll dies hier nicht noch einmal geschehen. Der Leser sei also an die Kapitel 5.3 und 5.5 verwiesen bzw. für eine Zusammenfassung an Kapitel 6.

Ein weiterer Punkt muss hier jedoch noch thematisiert werden. Er schränkt die Aussagekraft der über das vAMeDU erzielten Ergebnisse in einer Art und Weise ein, die wohl vor allem dann zum Tragen kommt, wenn Effekte einer metakognitiv-diskursiven Unterrichtskultur auf einer größeren Datenbasis untersucht werden sollen: In Kapitel 3.4.4 ist ausgeführt worden, dass dem Lehrer im Rahmen dieser metakognitiv-diskursiven Unterrichtskultur die Aufgabe zukomme, dafür zu sorgen, dass das Gespräch auf die inhaltlich zentralen Aspekte gerichtet bleibe und sich nicht dauerhaft in unwichtigen Nebensächlichkeiten verliere. Während der Videoanalyse wird Derartiges jedoch nicht erfasst. Es sind keine Kategorien eingeführt worden, über die die Fokussierung auf Zentrales und damit letztendlich auch der inhaltliche Fortschritt gekennzeichnet werden können. Ähnliches gilt für die fachliche Korrektheit des in dem Unterrichtsgespräch Thematisierten. Es steht außer Frage, dass diese Punkte sehr bedeutsam sind für die Qualität des Unterrichtsgesprächs. Auf sie zielt die Arbeit mit dem Analyseverfahren jedoch nicht ab.

In der Konsequenz ist also Vorsicht geboten: Auf der Basis der in Kapitel 3.4 angeführten Forschungsergebnisse lässt sich schon rechtfertigen, metakognitive und diskursive Aktivitäten als Indikatoren für Unterrichtsqualität anzusehen. Dennoch zielt die Analyse bzgl. des Vorliegens einer metakognitiv-diskursiven Unterrichtskultur nicht darauf ab, *die* Qualität des Unterrichts zu erfassen. Dafür werden hier zu viele bedeutsame Facetten außer Acht gelassen. Natürlich lässt sich nun darüber debattieren, wie wahrscheinlich es ist, dass ein Unterrichtsgespräch metakognitiv und diskursiv hochrangig verläuft, fachlich jedoch mangelhaft ist oder keinem Schüler der Klasse inhaltlichen Fortschritt bietet. Auch wenn Derartiges eher selten auftreten sollte, so kann es doch nicht ausgeschlossen werden.

Kapitel 6

Zusammenfassung der Ergebnisse und Ausblick

Die Zusammenfassung der Ergebnisse dieser Arbeit orientiert sich an den in Kapitel 2.4 formulierten Zielsetzungen. Dabei wird im Folgenden zunächst dargestellt, auf welchem Wege versucht worden ist, das jeweilige Ziel zu erreichen, bevor dann zusammengefasst wird, wie dieser Versuch zu bewerten ist. Dieses Kapitel endet schließlich mit einem Ausblick auf zukünftige Einsatzmöglichkeiten des vAMeDU. Es werden zwei ausgewählte Bereiche thematisiert. Um eine Zusammenfassung der gesamten Arbeit zu erhalten, empfiehlt es sich, Kapitel 2 und das Folgende zu lesen.
Als erstes Ziel ist formuliert worden:

- Das technische Vorgehen im Analyseprozess ist dahingehend zu verändern, dass es sich weniger zeitaufwändig gestaltet.

Das in dieser Arbeit dokumentierte Analyseverfahren sieht ein rein videogestütztes Vorgehen unter Zuhilfenahme der Software „Videograph“ vor (vgl. Kapitel 4.3.3). Dies erspart die zeitaufwändige Anfertigung eines Transkripts. Es ist lediglich notwendig, vor Beginn der Kodierung von metakognitiven und (negativ) diskursiven Aktivitäten Sprecherkategorien zu setzen. Sie verdeutlichen, in welchen Zeitabschnitten der Lehrer, die Schüler oder niemand spricht. So ist es möglich, im Rahmen folgender Analyseschritte einzelne Beiträge gezielt anzusteuern. Des Weiteren reduziert sich der Aufwand zur Vergabe von Kategorien bei der Arbeit mit der Software „Videograph“ auf wenige Mausklicks. Die Erzeugung des graphischen Profils und der Balkendiagramme, zweier Hilfsmittel, die zur Auswertung der Kodierungsdaten genutzt werden (vgl. Kapitel 4.4.4 und 4.4.5), greift allerdings wieder auf verschiedene Software und Tools zurück. Da dieser Prozess der Datenaufbereitung nach dem derzeitigen Stand der Entwicklung nicht vollständig automatisiert verläuft, nimmt er wieder ein wenig Zeit in Anspruch.
Kritisch im Auge zu behalten war bei diesen technischen Veränderungen, inwiefern sie sich nachteilig gegenüber vorher Dagewesenem (in diesem Fall der Arbeit am Transkript)

erweisen. So bestand vor allem die Gefahr, dass die Analyse zu oberflächlich ausfällt, da sie sich allein auf Gehörtes stützen muss. Das schriftliche Vorliegen des in dem Unterrichtsgespräch Gesagten verspricht, verschiedene Details schneller ins Auge springen zu lassen. Mit der Option, das Video während des Kodierprozesses stoppen und einzelne Beiträge wiederholt hören zu können, hat sich die Kodierung direkt am Video jedoch als möglich erwiesen.
Folgende Ziele standen ebenfalls im Fokus dieser Arbeit:

- Die Anzahl an Kategorien und die komplexen Möglichkeiten bei der Kategorisierung eines Beitrags sind deutlich zu verringern. Trotz dieser Verringerung, die mit einem Informationsverlust bei der an den Kodierprozess anschließenden Betrachtung der Kodierungsdaten einhergehen muss, soll folgenden Forderungen aber immer noch entsprochen werden:
  - Ein in der Unterrichtskultur angelegtes Zusammenspiel metakognitiver und diskursiver Aktivitäten muss beschreibbar bleiben.
  - Diese Beschreibung muss einen ausreichenden Tiefegrad erreichen. Sie darf also nicht zu sehr auf oberflächliche Merkmale der Gesprächsführung abzielen, um so Unterschiede in der Art des Auftretens metakognitiver und diskursiver Aktivitäten im Unterrichtsgespräch immer noch recht detailliert herausarbeiten zu können.
  - Das neue Analyseverfahren soll so angelegt sein, dass sich anhand der graphischen Profile weiterhin aussagekräftige Schlüsse ziehen lassen.

Die Grundstruktur des Kategoriensystems zur videobasierten Analyse (vAMeDU) ist aus dem System zur Analyse von Transkripten (KATMeDU) übernommen worden: Es werden weiterhin die metakognitiven Aktivitäten Planung, Monitoring und Reflexion unterschieden sowie diskursive und negativ diskursive Aktivitäten erhoben. Jede der Kategorien Planung, Monitoring und Reflexion wird nun allerdings nur noch in vier Unterkategorien dekomponiert (vgl. Kapitel 4.3.1.2). Dabei stehen für jeden der drei Bereiche annähernd identische Unterkategorien zur Verfügung. Dies trägt dazu bei, dass das Kategoriensystem für den Kodierer leicht zu memorieren ist.
Die Wahl der Unterkategorien orientiert sich an folgenden Aspekten: Schon das KATMeDU hält Kodes für den Fall bereit, dass recht direkt Bezug auf Vorstellungen genommen wird, d. h. vor allem (Fehl-)Vorstellungen überwacht oder sie zum Gegenstand von Reflexionsaktivitäten werden. Es geht hier also um Facetten der „klassischen" Metakognition im Sinne des Denkens über das Denken. Diese Kodes sind für das vAMeDU übernommen worden. Für die weiteren Unterkategorien steht nun allerdings nicht mehr im Fokus der Aufmerksamkeit, ob sich die ausgemachte Planungsaktivität auf die Planung eines Werkzeugs, die Monitoringaktivität auf die Kontrolle einer Argumentation und die Reflexionsaktivität auf die Strukturanalyse eines Terms konzentriert, wie es im KATMeDU der Fall ist. Es ist vor allem die Information interessant, ob die Bezugsgrundlage der Aktivität

Idee eines Schülers ist oder nicht. Diese Idee kann dabei schriftlich oder mündlich vorliegen. Konzentrieren sich Planung, Monitoring oder Reflexion nicht auf etwas von einem Schüler Eingebrachtes, so ist es in der Regel etwas vom Lehrer Hereingegebenes. Durch diese Art der Unterscheidung von Unterkategorien wird der Fokus verstärkt in eine Richtung gelenkt, die die Frage nach der Auseinandersetzung miteinander in den Blick nimmt. Es wird in Betracht gezogen, inwiefern Schülerideen ernst genommen sowie weiterentwickelt werden und von wem (Schüler oder Lehrer) dies mit welcher Intensität (bspw. über begründete Aussagen) durchgeführt wird. Für die Ausdifferenzierung der Kategorien zur Diskursivität und zur Negativen Diskursivität ist ein ähnlicher Umfang beibehalten worden, wie ihn auch das KATMeDU aufweist (vgl. Kapitel 4.3.1.3 und 4.3.1.4).
Damit stehen insgesamt immer noch ausdifferenzierte Kategorien zur Verfügung, die in ihrer Anzahl dennoch deutlich reduziert wurden. Hinzu kommt, dass die Anzahl der Kategorien, die bei der Analyse gemäß dem vAMeDU für einen Beitrag vergeben werden kann, beschränkt worden ist. Im Rahmen der Arbeit mit dem KATMeDU gibt es solch eine Beschränkung nicht. Ihre Einführung dient der Reduzierung der komplexen Möglichkeiten bei der Kategorisierung eines Beitrags.
Bei der Arbeit mit den so gewählten Kategorien zeigte sich, dass sie grundsätzlich geeignet sind, die Art und Weise, gemäß der Metakognition und (Negative) Diskursivität in dem analysierten Unterrichtsgespräch auftreten, widerzuspiegeln. Dabei ergaben sich auch durchaus Unterschiede in den Datensätzen zu verschiedenen Stunden, sodass davon auszugehen ist, dass die Kategorisierung noch ausreichend differenzierend ist. Für einige Kategorien aus dem Bereich der Diskursivität war letztendlich gar das Fazit zu ziehen, dass eine geringere Ausdifferenzierung hier ebenfalls noch ausreichend gewesen wäre. Die graphischen Profile boten auch bei Anwendung der neu entwickelten Kategorien ausreichende Möglichkeiten, etwas über die je vorliegende Unterrichtsprozessstruktur auszusagen. Es sind zudem letztendlich kaum Stellen aufgefallen, die durch die Kategorisierung nicht so herausgearbeitet werden konnten, wie es ihnen gebührt hätte. Kapitel 5.6.3 beinhaltet ein Beispiel für eine solche Stelle.
Als weiteres Ziel ist das folgende angegeben worden:

- Es ist ein Verfahren zu entwickeln, mit dem die Kodierungsdaten im Anschluss an den Kodierprozess standardisiert ausgewertet werden können. Das Ergebnis dieses Auswertungsschritts sollte dabei ein Format haben, das Vergleichen zwischen den Ergebnissen der Analyse verschiedener Unterrichtsgespräche entgegenkommt und damit einer weiterführenden Auswertung förderlich ist.

Im Rahmen dieser Arbeit wird ein Verfahren vorgeschlagen, das versucht, den obigen Forderungen gerecht zu werden (vgl. Kapitel 4.4). Die zentrale Rolle spielen im Rahmen dieses Verfahrens sechs verschiedene, die Auswertung der Kodierungsdaten leitende Fragen, die sich auf unterschiedliche Merkmale einer metakognitiv-diskursiven Unterrichtskultur konzentrieren. Um zu einer Antwort auf diese Fragen zu gelangen, wird exakt vorgegeben, in welcher Reihenfolge welche Aspekte der Kodierungsdaten in den Blick genommen werden sollen. Schließlich stehen vorgegebene Antwortmöglichkeiten zur Verfügung, aus denen die für den vorliegenden Datensatz geeignetste ausgewählt werden muss. Auf diese Art und Weise liegt das Ergebnis der Auswertung der Kodierungsdaten schließlich in Form eines Sechs-Tupels vor. Jeder Eintrag in dem Sechs-Tupel markiert die Antwort auf eine der sechs Fragen.

Das gesamte Analyseverfahren ist an einem systematisch erhobenen Datensatz erprobt worden. In acht gymnasialen Klassen des 7. Jahrgangs wurden jeweils zwei Unterrichtsstunden videographiert. Die Gesprächsanalyse konzentrierte sich schließlich auf Phasen der Besprechung von Aufgaben, die die Schüler zuvor in Einzel-, Partner- oder Gruppenarbeit vorbereitet hatten. Die Auswertung der Kodierungsdaten bis hin zu dem Vorliegen eines Sechs-Tupels hat dazu geführt, dass unterschiedliche Typen der Gesprächsführung aufgedeckt werden konnten. Ein Typ zeichnet sich dadurch aus, dass keine metakognitiv-diskursive Unterrichtskultur vorliegt. Dies bedeutet u. a., dass die gezielte und dauerhafte Evozierung metakognitiver Aktivitäten nicht in der Unterrichtskultur verankert zu sein scheint und auch auf diskursive Aktivitäten kein Wert gelegt wird. Ein weiterer Typ ist dagegen dadurch gekennzeichnet, dass in dem Unterrichtsgespräch durchaus Wert auf Metakognition und Diskursivität gelegt wird, beides aber vornehmlich dann auftritt, wenn der Lehrer es ausübt oder immer wieder lokal initiiert. Im Unterschied hierzu zeichnet sich der dritte Typ dadurch aus, dass die Schüler auch selbstständig metakognitiv und diskursiv aktiv werden, wenn sich die entsprechenden Gelegenheiten dazu bieten. Die Unterschiedlichkeit dieser Typen ist in dieser Arbeit nicht nur unter Rückgriff auf die Kodierungsdaten behauptet, sondern ebenfalls anhand von beispielhaft ausgewählten Transkriptausschnitten dargelegt worden (vgl. Kapitel 5.4.4). Was derzeit noch fehlt, sind Untersuchungen von Zusammenhängen zwischen dem je vorliegenden Typ von Gesprächsführung und Aspekten, wie der Leistung der Schüler, ihrer Motivation, ihrer selbst erfahrenen kognitiven Aktivierung usw. Derartiges stand nicht im Fokus dieser Arbeit, ist aber für eine weiterreichende Erforschung der mit der Etablierung einer metakognitiv-diskursiven Unterrichtskultur ggf. einhergehenden Effekte zentral.

Schließlich ist noch folgendes Ziel formuliert worden:

- Sowohl für den Kodierprozess selbst als auch für den Prozess der Auswertung der Kodierungsdaten ist zu überprüfen, inwiefern sie von anderen Personen in Übereinstimmung mit dem Autor dieser Arbeit durchgeführt werden können. Des Weiteren ist zu überprüfen, inwiefern Validitätskriterien erfüllt werden.

Zu der Frage nach der Übereinstimmung zweier Kodierer bei der Anwendung des Kategoriensystems ist eine Überprüfung durchgeführt worden (vgl. Kapitel 5.3.2). Bei der hier angelegten Art der Messung zeigte sich vor allem in Bezug auf die Kodes für diskursive und negativ diskursive Aktivitäten Problematisches. Sie sind recht selten vergeben worden, was eine Übereinstimmungsmessung schwierig gestaltet. Auf der Basis der Betrachtung absoluter Zahlen konnte hier schließlich nur das Fazit gezogen werden, dass beide Kodierer einheitlich eine hohe Schwelle aufgebaut haben, d. h. das jeweilige Merkmal eher selten erkennen. Falls jedoch einer der Kodierer eine solche Kategorie vergibt,

dann ist vor allem im Bereich der Negativen Diskursivität die Wahrscheinlichkeit noch gering, dass auch der andere Kodierer entsprechend entscheidet.
Auch die Übereinstimmung bei der Auswertung der Kodierungsdaten ist überprüft worden (vgl. Kapitel 5.3.2). Hier wurde Wert darauf gelegt, dass der zweite Auswerter keine Kenntnis des Videos besitzt, sondern allein auf der Basis der Kodierungsdaten urteilen muss. Insgesamt zeigten sich hier wenige Differenzen zwischen den Auswertern. Wenn solche Auftraten, implizierten sie keine gravierenden Abweichungen im Urteil.
In Bezug auf die Überprüfung der Validität haben verschiedene Kriterien Berücksichtigung gefunden. Zunächst einmal ist die theoretische Fundierung des Analyseverfahrens, die in den ersten Kapiteln dieser Arbeit dargestellt ist, zu nennen. Des Weiteren sind in die Entwicklung des Kategoriensystems zur videobasierten Analyse die Ergebnisse zahlreicher Diskussionen eingegangen, die mit Wissenschaftlern am Institut für Kognitive Mathematik und anderer Universitäten geführt wurden. Insbesondere gab es Gelegenheiten, die Ideen hinter dem vAMeDU mit Ausbildern an Studienseminaren zu debattieren und den Nutzen der Kategorien auch aus ihrer Sicht einschätzen zu lassen. Neben diesen Aspekten den Aufbau des Kategoriensystems betreffend lag der Schwerpunkt der Angaben zur Validität schließlich auf der Auswertung einer Fragebogenerhebung. Die Validität der über das Analyseverfahren erzielten Ergebnisse wurde so geprüft (vgl. Kapitel 5.5). Die Fragebogenerhebung ist unter den Schülern durchgeführt worden, deren Unterricht der in dieser Arbeit dokumentierten Erprobung des Analyseverfahrens zugrunde liegt. Damit wird eine Art von Außenkriterium zur Beantwortung von Validitätsfragen herangezogen, das Schwächen birgt. Diese gilt es bei der Interpretation der Ergebnisse zu beachten. Zunächst einmal weisen die Resultate jedoch darauf hin, dass die Schüler in ihrem Unterricht ähnliche Tendenzen erkennen, wie es auch die Videoanalyse gezeigt hat. Dabei wurden die Resultate der Videoanalyse nicht in ihrer gesamten Detailgenauigkeit ausgeschöpft. Geschieht dies dennoch, zeigen sich Abweichungen. Letztlich war dies jedoch zu erwarten, bspw. da die Items des Fragebogens nicht exakt auf all jene Aspekte abzielen, die im Rahmen der Videoanalyse eine Rolle spielen und Schüler keine didaktischen Experten sind.

In Bezug auf Vorhaben, zu denen das videobasierte Analyseinstrument zukünftig eingesetzt werden könnte, sollen, wie angekündigt, abschließend zwei Bereiche thematisiert werden: Forschungsvorhaben zur Untersuchung der Wirksamkeit metakognitiv-diskursiv geprägter Unterrichtsgespräche und die Aus- und Fortbildung von Lehrern.
In Kapitel 2 ist zur Darstellung des Beweggrunds für diese Arbeit bereits auf Studien hingewiesen worden, im Rahmen derer Erklärungsbedarf besteht: Entweder zeigen sie keine erwartungskonformen Ergebnisse oder die Mechanismen, die zu erwartungskonformen Ergebnissen geführt haben, sind unklar. Eine Analyse des im Rahmen solcher Studien erhobenen Videodatenmaterials mit dem vAMeDU würde zunächst einmal den Verlauf der Gespräche unter den Gesichtspunkten von Metakognition und Diskursivität aufdecken. Es wäre zu überprüfen, ob sich auch hier verschiedene Verlaufstypen identifizieren lassen und diese Verlaufstypen Potenzial bieten, bisher nicht Verstandenes zu erklären, bspw.

weil sie bisher versteckte Gesprächsstrukturen sichtbar machen. Zu den beiden Lehrern Peter und Anna, deren Unterricht in Studien von Depaepe et al. (2010) analysiert wurde (vgl. auch Kapitel 2.1), sind in Kapitel 2.3 bereits graphische Profile diskutiert worden. Liegen diesen graphischen Profilen zugegebenermaßen auch nur sehr kurze Transkriptausschnitte zugrunde, so lässt sich doch feststellen, dass diese graphischen Profile nicht auf eine metakognitiv-diskursive Unterrichtskultur hinweisen. Sowohl der Unterricht von Anna als auch jener von Peter scheint eher in Richtung des Typs „keine metakognitiv-diskursive Unterrichtskultur" zu deuten. Ob dies als Grund dafür gelten kann, dass sich die erwarteten Leistungsunterschiede zwischen den Schülern von Peter und Anna nicht zeigten, sollte gezielt untersucht werden. Das Erklärungspotenzial verschiedener Typen der Gesprächsführung ist also in den Blick zu nehmen, und zwar dadurch, dass nach Zusammenhängen gesucht wird zwischen den identifizierten Typen und anderem Datenmaterial der Erhebung, z. B. Leistungsdaten.

In Bezug auf den Bereich der Aus- und Fortbildung von Lehrern zeigen Veenman et al. (2006, S. 10) die bestehende Problemlage wie folgt auf:

> „Teachers are absolutely willing to invest effort in the instruction of metacognition within their lessons, but they need the 'tools' for implementing metacognition as an integral part of their lessons, and for making students aware of their metacognitive activities and the utility of those activities."

Die Analyse von Unterricht mit dem vAMeDU kann im Sinne der in dem Zitat geforderten „tools" wirken. Es stellt zunächst einmal eine Theorie und Begriffe zur Verfügung, wodurch überhaupt erst ein Zugang zu dem Unterricht eröffnet wird. Dies ist vor dem Hintergrund des Bonmots „Nur wer Begriffe und Theorien im Kopf hat, sieht etwas" hoch zu bewerten. Das Analyseverfahren ist zudem auch mit dem hier vorgestellten, gekürzten Kategoriensystem noch so aufgebaut, dass ein tiefes Eindringen in die zu analysierende Kommunikation notwendig ist, um die Kategorien setzen zu können. Damit erfordert es also eine tiefgehende Auseinandersetzung mit den Unterrichtsgesprächen, die den Kodierer auf vorher nicht bemerkte Aspekte aufmerksam machen kann. Gespräche unter den Lehrern darüber, auf welche Art und Weise es in verschiedenen videographierten Unterrichtssituationen gelungen ist, ein metakognitiv-diskursives Unterrichtsgespräch anzuleiten, können schließlich Hilfen darstellen, um selbst gezielt Metakognition zusammen mit Diskursivität im Unterrichtsdiskurs zu evozieren. Andersherum können auch in dem Video beobachtete, wenig gelungene Szenen dazu beitragen, Ähnliches im eigenen Unterricht möglichst nicht aufkommen zu lassen.

Durch seine Videobasiertheit erspart das Analyseverfahren das Anfertigen von Transkripten. Dies ist eine zeitraubende Angelegenheit, die, wenn es um die Aus- und Fortbildung von Lehrern anhand ihres eigenen Unterrichts geht, wohl von den Lehrern selbst übernommen würde und damit stark ins Gewicht fiele. Zu überlegen bleibt, wie die Auswertung der Kodierungsdaten gestaltet werden könnte, sodass sie möglichst schnell und ohne all zu viel Einsatz verschiedener Software gelänge. Da vermutlich überwiegend kleinere

Datensätze vorliegen würden, wäre es z. B. denkbar, nicht mit graphischen Profilen, sondern mit den im Timeline-Fenster der Software „Videograph" eingetragenen Kategorien direkt zu arbeiten. Insgesamt ist bei dieser Einsatzmöglichkeit des vAMeDU jedoch wohl eher der Weg das Ziel: Dem Kodierprozess selbst kommt gesteigerte Bedeutung zu, weniger der Auswertung der Kodierungsdaten.

Damit sind zwei Felder aufgezeigt, in denen der Einsatz des entwickelten Analyseinstruments nicht nur denkbar wäre, sondern in denen es gar Hinweise auf entsprechenden Bedarf gibt. Durch die im Rahmen dieser Arbeit dokumentierte Reduktion des Aufwands bei der Analyse metakognitiver und diskursiver Aktivitäten zeigt sich nun die Möglichkeit, auf diesen Bedarf reagieren zu können.

Literaturverzeichnis

Artelt, C. (2000): Wie prädiktiv sind retrospektive Selbstberichte über den Gebrauch von Lernstrategien für strategisches Lernen? *Zeitschrift für Pädagogische Psychologie,* 14 (2/3), S. 72–84.

Azevedo, R. (2005): Using Hypermedia as a Metacognitive Tool for Enhancing Student Learning? The Role of Self-Regulated Learning. *Educational Psychologist,* 40 (4), S. 199–209.

Baptist, P. und Winter, H. (2001): Überlegungen zur Weiterentwicklung des Mathematikunterrichts in der Oberstufe des Gymnasiums, S. 54–76. In: Tenorth, H.-E. (Hrsg.): *Kerncurriculum Oberstufe. Mathematik - Deutsch - Englisch.* Weinheim [u. a.]: Beltz.

Baumert, J.; Kunter, M.; Blum, W.; Brunner, M.; Voss, T.; Jordan, A.; Klusmann, U.; Krauss, S.; Neubrand, M. und Tsai, Y.-M. (2010): Teachers' Mathematical Knowledge, Cognitive Activation in the Classroom, and Student Progress. *American Educational Research Journal,* 47 (1), S. 133–180.

Bellack, A. A.; Kliebard, H. M.; Hyman, R. T. und Smith, F. L. (1966): *The Language of the Classroom.* New York: Teachers College Press, Columbia University.

Berthold, K. und Renkl, A. (2010): How to Foster Active Processing of Explanations in Instructional Communication. *Educational Psychology Review,* 22 (1), S. 25–40.

Brown, A. L. (1984): Metakognition, Handlungskontrolle, Selbststeuerung und andere, noch geheimnisvollere Mechanismen, S. 60–109. In: Weinert, F. E. und Kluwe, R. H. (Hrsg.): *Metakognition, Motivation und Lernen.* Stuttgart [u. a.]: Kohlhammer.

Clausen, M. (2002): *Unterrichtsqualität: Eine Frage der Perspektive? Empirische Analysen zur Übereinstimmung, Konstrukt- und Kriteriumsvalidität.* Münster [u. a.]: Waxmann.

Cohors-Fresenborg, E. (2001): Mathematik als Werkzeug zur Wissensrepräsentation: das Osnabrücker Curriculum. *Der Mathematikunterricht,* 47 (1), S. 5–13.

Cohors-Fresenborg, E. (2011): Metakognitive und diskursive Aktivitäten im Unterricht der Mathematik und anderer geisteswissenschaftlicher Fächer, S. 183–186. In: *Beiträge zum Mathematikunterricht 2011.* Münster: WTM.

Cohors-Fresenborg, E. (im Druck): Metakognitive und diskursive Aktivitäten - ein intellektueller Kern im Unterricht der Mathematik und anderer geisteswissenschaftlicher Fächer. In: *Tagungsband der GFD-Fachtagung 2011 „Formate Fachdidaktischer Forschung. Empirische Projekte, historische Analysen, theoretische Grundlegungen"*.

Cohors-Fresenborg, E. und Kaune, C. (2003): Mechanismen des Wirksamwerdens von Metakognition bei Verstehensprozessen im Mathematikunterricht, S. 21–34. In: Hefendehl-Hebeker, L. und Hußmann, S. (Hrsg.): *Mathematikdidaktik zwischen Fachorientierung und Empirie. Festschrift für Norbert Knoche*. Hildesheim: Franzbecker.

Cohors-Fresenborg, E. und Kaune, C. (2007a): *Kategoriensystem für metakognitive Aktivitäten beim schrittweise kontrollierten Argumentieren im Mathematikunterricht. Arbeitsbericht Nr. 44*. 2. Auflage, Osnabrück: Forschungsinstitut für Mathematikdidaktik.

Cohors-Fresenborg, E. und Kaune, C. (2007b): Kategorisierung von Diskursen im Mathematikunterricht bezüglich metakognitiver und diskursiver Anteile, S. 233–247. In: Peter-Koop, A. und Bikner-Ahsbahs, A. (Hrsg.): *mathematische bildung - mathematische leistung*. Hildesheim: Franzbecker.

Cohors-Fresenborg, E.; Kaune, C. und Griep, M. (1991): *Einführung in die Computerwelt mit Registermaschinen. Textbuch für Schüler.* 4. Auflage, Osnabrück: Forschungsinstitut für Mathematikdidaktik.

Cohors-Fresenborg, E.; Kaune, C. und Zülsdorf-Kersting, M. (in Vorbereitung): *Metakognition im Unterrichtsdiskurs*.

Cohors-Fresenborg, E.; Kramer, S.; Pundsack, F.; Sjuts, J. und Sommer, N. (2010): The role of metacognitive monitoring in explaining differences in mathematics achievement. *ZDM - The International Journal on Mathematics Education,* 42 (2), S. 231–244.

De Lisi, R. und Golbeck, S. L. (1999): Implications of Piagetian Theory for Peer Learning, S. 3–37. In: O'Donnell, A. M. und King, A. (Hrsg.): *Cognitive Perspectives on Peer Learning*. Mahwah, NJ [u. a.]: Erlbaum.

Depaepe, F.; De Corte, E. und Verschaffel, L. (2007): Unravelling the culture of the mathematics classroom: A video-based study in sixth grade. *International Journal of Educational Research,* 46 (5), S. 266–279.

Depaepe, F.; De Corte, E. und Verschaffel, L. (2010): Teachers' metacognitive and heuristic approaches to word problem solving: analysis and impact on students' beliefs and performance. *ZDM - The International Journal on Mathematics Education,* 42 (2), S. 205–218.

Diesbergen, C. (1998): *Radikal-konstruktivistische Pädagogik als problematische Konstruktion. Eine Studie zum Radikalen Konstruktivismus und seiner Anwendung in der Pädagogik.* Bern [u. a.]: Lang.

Ernest, P. (1994): Constructivism: Which Form Provides the Most Adequate Theory of Mathematics Learning? *Journal für Mathematik-Didaktik,* 15 (3/4), S. 327–342.

Fischer, F. (2002): Gemeinsame Wissenskonstruktion - Theoretische und methodologische Aspekte. *Psychologische Rundschau,* 53 (3), S. 119–134.

Garofalo, J. und Lester, F. K. (1985): Metacognition, Cognitive Monitoring, and Mathematical Performance. *Journal for Research in Mathematics Education,* 16 (3), S. 163–176.

Gerstenmaier, J. und Mandl, H. (1995): Wissenserwerb unter konstruktivistischer Perspektive. *Zeitschrift für Pädagogik,* 41 (6), S. 867–888.

Goos, M.; Galbraith, P. und Renshaw, P. (2002): Socially mediated metacognition: creating collaborative zones of proximal development in small group problem solving. *Educational Studies in Mathematics,* 49 (2), S. 193–223.

Gretzmann, E. M. (2007): *Anwendung und Vergleich verschiedener Kategoriensysteme zur Analyse von Mathematikunterricht.* Unveröffentlichte Hausarbeit im Rahmen der Ersten Staatsprüfung für das Lehramt an Gymnasien.

Gretzmann, E. M. (2010): Eine metakognitiv-diskursive Unterrichtskultur als Grundlage kognitiver Aktivierung im Mathematikunterricht, S. 357–360. In: *Beiträge zum Mathematikunterricht 2010.* Münster: WTM.

Greve, W. und Wentura, D. (1997): *Wissenschaftliche Beobachtung. Eine Einführung.* Weinheim: Psychologie Verlags Union.

Halmos, P. R. (1980): The Heart of Mathematics. *The American Mathematical Monthly,* 87 (7), S. 519–524.

Hasselhorn, M. (2006): Metakognition, S. 480–485. In: Rost, D. H. (Hrsg.): *Handwörterbuch Pädagogische Psychologie*. 3. Auflage, Weinheim [u. a.]: Beltz.

Hogan, D. M. und Tudge, J. R. H. (1999): Implications of Vygotsky's Theory for Peer Learning, S. 39–65. In: O'Donnell, A. M. und King, A. (Hrsg.): *Cognitive Perspectives on Peer Learning*. Mahwah, NJ [u. a.]: Erlbaum.

Hugener, I. (2008): *Inszenierungsmuster im Unterricht und Lernqualität. Sichtstrukturen schweizerischen und deutschen Mathematikunterrichts in ihrer Beziehung zu Schülerwahrnehmung und Lernleistung - eine Videoanalyse.* Münster [u. a.]: Waxmann.

Hugener, I.; Pauli, C. und Reusser, K. (2006): Videoanalysen. In: Klieme, E.; Pauli, C. und Reusser, K. (Hrsg.): *Dokumentation der Erhebungs- und Auswertungsinstrumente zur schweizerisch-deutschen Videostudie „Unterrichtsqualität, Lernverhalten und mathematisches Verständnis"*. Frankfurt am Main: DIPF.

Hugener, I.; Pauli, C. und Reusser, K. (2007): Inszenierungsmuster, kognitive Aktivierung und Leistung im Mathematikunterricht. Analysen aus der schweizerisch-deutschen Videostudie, S. 109–121. In: Lemmermöhle, D; Rothgangel, M.; Bögeholz, S; Hasselhorn, M. und Watermann, R. (Hrsg.): *professionell lehren - erfolgreich lernen*. Münster [u. a.]: Waxmann.

Hugener, I.; Pauli, C.; Reusser, K.; Lipowsky, F.; Rakoczy, K. und Klieme, E. (2009): Teaching patterns and learning quality in Swiss and German mathematics lessons. *Learning and Instruction,* 19 (1), S. 66–78.

Kaune, C. (2001): Weiterentwicklung des Mathematikunterrichts: Die kognitionsorientierte Aufgabe ist mehr als „die etwas andere Aufgabe". *Der Mathematikunterricht,* 47 (1), S. 35–46.

Kaune, C. (2009): Analyse von Mathematikunterricht hinsichtlich des Einsatzes von metakognitiven Aktivitäten und Identifikation spezieller Unterrichtsskripts, S. 259–262. In: *Beiträge zum Mathematikunterricht 2009*. Münster: WTM.

Kaune, C. und Cohors-Fresenborg, E. (Hrsg., 2010): *Mathematik Gut Unterrichten. Analyse von Mathematikunterricht bezüglich metakognitiver und diskursiver Aktivitäten.* Osnabrück: Forschungsinstitut für Mathematikdidaktik.

Klieme, E.; Pauli, C. und Reusser, K. (2009): The Pythagoras Study: Investigating Effects of Teaching and Learning in Swiss and German Mathematics Classrooms, S. 137–160. In: Janik, T und Seidel, T. (Hrsg.): *The Power of Video Studies in Investigating Teaching and Learning in the Classroom*. Münster [u. a.]: Waxmann.

Klieme, E. und Reusser, K. (2003): Unterrichtsqualität und mathematisches Verständnis im internationalen Vergleich - Ein Forschungsprojekt und erste Schritte zur Realisierung. *Unterrichtswissenschaft,* 31 (3), S. 194–205.

Klieme, E.; Schümer, G. und Knoll, S. (2001): Mathematikunterricht in der Sekundarstufe I: „Aufgabenkultur" und Unterrichtsgestaltung, S. 43–57. In: Bundesministerium für Bildung und Forschung (Hrsg.): *TIMSS - Impulse für Schule und Unterricht. Forschungsbefunde, Reforminitiativen, Praxisberichte und Video-Dokumente*. Bonn: BMBF.

Kluge, S. (1999): *Empirisch begründete Typenbildung. Zur Konstruktion von Typen und Typologien in der qualitativen Sozialforschung.* Opladen: Leske + Budrich.

Konrad, K. (2005): *Förderung und Analyse von selbstgesteuertem Lernen in kooperativen Lernumgebungen: Bedingungen, Prozesse und Bedeutung kognitiver sowie metakognitiver Strategien für den Erwerb und Transfer konzeptuellen Wissens.* Lengerich [u. a.]: Pabst.

Kramarski, B. und Mevarech, Z. R. (2003): Enhancing Mathematical Reasoning in the Classroom: The Effects of Cooperative Learning and Metacognitive Training. *American Educational Research Journal,* 40 (1), S. 281–310.

Kramer, S. (2009): Diagnose metakognitiver Aktivitäten - Trainingsmaßnahmen für Mathematiklehrkräfte, S. 255–258. In: *Beiträge zum Mathematikunterricht 2009*. Münster: WTM.

Kuckartz, U. (2010): Typenbildung, S. 553–568. In: Mey, G. und Mruck, K. (Hrsg.): *Handbuch Qualitative Forschung in der Psychologie*. Wiesbaden: VS Verlag für Sozialwissenschaften.

Kunter, M. und Baumert, J. (2006): Linking TIMSS to Research on Learning and Instruction: A Re-analysis of the German TIMSS and TIMSS Video Data, S. 335–351. In: Howie, S. J. und Plomp, T. (Hrsg.): *Contexts of Learning Mathematics and Science. Lessons learned from TIMSS*. London [u. a.]: Routledge.

Kunter, M.; Baumert, J.; Blum, W.; Klusmann, U.; Krauss, S. und Neubrand, M. (Hrsg., 2011): *Professionelle Kompetenz von Lehrkräften. Ergebnisse des Forschungsprogramms COACTIV.* Münster [u. a.]: Waxmann.

Kunter, M.; Brunner, M.; Baumert, J.; Klusmann, U.; Krauss, S.; Blum, W.; Jordan, A. und Neubrand, M. (2005): Der Mathematikunterricht der PISA-Schülerinnen und -Schüler. *Zeitschrift für Erziehungswissenschaft,* 8 (4), S. 502–520.

Lipowsky, F. (2007): Was wissen wir über guten Unterricht? Im Fokus: die fachliche Lernentwicklung, S. 26–30. In: Becker, G.; Feindt, A.; Meyer, H.; Rothland, M.; Stäudel, L. und Terhart, E. (Hrsg.): *Guter Unterricht. Maßstäbe & Merkmale - Wege & Werkzeuge*. Seelze: Friedrich.

Lipowsky, F.; Rakoczy, K.; Pauli, C.; Drollinger-Vetter, B.; Klieme, E. und Reusser, K. (2009): Quality of geometry instruction and its short-term impact on students' understanding of the Pythagorean Theorem. *Learning and Instruction,* 19 (6), S. 527–537.

Maturana, H. R. und Varela, F. J. (1987): *Der Baum der Erkenntnis. Die biologischen Wurzeln menschlichen Erkennens.* Bern [u. a.]: Scherz.

Mayer, R. E. (2004): Should There Be a Three-Strikes Rule Against Pure Discovery Learning? The Case for Guided Methods of Instruction. *American Psychologist,* 59 (1), S. 14–19.

Mayring, P. (2008): Neuere Entwicklungen in der qualitativen Forschung und der Qualitativen Inhaltsanalyse, S. 7–19. In: Mayring, P. und Gläser-Zikuda, M. (Hrsg.): *Die Praxis der Qualitativen Inhaltsanalyse*. 2. Auflage, Weinheim [u. a.]: Beltz.

Mayring, P. (2010a): Qualitative Inhaltsanalyse, S. 601–613. In: Mey, G. und Mruck, K. (Hrsg.): *Handbuch Qualitative Forschung in der Psychologie*. Wiesbaden: VS Verlag für Sozialwissenschaften.

Mayring, P. (2010b): *Qualitative Inhaltsanalyse. Grundlagen und Techniken.* 11. Auflage, Weinheim [u. a.]: Beltz.

Mehan, H. (1979): *Learning Lessons. Social Organization in the Classroom.* Cambridge [u. a.]: Harvard University Press.

Mevarech, Z. R. und Amrany, C. (2008): Immediate and delayed effects of meta-cognitive instruction on regulation of cognition and mathematics achievement. *Metacognition and Learning,* 3 (2), S. 147–157.

Mevarech, Z. R. und Fridkin, S. (2006): The effects of IMPROVE on mathematical knowledge, mathematical reasoning and meta-cognition. *Metacognition and Learning,* 1 (1), S. 85–97.

Mevarech, Z. R. und Kramarski, B. (1997): IMPROVE: A Multidimensional Method for Teaching Mathematics in Heterogeneous Classrooms. *American Educational Research Journal,* 34 (2), S. 365–394.

Mevarech, Z. R.; Tabuk, A. und Sinai, O. (2006): Meta-cognitive Instruction in Mathematics Classrooms: Effects on the Solution of Different Kinds of Problems, S. 73–81. In: Desoete, A. und Veenman, M. (Hrsg.): *Metacognition in Mathematics Education*. New York: Nova Science Publishers.

Mevarech, Z. R.; Terkieltaub, S.; Vinberger, T. und Nevet, V. (2010): The effects of metacognitive instruction on third and sixth graders solving word problems. *ZDM: The International Journal on Mathematics Education,* 42 (2), S. 195–203.

Nührenbörger, M. (2009): Interaktive Konstruktionen mathematischen Wissens - Epistemologische Analysen zum Diskurs von Kindern im jahrgangsgemischten Anfangsunterricht. *Journal für Mathematik-Didaktik,* 30 (2), S. 147–172.

Nowińska, E. A. (2010): *Kognitionsorientiertes Lehren - Analyse eines Implementationsprojektes zur Einführung des Funktionsbegriffs.* Osnabrück: Forschungsinstitut für Mathematikdidaktik.

Nüse, R. (1995): *Über die Erfindung/en des Radikalen Konstruktivismus. Kritische Gegenargumente aus psychologischer Sicht.* Weinheim: Deutscher Studien Verlag.

Palincsar, A. S. (1998): Social Constructivist Perspectives on Teaching and Learning. *Annual Review of Psychology,* 49, S. 345–375.

Pauli, C. und Lipowsky, F. (2007): Mitmachen oder zuhören? Mündliche Schülerinnen- und Schülerbeteiligung im Mathematikunterricht. *Unterrichtswissenschaft,* 35 (2), S. 101–124.

Pauli, C. und Reusser, K. (2000): Zur Rolle der Lehrperson beim kooperativen Lernen. *Schweizerische Zeitschrift für Bildungswissenschaften,* 22 (3), S. 421–441.

Piaget, J. (1985): *The Equilibration of Cognitive Structures: The Central Problem of Intellectual Development.* Chicago [u. a.]: University of Chicago Press.

Pólya, G. (1945): *How to solve it.* Princeton, NJ: Princeton University Press.

Renkl, A. (2005): Fünf Dogmen in der Diskussion zum Lernen und Lehren. Provokante Thesen zu dysfunktionalen Voreingenommenheiten, S. 11–23. In: Schilling, S. R.; Sparfeldt, J. R. und Pruisken, C. (Hrsg.): *Aktuelle Aspekte pädagogisch-psychologischer Forschung. Detlef H. Rost zum 60. Geburtstag.* Münster [u. a.]: Waxmann.

Reusser, K. (2006): Konstruktivismus - vom epistemologischen Leitbegriff zur Erneuerung der didaktischen Kultur, S. 151–168. In: Baer, M.; Fuchs, M.; Füglister, P.; Reusser, K. und Wyss, H. (Hrsg.): *Didaktik auf psychologischer Grundlage. Von Hans Aeblis kognitionspsychologischer Didaktik zur modernen Lehr- und Lernforschung.* Bern: hep.

Rimmele, R. (2005): *Videograph: Multimedia-Player zur Kodierung von Videos.* Kiel: IPN.

Ritsert, J. (1972): *Inhaltsanalyse und Ideologiekritik. Ein Versuch über kritische Sozialforschung.* Frankfurt am Main: Athenäum.

Schneeberger, M. (2008): Diskursiver Mathematikunterricht - mathematische Probleme im adaptiven Lehrer-Schüler- bzw. Schüler-Schüler-Dialog lösen, S. 709–712 zzgl. der Version des Aufsatzes auf der beiliegenden CD. In: *Beiträge zum Mathematikunterricht 2008.* Münster: WTM.

Schneider, W. und Artelt, C. (2010): Metacognition and mathematics education. *ZDM: The International Journal on Mathematics Education,* 42 (2), S. 149–161.

Schoenfeld, A. H. (1987a): Cognitive Science and Mathematics Education: An Overview, S. 1–31. In: Schoenfeld, A. H. (Hrsg.): *Cognitive Science and Mathematics Education.* London [u. a.]: Lawrence Erlbaum Associates.

Schoenfeld, A. H. (1987b): What's All the Fuss About Metacognition?, S. 189–215. In: Schoenfeld, A. H. (Hrsg.): *Cognitive Science and Mathematics Education.* London [u. a.]: Lawrence Erlbaum Associates.

Schoenfeld, A. H. (1992): Learning to think mathematically: problem solving, metacognition, and sense making in mathematics, S. 334–370. In: Grouws, D. A. (Hrsg.): *Handbook of Research on Mathematics Teaching and Learning*. New York: Macmillan.

Schwank, I. (1993): Verschiedene Repräsentationen algorithmischer Begriffe und der Aufbau mentaler Modelle. *Der Mathematikunterricht,* 39 (3), S. 12–26.

Sfard, A. und Kieran, C. (2001): Cognition as Communication: Rethinking Learning-by-Talking Through Multi-Faceted Analysis of Students' Mathematical Interactions. *Mind, Culture, and Activity,* 8 (1), S. 42–76.

Simon, P. (2006): Including Omission Mistakes in the Calculation of Cohen's Kappa and an Analysis of the Coefficient's Paradox Features. *Educational and Psychological Measurement,* 66 (5), S. 765–777.

Sjuts, J. (1999): *Mathematik als Werkzeug zur Wissensrepräsentation. Theoretische Einordnung , konzeptionelle Abgrenzung und interpretative Auswertung eines kognitions- und konstruktivismustheoriegeleiteten Mathematikunterrichts.* Osnabrück: Forschungsinstitut für Mathematikdidaktik.

Sjuts, J. (2001): Metakognition beim Mathematiklernen: das Denken über das Denken als Hilfe zur Selbsthilfe. *Der Mathematikunterricht,* 47 (1), S. 61–68.

Sjuts, J. (2003): Metakognition per didaktisch-sozialem Vertrag. *Journal für Mathematik-Didaktik,* 24 (1), S. 18–40.

Teasley, S. D. (1997): Talking About Reasoning: How Important Is the Peer in Peer Collaboration?, S. 361–384. In: Resnick, L. B.; Säljö, R.; Pontecorvo, C. und Burge, B. (Hrsg.): *Discourse, Tools, and Reasoning. Essays on Situated Cognition*. Berlin [u. a.]: Springer.

Van der Stel, M.; Veenman, M. V. J.; Deelen, K. und Haenen, J. (2010): The increasing role of metacognitive skills in math: a cross-sectional study from a developmental perspective. *ZDM: The International Journal on Mathematics Education,* 42 (2), S. 219–229.

Veenman, M. V. J. (2006): The Role of Intellectual and Metacognitive Skills in Math Problem Solving, S. 35–50. In: Desoete, A. und Veenman, M. (Hrsg.): *Metacognition in Mathematics Education*. New York: Nova Science Publishers.

Veenman, M. V. J.; Van Hout-Wolters, B. H. A. M. und Afflerbach, P. (2006): Metacognition and learning: conceptual and methodological considerations. *Metacognition and Learning,* (1) 1, S. 3–14.

Verschaffel, L.; De Corte, E.; Lasure, S.; Van Vaerenbergh, G.; Bogaerts, H. und Ratinckx, E. (1999): Learning to Solve Mathematical Application Problems: A Design Experiment with Fifth Graders. *Mathematical Thinking and Learning,* 1 (3), S. 195–229.

von Foerster, H. (2008): Entdecken oder Erfinden. Wie läßt sich Verstehen verstehen?, S. 41–88. In: Gumin, H. und Meier, H. (Hrsg.): *Einführung in den Konstruktivismus. Beiträge von Heinz von Foerster, Ernst von Glasersfeld, Peter M. Hejl, Siegfried J. Schmidt, Paul Watzlawick.* 10. Auflage, München [u. a.]: Piper.

von Glasersfeld, E. (1987): *Wissen, Sprache und Wirklichkeit. Arbeiten zum radikalen Konstruktivismus.* Braunschweig [u. a.]: Vieweg.

von Glasersfeld, E. (1996): *Radikaler Konstruktivismus. Ideen, Ergebnisse, Probleme.* Frankfurt am Main: Suhrkamp.

von Glasersfeld, E. (2008): Konstruktion der Wirklichkeit und des Begriffs der Objektivität, S. 9–39. In: Gumin, H. und Meier, H. (Hrsg.): *Einführung in den Konstruktivismus. Beiträge von Heinz von Foerster, Ernst von Glasersfeld, Peter M. Hejl, Siegfried J. Schmidt, Paul Watzlawick.* 10. Auflage, München [u. a.]: Piper.

Vygotsky, L. S. (1978): *Mind in Society. The Development of Higher Psychological Processes.* Cambridge [u. a.]: Harvard University Press.

Waasmaier, S. (2009): *Aktiv-entdeckendes, metakognitives Lernen im Mathematikunterricht der Hauptschule. Entwicklung und Förderung fachbezogener und fachübergreifender Kompetenzen im Rahmen eines Unterrichtsprojektes in der 7. und 8. Jahrgangsstufe.* Hildesheim [u. a.]: Franzbecker.

Walshaw, M. und Anthony, G. (2008): The Teacher's Role in Classroom Discourse: A Review of Recent Research Into Mathematics Classrooms. *Review of Educational Research,* 78 (3), S. 516–551.

Watzlawick, P. (Hrsg., 1997): *Die erfundene Wirklichkeit. Wie wissen wir, was wir zu wissen glauben? Beiträge zum Konstruktivismus.* 9. Auflage, München [u. a.]: Piper.

Webb, N. M. und Farivar, S. (1999): Developing Productive Group Interaction in Middle School Mathematics, S. 117–149. In: O'Donnell, A. M. und King, A. (Hrsg.): *Cognitive Perspectives on Peer Learning.* Mahwah, NJ [u. a.]: Erlbaum.

Wirtz, M. und Caspar, F. (2002): *Beurteilerübereinstimmung und Beurteilerreliabilität. Methoden zur Bestimmung und Verbesserung der Zuverlässigkeit von Einschätzungen mittels Kategoriensystemen und Ratingskalen.* Göttingen [u. a.]: Hogrefe.

Wuttke, E. (2005): *Unterrichtskommunikation und Wissenserwerb. Zum Einfluss von Kommunikation auf den Prozess der Wissensgenerierung.* Frankfurt a. M. [u. a.]: Peter Lang.

Anhang A

Das Kategoriensystem zur Analyse von Transkripten (KATMeDU)

Die im Folgenden abgedruckte Fassung des Kategoriensystems ist entnommen aus Cohors-Fresenborg et al. (in Vorbereitung) bzw. Cohors-Fresenborg (im Druck).
In dieser Arbeit wird auf dieses Kategoriensystem mit dem Kürzel KATMeDU (*K*ategoriensystem zur *A*nalyse von *T*ranskripten bzgl. *Me*takognition und *D*iskursivität im *U*nterrichtsdiskurs) verwiesen.

Planung		Monitoring		Reflexion		Diskursivität	
P1	Benennen anzuwendender **Werkzeuge / Methoden** oder zu erreichender **Zwischenergebnisse** oder **Darstellungen**	M1	Kontrolle: **fachspezifische Tätigkeit**	R1	**Strukturanalyse** einer fachspezifischen **Darstellung**	D1	Maßnahmen zur **Verbesserung** eines Diskurses / **Verankerung** eines Diskursbeitrages
P1a	einschrittig	M1a	durchführen (evtl. Fehler finden)	R1a	durchführen	D1a	Nennen von Bezugspunkten oder -personen
P1b	mehrschrittig	M1b	wie a, aber mehrschrittig / global prüfen	R1b	wie a, aber unter Berücksichtigung von Umformulierungen / Umstrukturierungen	D1b	wie a, mit Bezug auf weiter Zurückliegendes oder Fernerliegendes
P1c	alternative Werkzeuganwendung(en), Zwischenergebnisse oder Darstellungen benennen	M1c	wie a oder b, aber bezogen auf eine gedachte (alternative) Tätigkeit			D1c	wie a oder b, mit Absetzen von oder begründetem Zustimmen zu anderem Beitrag
P1d	wie a oder b oder c mit der Nennung von Anschlussstrategie					D1d	wie a,b oder c, mit Vergewisserung über Gesagtes / Geschriebenes, Wiederholung des Gesagten als Grundlage der weiteren Argumentation
						D1e	Maßnahmen (z.B. Strukturierung) zur Erleichterung eines Diskurses
P2	Planung **metakognitiver Aktivitäten**	M2	Kontrolle: **Terminologie**	R2	Reflexion über **Begriffe / Analogien / Metaphern**	D2	**Erziehung** zum Diskurs
				R2a	Gegenstand / Sachverhalt einem Begriff zuordnen	D2a	Regeln des Diskurses offen legen / verabreden
				R2b	Begriff in eine Begriffshierarchie einordnen	D2b	Einhaltung von Regeln des Diskurses einfordern
				R2c	Nachdenken über die Adäquatheit einer Begriffsbildung, Subsumption, Analogie oder Metapher		
		M3	Kontrolle: **Notation** (Syntax)	R3	Ergebnis eines Reflexionsprozesses ausgedrückt durch bewusste (fachspezifische) **Darstellung**	**Negative Diskursivität**	
				R3a	Kennzeichnung / Markierung	ND1	**Verstöße** gegen Regeln für einen geordneten **Diskursverlauf**
				R3b	spezielle Darstellung		
				R3c	wie a oder b, um Einsicht zu befördern, Fehlvorstellungen aufzudecken, Abstraktionsprozesse oder Metakognition anzuregen	ND1a	Frage stellen, bei der sich Antwort erübrigt (Suggestivfrage), oder deren Antwort nicht berücksichtigt wird
		M4	Kontrolle: Zulässigkeit von **Werkzeugeinsatz** oder **Methode**	R4	**Wirkungsweise** von fachspezifischen **Werkzeugen** oder **Methoden** einschätzen / **Angabe** eines **Werkzeugs**, mit dem vorgegebenes Ergebnis erzeugt werden kann	ND1b	Wiederholung von bereits Gesagtem, ohne dass ein neuer Gesichtspunkt dazu kommt

		M4a	durchführen	R4a	durchführen		
		M4b	wie a, aber verkettete Anwendung	R4b	wie a, aber verkettete Anwendung		
		M5	Kontrolle: Konsistenz von **Argumentation** oder **Arbeitsauftrag**	R5	**Strukturanalyse** einer **Argumentation**	ND1c	Einbringen alternativer Behauptungen oder Vorschläge, ohne diese abzusetzen; Äußerungen sind nicht erkennbar auf das Geschehen oder das Gesagte bezogen oder ihr Bezug ist nicht eindeutig
		M5a	durchführen (evtl. Fehler oder Inkonsistenz finden)	R5a	durchführen		
		M5b	wie a, aber mehrschrittig / global prüfen	R5b	wie a, mit Veränderung von Standpunkt, Wortwahl, Begriff, Argumentationsführung feststellen		
		M5c	wie a oder b, aber bezogen auf eine alternative (bisher nicht vorliegende) Argumentation			ND1d	unkommentierter Wechsel von Bezugspunkt / Bedeutung
		M6	Kontrolle: **Passung** von **Ergebnis** und **Fragestellung**	R6	**Reflektierende Einschätzung / Evaluation**	ND2	**inadäquate Wortwahl** zur Beschreibung oder Kommentierung
		M6a	überprüfen eines Ergebnisses auf Plausibilität	R6a	wichtige Stellen, Ideen herausarbeiten, (Zwischen-)bilanz ziehen		
		M6b	Modellierungsansatz oder Planungsansatz überprüfen	R6b	(eigene) Stärken, Schwächen, Fehler, Fehlvorstellungen, allgemeine Schwierigkeiten		
		M6c	Überwachung des Sach- und Zielbezuges	R6c	(eigenes) Verständnis analysieren		
		M7	**Fehlvorstellung** aufdecken	R7	Zusammenspiel zwischen **Darstellung** und **Vorstellung** thematisieren	ND3	**falsche logische Struktur** einer Argumentation
		M7a	durchführen				
		M7b	wie a, zusätzlich festgestellt, dass diese grundsätzlicher Art sind oder häufig vorkommen				
		M8	**Selbstüberwachung**			ND4	**keine Intervention** gegen gravierenden Verstoß der Regeln eines Diskurses ergriffen, insbesondere nicht gegen Auseinanderfallen von Diskussionssträngen; Einwand wird (mittelfristig) nicht berücksichtigt
		M8a	fachspezifische Tätigkeit				
		M8b	Terminologie				
		M8c	Notation				
		M8d	Werkzeugeinsatz oder Methode				
		M8e	Argumentation				
		M8f	Kontrolle: Passung von Ergebnis und Fragestellung				
		M8g	metakognitive Aktivitäten				

Anhang B

Übersicht über die Regeln zur Auswertung der Kodierungsdaten

1. Betrachtung der prozentualen Anteile an Unterrichtszeit, die auf Schüler- und Lehrerbeiträge entfallen

Um einen Eindruck von dem Gewicht zu gewinnen, mit dem Lehrer und Schüler an dem Unterrichtsgespräch beteiligt sind, sollen in einem ersten Schritt die Anteile an Unterrichtszeit betrachtet werden, die auf Lehrer- und Schülerwortmeldungen entfallen.

2. Betrachtung der Abfolge, in der metakognitive Aktivitäten in der analysierten Szene auftreten

Um einen ersten Eindruck davon zu gewinnen, auf welche Art und Weise metakognitive Aktivitäten in das Unterrichtsgespräch eingebettet sind, was Charakteristikum der je vorliegenden Unterrichtskultur ist, ist das graphische Profil daraufhin zu untersuchen, ob sich bestimmte Abfolgen von Kategorien als charakteristisch für die Szene bezeichnen lassen. Solche Abfolgen werden im Folgenden „Muster“ genannt.

Prototypische Muster können sein:

Muster A

Muster, das sich dadurch auszeichnet, dass es über mindestens zehn Lehrerbeiträge hinweg zwar des Öfteren einen Wechsel zwischen Schüler- und Lehreräußerungen gibt, sich aber metakognitive und diskursive Aktivitäten (jeweils inklusive Aufforderungen dazu), wenn überhaupt, dann ausschließlich auf der Seite des Lehrers zeigen. Treten zu Beginn und/oder am Ende einer Phase, die gemäß Muster A aufgebaut ist, andere Muster auf, so werden diese vorrangig gesetzt.

Muster B

Muster, das sich dadurch auszeichnet, dass sich anders als bei Muster A sowohl auf der Lehrer- als auch auf der Schülerseite metakognitive und/oder diskursive Aktivitäten zeigen. Sie treten dabei in folgender Abfolge auf:

Muster B1

Zunächst fordert der Lehrer zu einer metakognitiven oder diskursiven Aktivität auf. Unmittelbar nach der Aufforderung zeigt sich auf der Schülerseite auch eine zu der geforderten Aktivität passende Aktion. Auf diese folgt wiederum unmittelbar eine metakognitive Aktivität mit Bezug auf einen Schülerbeitrag auf der Seite des Lehrers.

Muster B2

Anders als bei Muster B1 zeigt sich keine Aufforderung zu einer metakognitiven oder diskursiven Aktivität auf der Seite des Lehrers. Es liegt jedoch eine metakognitive und/oder diskursive Aktivität auf der Schülerseite vor, in deren unmittelbarer Folge sich auf der Lehrerseite eine metakognitive Aktivität mit Bezug auf einen Schülerbeitrag zeigt.
Für den Fall, dass nicht Muster A vorliegt, fällt ebenfalls folgendes Muster unter B2: Anders als bisher für das Vorliegen von B2 verlangt, zeigt sich nun auf der Seite der Schüler ein Beitrag, der mit keiner Kategorie aus den Bereichen der Metakognition oder der Diskursivität versehen ist, auf den aber dennoch ein Lehrerbeitrag folgt, der mit einer Kategorie versehen ist, die eine metakognitive Aktivität mit Bezug auf einen Schülerbeitrag anzeigt.

Muster C

Muster, das sich dadurch auszeichnet, dass analog zu Muster B1 zunächst der Lehrer zu einer metakognitiven oder diskursiven Aktivität auffordert und sich auf der Seite der Schüler unmittelbar nach der Aufforderung auch eine zu der geforderten Aktivität passende Aktion zeigt. Allerdings zeigt sich nach dem Beitrag des Schülers auf der Seite des Lehrers keine metakognitive Aktivität mit Bezug auf einen Schülerbeitrag.

Muster D

Muster, das sich anders als Muster C dadurch auszeichnet, dass sich auf der Seite der Schüler metakognitive und/oder diskursive Aktivitäten zeigen, ohne dass eine entsprechende Aufforderung des Lehrers dazu vorausgeht. Das Muster wird dann vermerkt, wenn mehr als zwei Schülerbeiträge, kaum unterbrochen durch Beiträge des Lehrers, aufeinander folgen, von denen sich mindestens einer durch metakognitive und/oder diskursive Aktivitäten (jeweils inklusive Aufforderungen dazu) auszeichnet. Zudem dürfen Muster C oder Muster B2 nicht vorliegen.

Hinweise:

Qualitative Aspekte, wie bspw. das Auftreten von Kategorien aus dem Bereich der Negativen Diskursivität, finden an dieser Stelle noch keine Beachtung.

Es ist zudem nicht davon auszugehen, dass sich in einer analysierten Szene nur Muster einer Sorte zeigen. Daher sollten in einem ersten Auswertungsdurchgang lediglich Muster identifiziert werden. Erst im Rahmen weiterer Betrachtungen ist dann zu entscheiden, ob sich ein Muster als charakteristisch bezeichnen lässt oder ob für die nachfolgenden Schritte das Auftreten verschiedener Muster, ohne Schwerpunktbildung, festgehalten werden muss.

Die Angabe „unmittelbar" ist so zu verstehen, dass maximal ein unkategorisierter Beitrag zwischen den zwei unmittelbar aufeinander folgenden Beiträgen liegen darf.

Aufrufe zählen grundsätzlich nicht als Beiträge.

3. Betrachtung der Lehrerrolle und verschiedener Dimensionen, die zur Beurteilung der Qualität der metakognitiven Aktivitäten des Lehrers und der Qualität ihrer Einbettung in den Unterrichtsdiskurs herangezogen werden

Um weitere Informationen über die Art der metakognitiven Aktivitäten des Lehrers und die Art und Weise ihres Auftretens im Unterrichtsdiskurs zu erhalten, sind die quantitativ orientierten Darstellungen zu den Kategorisierungen der Lehrerbeiträge wie folgt zu betrachten:

- Zur Überprüfung und Festigung der Eindrücke, die im Rahmen der Musteranalyse entstanden sind, soll anhand der Balkendiagramme noch einmal betrachtet werden, inwiefern der Lehrer metakognitive Aktivitäten von den Schülern einfordert, inwiefern er Gelegenheiten zum Ausüben dieser Aktivitäten selbst wahrnimmt und inwiefern er sich vielleicht auch stark zurückhaltend zeigt. Dazu sind die Balken, die Informationen zu den Aufforderungen zu metakognitiven Aktivitäten und selbst durchgeführten metakognitiven Aktivitäten enthalten, zu betrachten. Um einen Eindruck davon zu gewinnen, inwiefern Vokabeln wie „hoch“ oder „niedrig“, „viel“ oder „wenig“ angemessen sind, können die Ergebnisse der Betrachtung im Vergleich zu jenen anderer Szenen beschrieben werden.

- Um nun verstärkt verschiedene Dimensionen, die zur Beurteilung der Qualität der metakognitiven Aktivitäten des Lehrers und der Qualität ihrer Einbettung in den Unterrichtsdiskurs herangezogen werden, in den Blick zu nehmen, ist anhand der quantitativ orientierten Darstellungen der Kodierungsdaten zu überprüfen, inwiefern von im Folgenden aufgelisteten Aktivitäten beruhigend viele (in Bezug auf negativ diskursive Aktivitäten wenige) oder beunruhigend wenige (in Bezug auf negativ diskursive Aktivitäten viele) vorhanden sind:

  - metakognitive Aktivitäten, die zusammen mit einer Begründung auftreten;
  - metakognitive Aktivitäten der Ebene 4;
  - metakognitive Aktivitäten der Ebenen 2 und 3;
  - diskursive Aktivitäten;
  - negativ diskursive Aktivitäten.

Im vorangegangenen Arbeitsschritt ist anhand der quantitativ orientierten Darstellungen der Kodierungsdaten ein Vorurteil bzgl. der Ausprägung verschiedener Dimensionen von Qualität generiert worden. Dieses ist nun anhand des graphischen Profils, das eine Repräsentation des Unterrichtsprozesses darstellt, zu überprüfen. Beispiele für Aspekte, die anhand des graphischen Profils weiter betrachtet werden können, sind:

Aspekt A
Die Einbettung metakognitiver Aktivitäten, die zusammen mit einer Begründung auftreten. Besonderes Augenmerk ist zu richten auf das Auftreten von Metakognitionskategorien auf den Ebenen 2 und 3.

Aspekt B
Die Einbettung von Aufforderungen zu und selbst durchgeführten metakognitiven Aktivitäten auf der Ebene 4. Besonderes Augenmerk ist darauf zu richten, ob sich die geforderte Aktivität in unmittelbarer Folge zu der Aufforderung auf der Seite der Schüler zeigt.

Aspekt C
Die Einbettung metakognitiver Aktivitäten, die zusammen mit einer Begründung und einer diskursiven Aktivität auftreten.

Aspekt D
Die Einbettung negativ diskursiver Aktivitäten. Hier ist ein besonderes Augenmerk darauf zu legen, von welcher Art sie sind und auf welche Weise sie die Qualität des Diskurses folglich mindern können.

Aspekt E
Die Einbettung von Strukturierungsmaßnahmen und Maßnahmen zur Erziehung zum Diskurs. Es ist darauf zu achten, ob sich anhand des graphischen Profils Hinweise ergeben, worauf sich die Maßnahmen beziehen könnten.

4. Betrachtung der Schülerrolle und verschiedener Dimensionen, die zur Beurteilung der Qualität der metakognitiven Aktivitäten der Lernenden und der Qualität der Einbettung der Aktivitäten in den Unterrichtsdiskurs herangezogen werden

Um weitere Informationen über die Art der metakognitiven Aktivitäten der Schüler und die Art und Weise des Auftretens dieser Aktivitäten im Unterrichtsdiskurs zu erhalten, sind die quantitativ orientierten Darstellungen zu den Kategorisierungen der Schülerbeiträge wie folgt zu betrachten:

- Zur Überprüfung und Festigung der Eindrücke, die im Rahmen der Musteranalyse entstanden sind, soll anhand der Balkendiagramme noch einmal betrachtet werden, inwiefern die Schüler in einem eher hohen oder eher niedrigen Anteil an allen Beiträgen metakognitive Aktivitäten zeigen. Dazu sind die Balken, die Informationen zu den metakognitiven Aktivitäten der Schüler enthalten, zu betrachten. Um einen Eindruck davon zu gewinnen, inwiefern Vokabeln wie „hoch" oder „niedrig", „viel" oder „wenig" angemessen sind, können auch hier die Ergebnisse der Betrachtung im Vergleich zu den Lehrerdaten und zu den Daten anderer Szenen beschrieben werden.

- Ebenfalls zur Überprüfung und Festigung der Eindrücke, die im Rahmen der Musteranalyse entstanden sind, soll anhand der Balkendiagramme noch einmal betrachtet werden, inwiefern die Schüler ihre metakognitiven Aktivitäten auch selbstständig erbringen. Dazu sind die Balken, die Informationen zu den metakognitiven Aktivitäten der Schüler enthalten, zu vergleichen mit den Balken, die Informationen zum Aufforderungsverhalten des Lehrers enthalten.

- Um nun verstärkt verschiedene Dimensionen, die zur Beurteilung der Qualität der metakognitiven Aktivitäten der Schüler und der Qualität der Einbettung dieser Aktivitäten in den Unterrichtsdiskurs herangezogen werden, in den Blick zu nehmen, ist anhand der quantitativ orientierten Darstellungen der Kodierungsdaten zu überprüfen, inwiefern von im Folgenden aufgelisteten Aktivitäten beruhigend viele (in Bezug auf negativ diskursive Aktivitäten wenige) oder beunruhigend wenige (in Bezug auf negativ diskursive Aktivitäten viele) vorhanden sind:
  - metakognitive Aktivitäten, die zusammen mit einer Begründung auftreten. Diesbezüglich ist ebenfalls zu betrachten, inwiefern die Schüler die Begründungen selbstständig erbringen;
  - metakognitive Aktivitäten der Ebene 4;
  - metakognitive Aktivitäten der Ebenen 2 und 3;
  - diskursive Aktivitäten;
  - negativ diskursive Aktivitäten.

Im vorangegangenen Arbeitsschritt ist anhand der quantitativ orientierten Darstellungen der Kodierungsdaten ein Vorurteil bzgl. der Ausprägung verschiedener Dimensionen von Qualität generiert worden. Dieses ist nun anhand des graphischen Profils, das eine Repräsentation des Unterrichtsprozesses darstellt, zu überprüfen. Beispiele für Aspekte, die anhand des graphischen Profils weiter betrachtet werden können, sind:

Aspekt A
Die Einbettung metakognitiver Aktivitäten bzgl. der Frage nach Eigenständigkeit.

Aspekt B
Die Einbettung metakognitiver Aktivitäten, die zusammen mit einer Begründung auftreten. Besonderes Augenmerk ist zu richten auf das Auftreten von Metakognitionskategorien auf den Ebenen 2 und 3.

Aspekt C
Die Einbettung von Aufforderungen zu metakognitiven Aktivitäten.

Aspekt D
Die Einbettung von Aufforderungen zu und selbst durchgeführten metakognitiven Aktivitäten auf der Ebene 4. Besonderes Augenmerk ist darauf zu richten, ob sich die geforderte Aktivität in unmittelbarer Folge zu der Aufforderung zeigt.

Aspekt E

Die Einbettung metakognitiver Aktivitäten, die zusammen mit einer Begründung und einer diskursiven Aktivität auftreten.

Aspekt F

Die Einbettung negativ diskursiver Aktivitäten. Hier ist ein besonderes Augenmerk darauf zu legen, von welcher Art sie sind und auf welche Weise sie die Qualität des Diskurses folglich mindern können.

Aspekt G

Die Einbettung von Strukturierungsmaßnahmen und Maßnahmen zur Erziehung zum Diskurs. Es ist darauf zu achten, ob sich anhand des graphischen Profils Hinweise darauf ergeben, worauf sich die Maßnahmen beziehen könnten.

Anhang C

Datenmaterial zur Untersuchung der Beurteilerübereinstimmung

Hinweis:
Über die Kürzel K. 1 und K. 2 wird in den folgenden Tabellen je auf die beiden Kodierer verwiesen. Für die dichotomen Kategorien werden die beiden Antwortmöglichkeiten durch 0 (das Merkmal wurde nicht erkannt) und 1 (das Merkmal wurde erkannt) symbolisiert. Für die Kategorie „ZusatzD“ sind ebenfalls die 0 und zusätzlich die aus den graphischen Profilen bekannten Kürzel für die vier Unterkategorien verwandt worden.

Kreuztabelle zur Kategorie „ZusatzD“

		K. 1					
		0	*b*	*f*	*bf*	*fb*	Gesamt
K. 2	0	361	0	0	0	0	361
	b	0	0	0	0	0	0
	f	0	0	1	0	0	1
	bf	0	0	0	0	0	0
	fb	0	0	0	0	0	0
Gesamt		361	0	1	0	0	362

$\kappa = 1$

Kreuztabelle zur Kategorie V1

		K. 1		
		0	1	Gesamt
K. 2	0	292	23	315
	1	18	29	47
Gesamt		310	52	362

$\kappa = 0,52$

Kreuztabelle zur Kategorie V2

		K. 1		
		0	1	Gesamt
K. 2	0	337	6	343
	1	3	16	19
Gesamt		340	22	362

$\kappa = 0,77$

Kreuztabelle zur Kategorie V3

		K. 1		
		0	1	Gesamt
K. 2	0	352	1	353
	1	4	5	9
Gesamt		356	6	362

$\kappa = 0,66$

Kreuztabelle zur Kategorie S

		K. 1		
		0	1	Gesamt
K. 2	0	354	1	355
	1	2	5	7
Gesamt		356	6	362

$\kappa = 0,77$

Kreuztabelle zur Kategorie E

		K. 1		
		0	1	Gesamt
K. 2	0	354	0	354
	1	4	4	8
Gesamt		358	4	362

$\kappa = 0,66$

Kreuztabelle zur Kategorie ND1

		K. 1		
		0	1	Gesamt
K. 2	0	326	10	336
	1	15	11	26
Gesamt		341	21	362

$\kappa = 0,43$

Kreuztabelle zur Kategorie ND2

		K. 1		
		0	1	Gesamt
K. 2	0	351	2	353
	1	6	3	9
Gesamt		357	5	362

$\kappa = 0,42$

Kreuztabelle zur Kategorie ND3

		K. 1		
		0	1	Gesamt
K. 2	0	355	1	356
	1	5	1	6
Gesamt		360	2	362

$\kappa = 0,24$

Kreuztabelle zur Kategorie ND4

		K. 1		
		0	1	Gesamt
K. 2	0	361	0	361
	1	1	0	1
Gesamt		362	0	362

κ nicht berechnet

Kreuztabelle zur Kategorie ND5

		K. 1		
		0	1	Gesamt
K. 2	0	362	0	362
	1	0	0	0
Gesamt		362	0	362

κ nicht berechnet

Kreuztabelle zur Kategorie ND6

		K. 1		
		0	1	Gesamt
K. 2	0	348	5	353
	1	6	3	9
Gesamt		354	8	362

$\kappa = 0,34$

Kreuztabelle zur Kategorie ND7

		K. 1		
		0	1	Gesamt
K. 2	0	362	0	362
	1	0	0	0
Gesamt		362	0	362

κ nicht berechnet

Anhang D

Zusätzliche Balkendiagramme zur Auswertung der Kodierungsdaten

D.1 Balkendiagramme gestaffelt nach den je Klasse analysierten Szenen

Hinweise zur Legende:
Wie in Kapitel 4.4.5 ausführlich berichtet, sind die Balkendiagramme wie folgt zu lesen: Weiß gestreifte Balkenteile zeigen Aufforderungsaktivitäten an. Aufforderungen, Aufforderungen zur Begründung und begründete Aufforderungen werden hier zusammen betrachtet. Schwarz gestreifte Balkenteile zeigen Aktivitäten an, die zusammen mit einer Begründung auftreten. Nicht gestreifte Balkenteile stehen für Aktivitäten ohne weiteren Zusatz. Sind einzelne Abschnitte eines Balkens mit einer Zahl oder Zeichenkette vor weißem Hintergrund gekennzeichnet, so gibt diese Zahl oder Zeichenkette an, welche Art der Ausprägung der jeweiligen Aktivität vorliegt.

- *f*D (*bf*D, *fb*D)
- *f*R (*bf*R, *fb*R)
- *f*M (*bf*M, *fb*M)
- *f*P (*bf*P, *fb*P)
- *b*D
- *b*R
- *b*M
- *b*P
- ND
- D
- R
- M
- P

Abbildung D.1: Legende

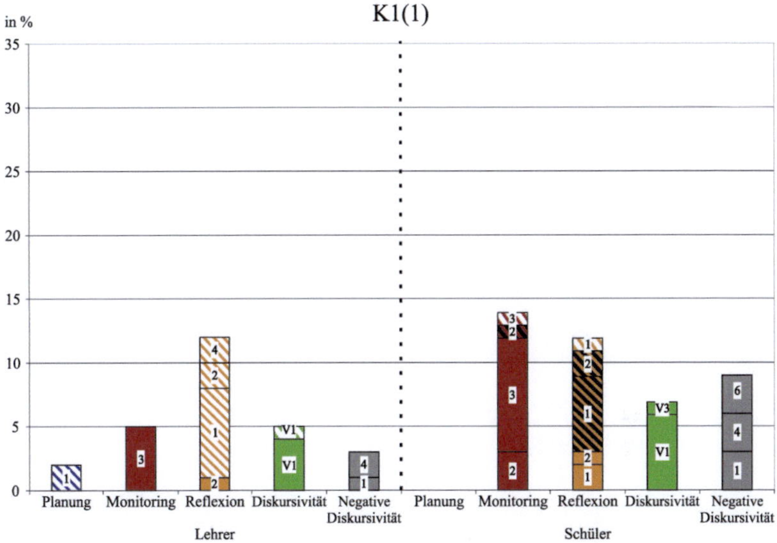
K1(1)
in %
35
30
25
20
15
10
5
0
Planung
Monitoring
Reflexion
Diskursivität
Negative Diskursivität
Lehrer
Schüler

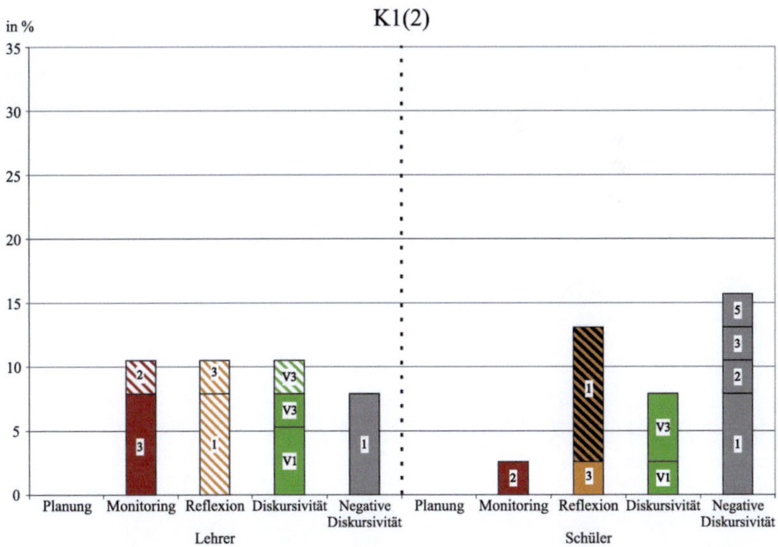
K1(2)
in %
35
30
25
20
15
10
5
0
Planung
Monitoring
Reflexion
Diskursivität
Negative Diskursivität
Lehrer
Schüler

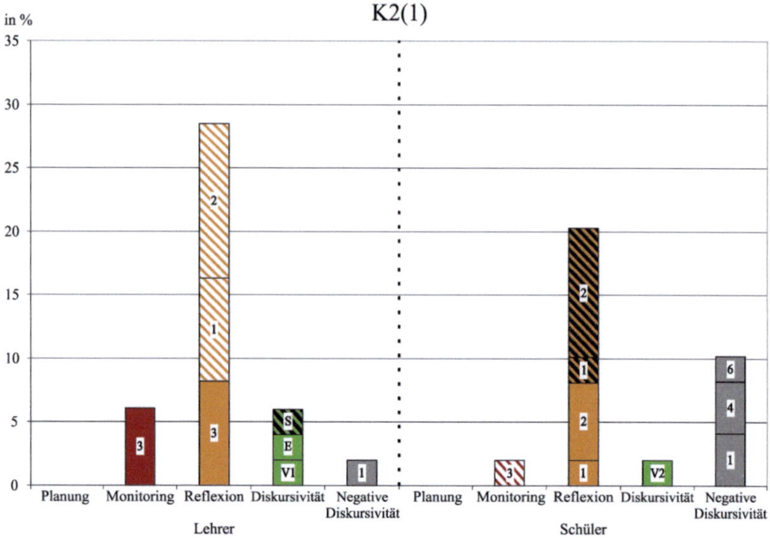
K2(1)
in %
35
30
25
20
15
10
5
0
Planung
Monitoring
Reflexion
Diskursivität
Negative Diskursivität
Lehrer
Schüler
3
2
1
3
S
E
V1
1
3
2
1
2
1
V2
6
4
1

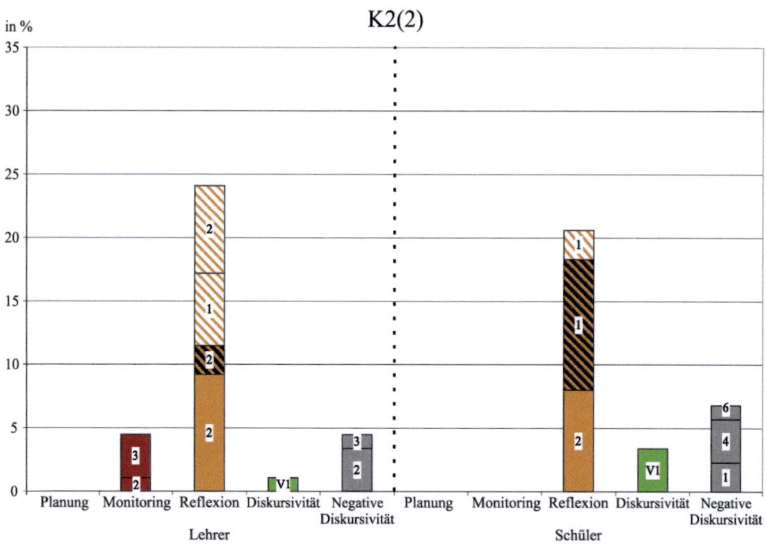
K2(2)
in %
35
30
25
20
15
10
5
0
Planung
Monitoring
Reflexion
Diskursivität
Negative Diskursivität
Lehrer
Schüler
3
2
2
1
2
2
V1
3
2
1
1
2
V1
6
4
1

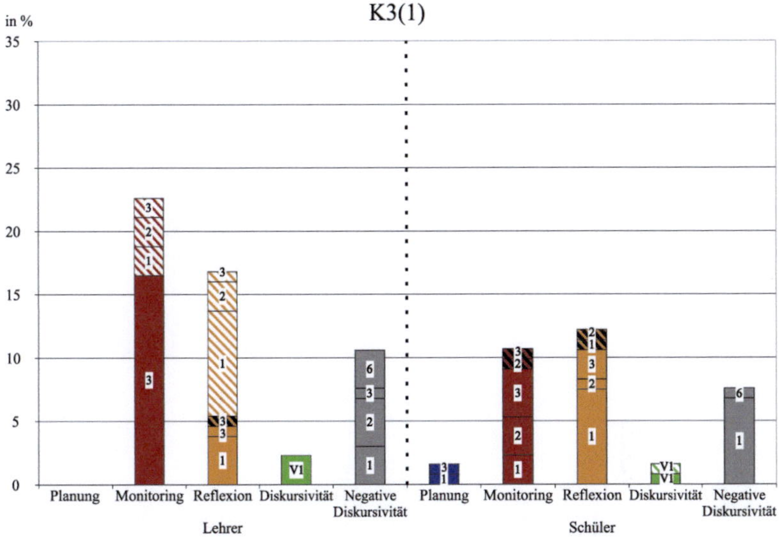
K3(1)
in %
35
30
25
20
15
10
5
0
Planung
Monitoring
Reflexion
Diskursivität
Negative Diskursivität
Lehrer
Planung
Monitoring
Reflexion
Diskursivität
Negative Diskursivität
Schüler

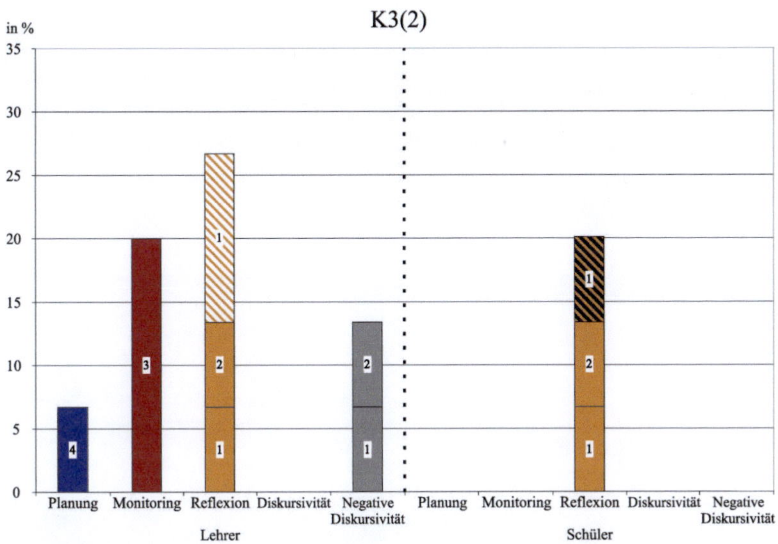
K3(2)
in %
35
30
25
20
15
10
5
0
Planung
Monitoring
Reflexion
Diskursivität
Negative Diskursivität
Lehrer
Planung
Monitoring
Reflexion
Diskursivität
Negative Diskursivität
Schüler

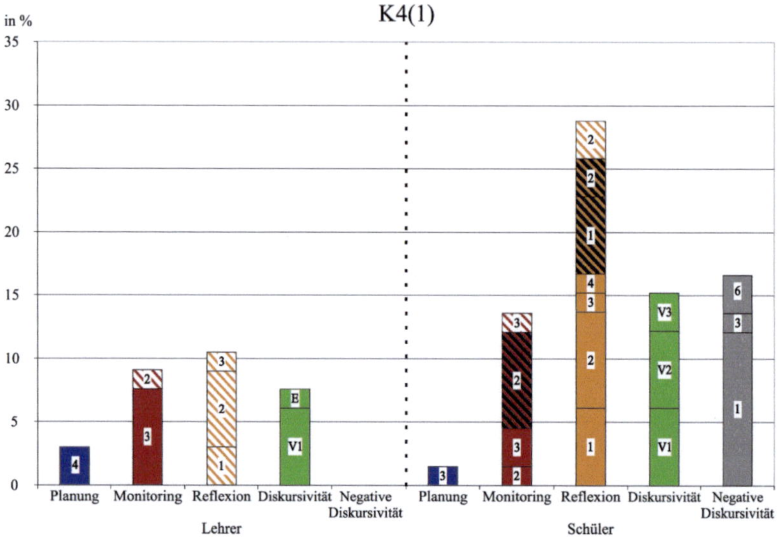
K4(1)
in %
35
30
25
20
15
10
5
0
Planung
Monitoring
Reflexion
Diskursivität
Negative Diskursivität
Lehrer
Schüler

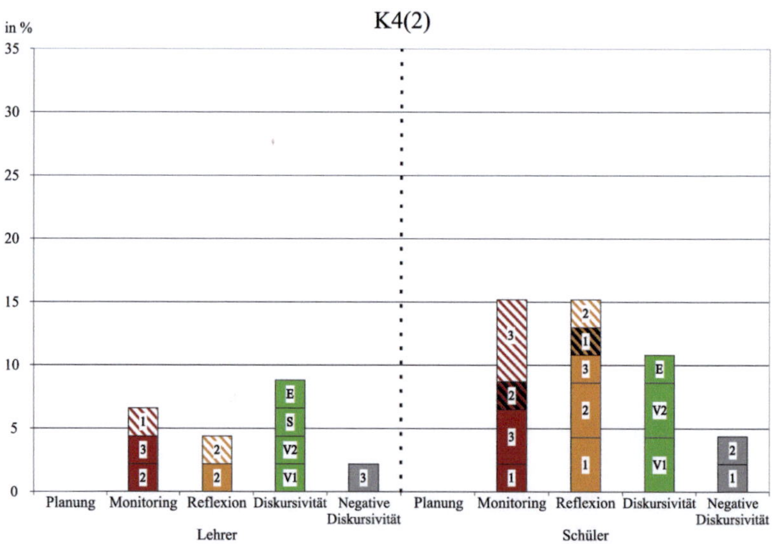
K4(2)
in %
35
30
25
20
15
10
5
0
Planung
Monitoring
Reflexion
Diskursivität
Negative Diskursivität
Lehrer
Schüler

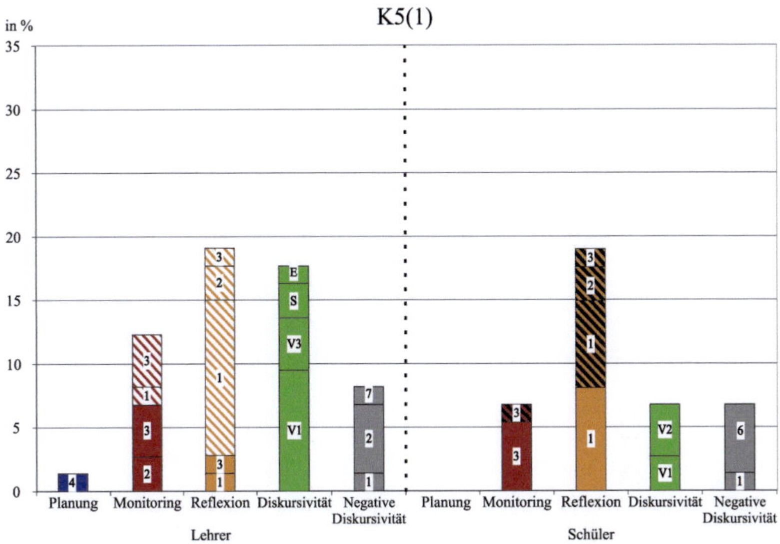
K5(1)
in %
35
30
25
20
15
10
5
0
Planung
Monitoring
Reflexion
Diskursivität
Negative Diskursivität
Lehrer
Planung
Monitoring
Reflexion
Diskursivität
Negative Diskursivität
Schüler

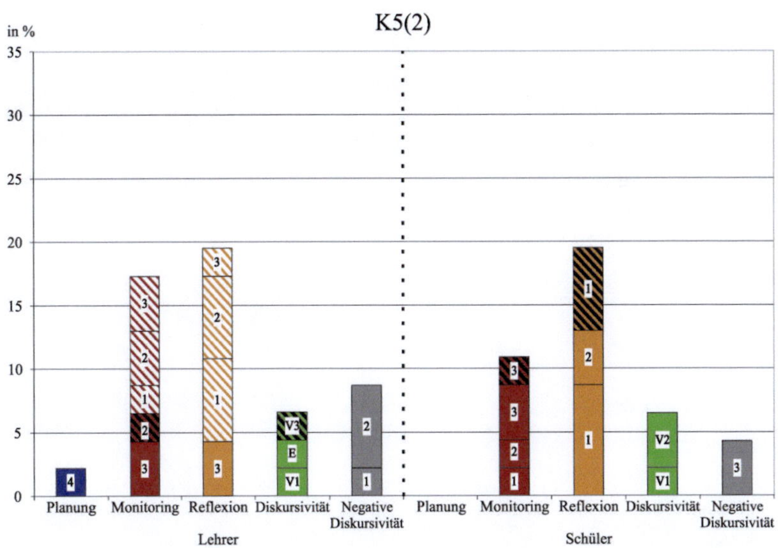
K5(2)
in %
35
30
25
20
15
10
5
0
Planung
Monitoring
Reflexion
Diskursivität
Negative Diskursivität
Lehrer
Planung
Monitoring
Reflexion
Diskursivität
Negative Diskursivität
Schüler

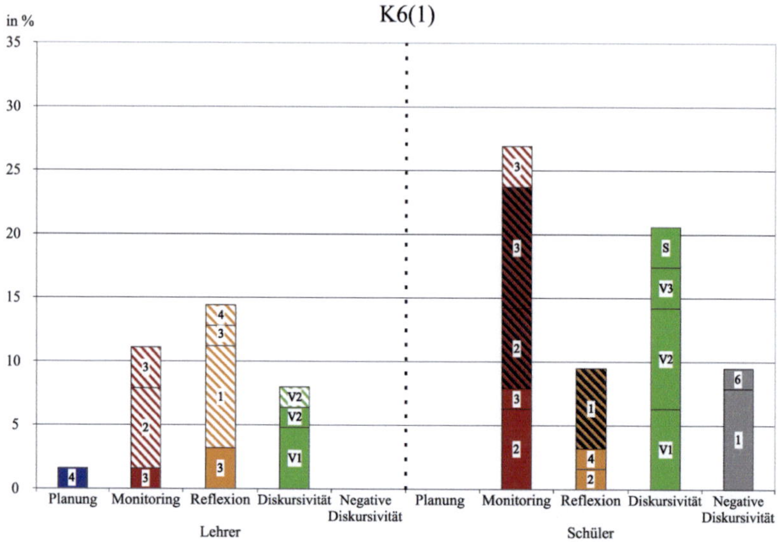
K6(1)
in %
35
30
25
20
15
10
5
0
Planung
Monitoring
Reflexion
Diskursivität
Negative Diskursivität
Lehrer
Planung
Monitoring
Reflexion
Diskursivität
Negative Diskursivität
Schüler

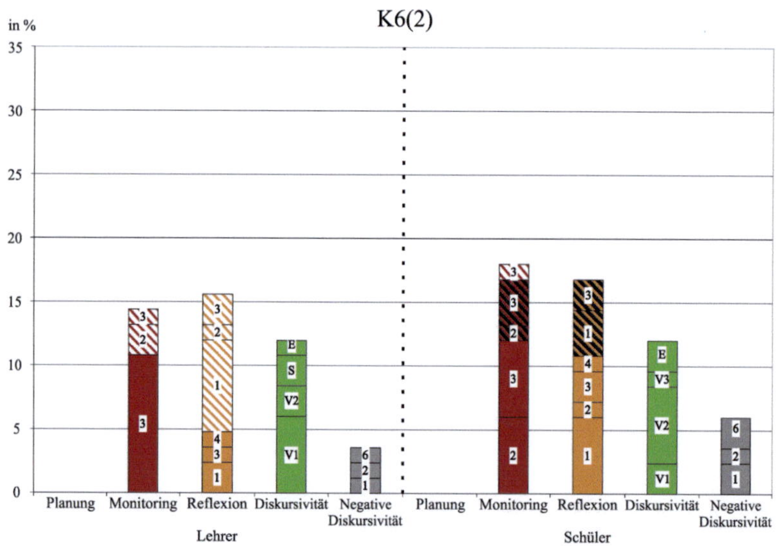
K6(2)
in %
35
30
25
20
15
10
5
0
Planung
Monitoring
Reflexion
Diskursivität
Negative Diskursivität
Lehrer
Planung
Monitoring
Reflexion
Diskursivität
Negative Diskursivität
Schüler

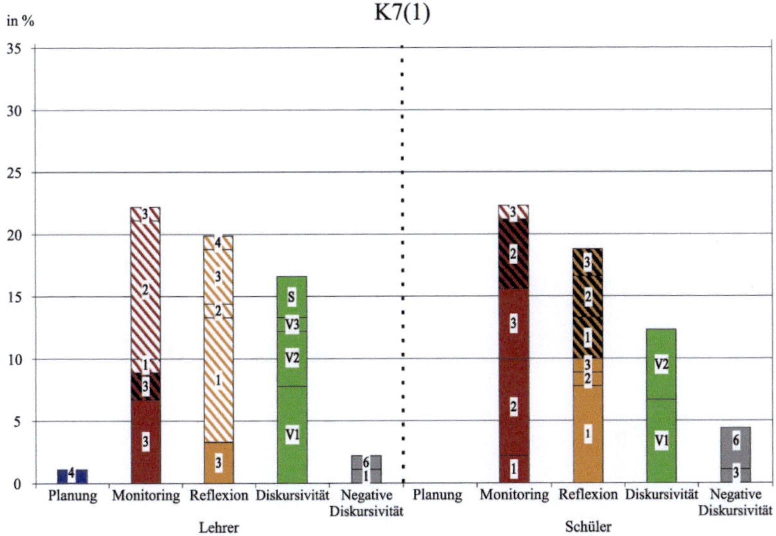
K7(1)
in %
Planung
Monitoring
Reflexion
Diskursivität
Negative Diskursivität
Lehrer
Schüler

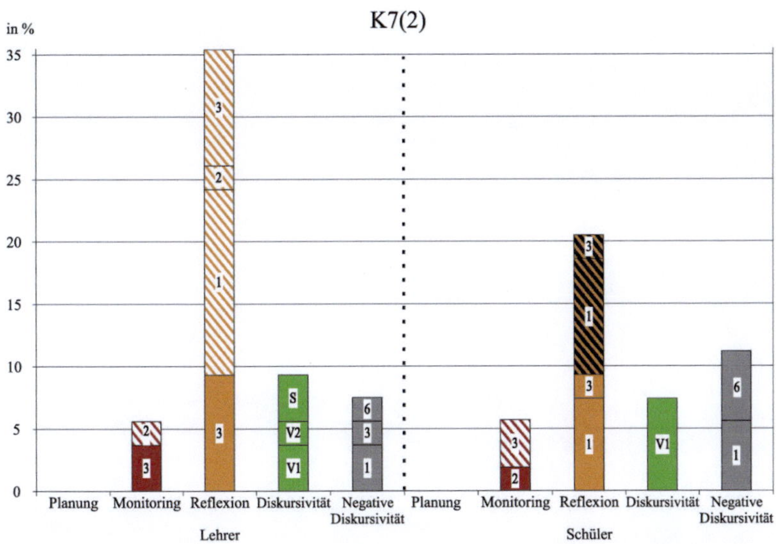
K7(2)
in %
Planung
Monitoring
Reflexion
Diskursivität
Negative Diskursivität
Lehrer
Schüler

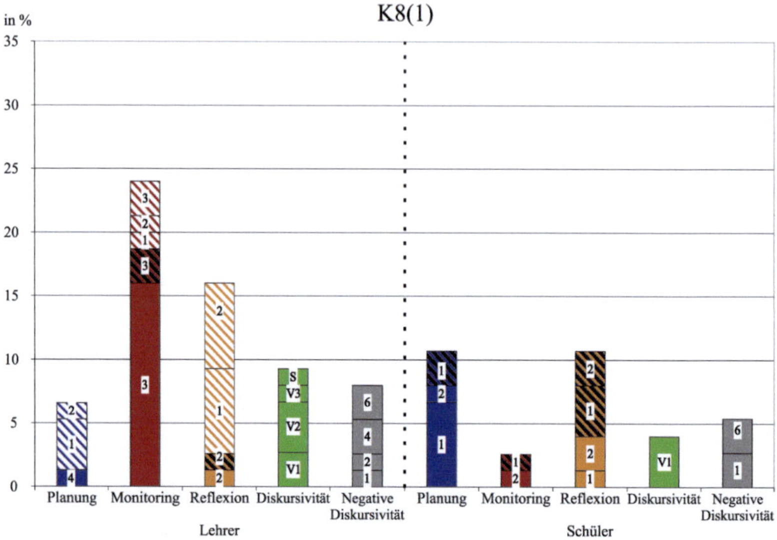
K8(1)
in %
35
30
25
20
15
10
5
0
Planung
Monitoring
Reflexion
Diskursivität
Negative Diskursivität
Planung
Monitoring
Reflexion
Diskursivität
Negative Diskursivität
Lehrer
Schüler

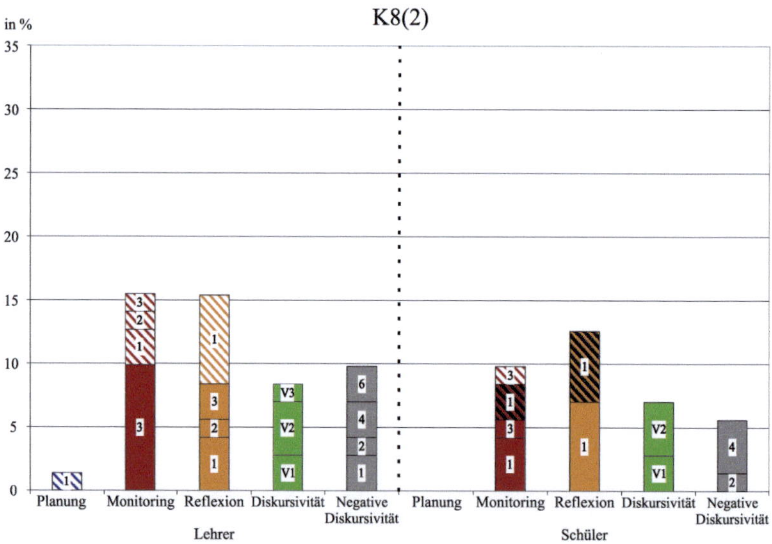
K8(2)
in %
35
30
25
20
15
10
5
0
Planung
Monitoring
Reflexion
Diskursivität
Negative Diskursivität
Planung
Monitoring
Reflexion
Diskursivität
Negative Diskursivität
Lehrer
Schüler

D.2 Balkendiagramme zur Darstellung ausgesuchter Aspekte gestaffelt nach den einzelnen Klassen

Hinweise zur Legende:
Wie in Kapitel 4.4.5 ausführlich berichtet, sind die Balkendiagramme wie folgt zu lesen: Schwarz gestreifte Balkenteile zeigen metakognitive Aktivitäten an, die zusammen mit Begründungen auftreten, Balkenanteile ohne Streifen hingegen Aktivitäten, die ohne Zusatz auftreten. Weiß gestreifte Balkenteile zeigen reine Aufforderungsaktivitäten an, in gleicher Richtung grau gestreifte Balkenteile Aufforderungen zur Begründung und in anderer Richtung grau gestreifte Balkenteile begründete Aufforderungen.

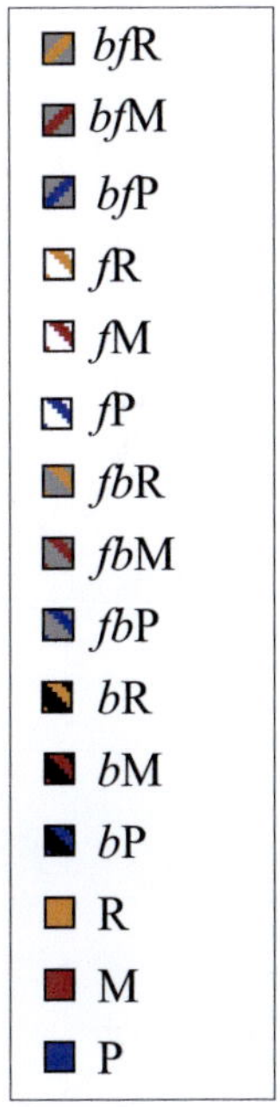

Abbildung D.2: Legende

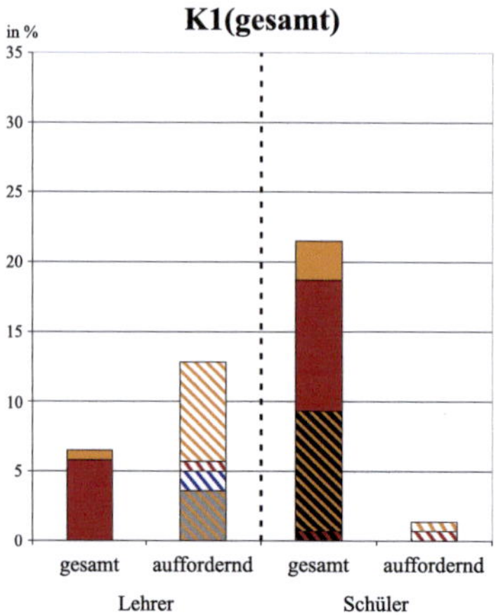
K1(gesamt)
in %
35
30
25
20
15
10
5
0
gesamt
auffordernd
gesamt
auffordernd
Lehrer
Schüler

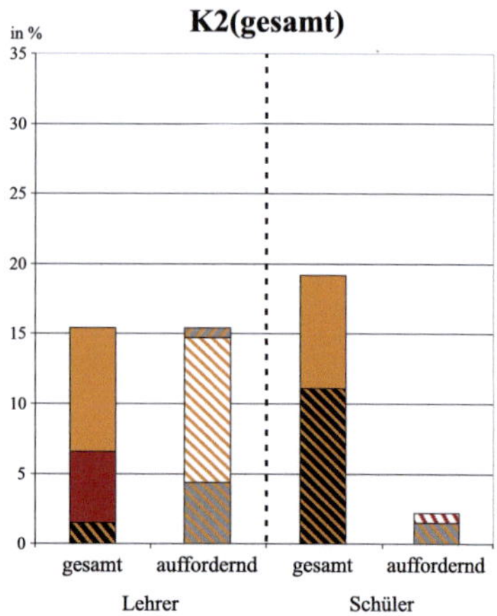
K2(gesamt)
in %
35
30
25
20
15
10
5
0
gesamt
auffordernd
gesamt
auffordernd
Lehrer
Schüler

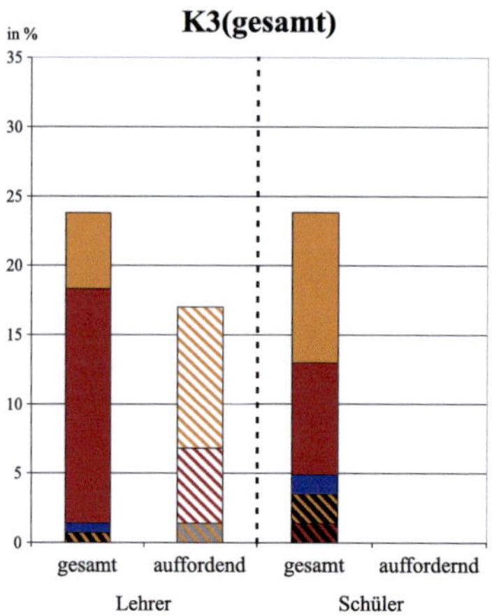
K3(gesamt)
in %
35
30
25
20
15
10
5
0
gesamt
auffordend
gesamt
auffordernd
Lehrer
Schüler

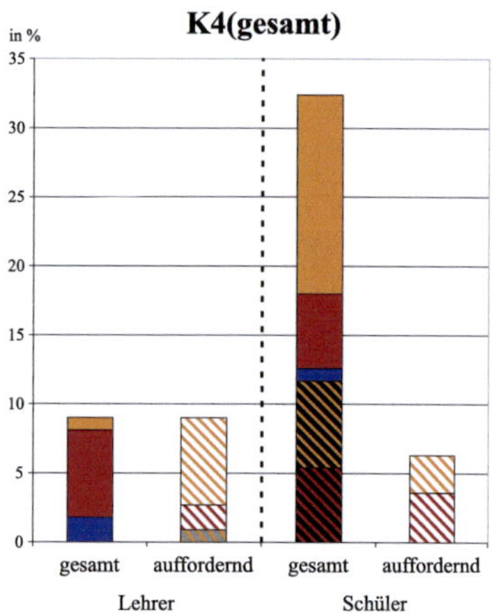
K4(gesamt)
in %
35
30
25
20
15
10
5
0
gesamt
auffordernd
gesamt
auffordernd
Lehrer
Schüler

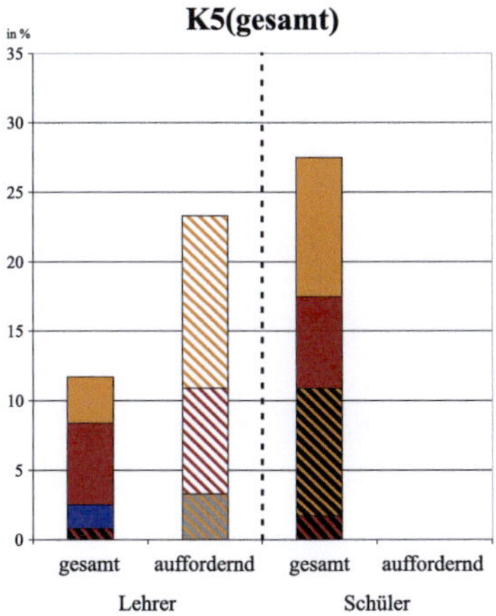
K5(gesamt)
in %
35
30
25
20
15
10
5
0
gesamt
auffordernd
gesamt
auffordernd
Lehrer
Schüler

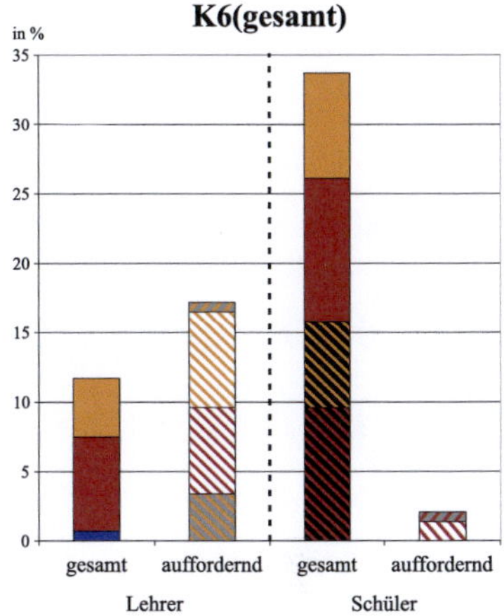
K6(gesamt)
in %
35
30
25
20
15
10
5
0
gesamt
auffordernd
gesamt
auffordernd
Lehrer
Schüler

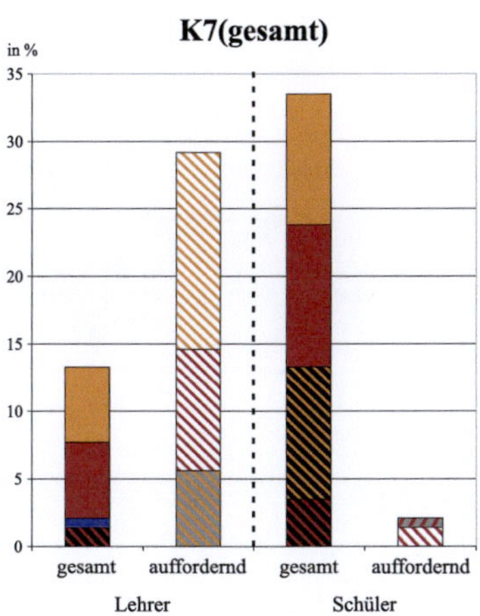
K7(gesamt)
in %
35
30
25
20
15
10
5
0
gesamt
auffordernd
gesamt
auffordernd
Lehrer
Schüler

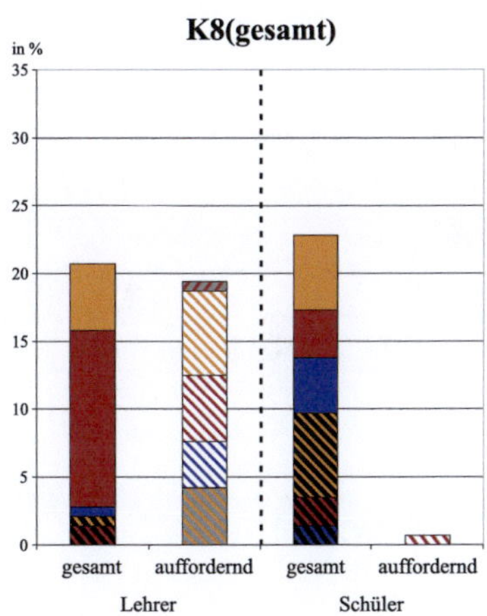
K8(gesamt)
in %
35
30
25
20
15
10
5
0
gesamt
auffordernd
gesamt
auffordernd
Lehrer
Schüler

Anhang E

Schülerfragebogen[1] zur Einschätzung des Vorliegens einer metakognitiv-diskursiven Unterrichtskultur

Liebe Schülerin, lieber Schüler,
du kannst sehr genau beurteilen, wie dein Lehrer im Unterricht vorgeht und was er von dir erwartet.
Im Folgenden interessiert uns, wie du deinen Mathematikunterricht einschätzt. Bitte denke ehrlich über die folgenden Aussagen nach und kreuze immer genau eine Antwortmöglichkeit an. Du solltest die Antwortmöglichkeit wählen, die du am treffendsten findest.
Deinen Namen musst du nirgendwo angeben. Dementsprechend kannst du sicher sein, dass weder dein Mathematiklehrer oder deine Mathematiklehrerin noch andere Personen herausbekommen werden, was du angekreuzt hast.

Vielen Dank für deine Mitarbeit!

1. Wie erarbeitet ihr ein Thema in Mathematik?	trifft voll und ganz zu	trifft eher zu	trifft eher nicht zu	trifft überhaupt nicht zu
a) Unser Mathematiklehrer stellt oft einfache Fragen.	☐	☐	☐	☐
b) Unser Mathematiklehrer stellt oft Fragen, die zum Nachdenken zwingen.	☐	☐	☐	☐
c) Unser Mathematiklehrer stellt oft Aufgaben, bei denen wir Schüler auf ganz verschiedenen Wegen zur Lösung kommen können.	☐	☐	☐	☐
d) Unser Mathematiklehrer gibt uns meistens Aufgaben, bei denen wir uns den Lösungsweg immer neu überlegen müssen.	☐	☐	☐	☐
e) In unseren Klassenarbeiten sind viele Aufgaben, für die wir vorher keinen Lösungsweg geübt haben.	☐	☐	☐	☐
f) Häufig möchte unser Mathematiklehrer nicht nur unser Ergebnis wissen, sondern auch unseren Lösungsweg.	☐	☐	☐	☐
g) Meistens üben wir viele Aufgaben von der gleichen Sorte.	☐	☐	☐	☐

[1] Hinweis: Dieser Fragebogen wurde bei männlichen Lehrkäften eingesetzt. Für weibliche Lehrkräfte ist eine analoge Version mit Verweisen auf die Mathematiklehrerin genutzt worden.

2. Wird im Mathematikunterricht besprochen, was Schüler sich denken?	trifft voll und ganz zu	trifft eher zu	trifft eher nicht zu	trifft überhaupt nicht zu
a) Unser Mathematiklehrer stellt uns häufig Aufgaben, bei denen wir Fehler in vorgegebenen Lösungen finden müssen.	☐	☐	☐	☐
b) Wenn einer unserer Mitschüler im Unterricht eine falsche Antwort gibt, dann wird die Antwort oft nicht sofort von unserem Mathematiklehrer korrigiert, sondern er wartet, bis wir Schüler den Fehler entdecken.	☐	☐	☐	☐
c) Nachdem wir einen Fehler besprochen haben, müssen wir häufig erklären, was wir uns im Kopf falsch überlegt hatten, so dass der Fehler passieren konnte.	☐	☐	☐	☐
d) Unser Mathematiklehrer stellt häufig Aufgaben, zu deren Beantwortung wir einen Text aus mehreren Sätzen schreiben müssen.	☐	☐	☐	☐
e) Wenn einer unserer Mitschüler etwas noch nicht verstanden hat, dann ist es im Mathematikunterricht oft unsere Aufgabe, diesem Schüler diese Sache genau zu erklären. Es reicht nicht, ihm zu sagen, was er machen soll.	☐	☐	☐	☐
f) Wir müssen häufig erklären, was einem anderen Schüler beim Lösen einer Aufgabe oder beim Geben einer Antwort durch seinen Kopf gegangen sein kann.	☐	☐	☐	☐

3. Wie reagiert der Lehrer auf eure Antworten?	trifft voll und ganz zu	trifft eher zu	trifft eher nicht zu	trifft überhaupt nicht zu
a) Im Mathematikunterricht gibt der Lehrer oft sofort Rückmeldung, ob eine Antwort falsch oder richtig ist.	☐	☐	☐	☐
b) Unser Mathematiklehrer verbessert Fehler oft nicht sofort, sondern lässt uns kommentarlos weitermachen, bis wir die Fehler selbst bemerken.	☐	☐	☐	☐
c) Unser Mathematiklehrer verbessert Fehler oft nicht direkt, sondern stellt sofort Fragen, so dass wir den Fehler bemerken.	☐	☐	☐	☐
d) Im Mathematikunterricht fragt der Lehrer auch bei richtigen Schülerantworten häufig nach, ob alle mit der Antwort einverstanden sind.	☐	☐	☐	☐
e) Unser Mathematiklehrer lässt Fehler häufig so lange in der Klasse diskutieren, bis wir die Sache besser verstanden haben.	☐	☐	☐	☐

4. Mit welchen Antworten ist der Lehrer einverstanden?	trifft voll und ganz zu	trifft eher zu	trifft eher nicht zu	trifft überhaupt nicht zu
a) Unser Mathematiklehrer lobt uns für fast alle Antworten.	☐	☐	☐	☐
b) Unser Mathematiklehrer lässt uns häufig unsere Gedankengänge genau erklären.	☐	☐	☐	☐
c) Wir müssen häufig erklären, wie wir etwas gemacht haben.	☐	☐	☐	☐
d) Wir müssen häufig begründen, warum wir etwas so und nicht anders gemacht haben.	☐	☐	☐	☐
e) Auch wenn unser Mathematiklehrer es nicht jedes Mal sagt, ist uns klar, dass wir unsere Aussagen begründen müssen.	☐	☐	☐	☐
f) In Klassenarbeiten gibt es viele Aufgaben, bei denen wir Begründungen aufschreiben müssen.	☐	☐	☐	☐
g) Unserem Mathematiklehrer genügt es meistens, wenn wir das richtige Ergebnis nennen können.	☐	☐	☐	☐

5. Gibt es im Mathematikunterricht Gelegenheit zu Diskussionen?	trifft voll und ganz zu	trifft eher zu	trifft eher nicht zu	trifft überhaupt nicht zu
a) Unser Mathematiklehrer fragt häufig, ob jemand noch eine andere Meinung zu dem hat, was gerade besprochen wird.	☐	☐	☐	☐
b) Im Mathematikunterricht diskutieren wir häufig über eine Idee, die jemand von uns hatte.	☐	☐	☐	☐
c) Im Mathematikunterricht diskutieren wir häufig über verschiedene Lösungswege, die wir gefunden haben.	☐	☐	☐	☐
d) Im Mathematikunterricht diskutieren wir häufig über Antworten unserer Mitschüler, auch wenn unser Lehrer uns nicht extra dazu aufgefordert hat.	☐	☐	☐	☐
e) Bei unserem Mathematiklehrer merken wir sofort, ob wir eine richtige oder eine falsche Antwort gegeben haben.	☐	☐	☐	☐

6. Wie laufen Diskussionen im Mathematikunterricht ab?	trifft voll und ganz zu	trifft eher zu	trifft eher nicht zu	trifft überhaupt nicht zu
a) Wenn wir im Mathematikunterricht etwas erklären, müssen wir darauf achten, dass uns nicht nur der Lehrer versteht, sondern auch unsere Mitschüler.	☐	☐	☐	☐
b) Im Mathematikunterricht fordert der Lehrer von uns, dass wir den anderen Schülern genau zuhören.	☐	☐	☐	☐
c) Unser Mathematiklehrer lässt uns häufig in der Klasse untereinander diskutieren, ohne sich einzuschalten.	☐	☐	☐	☐
d) Unser Mathematiklehrer erwartet, dass wir in unseren Beiträgen auf das eingehen, was unser Vorredner gesagt hat.	☐	☐	☐	☐
e) Unser Mathematiklehrer erwartet, dass wir Fehler auch dann finden, wenn man sehr genau aufpassen muss, um sie zu entdecken.	☐	☐	☐	☐
f) Unser Mathematiklehrer erwartet, dass wir Rückfragen stellen, wenn wir nicht sicher sind, wie unser Mitschüler etwas gemeint hat.	☐	☐	☐	☐
g) Unser Mathematiklehrer stellt häufig Rückfragen, mit denen er erreichen will, dass wir genauer beschreiben, was wir meinen.	☐	☐	☐	☐

7. Was denkst du über euren Mathematikunterricht?	trifft voll und ganz zu	trifft eher zu	trifft eher nicht zu	trifft überhaupt nicht zu
a) Mathematik gehört zu meinen drei Lieblingsfächern.	☐	☐	☐	☐
b) Mathematik war schon immer eines meiner besten Fächer.	☐	☐	☐	☐
c) Unser Mathematiklehrer gestaltet den Mathematikunterricht immer interessant.	☐	☐	☐	☐
d) Das Diskutieren im Mathematikunterricht macht mir viel Spaß.	☐	☐	☐	☐
e) Wenn ich viele Aufgaben selbst löse, lerne ich mehr als beim Diskutieren in der Klasse.	☐	☐	☐	☐

8. Hast du diesen Fragebogen verstanden?	trifft voll und ganz zu	trifft eher zu	trifft eher nicht zu	trifft überhaupt nicht zu
a) Ich habe alle Aussagen in diesem Fragebogen verstanden.	☐	☐	☐	☐